住房和城乡建设部“十四五”规划教材

高等职业教育建筑设备类专业群“互联网+”活页式创新系列教材

建筑设备BIM技术

侯文宝　刘志坚　主　编

中国建筑工业出版社

图书在版编目（CIP）数据

建筑设备BIM技术 / 侯文宝，刘志坚主编. —北京：中国建筑工业出版社，2022.9（2023. 4 重印）
住房和城乡建设部“十四五”规划教材　高等职业教育建筑设备类专业群“互联网+”活页式创新系列教材
ISBN 978-7-112-27420-8

Ⅰ. ①建…　Ⅱ. ①侯…　②刘…　Ⅲ. ①房屋建筑设备—建筑设计—计算机辅助设计—应用软件—高等职业教育—教材　Ⅳ. ①TU8-39

中国版本图书馆CIP数据核字（2022）第088828号

本教材采用了项目驱动教学法，通过一个实际的办公楼项目建模过程，介绍了基于Revit的建筑设备BIM建模的相关知识和技术。项目虽然简单，但是涵盖了常用的土建专业和机电专业的BIM操作知识和技能，旨在让初学者快速入门。

教材共分为7个项目，分别介绍了BIM建模基础、族的创建和编辑、土建基础模型的创建、给水排水系统模型的创建、暖通系统模型的创建、建筑电气系统模型的创建、管线综合和成果输出。通过办公楼内机电设备模型的创建，把Revit操作命令、专业知识有机地结合了起来。

本教材内容贴合实际项目，建模过程讲解细致，配有讲解视频，可以作为职业院校建筑类专业的教材，也适用于相关工程技术人员自学阅读。为了便于本课程教学，作者自制免费课件资源，索取方式为：1. 邮箱：jckj@cabp.com.cn；2. 电话：（010）58337285；3. 建工书院：http://edu.cabplink.com；4. QQ交流群：786735312。

责任编辑：司　汉
文字编辑：胡欣蕊
书籍设计：锋尚设计
责任校对：张慧雯

教学服务群

住房和城乡建设部“十四五”规划教材
高等职业教育建筑设备类专业群“互联网+”活页式创新系列教材
建筑设备BIM技术
侯文宝　刘志坚　主　编
*
中国建筑工业出版社出版、发行（北京海淀三里河路9号）
各地新华书店、建筑书店经销
北京锋尚制版有限公司制版
北京市密东印刷有限公司印刷
*
开本：787毫米×1092毫米　1/16　印张：17¾　字数：375千字
2022年9月第一版　　2023年4月第二次印刷
定价：**58.00**元（赠教师课件）
ISBN 978-7-112-27420-8
（39605）

教育部国家级教学资源库（建筑智能化工程技术专业）配套教材编委会

主　任：牛建刚

副主任：董　娟　王建玉　周国清　王文琪

委　员（按姓氏笔画为序）：

王　欣　刘大君　刘志坚　孙建龙　李梅芳

李姝宁　张　恬　陈志佳　陈德明　岳井峰

高清禄　崔　莉　翟源智

本书编审委员会

主　编：侯文宝　刘志坚

主　审：王　赛

副主编：师伟凯　陈德明　申欢迎

参　编：刘　彬　高　将

出版说明

党和国家高度重视教材建设。2016年，中办国办印发了《关于加强和改进新形势下大中小学教材建设的意见》，提出要健全国家教材制度。2019年12月，教育部牵头制定了《普通高等学校教材管理办法》和《职业院校教材管理办法》，旨在全面加强党的领导，切实提高教材建设的科学化水平，打造精品教材。住房和城乡建设部历来重视土建类学科专业教材建设，从“九五”开始组织部级规划教材立项工作，经过近30年的不断建设，规划教材提升了住房和城乡建设行业教材质量和认可度，出版了一系列精品教材，有效促进了行业部门引导专业教育，推动了行业高质量发展。

为进一步加强高等教育、职业教育住房和城乡建设领域学科专业教材建设工作，提高住房和城乡建设行业人才培养质量，2020年12月，住房和城乡建设部办公厅印发《关于申报高等教育职业教育住房和城乡建设领域学科专业“十四五”规划教材的通知》（建办人函〔2020〕656号），开展了住房和城乡建设部“十四五”规划教材选题的申报工作。经过专家评审和部人事司审核，512项选题列入住房和城乡建设领域学科专业“十四五”规划教材（简称规划教材）。2021年9月，住房和城乡建设部印发了《高等教育职业教育住房和城乡建设领域学科专业“十四五”规划教材选题的通知》（建人函〔2021〕36号）。为做好“十四五”规划教材的编写、审核、出版等工作，《通知》要求：（1）规划教材的编著者应依据《住房和城乡建设领域学科专业“十四五”规划教材申请书》（简称《申请书》）中的立项目标、申报依据、工作安排及进度，按时编写出高质量的教材；（2）规划教材编著者所在单位应履行《申请书》中的学校保证计划实施的主要条件，支持编著者按计划完成书稿编写工作；（3）高等学校土建类专业课程教材与教学资源专家委员会、全国住房和城乡建设职业教育教学指导委员会、住房和城乡建设部中等职业教育专业指导委员会应做好规划教材的指导、协调和审稿等工作，保证编写质量；（4）规划教材出版单位应积极配合，做好编辑、出版、发行等工作；（5）规划教材封面和书脊应标注“住房和城乡建设部‘十四五’规划教材”字样和统一标识；（6）规划教材应在“十四五”期间完成出版，逾期不能完成的，不再作为《住房和城乡建设领域学科专业“十四五”规划教材》。

住房和城乡建设领域学科专业“十四五”规划教材的特点，一是重点以修订教育部、住房和城乡建设部“十二五”“十三五”规划教材为主；二是严格按照专业标准规范要求编写，体现新发展理念；三是系列教材具有明显特点，满足不同层次和类型的学校专业教学要求；四是配备了数字资源，适应现代化教学的要求。规划教材的出版凝聚了作者、主审及编辑的心血，得到了有关院校、出版单位的大力支持，教材建设管理过程有严格保障。希望广大院校及各专业师生在选用、使用过程中，对规划教材的编写、出版质量进行反馈，以促进规划教材建设质量不断提高。

住房和城乡建设部“十四五”规划教材办公室

2021年11月

前　言

BIM技术在建筑设备领域应用相对成熟，而且效益非常地明显：比如净空分析、管线综合、机电深化等。随着BIM技术的应用，建筑设备工程也迎来全新的改变，由于BIM模型的可视化与协同设计，使得建筑设备工程的效率得到了显著提高。为了促进建筑设备BIM技术发展，我们特联合院校和企业编写此书，以期满足设备类专业BIM学习。

本教材为教育部国家级教学资源库（建筑智能化工程技术专业）配套教材，由江苏建筑职业技术学院侯文宝、刘志坚担任主编，由江苏建筑职业技术学院师伟凯、黑龙江建筑职业技术学院陈德明、江苏建筑职业技术学院申欢迎任副主编，山东城市建设职业学院刘彬、江苏建筑职业技术学院高将参编。南通市达欣工程股份有限公司王赛主审。具体编写分工为：侯文宝编写项目3和项目6；刘志坚编写项目1；师伟凯编写项目7；陈德明编写项目2；申欢迎编写项目5；高将编写项目4中的任务4.1、任务4.2；刘彬编写项目4中的任务4.3、任务4.4。

感谢江苏建筑职业技术学院、黑龙江建筑职业技术学院、山东城市建设职业学院、江苏瑾傲建筑科技有限公司、南通市达欣工程股份有限公司、上海红瓦信息科技有限公司等相关单位的大力支持。在本书编写过程中，参考和引用了国内外的一些资料，吸取了很多宝贵经验，在此对原资料的作者表示衷心的感谢。

由于作者水平有限，书中内容难免还有疏漏和不足之处，恳请读者批评指正。

为了便于读者更加高效学习，编写团队为本书准备了配套的教学视频、工程CAD图纸、项目工程模型、动画实例以及BIM考级真题及讲解。请加入教学服务群QQ786735312索取。

目 录

CHAPTER 1

项目 1
BIM建模基础

任务1.1 BIM技术概述

1.1.1 教学目标与思路

【教学目标】

知识目标	能力目标	素养目标	思政要素
1. 熟悉BIM的基本概念； 2. 熟悉BIM的功能特色。	1. 能够阐述BIM的基本情况； 2. 能够说明BIM在工程中的应用。	1. 具有良好自学能力； 2. 能正确表达自己思想，学会理解和分析问题。	1. 展示我国先进技术水平，树立自信意识； 2. 实现建筑智能化，增强职业荣誉感； 3. 激发求知欲望，提升服务社会本领。

【学习任务】熟悉BIM的基本概念和特点，了解BIM在工程的应用情况。

BIM技术概述

【建议学时】2学时。

【思维导图】

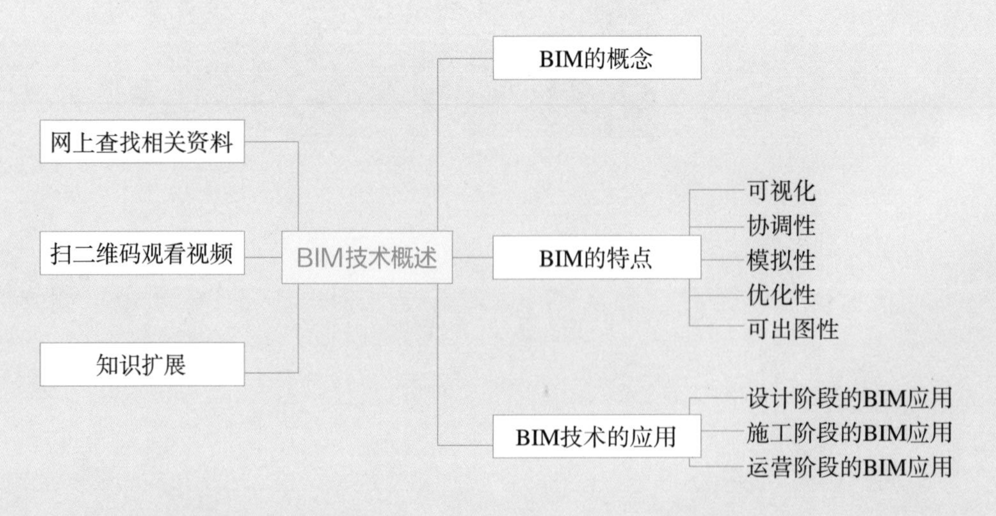

1.1.2 学生任务单

学生根据要求，自行复印附录 学生任务单。

1.1.3 知识与技能

1. 知识点——BIM的概念

BIM的全名为建筑信息模型（Building Information Modeling），由欧特克（Autodesk）公司在2002年率先提出，目前已在全球范围内得到业界的广泛认可，被誉为工程建设行业实现可持续设计的标杆。BIM概念和解决方案是我国工程建设行业实现高效、协作和可持续发展的必经之路。从理念上说，BIM试图将建筑项目的所有信息纳入到一个三维的数字化模型中。这个模型不是静态的，而是随着建筑全寿命周期的不断发展而逐步演进的，从前期方案到设计、施工、建后维护和运营管理等各个阶段的信息都可以被不断地集成到模型中，如图1.1-1所示。

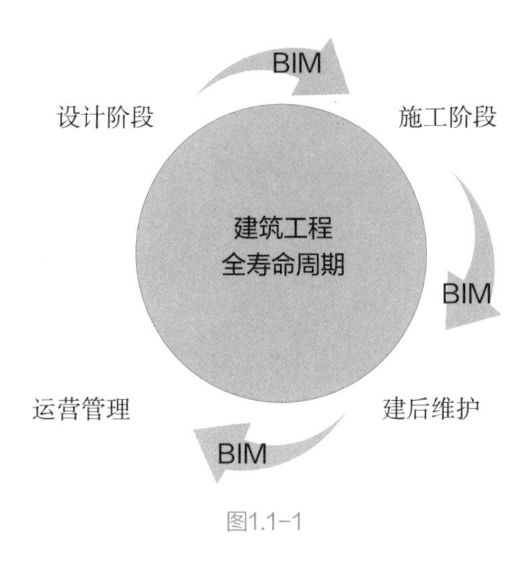

图1.1-1

因此，可以说BIM就是真实建筑物在计算机中的数字化记录。当设计、施工、运营等各方面人员需要获取建筑信息（如图纸、材料统计、施工进度等）时，都可以从BIM中将其快速提取出来。虽然BIM由三维CAD技术发展而来，但是它的目标比CAD更为高远。如果说CAD是为了提高建筑师的绘图效率，那么BIM则是为了改善建筑全寿命周期的性能表现和信息整合。

从技术上说，BIM不像传统的CAD那样，将建筑信息存放在相互独立的成百上千的DWG文件中，而是用一个模型文件来存储所有的建筑信息。当需要呈现建筑信息时，无论是建筑的平面图、剖面图还是门窗明细表，这些图形或者报表都是从模型文件中实时、动态地生成出来的，可以将其理解成数据库的一个视图。因此，无论在模型中进行任何修改，所有相关的视图都会得到实时、动态的更新，从而保持所有数据一致和最新，从根本上消除了CAD图形修改时版本不一样的现象。

2．知识点——BIM的特点

（1）可视化

可视化即“所见所得”的形式。对于建筑行业来说，可视化真正运用的意义非常大。例如，施工人员经常拿到的施工图纸只是用线条来表达各个构件的信息，而构件的真实构造形式就需要其自行想象。对于一般简单的东西来说，这种想象也未尝不可，但是现在的建筑形式各异，复杂造型不断推出，那么光靠人脑来想象是不符合现实的，而BIM提供了可视化的思路，能让人们将以往线条式的构件以一种三维的立体实物的图形展示出来，如图1.1–2所示。

图1.1–2

在BIM的工作环境中，由于整个过程是可视化的，所以可视化的结果不仅可以用来汇报和展示，更重要的是项目设计、建造、运营过程中的沟通、讨论和决策都可以在可视化的状态下进行。

（2）协调性

在建筑物的建造前期会对各专业的碰撞问题进行协调。各行业的项目信息会出现“不兼容”，如管道与桥架冲突（图1.1–3）、预留的洞口没留或尺寸不对等情况；电梯井布置与其他设计布置及净空要求的协调、防火分区与其他设计布置的协调、地下排水布置与其他设计布置的协调等。使用有效的BIM协调流程对不兼容的项目信息进行协调综合，可以减少不合理变更方案或问题变更方案的产生。

（3）模拟性

BIM并不是只能模拟设计出的建筑物模型，还可以模拟不能够在真实世界中进行操作的事物。在设计阶段，BIM可以进行模拟实验，如节能模拟、紧急疏散模拟、日照模拟（图1.1–4）、自然通风系统模拟、热能传导模拟等；在招标投标和施工阶段，BIM可以进行4D模拟（三维模型加项目的发展时间），也就是根据施工的组织设计模拟实际施

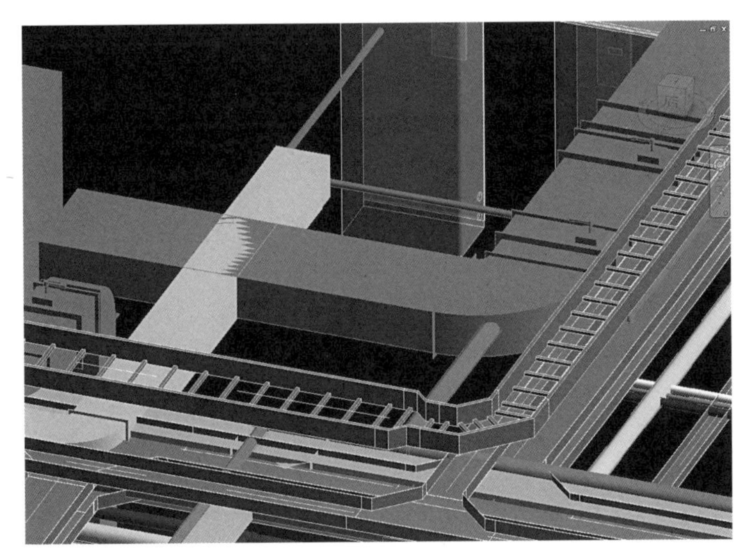

图1.1-3

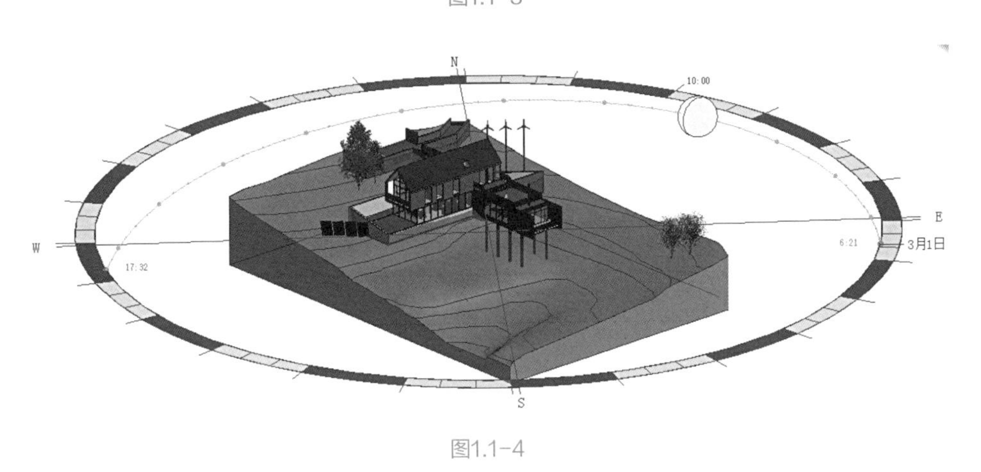

图1.1-4

工，从而确定合理的施工方案来指导施工。此外，BIM还可以进行5D模拟（基于3D模型的造价控制），从而实现成本控制。在后期运营阶段，BIM可以模拟日常紧急情况的处理方式，如地震时人员逃生模拟及消防人员疏散模拟等。

（4）优化性

整个设计、施工和运营的过程就是一个不断优化的过程，在BIM的基础上，可以更好地进行优化。优化通常受信息、复杂程度和时间的制约。准确的信息影响优化的最终结果，BIM模型提供了建筑物的实际存在的信息，包括几何信息、物理信息以及规则信息。对于高度复杂的项目，由于参与人员本身的原因，往往无法掌握所有的信息，因此需要借助一定的科学技术和设备的帮助。现代建筑物的复杂程度大多超过参与人员本身的能力极限，BIM及与其配套的各种优化工具提供了对复杂项目进行优化的服务。优化性效果如图1.1-5所示。

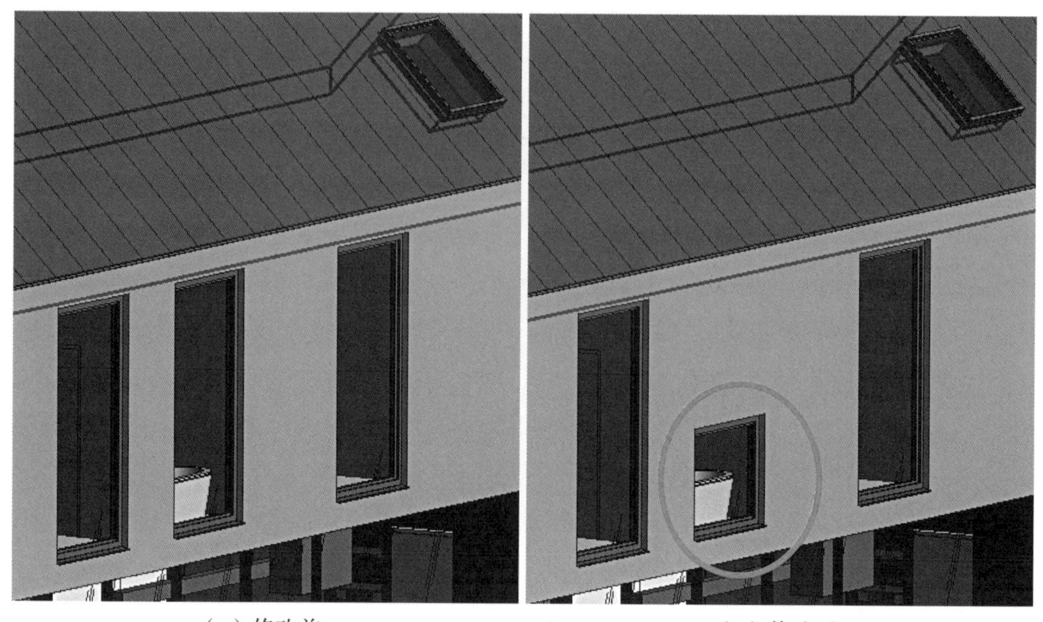

（a）修改前　　（b）修改后

图1.1-5

（5）可出图性

BIM是通过对建筑物进行可视化展示、协调、模拟和优化，帮助业主出如下图纸：综合管线图（经过碰撞检查和设计修改，并消除了相应错误）、综合结构留洞图（预埋套管图）、碰撞检查侦错报告和建议改进方案。

3．知识点——BIM技术的应用

（1）设计阶段的BIM应用

BIM使建筑、结构、给水排水、空调、电气等各个专业基于同一个模型进行工作，从而使真正意义上的三维集成协同设计成为可能。在二维图纸时代，各个设备专业的管道综合是一个复杂、费时的工作，做得不好甚至会经常引起施工中的反复变更。而BIM将整个设计整合到一个共享的建筑信息模型中，结构与设备、设备与设备间的冲突会被直接显现出来，通过BIM进行三维碰撞检测，能及时发现冲突并调整设计，从而极大地避免施工中的浪费。此外，BIM使得设计修改更加容易，只要对项目做出更改，由此而产生的所有结果都会在整个项目中自动协调，各个视图中的平、立、剖面图会自动修改，不会出现平、立、剖面图中信息不一致的错误。

在建筑设计阶段实施BIM的最终结果一定是所有设计师将其应用到设计全过程的结果。但在尚不具备全过程应用条件的情况下，局部项目、局部专业、局部过程的应用将成为未来过渡期内的一种常态。因此，根据具体项目的设计需求、BIM团队情况和设计周期等条件，可以选择在不同的设计阶段中应用BIM。

对于设计师、建筑师和工程师而言，应用BIM不仅要求实现设计工具从二维到三维的转变，而且要求在设计阶段贯彻协同设计、绿色设计和可持续设计的理念。其最终目的是使整个工程项目在设计、施工和运营等各个阶段都能够有效地节省能源、节约成本、降低污染和提高效率。

（2）施工阶段的BIM应用

在施工阶段，通过BIM对施工进行模拟是BIM的重要应用之一。模拟施工的目的是在施工前对施工的整个过程进行模拟，分析不同资源配置对工期的影响，综合成本、工期和材料等因素得出最优的建筑施工方案，从而减少因建筑过程中的错误而造成的成本浪费，甚至可以帮助人们实现建筑构件的直接无纸化加工建造，实现整个施工周期的可视化模拟和可视化管理。施工人员可以迅速地为业主制定展示场地使用情况或更新调整情况的规划，从而和业主进行沟通，将施工过程对业主的运营和施工人员的影响降到最低。BIM还能改善施工规划，从而节省施工中在过程与管理问题上投入的时间和资金。

（3）运营阶段的BIM应用

BIM自从被引入我国工程建设领域以来，带给行业的变革不仅仅体现在技术手段上，还体现在管理过程中，并贯穿于建筑全寿命周期，其价值逐渐被认知且日益凸显。对于公共建筑和重要设施而言，在设施运营和维护方面耗费的成本相当高；而运用BIM能够提供关于建筑项目的协调一致、可计算的信息，通过在建筑全寿命周期中时间较长、成本较高的维护和运营阶段使用数字建筑信息，业主和运营商可大大降低由于缺乏互操作性而导致的成本损失。目前，BIM在运营维护阶段的应用需求非常大，尤其是对公共设施的维护、重要设施的维护，如对公共建筑的能耗、折旧、安全性预测、物业使用、维护、调试手册、物业变化前的原始信息、建筑使用情况或性能，其创造的价值不言而喻。

近年来，我国的建筑技术发展很快，“甩图板”是我国建筑业发展历程中的一大革命。通过这项革命，我国建筑业从图板时代进入到计算机时代，为我国建筑业的飞速发展奠定了技术基础。BIM为建筑业领域带来了第二次革命，它不仅实现了从二维设计到三维全寿命周期设计转变，最重要的是，对于整个建筑业来说，它改变了项目参与各方的协作方式，改变了人们的工作协同理念。所以说，BIM引发了建筑业一次脱胎换骨的技术性革命，BIM理念正在逐步深入人心。

1.1.4 问题思考

1. BIM的基本概念是什么？
2. BIM的特点有哪些？
3. BIM主要应用在哪些阶段？

1.1.5 知识拓展

资源名称	BIM应用案例	BIM发展趋势
资源类型	视频	文档
资源二维码		

任务 1.2 BIM应用软件

1.2.1 教学目标与思路

【教学目标】

知识目标	能力目标	素养目标	思政要素
1．了解常见BIM软件； 2．熟悉Revit软件术语及其中的联系。	1．熟悉Revit软件操作界面； 2．掌握Revit软件界面调整方法。	1．培养自主学习的习惯； 2．养成严谨的工作作风。	1．通过国产软件发展，激发爱国精神； 2．通过盗版软件违法案例，培养法律意识。

【学习任务】了解常见BIM软件及其功能特点，掌握Revit软件界面调整的方法。

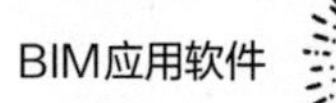

【建议学时】2学时。

【思维导图】

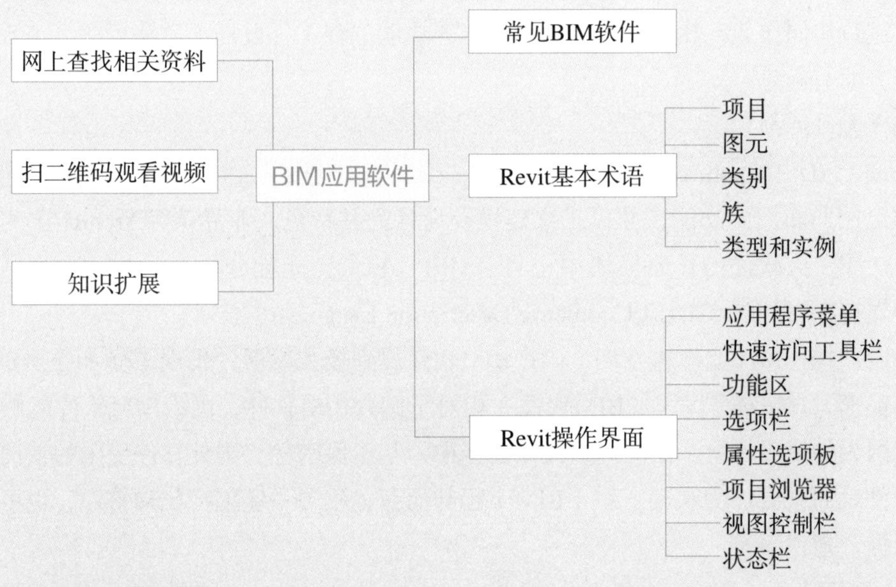

1.2.2 学生任务单

学生根据要求，自行复印附录 学生任务单。

1.2.3 知识与技能

1. 知识点——常见BIM软件

BIM软件种类种类很多，有分析类型、设计类型、造价类型、管理类型以及建模类型。最为常用的就是建模类型软件，下面介绍几种最常用的建模BIM软件。

（1）Revit

Revit系列软件为Autodesk公司专门为BIM技术打造的软件。Revit系列软件可提供各种BIM功能满足用户需求，其范围包含建构BIM模型、机电设备（MEP）图形构件、信息管理、自动化产生图形及报表、工程仿真及设施维护管理等功能。在国内民用建筑行业，Revit是目前BIM软件中较为知名的一款建模软件。

（2）MagiCAD

MagiCAD是广联达科技股份有限公司旗下产品之一，可以基于AutoCAD及Revit双平台运行的软件，主要适用机电使用，功能全面，提供了风系统、水系统、电气系统、系统原理图设计、管道综合支吊架等模块。对于习惯CAD的设计师来说，用MagiCAD会很容易上手，正常地使用也很方便。所以，目前很多单位的机电部分使用这款软件。

（3）AECOsim

AECOsim软件是Bentley公司研发一个整合式的BIM建模软件，可用于建筑、结构、机电、管线等设计，提供完整且高效率的BIM解决方案，通过所提供的工具可进一步进行排程模拟、碰撞检测、管理对象及产生预算报表等功能，另可搭配Bentley相关产品，进行协同作业、热能分析及风场仿真等功能。在工程设计、道路桥梁、市政和水利工程方面有优势。

（4）ArchiCAD

ArchiCAD由Graphisoft公司所开发，是一款应用广泛的三维建筑设计软件，同时具备二维绘图与布图的功能，并以三维建模及设计为其特色。业界认为ArchiCAD为最早的BIM软件，该软件的扩展模块中也具有MEP、ECO（能耗分析）及Atlantis渲染插件等，并支持IFC标准及GDL（Geometric Description Language）技术。

随着我国BIM产业飞速发展，国产BIM软件得到极大发展，出现了例如鲁班BIM，红瓦，品茗，PKPM等优秀的BIM软件。相对于国外BIM软件，国产BIM软件能够更好地适应国人的使用习惯。在一些重大项目当中，基于保密性，国外软件受限的情况下，国产软件反而会更加受欢迎。对于BIM工程师而言，学习一些国产BIM软件，也可以帮助自己提升知识面。

2. 知识点——Revit基本术语

（1）项目

在Revit中，新建一个文件是指新建一个项目文件。项目是指单个设计信息数据库——建筑信息模型。项目文件包含了建筑的所有设计信息（从几何图形到构造数据），即完整的三维建筑模型、所有的设计视图（平、立、剖、明细表等）和施工图图纸等信息，并且这些设计信息之间保持着关联关系。当建筑师在某一个设计视图中修改设计时，Revit会在整个项目中同步这些修改。项目文件是最终完成并交付的文件，其后缀名为“.rvt”。

（2）图元

在创建项目时，用户可以通过向设计中添加参数化建筑图元来创建建筑模型。在Revit中，图元主要分为三种：模型图元、基准图元和视图专有图元。

①模型图元：模型图元表示建筑的实际三维几何图形，其显示在模型的相关视图中，如墙、窗、门和屋顶等。

②基准图元：基准图元是可以帮助定义项目定位的图元，如轴网、标高和参照平面等。

③视图专有图元：视图专有图元只显示在放置这些图元的视图中，可以对模型进行描述和归档，如尺寸标注、标记和二维详图构件等。

Revit图元的架构如图1.2–1所示。

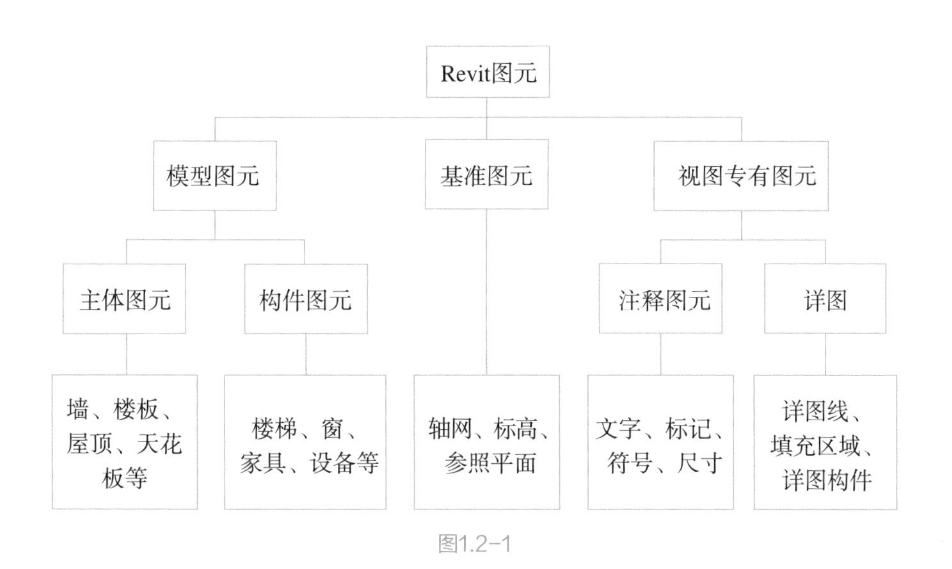

图1.2–1

（3）类别

类别是一组用于对建筑设计进行建模或记录的图元，用于对建筑图元、基准图元和视图专有图元做进一步的分类。与AutoCAD不同，Revit不提供图层的概念。Revit中的轴网、墙、尺寸标注、文字注释等对象以类别的方式进行自动归类和管理。Revit通过类别进行细分管理。例如，墙、屋顶和梁属于模型图元的类别，而标记和文字注释属于注释图元的类别。

（4）族

族是某一类别中图元的类，用于根据图元参数的共用、使用方式的相同或图形表示的相似来对图元类别进一步分组。一个族中不同图元的部分或全部属性可能有不同的值，但是属性的设置（名称和含义）是相同的。例如，结构柱中的“圆柱”和“矩形柱”都是柱类别中的一族。在Revit中，族分为可载入族、系统族和内建族。

①可载入族：可载入族是指单独保存为族“.rfa”格式的独立族文件，且可以随时载入到项目中的族。Revit提供了族样板文件，允许用户自定义任意形式的族。在Revit中门、窗、结构柱、卫浴装置等均为可载入族。

②系统族：系统族仅能利用系统提供的默认参数进行定义，不能作为单个族文件载入或创建。系统族包括墙、天花板、屋顶、楼板、标高、轴网、尺寸标注等。系统族中定义的族类型可以使用“项目传递”功能在不同的项目之间进行传递。

③内建族：在项目中，由用户在项目中直接创建的族称为内建族。内建族仅能在本项目中使用，既不能保存为单独的“.rfa”格式的族文件，也不能通过“项目传递”功能将其传递给其他项目。与前两种族不同，内建族仅能包含一种类型。Revit不允许用户通过复制内建族类型来创建新的族类型。

（5）类型和实例

除内建族外，每一个族包含一个或多个不同的类型，用于定义不同的对象特性。例如，对于结构柱来说，可以通过创建不同的族类型，定义不同的结构柱类型和材质等。而每个放置在项目中的实际结构柱图元，则称之为该类型的一个实例。Revit通过类型属性和实例属性参数控制图元的类型或实例参数特征。同一类型的所有实例均具备相同的类型属性参数设置，而同一类型的不同实例，可以具备完全不同的实例参数设置。

Revit中族类别、族、族类型和族实例之间的相互关系如图1.2–2所示。可以看出，对于同一类型的不同结构柱实例，它们均具备相同的柱直径或长宽尺寸，但可以具备不同的高度、位置等实例参数。

3．技能点——Revit操作界面

打开Revit后，系统来到启动界面，单击启动界面中最近使用过的项目文件，或者单击【项目】选项组中的【新建】按钮，在弹出的【新建项目】对话框的【样板文件】下拉列表框中选择一个样板文件，单击【确定】按钮，即可进入Revit的操作界面，如图1.2–3所示。

Revit的操作界面主要包含应用程序菜单、快速访问工具栏、功能区、属性选项板、项目浏览器、视图控制栏和状态栏等。

（1）应用程序菜单

单击“应用程序菜单”按钮，系统展开下拉菜单，如图1.2–4所示，该下拉菜单提供了【新建】【打开】【保存】【另存为】【导出】等常用的文件操作命令。在下拉菜单的右侧，系统还列出了最近使用的文档的名称，在这里用户可以快速地打开最近使用的文

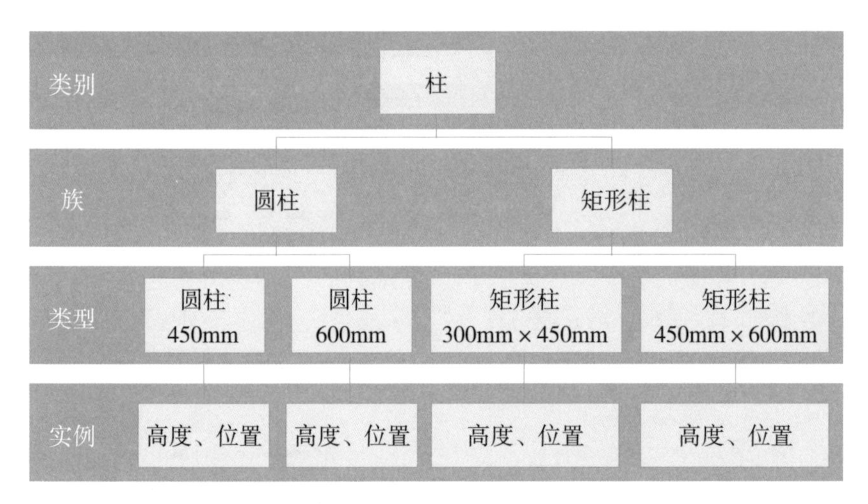

图1.2–2

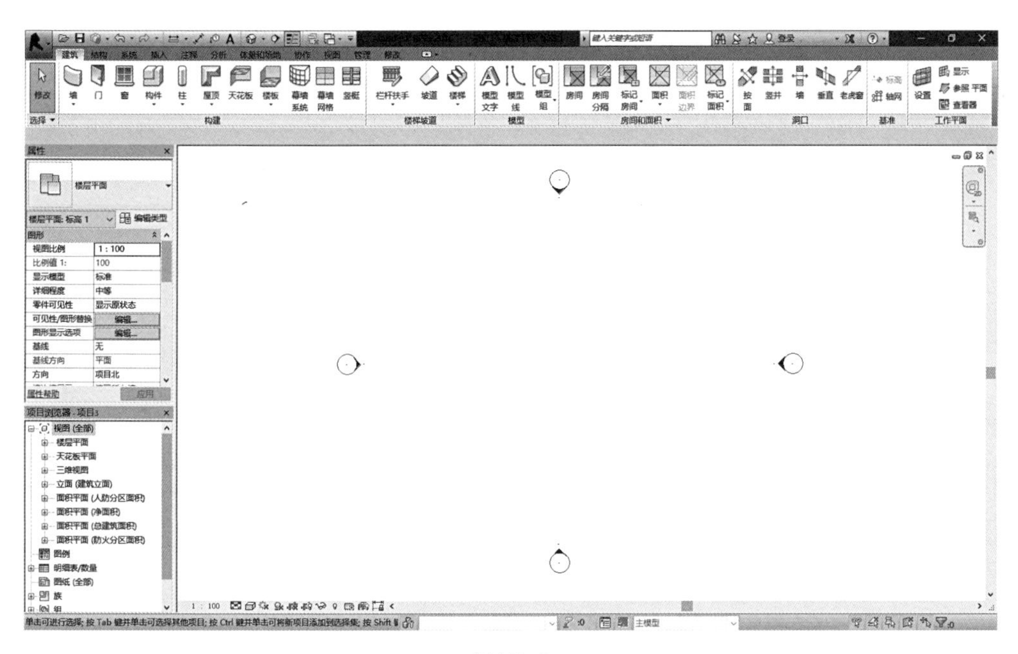

图1.2–3

件。若单击【选项】按钮，系统将打开【选项】对话框，如图1.2–5所示，用户可以在该对话框中进行相应的参数设置。

（2）快速访问工具栏

快速访问工具栏包含一组默认工具，如图1.2–6所示。用户可以对该工具栏进行自定义，使其显示最常用的工具。若单击该工具栏最右端的下拉三角箭头，系统将展开工具列表。此时，在工具列表中选中或取消选中相应选项即可显示或隐藏相应的命令按钮。

（3）功能区

创建或打开文件时，会显示功能区，如图1.2–7所示。功能区位于快速访问工具栏

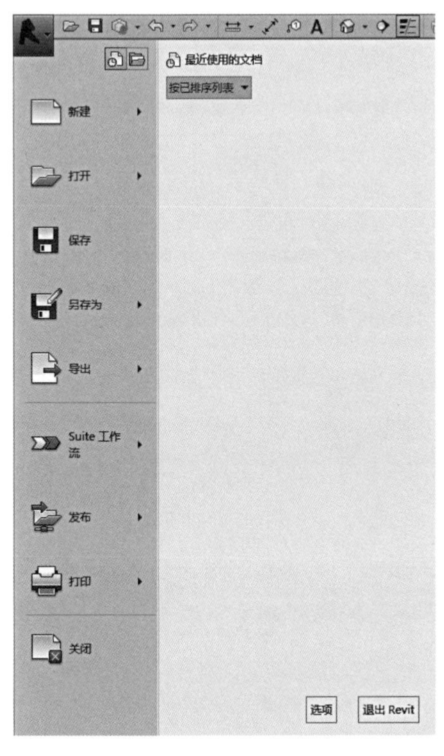

图1.2-4

图1.2-5

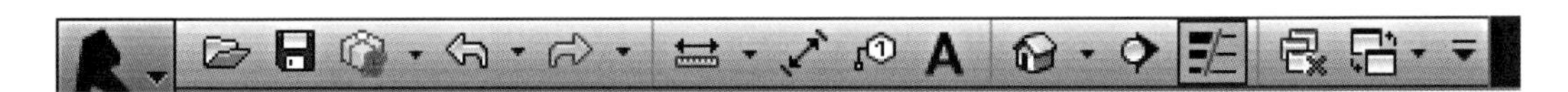

图1.2-6

图1.2-7

的下方，它提供创建项目或族所需的全部工具。调整窗口的大小时，功能区中的工具会根据可用空间自动调整大小。该功能使所有按钮在大多数屏幕尺寸下都可见。

①功能区主选项卡。功能区主选项卡中默认的工具有【建筑】【结构】【系统】【插入】【注释】【分析】【体量】【场地】【协作】【视图】【管理】【修改】11个主选项卡。

②功能区子选项卡。当选择某个图元或激活某个命令时，在功能区主选项卡后会增加子选项卡，其中列出了和该图元或该命令相关的所有子命令工具，这样就不需要在下拉菜单中逐级查找子命令。图1.2-8为【注释】主选项卡下的【尺寸标注】子选项卡。

③功能区视图状态。单击主选项卡右侧的下拉工具按钮，可以使功能区的视图状态在“最小化为选项卡”“最小化为面板标题”“最小化为面板按钮”“循环浏览所有项”四种状态之间切换，如图1.2-9所示。

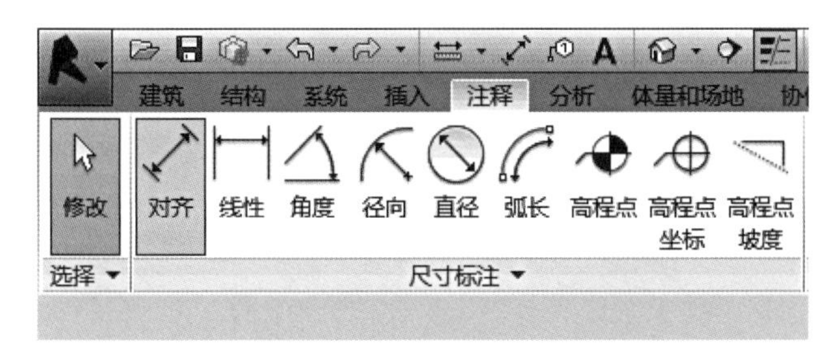

图1.2-8

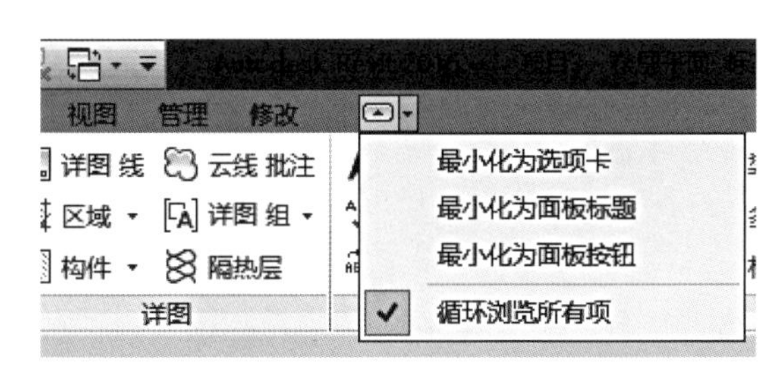

图1.2-9

（4）选项栏

选项栏位于功能区的下方。当用户选择不同的命令或者选择不同的图元时，选项栏中将显示与该命令或该图元相关的选项，在这里可以进行相应参数的设置和编辑，如图1.2–10所示。

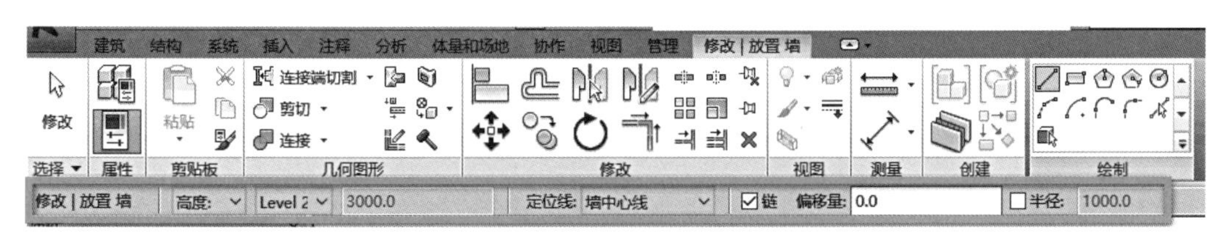

图1.2–10

（5）属性选项板

属性选项板的主要功能是查看或修改图元的属性特征，还可以显示该图元的图元类型和属性参数等，如图1.2–11所示。属性选项板主要由以下四部分组成：

①类型选择器。【属性】选项板上面一行的预览框和类型名称即为类型选择器。用户可以单击右侧的下拉箭头，从打开的下拉列表中选择已有的合适的构件类型直接替换现有构件类型，而不需要反复修改图元参数。

②属性过滤器。在绘图区域中选择多类图元时，可以通过属性过滤器选择所选对象中的某一类对象。

③编辑类型。单击【编辑类型】按钮，系统将打开【类型属性】对话框，如图1.2–12

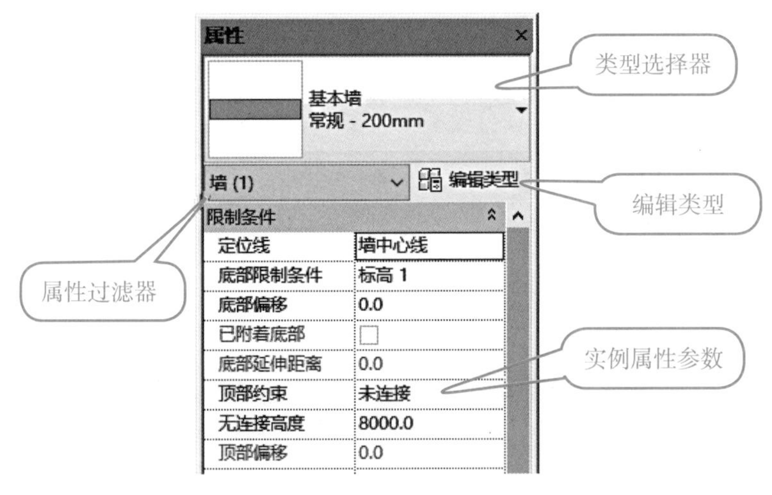

图1.2-11

类型属性

族(F)：系统族：基本墙　　载入(L)...

类型(T)：常规 - 200mm　　复制(D)...

重命名(R)...

类型参数

参数	值
构造	
结构	编辑...
在插入点包络	不包络
在端点包络	无
厚度	200.0
功能	外部
图形	
粗略比例填充样式	
粗略比例填充颜色	黑色
材质和装饰	
结构材质	<按类别>
尺寸标注	
壁厚	
分析属性	
传热系数(U)	

<< 预览(P)　确定　取消　应用

图1.2-12

所示。在该对话框中，用户可以复制、重命名对象类型，并可以通过编辑其中的类型参数值来改变与当前所选择图元同类型的所有图元的外观尺寸等。

④实例属性参数。【属性】选项板中的各种参数列表框显示了当前所选择图元的各种限制条件类、图形类、尺寸标注类、标识数据类、阶段类等实例参数及其值。用户可以通过修改参数值来改变当前所选择图元的外观尺寸等。

（6）项目浏览器

项目浏览器用于显示当前项目中的所有视图、明细表、图纸、族、组、链接的Revit模型和其他部分对象。项目浏览器呈树状结构，各层级可展开和折叠，如图1.2–13所示。

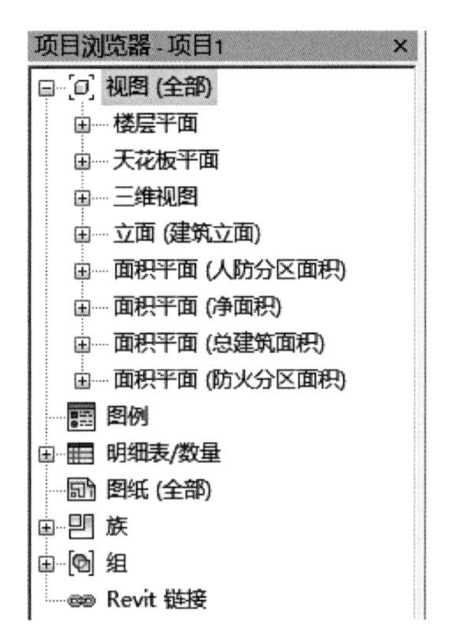

图1.2–13

（7）视图控制栏

视图控制栏的主要功能是控制当前视图的显示样式，包括视图比例、详细程度、视觉样式、关闭/打开日光路径、关闭/打开阴影、不裁剪/裁剪视图、显示/隐藏裁剪区域、临时隐藏/隔离、显示隐藏的图元、临时视图属性、显示/隐藏分析模型、显示/隐藏约束，如图1.2–14所示。对各选项说明如下：

图1.2–14

①视图比例。该选项用于对视图指定不同的比例。

②详细程度。Revit提供了粗略、中等和精细3种详细程度。通过指定详细程度，可控制视图显示内容的详细级别。

③视觉样式。Revit提供了线框、隐藏线、着色、一致的颜色、真实、光线追踪6种不同的视觉样式。通过指定视图视觉样式，可以控制视图颜色、阴影等要素的显示。

④关闭/打开日光路径。打开日光路径可显示当前太阳的位置，配合阴影的设置可以对项目进行日光研究。

⑤关闭/打开阴影。通过日光路径和阴影的设置，可以对建筑物或场地进行日光影响研究。

⑥不裁剪/裁剪视图。开启【裁剪视图】功能，可以控制视图的显示区域。

⑦显示/隐藏裁剪区域。裁剪区域可见性的设置主要用来控制该裁剪区域边界的可见性。裁剪区域分为模型裁剪区域和注释裁剪区域。

⑧临时隐藏/隔离。临时隐藏/隔离设置分为按图元和按类别两种方式，可以临时性隐藏对象。当重新打开被关闭的视图窗口时，被临时隐藏的对象均会显示出来。

⑨显示隐藏的图元。开启该功能可以显示所有被隐藏的图元。被隐藏的图元为深红色显示，选择被隐藏的图元后右击，在弹出的快捷菜单中选择【取消在视图中隐藏】命令，可以取消对此对象的隐藏。

⑩临时视图属性。选择【启用临时视图属性】选项，可以使用临时视图样板控制

当前视图。在选择【恢复视图属性】选项前，视图样式均为临时视图样板样式。

⑪显示/隐藏分析模型。开启【隐藏分析模型】功能可以隐藏当前视图中的结构分析模型，而不影响其他视图的正常显示。

⑫显示/隐藏约束。可以看到视图中所有被约束上的构件，所有限制条件都以彩色显示，而模型图元以半色调（灰色）显示。

（8）状态栏

状态栏用于显示和修改当前命令操作或功能所处状态，如图1.2–15所示。状态栏主要包括当前操作状态、工作集状态栏、设计选项状态栏、选择链接、选择基线图元、选择锁定图元、按面选择图元和选择时拖曳图元等。

图1.2–15

1.2.4 问题思考

1. 常用的BIM软件有哪些？
2. 请举例说明Revit中类别、族、类型、实例之间有什么关系？
3. 新建一个文件，如何将文件的保存方式设置为每隔10分钟保存一次？

1.2.5 知识拓展

资源名称	BIM软件概述	国产BIM软件介绍	BIM技术在各工程阶段常用的软件
资源类型	文档	文档	文档
资源二维码			

项目 2
族的创建和编辑

任务 2.1 族

2.1.1 教学目标与思路

【教学目标】

知识目标	能力目标	素养目标	思政要素
1. 熟悉族概念和分类； 2. 熟悉族的用途。	1. 能够创建基本族； 2. 能够熟练编辑各类形状的族。	1. 具有分析能力，善于创新和总结经验； 2. 具有较强的洞察力和创新能力。	1. 树立自信意识； 2. 培养奉献精神； 3. 培养团队精神。

【学习任务】熟悉族的概念，掌握基于Revit软件进行操作的一般方法，为实现建筑、结构、机电全专业间三维协同设计、绘制不同族的工作基础与前提条件。

【建议学时】3 ~ 4学时。

【思维导图】

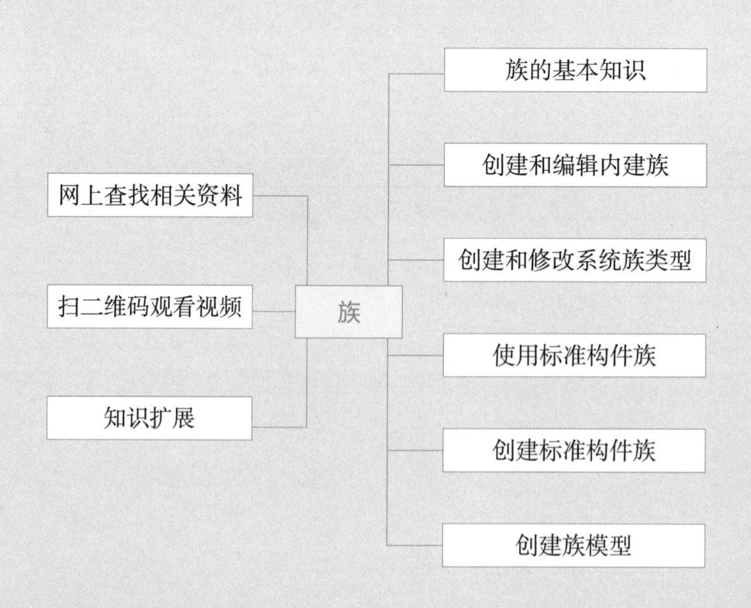

2.1.2 学生任务单

学生根据要求，自行复印附录 学生任务单。

2.1.3 知识与技能

1．知识点——族的基础知识

所有添加到Revit项目中的图元，从用于构成建筑模型的结构构件、墙、屋顶、窗和门到用于记录该模型的详图索引、装置、标记和详图构件，都是使用族创建的。通过使用预定义的族和在Revit中创建新族，可将标准图元和自定义图元添加到建筑模型中。通过族，还可以对用法和行为类似的图元进行某种级别的控制，以便用户轻松地修改设计和更高效地管理项目。

族是Revit软件中一个非常重要的构成要素，掌握族的概念和用法至关重要。通过族概念的引入，用户才可实现参数化的设计。比如，可通过修改参数，从而实现修改门窗族的宽度、高度或材质等。正是因为族的开放性和灵活性，使用户在设计时可以自由定制符合设计需求的注释符号和三维构件族等，从而满足建筑师应用Revit软件的本地化标准定制的需求。

在Revit中，把族分为以下三种：

（1）内建族：在当前项目为专有的特殊构件所创建的族，不需要重复利用。

（2）系统族：包含基本建筑图元，如墙、屋顶、天花板、楼板及其他要在施工场地使用的图元。标高、轴网、图纸和视口类型的项目和系统设置也是系统族。

（3）标准构件族：用于创建建筑构件和一些注释图元的族，如窗、门、橱柜、装置、家具、植物和一些常规自定义的注释图元（如符号和标题栏等），它们具有可自定义高度的特征，可重复利用。

2．技能点——创建和编辑内建族

内建族的创建是仅在必要时使用它们。如果项目中有许多内建族，将会增加项目文件的大小并降低系统的性能。

（1）创建内建族

在任一个打开的项目下，点击【建筑】选项卡→【构建】→【构件】下拉列表中的【内建模型】选项，在弹出的对话框中选择族类别为【屋顶】，输入名称，进入创建内建族模式。

注意设置类别的重要性，只有设置了“族类别”，才会使它拥有该类族的特性。例如说，设置“族类别”为屋顶，才能使它拥有让墙体“附着/分离”的特性等。

进入南立面视图，绘制4条参照平面，如图2.1–1所示。

一般情况需要在立面上绘制拉伸轮廓时，首先在标高视图中通过【设置工作平面】命令来拾取一个面进入立面视图中绘制。此案例可以在标高2视图中绘制一条参照平面，并命名为“a”，作为设置的工作平面。

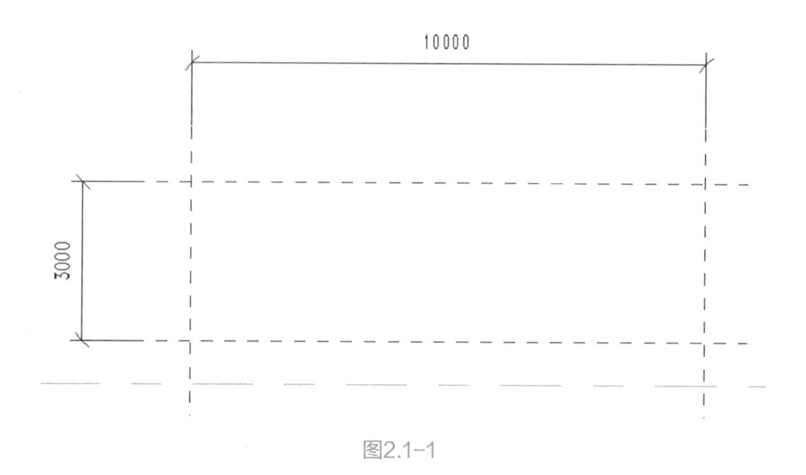

图2.1–1

单击【创建】选项卡→【形状】→【拉伸】工具创建屋顶形状，在弹出的指定工作平面窗口选择名称为“a”的参照平面为工作平面，如图2.1–2所示。

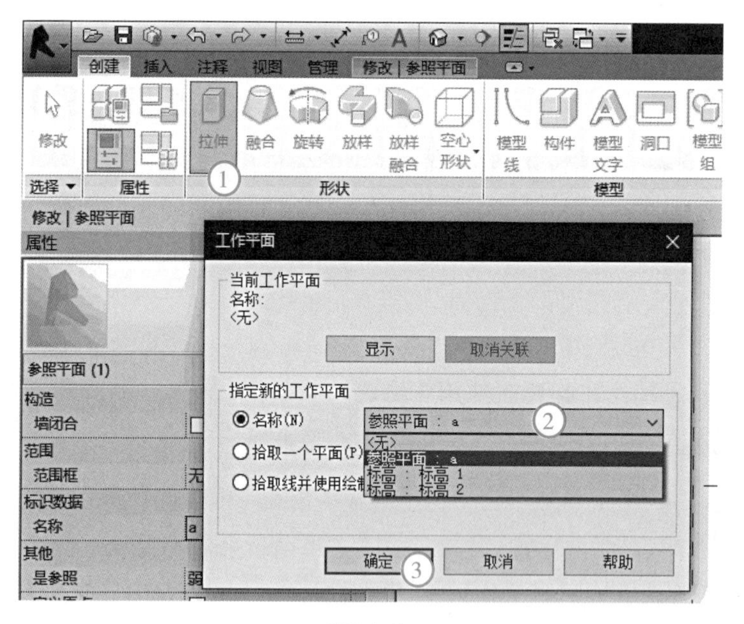

图2.1–2

继续在南立面绘制屋顶形状，利用【绘制】中【直线】命令和【起点–终点–半径弧】命令完成截面形状绘制，按绿色对钩完成创建拉伸，如图2.1–3所示。进入西立面视图，通过拖曳修改屋顶长度，完成效果如图2.1–4所示。

在模型编辑状态下单击选择屋顶，在属性面板上设置其材质及可见性。在属性面板中直接选择材质时，在完成模型后材质不能在项目中来调整；如果需要材质能在项目中做调整，那么单击材质栏后的矩形按钮添加材质参数。

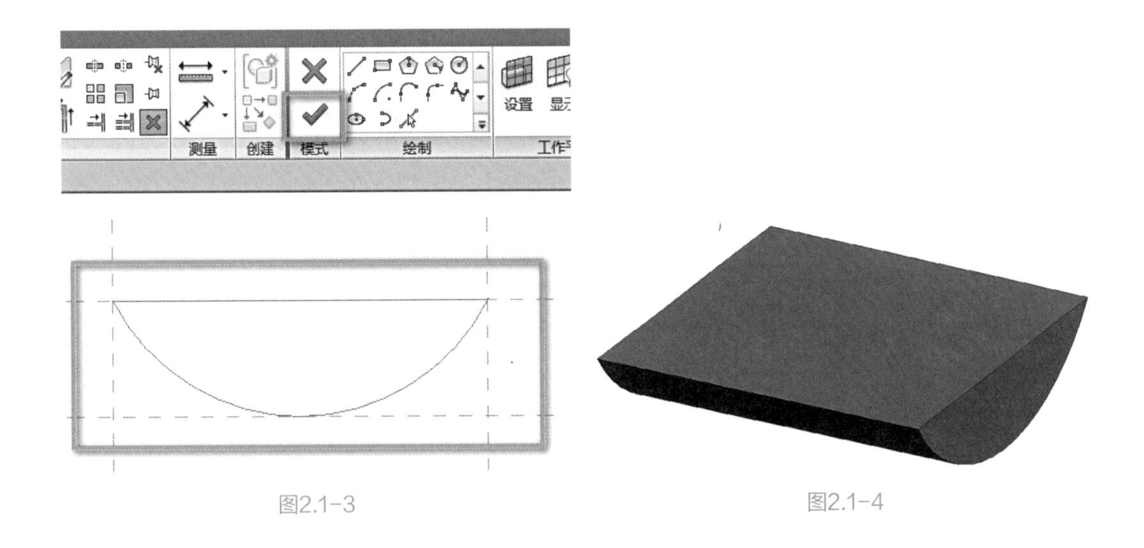

图2.1-3　　　　图2.1-4

（2）编辑内建族

使用项目浏览器查看项目中使用的所有内建族。展开项目浏览器的“族”，此时显示项目中所有族类别的列表。该列表中包含项目中可能包含的所有内建族、标准构建族和系统族。内建族将在项目浏览器的该类别下显示，并添加到该类别的明细表中，而且还可以在该类别中控制该内建族的可见性。

选择内建族实例，或在项目浏览器的族类别和族下选择内建族类型。单击【修改】上下文选项卡下【剪贴板】面板中的【复制–粘贴】按钮，单击视图放置内建族图元。此时粘贴的图元处于选中状态，以便根据需要对其进行修改。根据粘贴的图元的类型，可使用“移动”“旋转”和“镜像”工具对其进行修改。

3. 技能点——创建和修改系统族类型

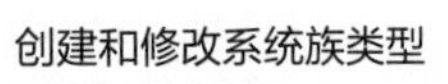

通过项目浏览器可以查看项目或样板中的系统族和系统族类型。在项目浏览器中，展开“族”和族类别，选择墙族类型。在Revit中有3个墙系统族：基本墙、幕墙和叠层墙。展开“基本墙”，此时将显示可用基本墙的列表。下面以墙为例，创建和编辑系统族类型。

（1）创建墙体类型

在属性选项卡中单击【编辑类型】按钮，弹出【类型属性】对话框，单击【复制】按钮，创建一个新的墙类型，如图2.1–5所示。

（2）修改墙体构造

单击类型参数中【构造】下的【结构–编辑】按钮，弹出【编辑部件】对话框，可以通过在“层”中插入构造层来修改墙体的结构，如图2.1–6所示。

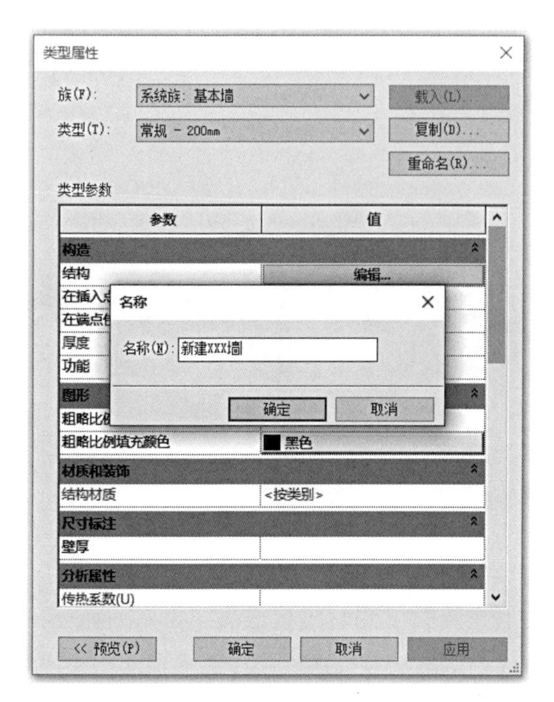

图2.1-5

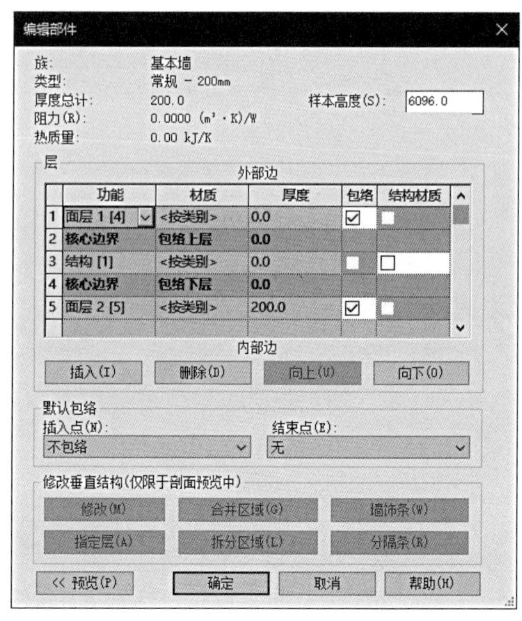

图2.1-6

（3）修改墙结构材质

在【编辑部件】对话框，点击各层中的【材质】按钮，弹出【材质浏览器】对话框，在其中选择合适的墙结构材质，如图2.1–7所示。

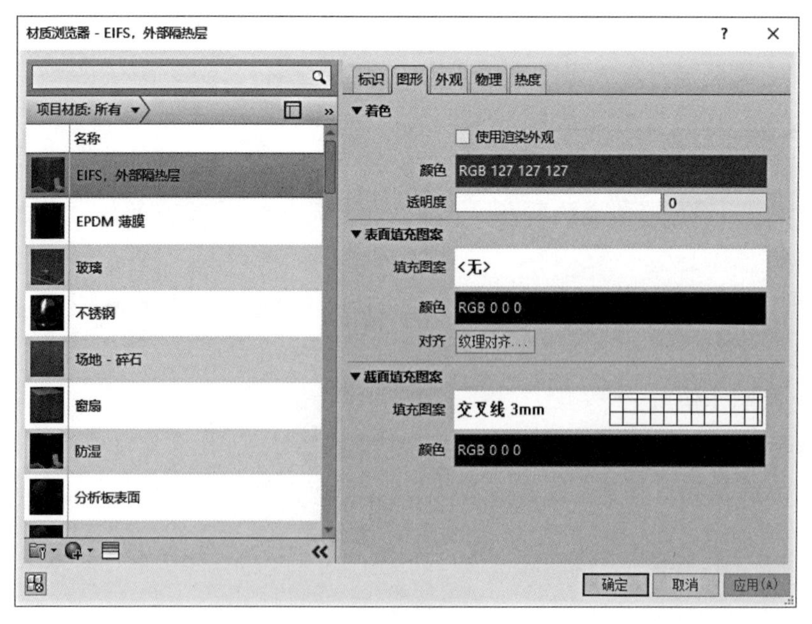

图2.1–7

4. 技能点——使用和创建标准构件族

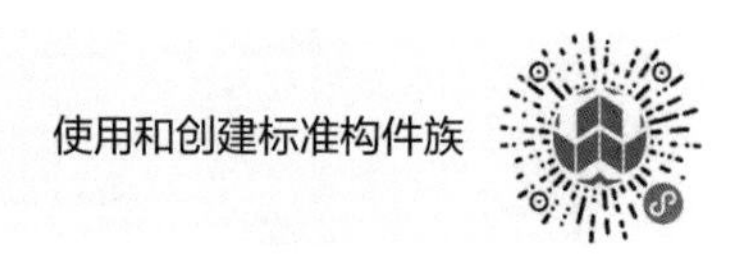

标准构件族是用于创建建筑构件和一些注释图元的族。例如窗、门、橱柜、装置、家具、符号和标题栏等。它们具有高度可自定义的特征，构件族是在外部“.rfa”文件中创建的，并可导入（载入）项目中。

Revit中包含族库，用户可以直接调用。此外，还可以从网站的资源中心下载符合我国标准的本地化族库，包括建筑构件族、环境构件族、系统族、建筑设备族等，能够很好地满足设计要求，提高工作效率。

（1）使用现有的构件族

Revit包含大量预定义的构件族。这些族的一部分已经预先载入样板中，单击【插入】选项卡下【从库中载入】面板中的【载入族】按钮，弹出的对话框如图2.1–8所示。

图2.1–8

而其他族则可以从该软件包含的Revit英制库、公制库或个人制作的族库中导入。用户可以在项目中载入并使用这些族及其类型。

（2）创建标准构件族

选择合适的族样板创建新族文件，基于墙的样板、基于天花板的样板、基于楼板的样板和基于屋顶的样板被称为基于主体的样板。只有当某主体类型的图元存在时，才能在项目中放置基于主体的族。通常也可选择“公制常规模型.rft”，如图2.1–9所示。

创建族时，样板对指定类别，会将指定可用于定义族几何图形的线宽、线颜色、线型图案和材质。为族的不同几何构件指定不同的线宽、线颜色、线型图案和材质，需要在该类别中创建子类别。稍后，在创建族几何图形时，将相应的构件指定给各个子类

图2.1-9

别。定义族的子类别有助于控制族几何图形的可见性。

例如，在窗族中，可以将窗框、窗扇和竖梃指定给一个子类别，而将玻璃指定给另一个子类别。然后可将不同的材质（木质和玻璃）指定给各个子类别。

打开【公制常规模型】后，视图中默认的两个参照平面的交点定义了族原点（插入点）。通过选择参照平面并修改它们的属性可以控制参照平面定义原点。

通过设置参照平面和参照线的布局有助于绘制构件几何图形。通过添加尺寸标注以指定参数化关系。通过指定不同的参数定义，确定族类型的变化。通过【创建】选项卡→【形状】中的“拉伸”“融合”等命令完成族几何图形的创建，如图2.1–10所示。

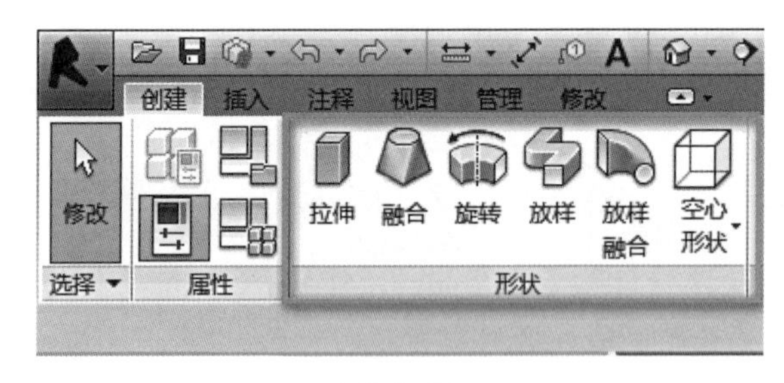

图2.1–10

选择已经创建的几何图形，单击属性面板中的【可见性/图形】按钮，弹出【族图元可见性设置】对话框，如图2.1–11所示。选择要在其中显示该几何图形的视图，选择希望几何图形在项目中显示的详细程度，其详细程度取决于视图比例。所有的几何图形都会自动显示在三维视图中。

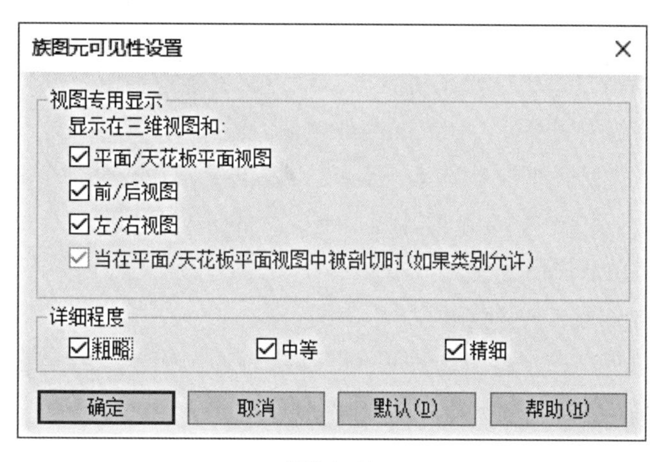

图2.1-11

保存新创建的族，载入到项目中。选中该族，单击【修改】的上下文选项卡下属性面板中的【编辑类型】，弹出【类型属性】对话框，修改任意参数，单击确定按钮查看并确认修改。

5. 技能点——创建族模型

族三维模型的创建最常用的方式是创建实体模型和空心模型，且任何实体模型和空心模型都必须对齐所在参考平面，且可通过参照平面上的标注尺寸驱动实体的形状改变。通过下面案例介绍建模命令的特点和使用方法。

案例：绘制仿交通锥模型，具体尺寸如图2.1-12的给定的图形尺寸所示。

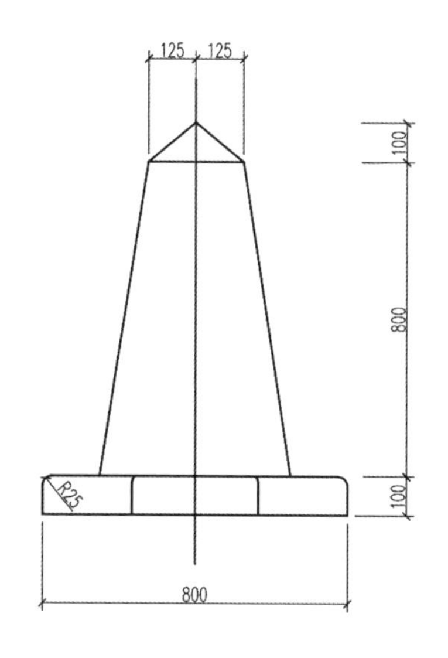

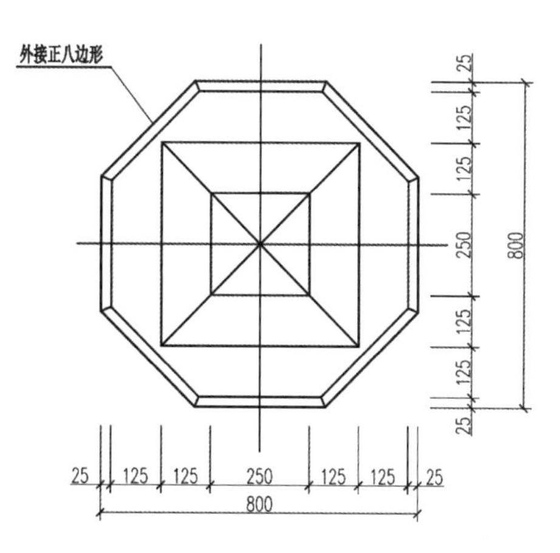

图2.1-12

（1）分析模型

通过图2–11中左边的立面图可看出，该仿交通锥模型由三部分组成，100mm高的底座、800mm高的中间部分、100mm高的顶部。进一步分析可得：

①底座：八边形底座带上部有半径为25的弧度，可由拉伸命令和空心放样完成；

②中间部分：可由两个相同形状、不同尺寸的正方形融合命令完成；

③顶部：可由放样命令完成。

（2）绘制仿交通锥模型底座

打开Revit软件，在“族”选项下单击鼠标左键【新建】，接着在弹出对话框，选择【公制常规模型】，单击【打开】，如图2.1–13所示。

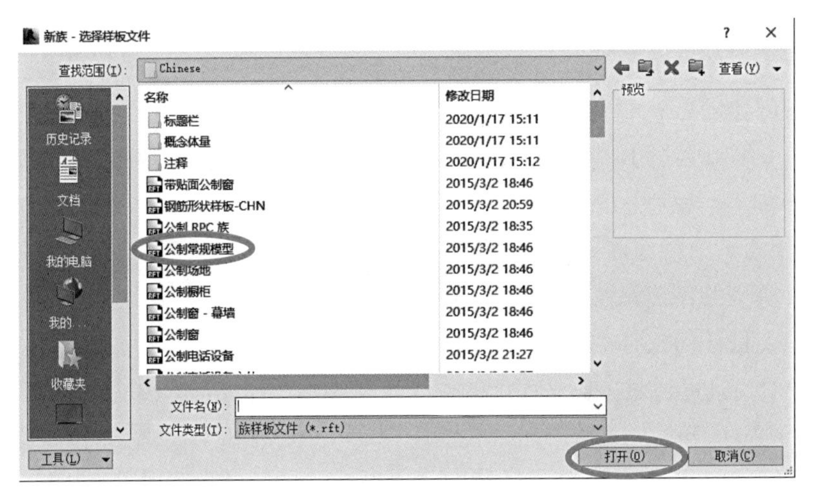

图2.1–13

进入到软件，点击楼层平面，双击【参照标高】，进入到视图，如图2.1–14所示。

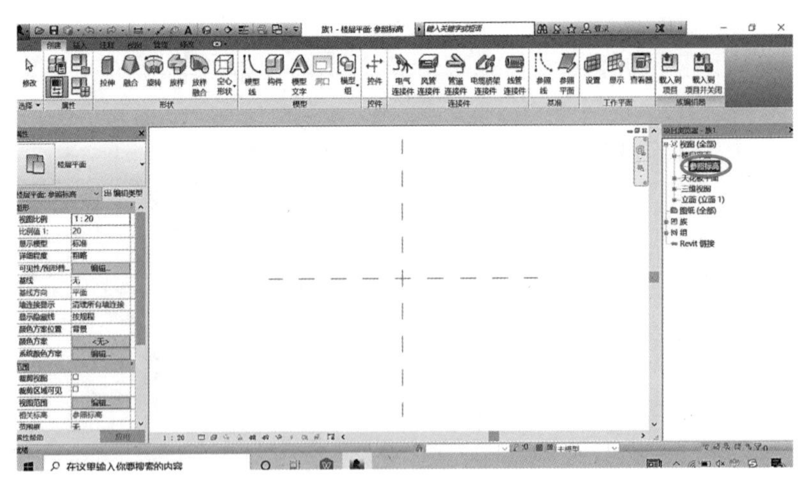

图2.1–14

按照俯视图绘制出八边形。单击【创建】选项卡→【形状】，利用【绘制】→【外接多边形】命令，绘制八边形底，如图2.1–15所示。

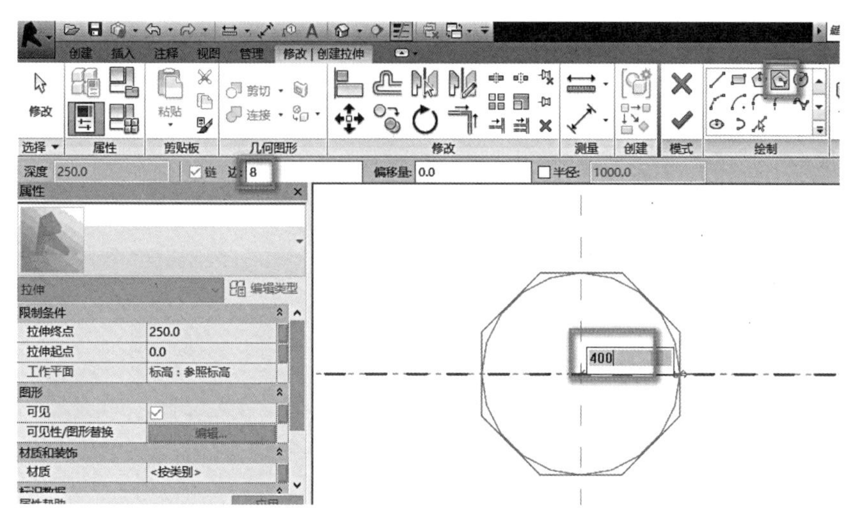

图2.1–15

底座形状编辑完成后，在【属性】里设置【拉伸起点】和【拉伸终点】的位置，按照图纸立面图所给的尺寸，拉伸起点设置为【0】，拉伸终点设置为【100】。参数设置完成后，点击修改菜单下【模式】框里的绿色对号，完成底座的初步建模。如图2.1–16所示。

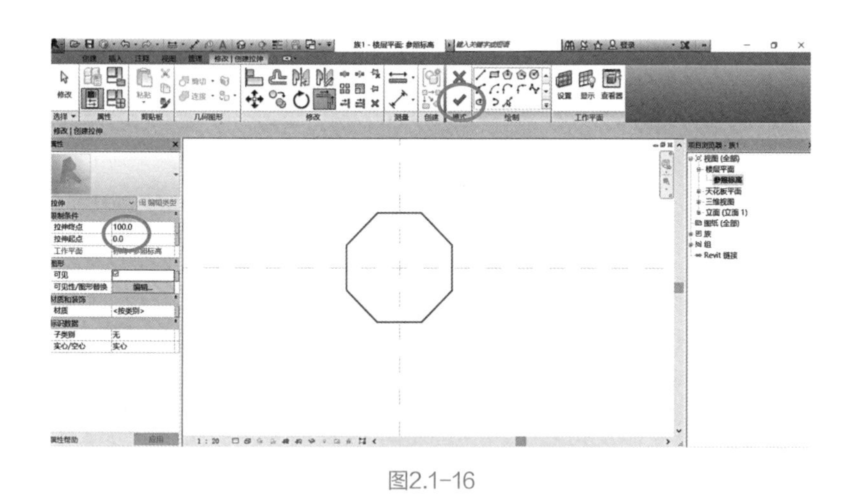

图2.1–16

完成初步建模后，点击【项目浏览器】下面的【立面】，可在前、后、左、右任一立面进行下一步的编辑。在这里，选择【前】，双击进入，如图2.1–17所示。

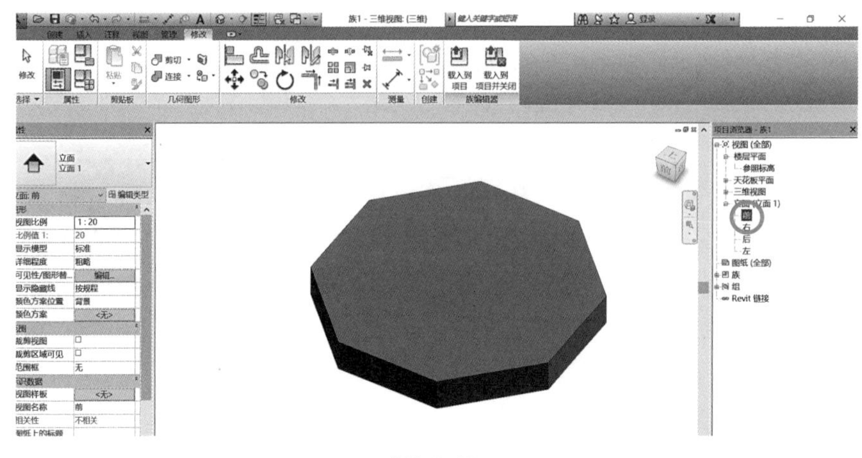

图2.1–17

进入到【前】视图后，绘制参照平面，确定剪切弧形角的位置，如图2.1–18所示。

确定好位置之后，点击【创建】→【空心形状】→【空心放样】，如图2.1–19所示。

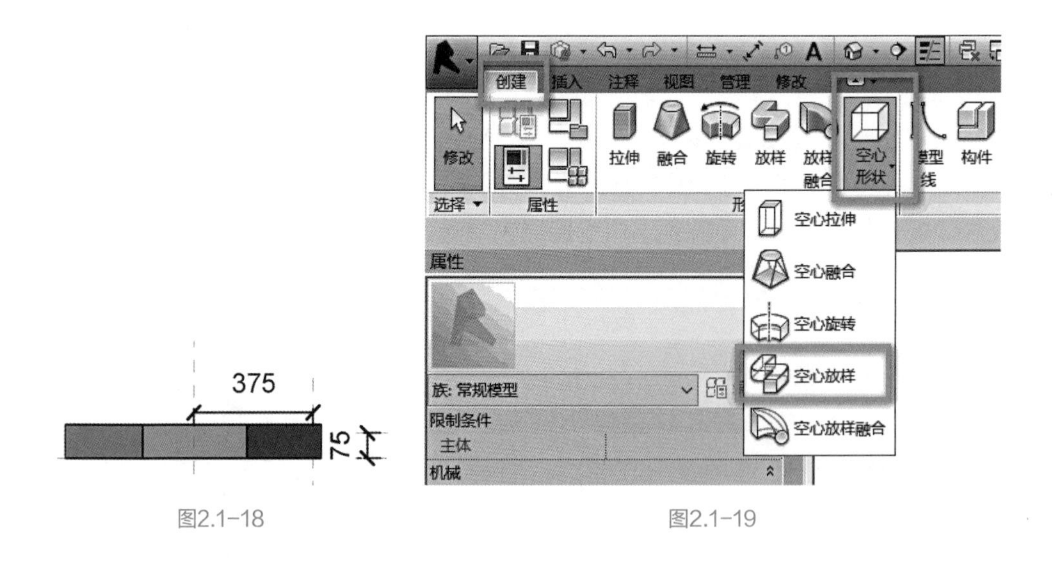

图2.1–18　　图2.1–19

接着在【修改|放样】选项卡下点击【拾取路径】，目标是拾取八边形，在【前】视图无法实现，需要切换到【参照标高】视图。如果拾取不上，点击【拾取三维边】，依次拾取八边形各边后点击绿色对钩完成拾取路径，如图2.1–20所示。

切换回【前】视图，在【轮廓】选项卡下的选项栏中点击【编辑】，开始绘制放样轮廓。先画出两条参照平面找到圆心，再利用【圆心–端点弧】的命令，画出弧线，最后画出两条直线段闭合图形，如图2.1–21所示。

最后点击绿色对钩完成轮廓绘制，再次点击绿色对钩完成空心放样。完成的模型如图2.1–22所示。

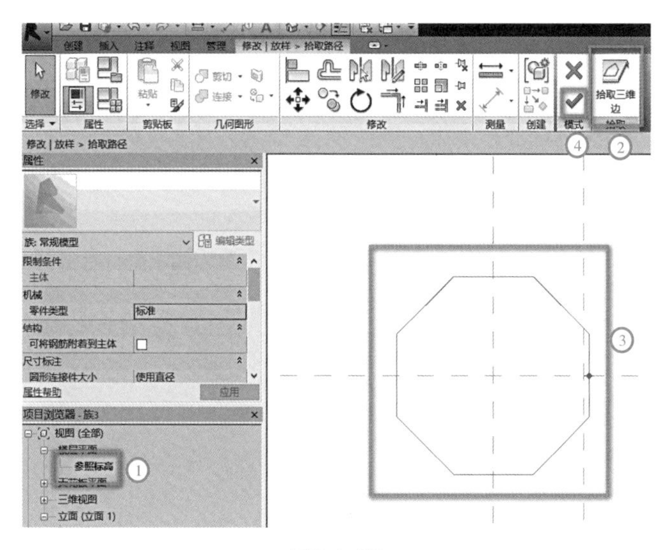

图2.1-20

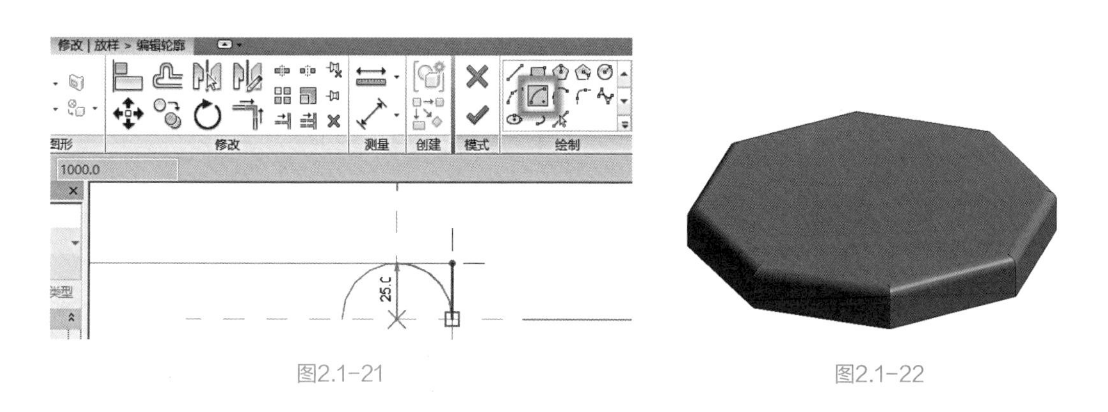

图2.1-21　　图2.1-22

（3）绘制仿交通锥模型中间部分

绘制仿交通锥模型中间部分只需用到融合命令，切换到【参照标高】视图，按照图纸尺寸，利用【外接多边形】命令绘制出两个正方形，设置好参数，如图2.1–23所示，点击绿色对钩完成模型。

（4）绘制仿交通锥模型顶部

顶部是一个四棱锥形，可采用【创建】→【放样】命令完成。点击【放样】，在【参照标高】平面拾取顶部正方形为放样路径，点击完成。然后到【前】视图，在【轮廓】选项卡下的选项栏中点击【编辑】，绘制放样轮廓，如图2.1–24所示。

最后点击绿色对钩完成轮廓绘制，再次点击绿色对钩完成放样。完成的模型如图2.1–25所示。

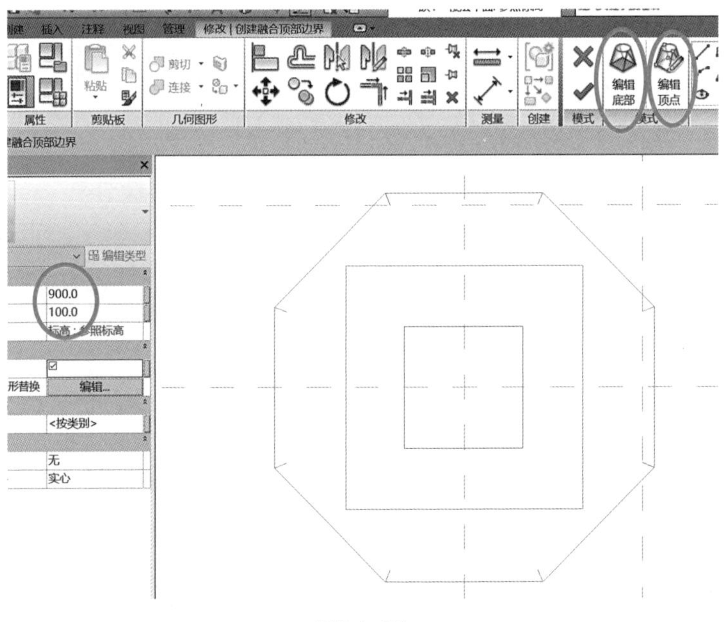

图2.1-23

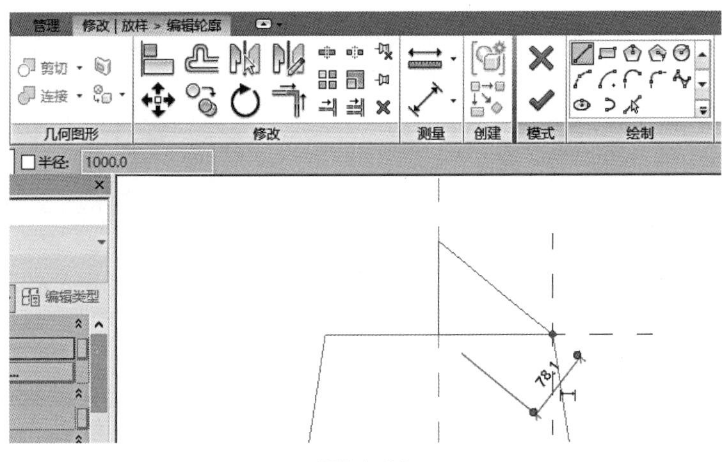

图2.1-24

图2.1-25

2.1.4 问题思考

根据图2.1–26中给定的尺寸，创建柱结构模型。

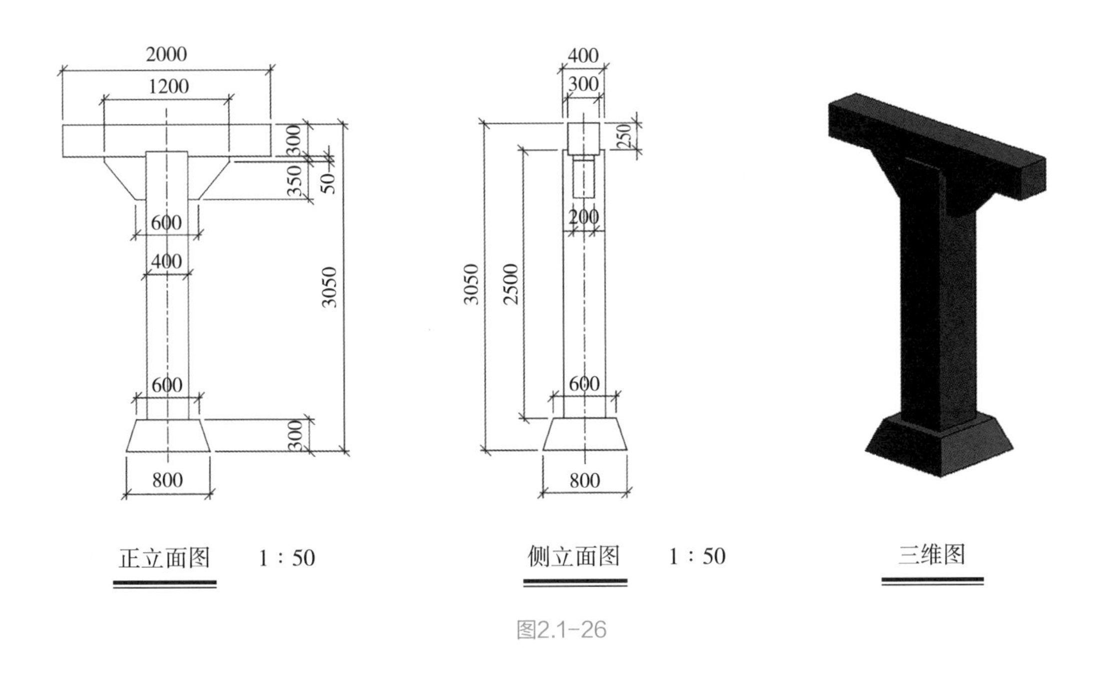

图2.1–26

2.1.5 知识拓展

资源名称	真题讲解 （真题在课件中下载）	BIM族的应用
资源类型	视频	文档
资源二维码		

任务 2.2 体量

2.2.1 教学目标与思路

【教学目标】

知识目标	能力目标	素养目标	思政要素
1. 熟悉体量的概念和作用； 2. 熟悉体量的用途。	1. 能够创建体量； 2. 能够熟练编辑和异形体量。	1. 培养全局意识和大局观念； 2. 善于沟通、乐于助人。	1. 树立自信意识； 2. 培养奉献精神； 3. 培养团队精神。

【学习任务】熟悉体量的概念，掌握基于Revit软件进行操作的一般方法，为实现建筑、结构、机电全专业间体量设计的工作基础与前提条件。

【建议学时】3 ~ 4学时。

【思维导图】

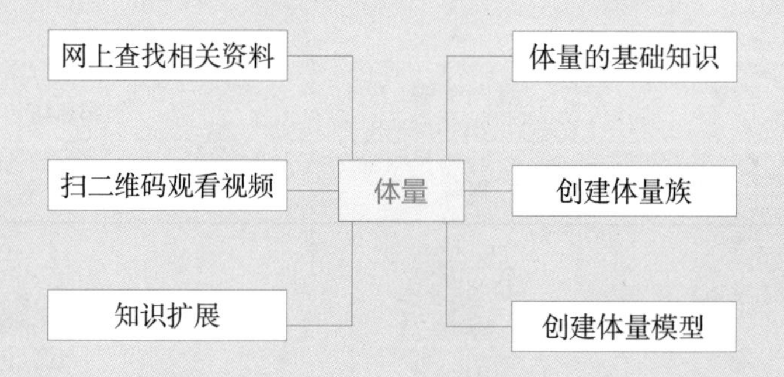

2.2.2 学生任务单

学生根据要求，自行复印附录 学生任务单。

2.2.3 知识与技能

1．知识点——体量的基础知识

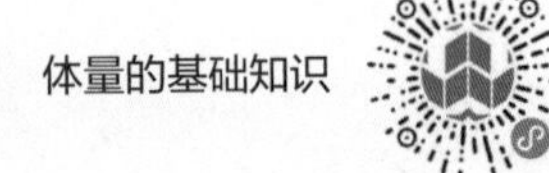

体量是在建筑模型的初始设计中使用的三维形状。体量的绘制原理就是利用一系列的线生成三维形状。通过体量，可以使用造型形成建筑模型概念，从而探究设计的理念。概念设计完成后，可以直接将建筑图元添加到这些形状中。

Revit提供了以下两种创建体量的方式：

（1）内建体量：用于表示项目独特的体量形状。

（2）创建体量族：在一个项目中放置体量的多个实例，或者在多个项目中需要使用同一体量族时，通常使用可载入体量族。

2．技能点——创建体量族

体量族与内建体量创建形体的方法基本相同，但由于内建体量只能随项目保存，因此在使用上相对体量族有一定的局限性。而体量族不仅可以单独保存为族文件随时载入项目，而且在体量族空间中还提供了如三维标高等工具并预设了两个垂直的三维参照面，优化了体量的创建及编辑环境。

在Revit开始界面选择【新建概念体量模型】，在弹出的【新建概念体量–选择样板文件】对话框中双击"公制体量.rft"族样板，进入体量族的绘制空间，如图2.2–1所示。

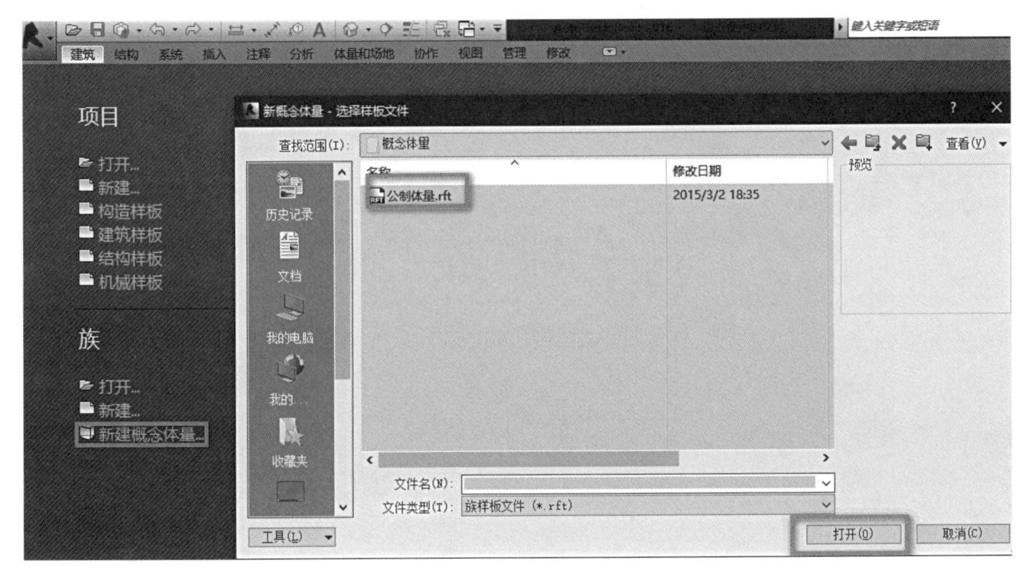

图2.2–1

Revit的概念体量族空间的三维视图提供了三维标高面，可以在三维视图中直接绘制标高，更有利于体量创建中工作平面的设置，如图2.2–2所示。

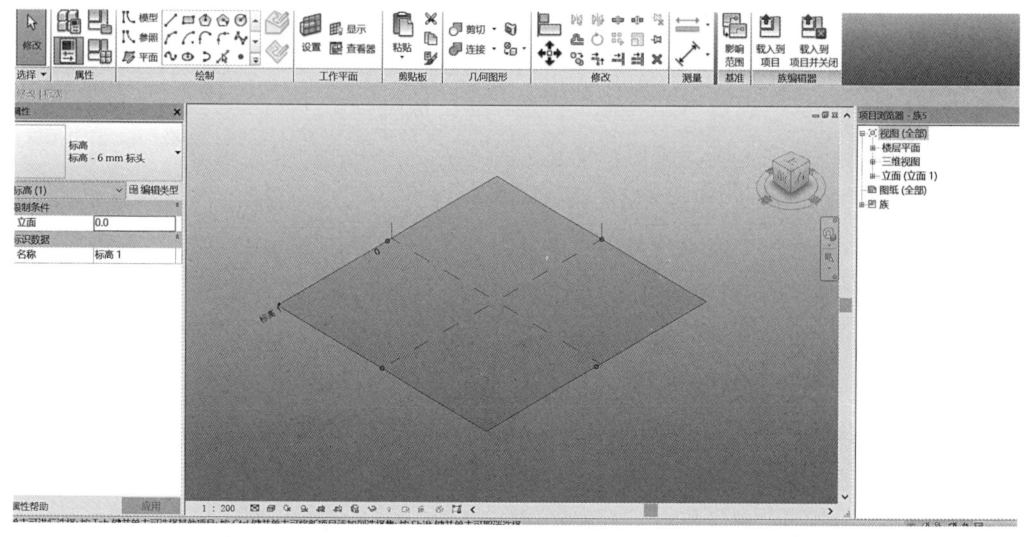

图2.2–2

（1）三维标高的绘制

单击【创建】选项卡→【基准】→【标高】按钮，将光标移动到绘图区域现有标高面上方，光标下方出现间距显示，可直接输入间距，如“10000”，即10m，按回车键即可完成三维标高的创建，如图2.2–3所示。体量族空间中默认单位为“毫米”。

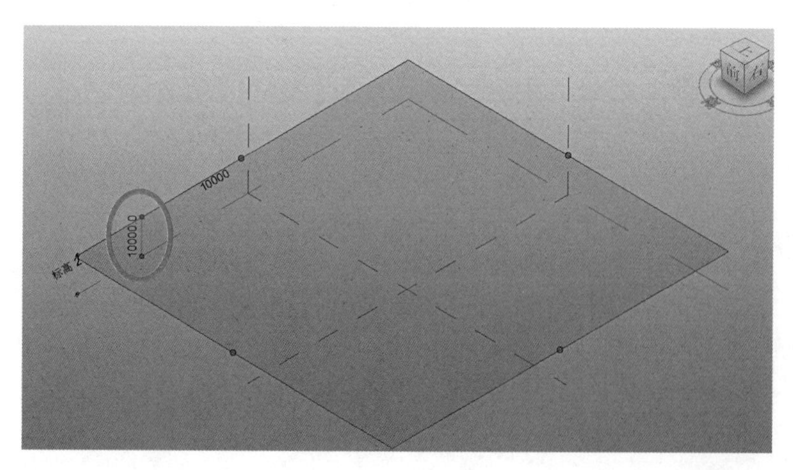

图2.2–3

标高绘制完成后还可以通过临时尺寸标注修改三维标高高度，单击可直接修改以下两个标高数值，如图2.2–4所示。

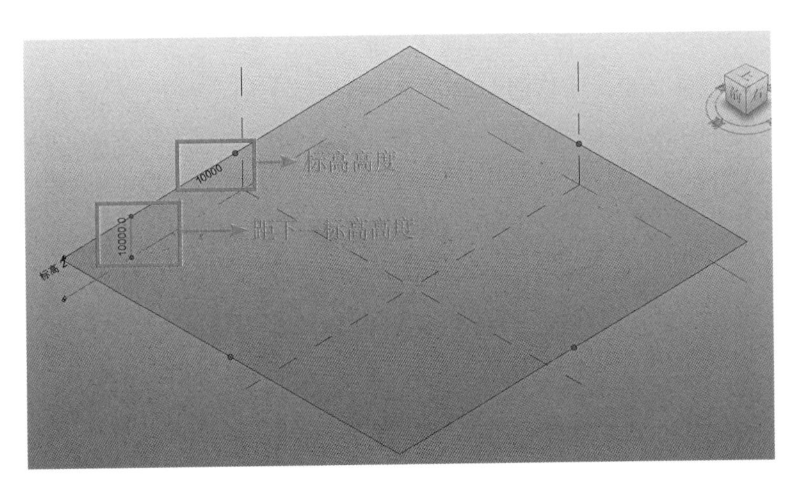

图2.2-4

在三维视图同样可以【复制】没有楼层平面的标高。

（2）三维工作平面的定义

在三维空间中要想准确绘制图形，必须先定义工作平面，Revit的体量族中有两种定义工作平面的方法。

单击【创建】选项卡→【工作平面】→【设置】按钮，选择标高平面或构件表面等即可将该面设置为当前工作平面。单击【显示】工具可始终显示当前工作平面，如图2.2-5所示。

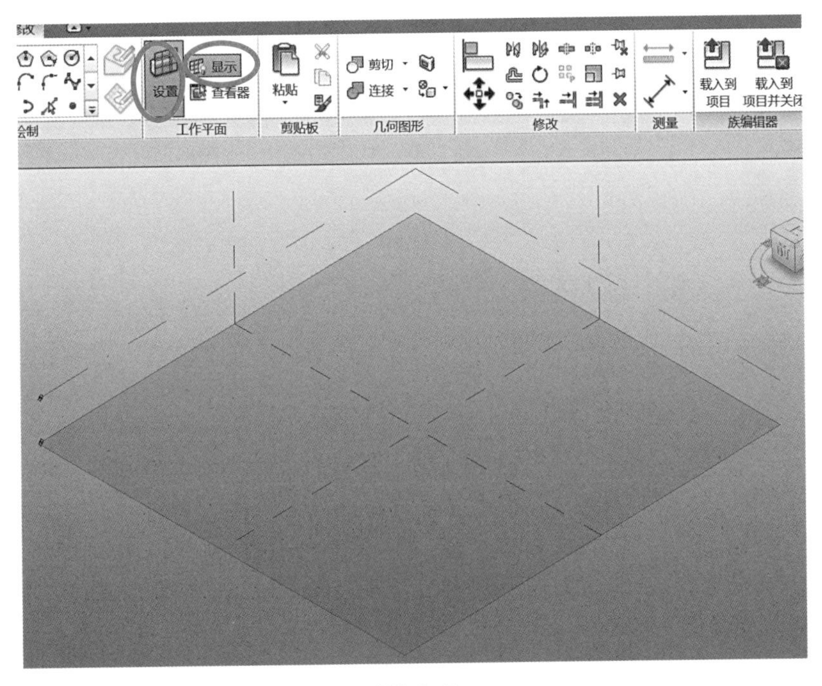

图2.2-5

设置当前工作平面，即可在该平面上绘制图形。例如单击标高2平面，将标高2平面设为当前工作平面，单击【创建】选项卡→【绘制】→【通过点的样条曲线】按钮，将光标移动到绘图区域即可以标高2平面作为工作平面绘制该曲线如图2.2–6所示。

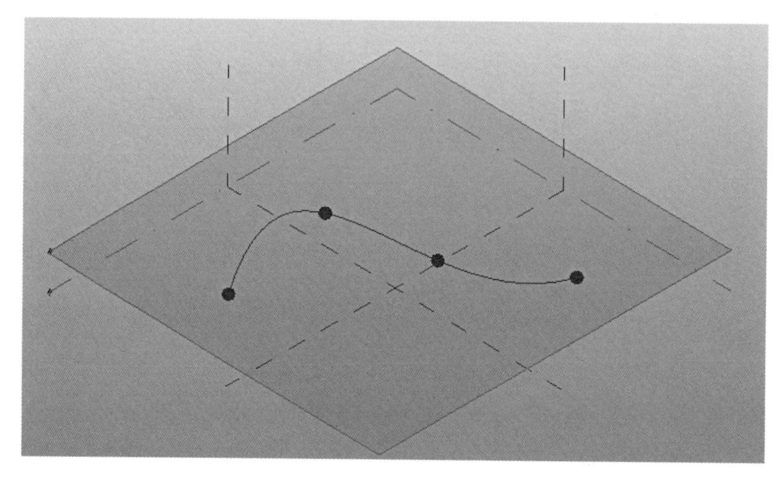

图2.2–6

接着在样条曲线关键点绘制轮廓，单击【创建】选项卡→【工作平面】→【设置】按钮，在绘图区域样条曲线特殊点上单击，即可将当前工作平面设置为该点上的垂直面，此时可使用【绘制】面板中各种图形工具，配合【工作平面】→【查看器】工具在该点的工作平面上绘制轮廓，如图2.2–7所示。

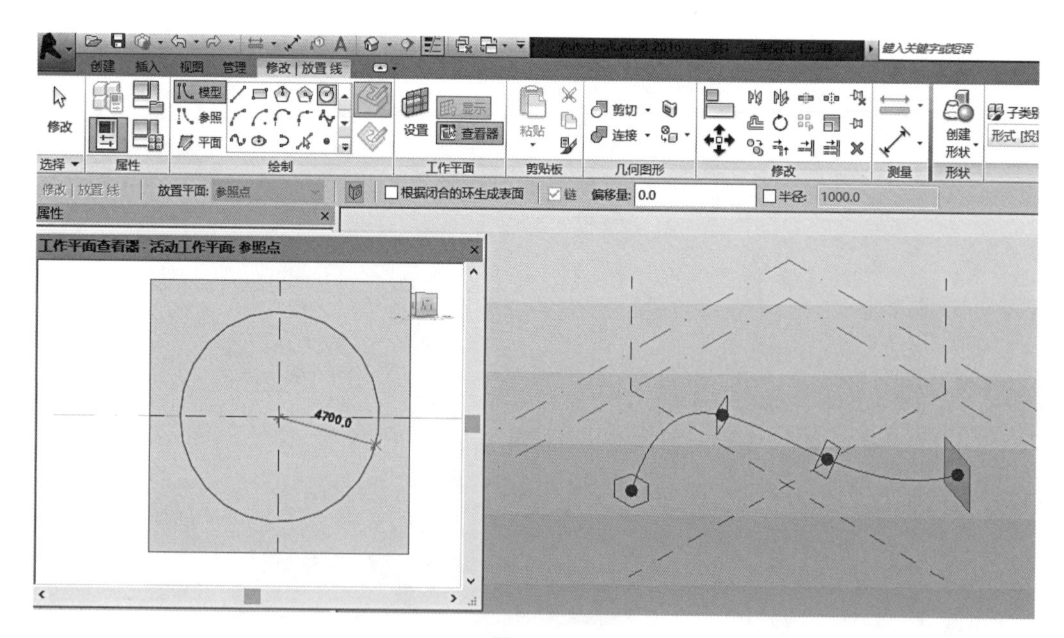

图2.2–7

（3）选择相应线生成实心/空心形状

选择样条曲线，并按Ctrl键多选该样条曲线上的所有轮廓，单击【修改|线】选项卡→【形状】→【创建形状】按钮，直接创建实心形状，如图2.2–8所示。

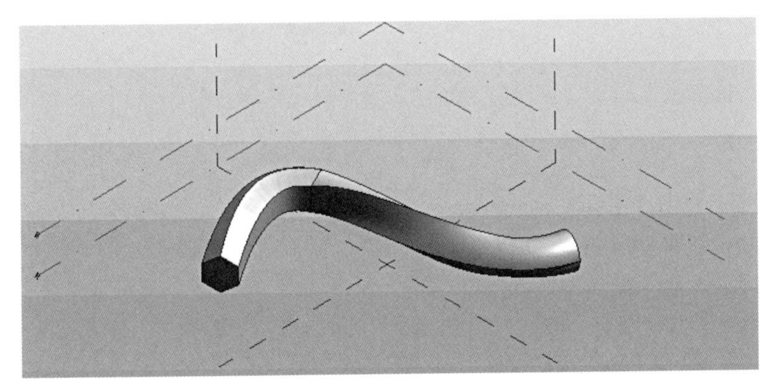

图2.2–8

在概念设计环境的三维工作空间中，【创建】选项卡→【绘制】→【点图元】工具提供特定的参照位置。通过放置这些点，可以设计和绘制线、样条曲线和形状。参照点可以是自由的（未附着）或以某个图元为主体，或者也可以控制其他图元。例如，选择已创建的实心形体，单击【修改|形式】上下文选项卡→【形状图元】→【透视】按钮，在绘图区域选择路径上的某参照点，并通过拖曳调整其位置可实现修改路径，从而达到修改形体的目的，如图2.2–9所示。

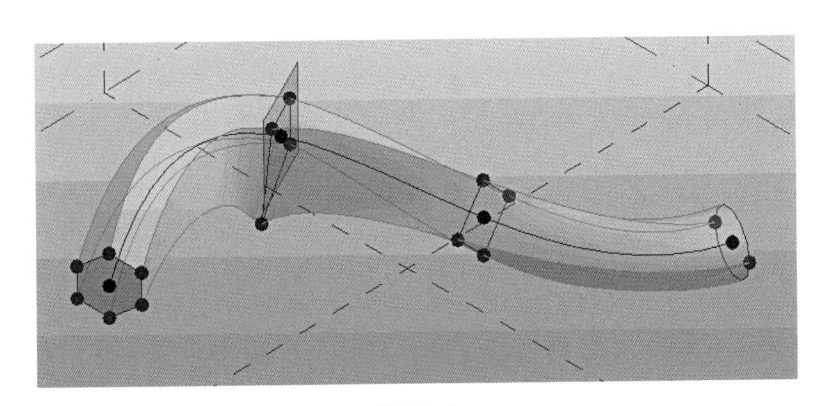

图2.2–9

3．技能点——创建体量模型

体量模型的创建与族模型的创建有些类似，且任何实体模型和空心模型都必须对齐且所在参考平面上，且可通过参照平面上的标注尺寸驱动实体的形状改变。通过下面的案例介绍建模命

令的特点和使用方法。

【案例：创建体量模型】

根据图2.2–10给定的投影尺寸，创建形体体量模型。

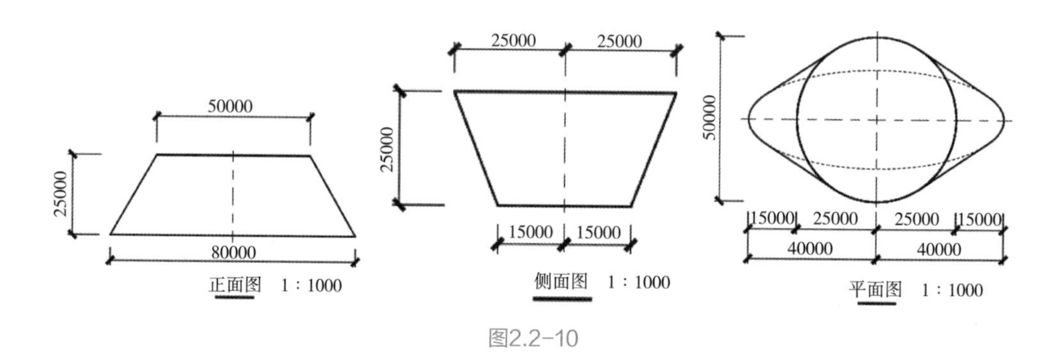

图2.2–10

启动Revit，打开【新建概念体量】，选择【公制体量】，默认进入三维视图。单击【创建】→【标高】工具，鼠标移动到默认标高上，当临时尺寸标注显示为25000mm时放置标高，完成后按Esc键两次退出放置标高模式。

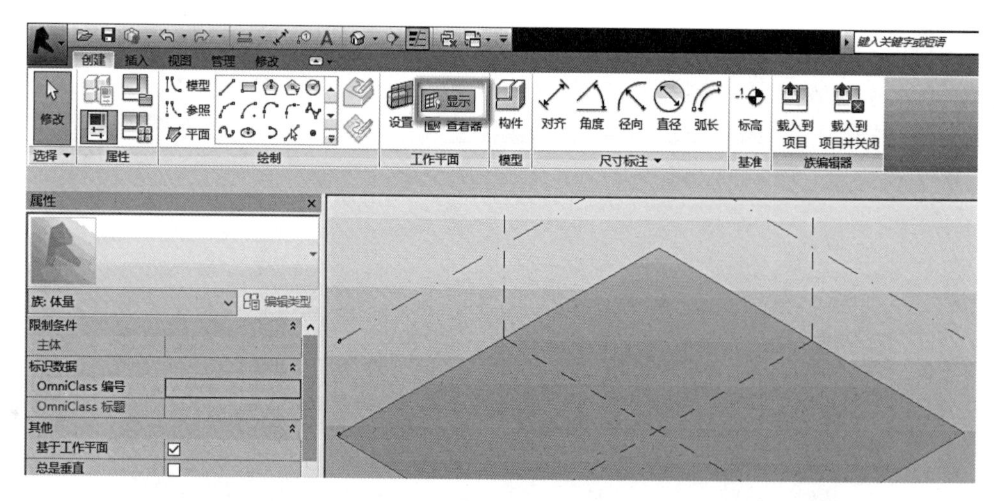

图2.2–11

单击【创建】选项卡→【工作平面】→【显示】工具，将以蓝色显示当前激活的工作平面。在视图中单击【标高1】，标高1将激活作为当前工作平面，如图2.2–11所示。

切换至标高1楼层平面视图。设置绘制模式为【模型线】，绘制方式为【椭圆】，在绘制面板中设置定位方式为【在工作平面上绘制】，确认选项栏中的【放置平面】为【标高：标高1】，参照案例尺寸绘制椭圆形，如图2.2–12所示。

切换至标高2楼层平面视图。使用类似的方式，在标高2上绘制案例所示的圆形轮廓，如图2.2–13所示。

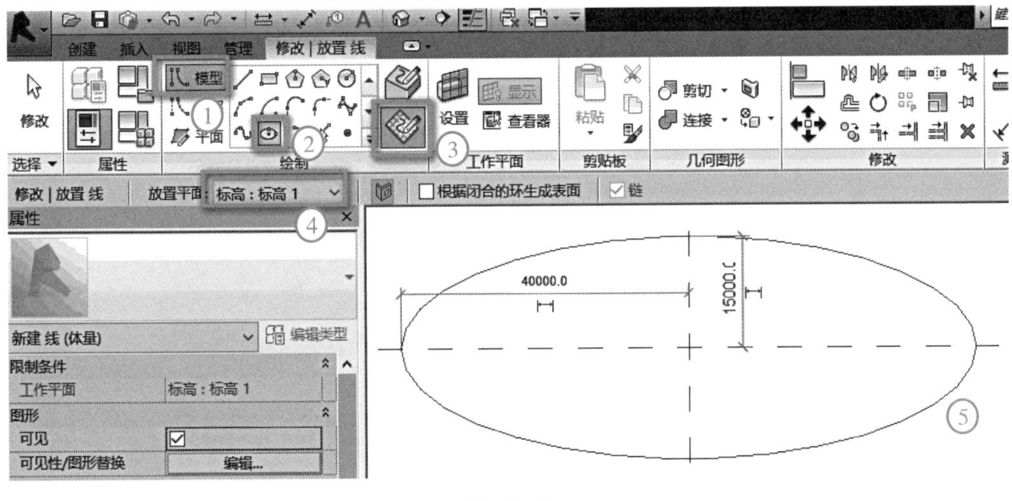

图2.2-12

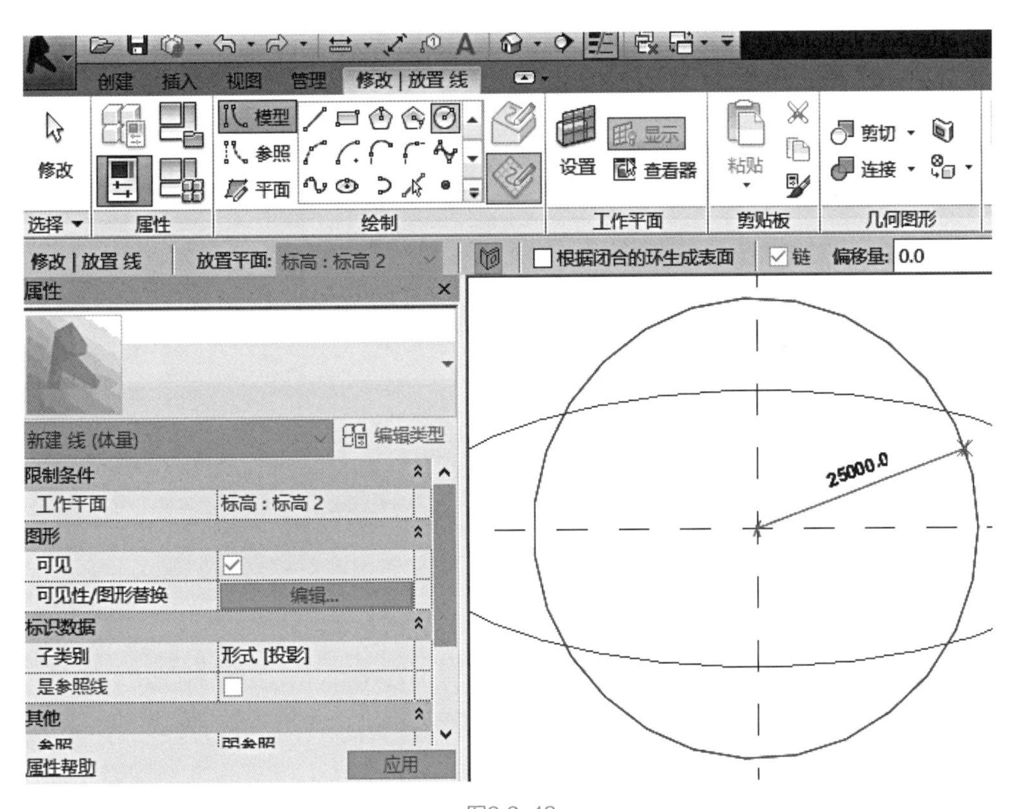

图2.2-13

切换至三维视图，按住Ctrl键分别选择两个图形轮廓，单击“形状”面板中的“创建形状”工具下拉列表，在列表中选择“实心形状”选项。Revit将根据轮廓位置自动创建三维概念体量模型，如图2.2-14所示。

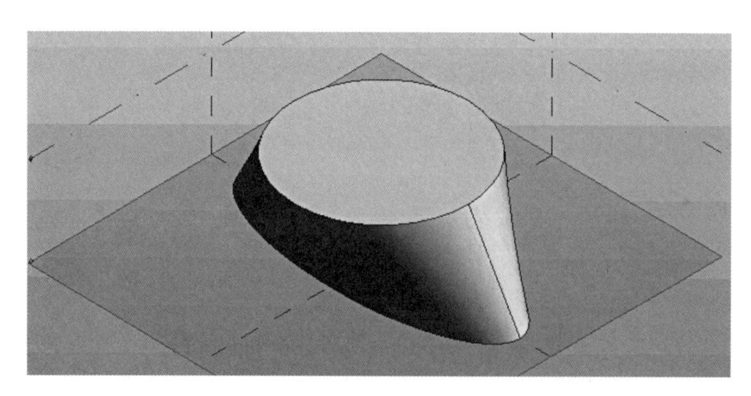

图2.2-14

完成后按Esc键两次退出绘制模式。已完成的体量模型只是三维形状，不能统计体积等信息，此外按理要求保存为“.rvt”项目格式文件，所以需要新建项目文件，再将体量模型载入到项目。

新建项目，如图2.2-15所示。随后选择建筑样板，创建项目文件。

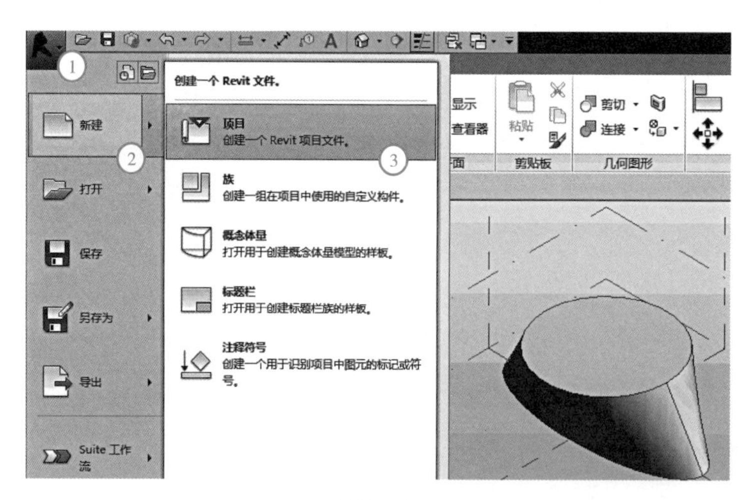

图2.2-15

在顶部快速访问工具栏的【切换窗口】切换窗口到族的三维模型，如图2.2-16所示。

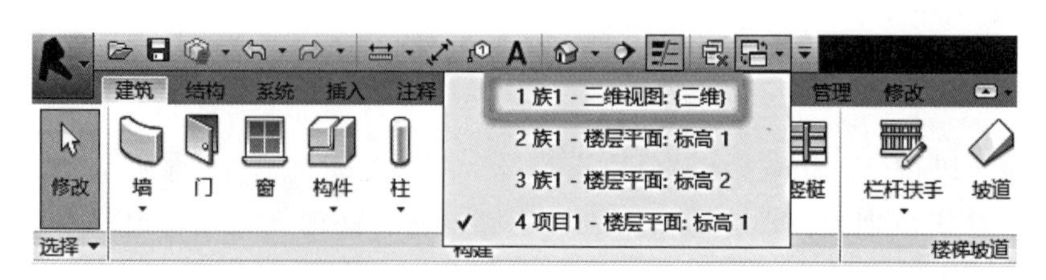

图2.2-16

点击【载入到项目】按钮，把模型载入到新建的项目，如图2.2-17所示。

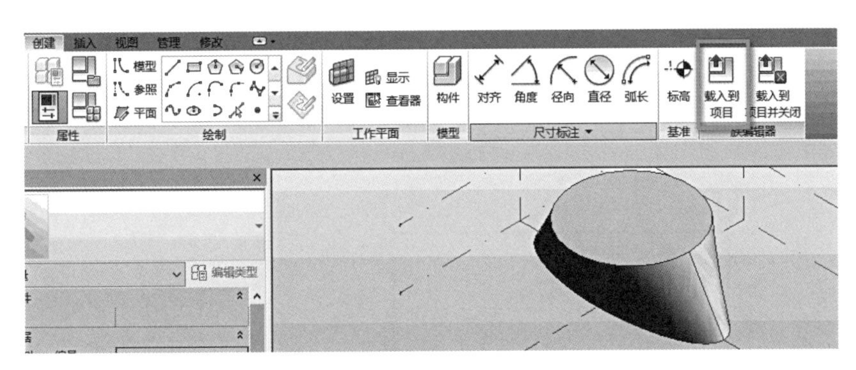

图2.2-17

把模型放置在项目文件中心位置。点选模型，可在属性面板找到模型体积，如图2.2-18所示。

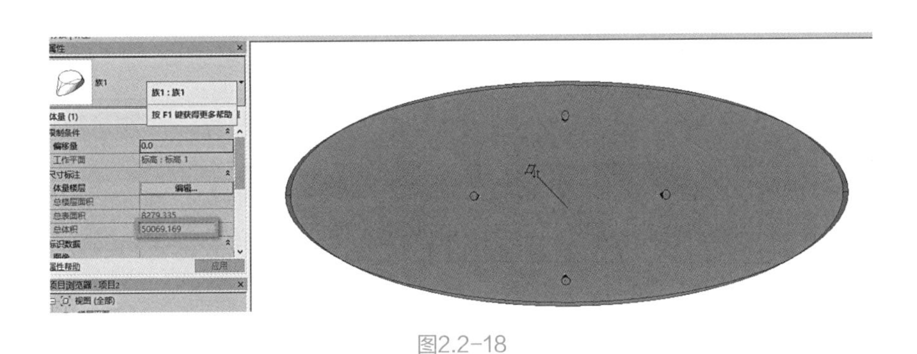

图2.2-18

最后点击保存，修改文件名为体量如图2.2-19所示。

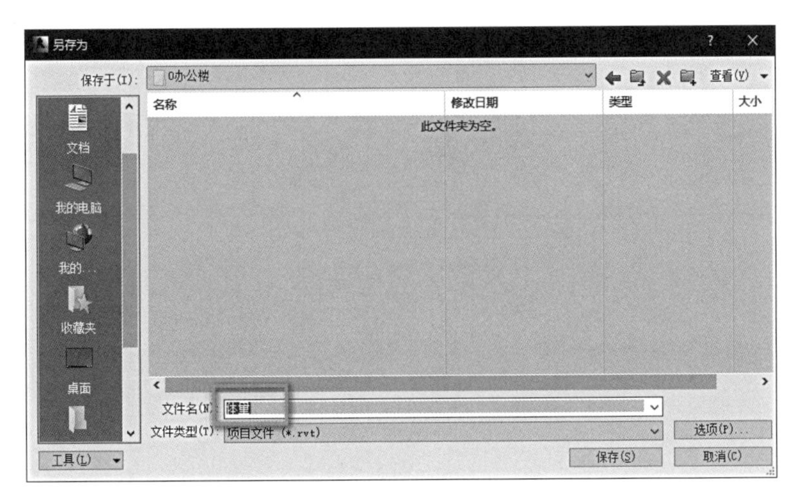

图2.2-19

2.2.4 问题思考

请用体量面墙建立如图2.2-20所示200厚斜墙，并按图中尺寸在墙面开一圆形洞口，并计算开洞后墙体的体积和面积。请将模型文件以“斜墙”为文件名保存到对应文件夹中。

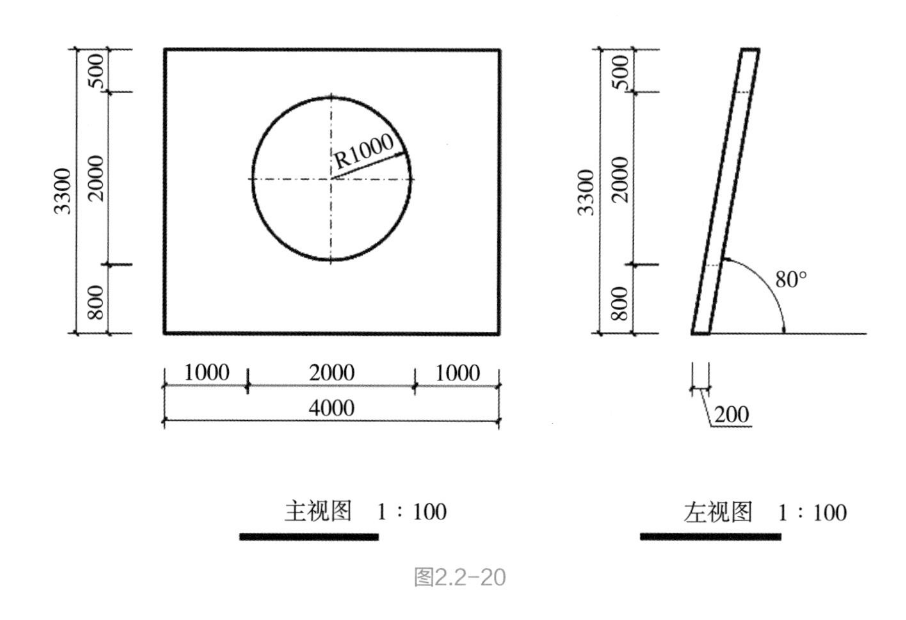

图2.2-20

2.2.5 知识拓展

资源名称	真题讲解 （真题在课件中下载）	BIM体量基本操作
资源类型	视频	文档
资源二维码		

CHAPTER 3

项目 3
土建基础模型的创建

任务 3.1 标高和轴网

3.1.1 教学目标与思路

【教学目标】

知识目标	能力目标	素养目标	思政要素
1. 熟悉标高概念和作用； 2. 熟悉轴网概念和作用。	1. 能够创建标高轴网； 2. 能够熟练编辑和标注标高轴网。	1. 培养大局意识和责任意识； 2. 培养自我学习能力和创新能力。	标高、轴网的内容基础且重要，培养学生责任心。

【学习任务】熟悉标高和轴网的概念，掌握基于Revit软件创建标高轴网的一般方法，为实现建筑、结构、机电全专业间三维协同设计的工作基础与前提条件。

【建议学时】4～6学时。

【思维导图】

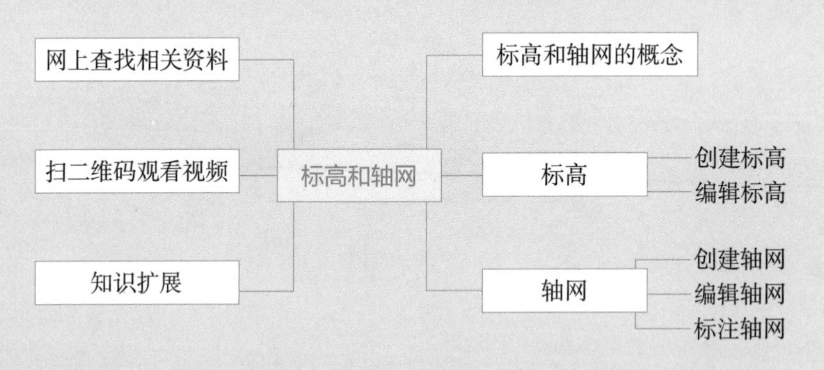

3.1.2 学生任务单

学生根据要求，自行复印附录 学生任务单。

3.1.3 知识与技能

1．知识点——标高和轴网的概念

标高和轴网是建筑设计中重要的定位信息，Revit将标高和轴网作为建筑模型中各构件的空间定位关系。事实上，标高和轴网是在Revit平台上实现建筑、结构、机电全专业间三维协同设计的工作基础与前提条件。

标高用于定义建筑内的垂直高度或楼层高度，是建筑物某一部位相对于基准面（标高的零点）的竖向高度，是竖向定位的依据。标高按基准面选取的不同，分为绝对标高和相对标高。在施工图中经常有一个小小的直角等腰三角形，三角形的尖端或向上或向下，这是标高的符号。

通常把室内主要地面的零点标高标记为“±0.000”。低于零点标高的为负标高，标高数字前加“–”号，如“–0.450”；高于零点标高的为正标高，标高数字前可省略“+”号，如“3.000”。值得注意的是Revit中一般的单位都是“毫米”，而标高的单位是“米”。

轴网由定位轴线、标志尺寸和轴号组成。轴网是建筑平面的定位轴线，是建筑制图的主体框架。轴网是确定房屋主要结构构件位置和标志尺寸的基准线，是施工放线和安装设备的依据。轴网分直线轴网、斜交轴网和弧线轴网。

2．技能点——创建标高

创建标高的具体步骤如下。

（1）创建项目。本项目中，标高情况可以在任意一个立面图找到，下面介绍在Revit中创建标高的一般方法。首先点击【新建】命令，在弹出的“新建项目”对话框中依次选择【建筑样板】【项目】，再点击【确定】完成新项目的创建，如图3.1–1所示。

（2）打开南立面。进入项目后，默认打开的是楼层平面【标高1】视图。在项目浏览器展开立面（建筑立面）视图类别，双击【南】，即打开了南立面视图，如图3.1–2所示。在南立面视图中可见系统已经默认建立【标高1】【标高2】。

（3）修改标高名称。在视图中适当放大右侧标头，双击标高名【标高1】文本框，修改【标高1】为【F1】，然后点击空白处或按回车键完成修改，会跳出对话框提示是否重命名标高的相应视图，选择【是】，此时展开项目浏览器下楼层平面视图类别可以看到【标高1】变成了【F1】。同样的方法修改标高名【标高2】为【F2】，如图3.1–3所示。

（4）调整二层标高。依据项目立面图纸，需要按照图纸的要求调整二层标高。双击标高高度【4.000】文本框，框中输入“4.2”后按回车键确认，可以发现F2标高线向上移动，其与F1标高线的距离也变成了4200mm，如图3.1–4所示。

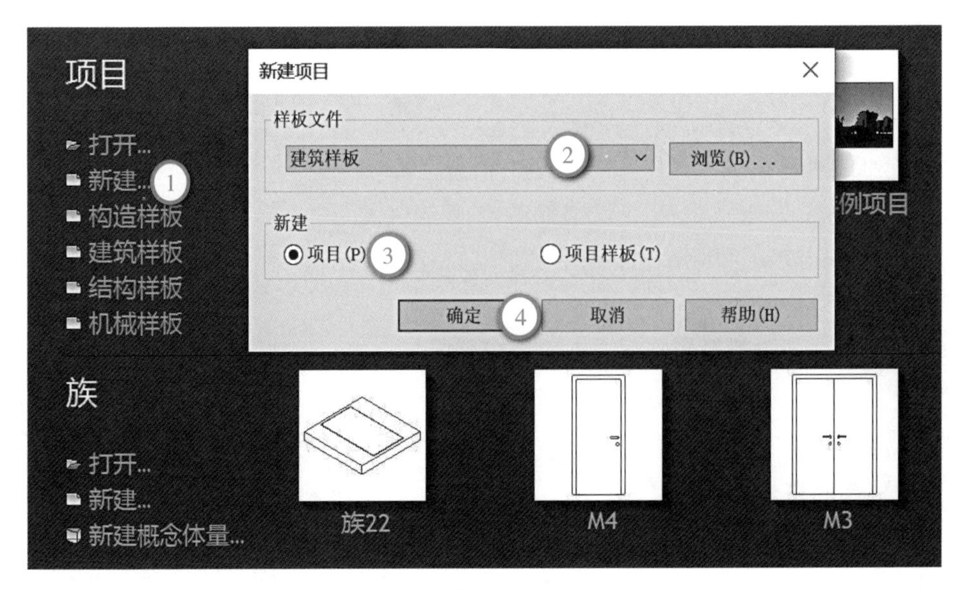

图3.1-1

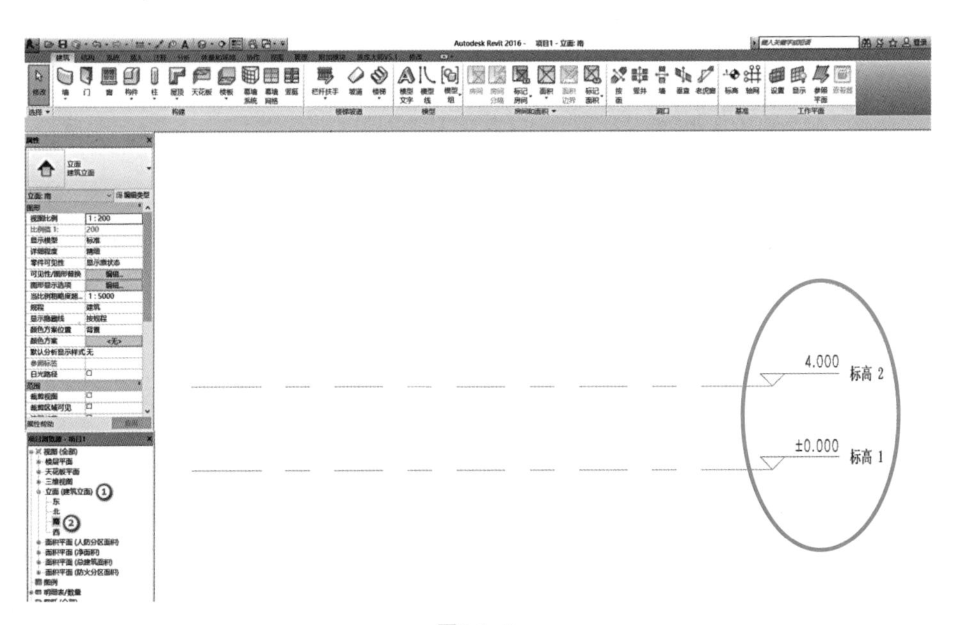

图3.1-2

（5）绘制三层标高。依据项目立面图纸，三层标高为7.8m。依次点击【建筑】选项卡→【基准】面板→【标高】(快捷键“LL”)。放置标高时，首先移动光标置于二层标高上方，此时会出现淡蓝色临时尺寸标注，光标移动到左侧，与下面标高左侧端点对齐，当出现对齐虚线后，键盘输入“3600”后回车，就确定了标高的左侧端点，如图3.1–5所示。向右平移鼠标光标，当出现对齐虚线后，点击鼠标左键完成三层标高绘制，按两下键盘左上方的Esc键退出标高绘制。Revit自动将新建标高名称命名为【F3】，这是因为标高名称是按照名称的最后一个字母自动排序的。

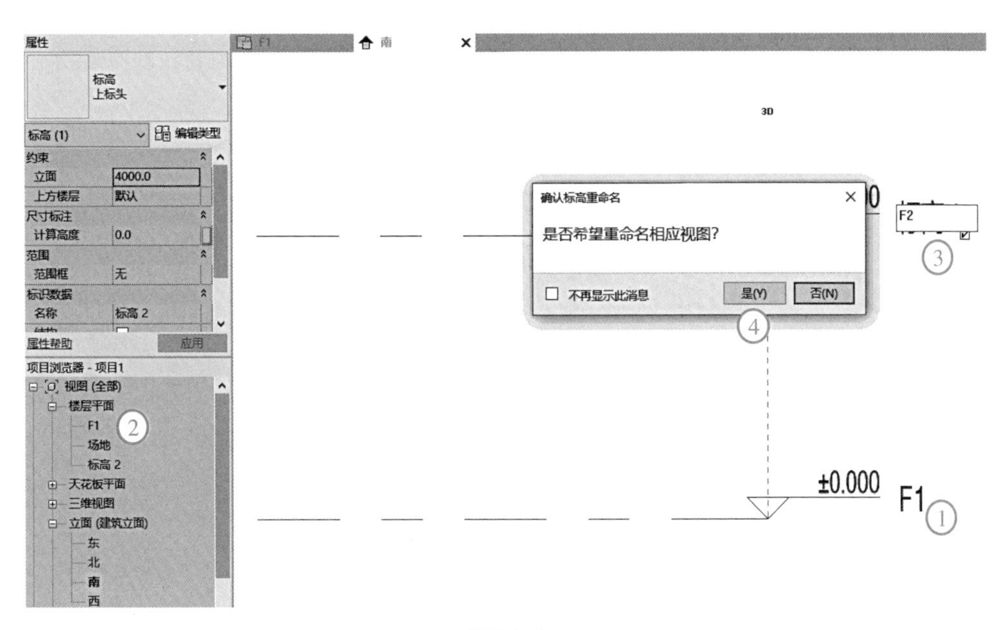

图3.1-3

图3.1-4

图3.1-5

> 提示：在放置标高时，在默认情况下会在项目浏览器中【创建平面视图】，如果要创建不需要平面视图的参照标高，可以取消勾选。

（6）复制添加其他各层标高。在实际项目中，通常使用复制命令绘制标高。单击选中F3标高线，引出【修改|标高】上下文选项卡，选择【复制】（快捷键“CC”），注意在选项栏中勾选【约束】和【多个】，如图3.1–6所示。光标回到F3上任意处单击，然后向上平移3600mm或者键盘上输入“3600”后回车，这样就完成了F4标高线的绘制，由于在选项栏勾选了【多个】，光标继续保持复制状态，重复上一步完成F5标高线，根据项目立面图纸，F1标高下方还有室外场地F0标高。继续保持复制状态，把光标移动到F1标高线下方随意绘制一条标高，然后按Esc键退出复制状态，然后重复步骤（3）和（4）把标高名修改为【F0】并调整高度到–0.45m。

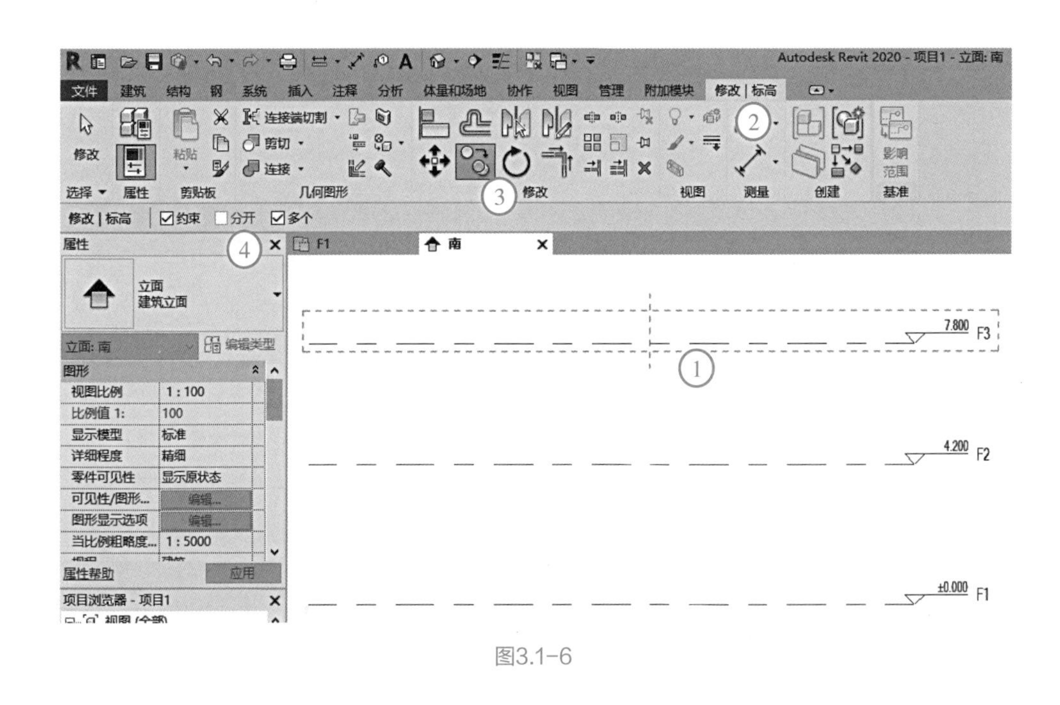

图3.1–6

（7）添加楼层平面。通过复制命令可以方便快捷地创建标高，但是打开【项目浏览器】→【楼层平面】，发现里面并没有生成复制添加的标高平面视图，还需要进一步添加楼层平面。点击【视图】选项卡→【平面视图】→【楼层平面】，如图3.1–7所示。在弹出的【新建楼层平面】对话框中按住Ctrl键或Shift键选中所有的标高，然后按【确定】完成，此时可以发现【项目浏览器】里面已经生成了对应的标高平面视图，如图3.1–8所示。

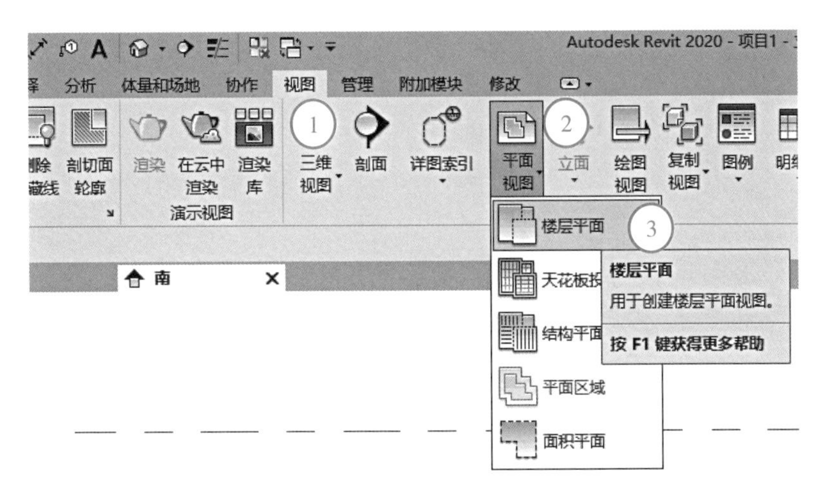

图3.1-7

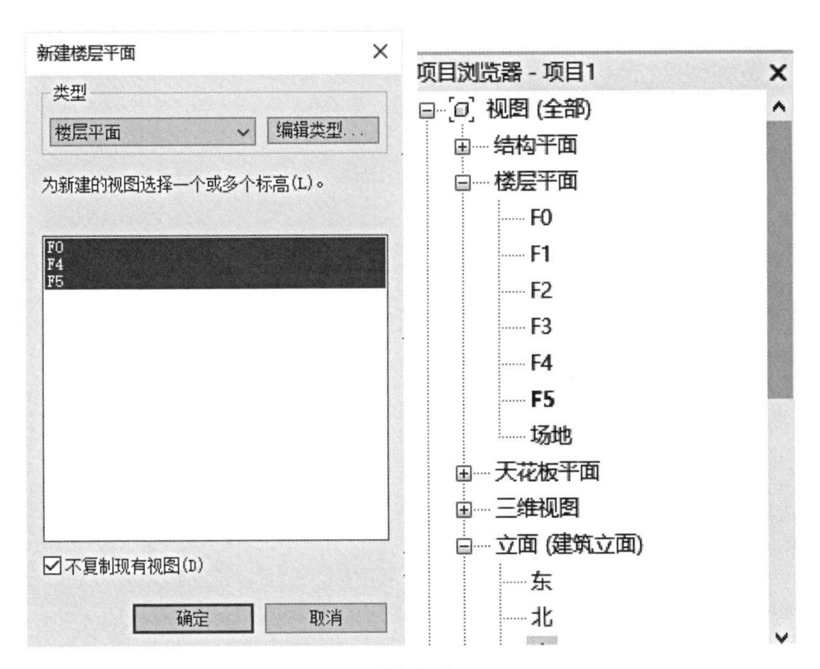

图3.1-8

3．技能点——编辑标高

单击任意一条标高线，在左侧【属性】面板下引出标高的属性参数，点击【编辑类型】，可以对相同类型的标高，统一设置标高图形中的各种显示效果，也可以设置单个轴线的显示方式。选中F0标高，点击【编辑类型】，修改类型为【下标头】，修改线型图案为中心线，类型属性对话框和修改后的效果如图3.1–9所示。

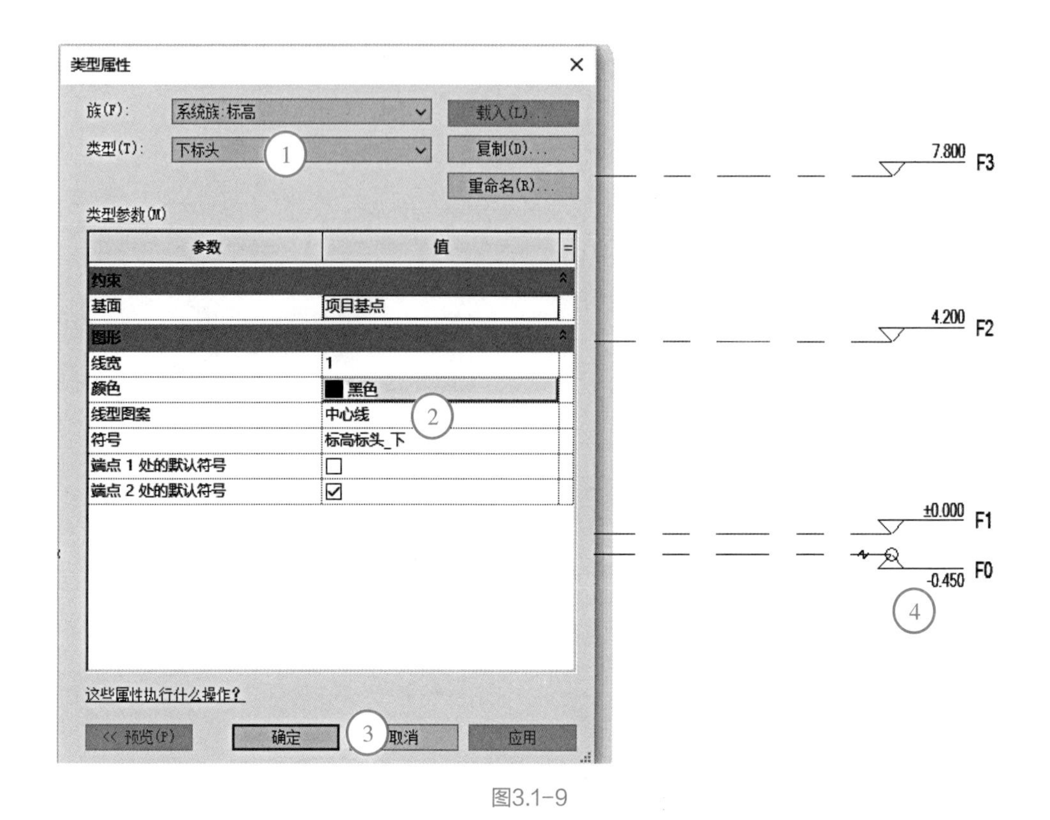

图3.1-9

选中F5标高出现了临时尺寸、拖曳点、长度或对齐约束等控制符号，如图3.1-10所示。各控制符号具体说明如下。

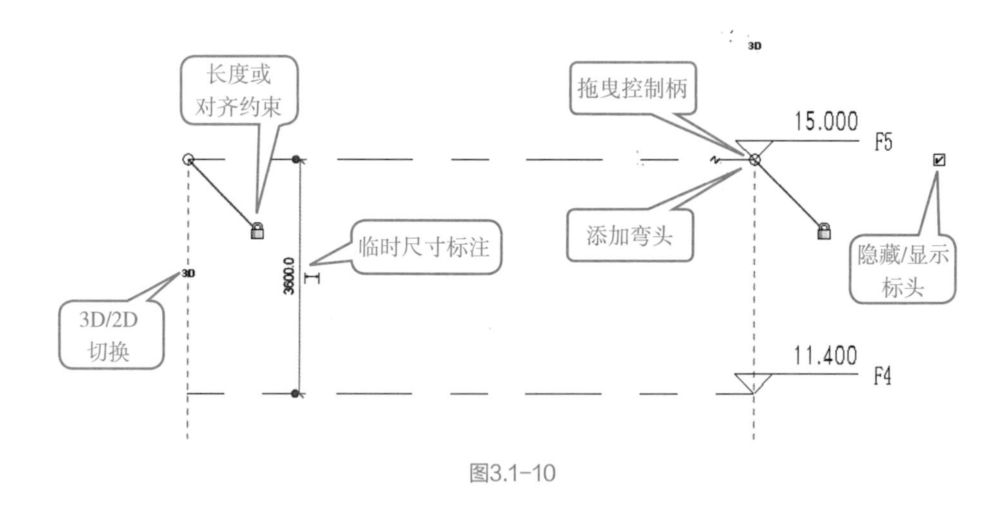

图3.1-10

（1）临时尺寸标注：当创建或选择几何图形时，Revit会在图元周围显示临时尺寸标注。点击临时尺寸标注数值可以进行修改，以控制模型中图元的放置。

（2）3D/2D切换："三维/二维"切换设置。标高现已设置为三维图元，对其所做的更改将不仅反映在当前视图中，还将修改标高的三维范围。如果切换为二维图元，对其所做的更改将仅反映在当前视图中，不会修改标高的三维范围。

（3）拖曳控制柄：可以左右平移拖动标头位置。

（4）隐藏/显示标头：选择隐藏还是显示标头。

（5）添加弯头：点击后出现两个弯头拖拽点，用来调整标高头位置。

（6）长度或对齐约束：锁定后，蓝色虚线上的标头位置始终对齐，对其中一个标头拖动，则所有对齐标头会同时拖动。

4. 技能点——创建轴网

工程上通常选择在一层楼层平面视图上创建轴网。双击【项目浏览器】→【F1】，进入一层平面视图。平面视图中在上下左右四个方向可以看到四个圆形的立面标记，分别对应北立面、南立面、西立面、东立面。绘制的轴网应该在四个立面标记之中。创建轴网的步骤如下：

（1）绘制第1条轴线。依次点击【建筑】选项卡→【基准】面板→【轴网】（快捷键“GR”），进入【修改|放置轴网】上下文选项卡，进入放置轴网状态。移动鼠标光标到视图左下方空白处，单击放下第1条垂直轴线的起点，沿垂直放下向上移动光标，到合适位置后再次单击确定终点，如图3.1–11所示。

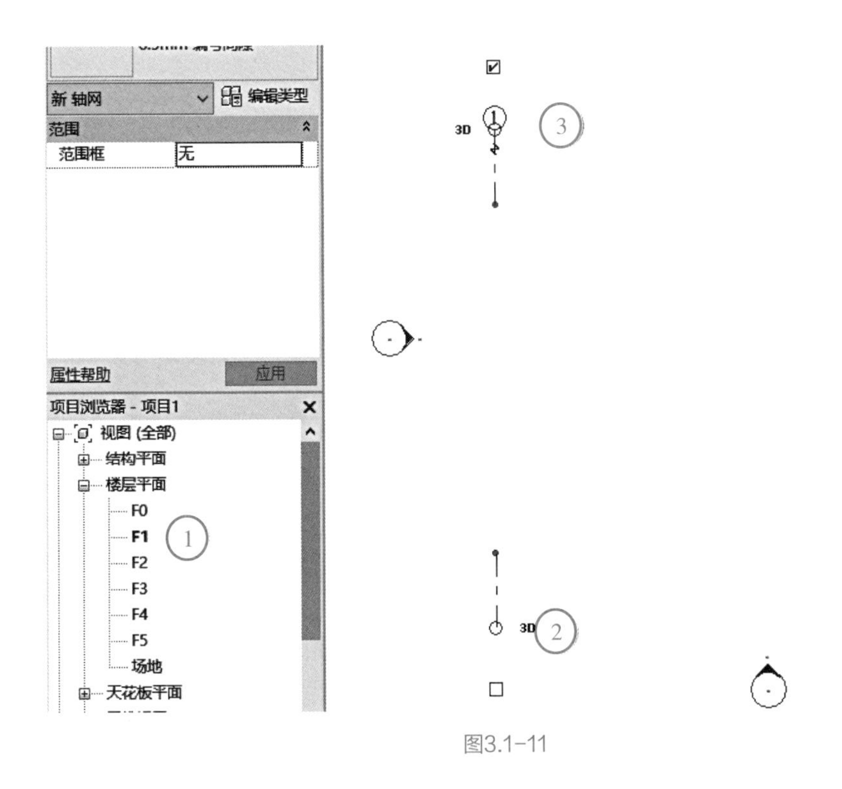

图3.1–11

提示：拖动光标时，如果鼠标不容易保持垂直方向，可以按住键盘Shift键，将光标锁定在垂直方向。

（2）修改轴网类型。Revit默认的轴网并不符合通常使用的轴网样式，所以需要修改。单击轴线，单击【属性】→【编辑类型】，弹出【类型属性】对话框。在【类型】下拉栏中选择【6.5mm编号】，将【轴线末端颜色】选择为【红色】，勾选【平面视图轴号端点1（默认）】选项。最后单击【确定】按钮，退出对话框，如图3.1–12所示。

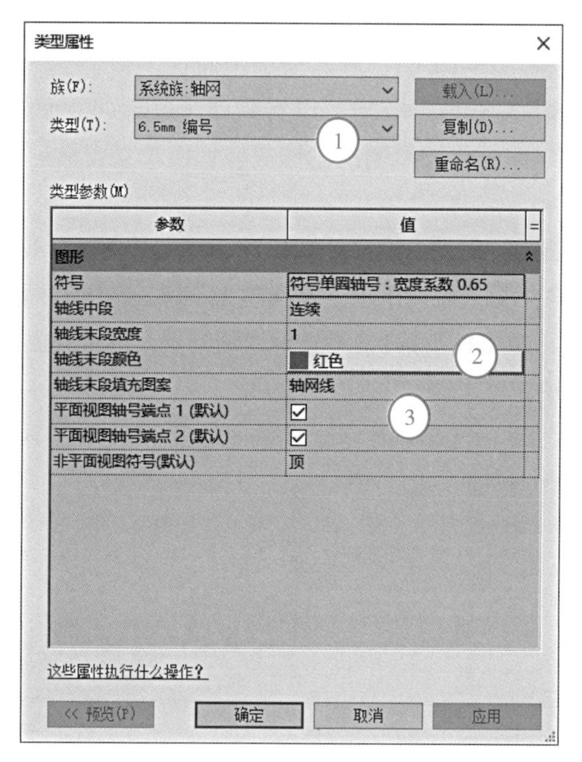

图3.1–12

（3）绘制其余垂直轴线。根据项目一层平面图图纸，发现①～④轴线间距都是8000mm，所以可以利用【阵列】命令快速完成绘制。单击①轴线，进入【修改|放置轴网】上下文选项卡，点击【修改】面板→【阵列】(快捷键“AR”)。设置选项栏，取消【成组并关联】，项目数改为【4】，代表一次生成包括①轴线的4条等间距的轴线，也可以勾选【约束】保证正交。然后向右平移鼠标，待出现临时尺寸标注时，键盘输入轴线间距“8000”，如图3.1–13所示。最后按下回车键，Revit会在①轴线右边自动排序编号生成3条轴线。

查看图纸，④～⑦轴线间距并不都相同，考虑用复制命令。单击④轴线，使用复制快捷“CC”，在选项栏中勾选【约束】和【多个】，光标回到⑦轴线上任意处单击作为复制基点，然后向右平移4000mm或者键盘上输入“4000”后按回车键，这样就完成了⑤轴线的绘制，由于在选项栏勾选了【多个】，光标继续保持复制状态，重复这一步骤，按照图纸要求完成⑥、⑦轴线。⑦ ~ ⑩轴线间距都是8000mm，所以可以重复【阵列】命令完成绘制。拖动立面标记，使绘制的轴网应该在4个立面标记之中，如图3.1–14所示。

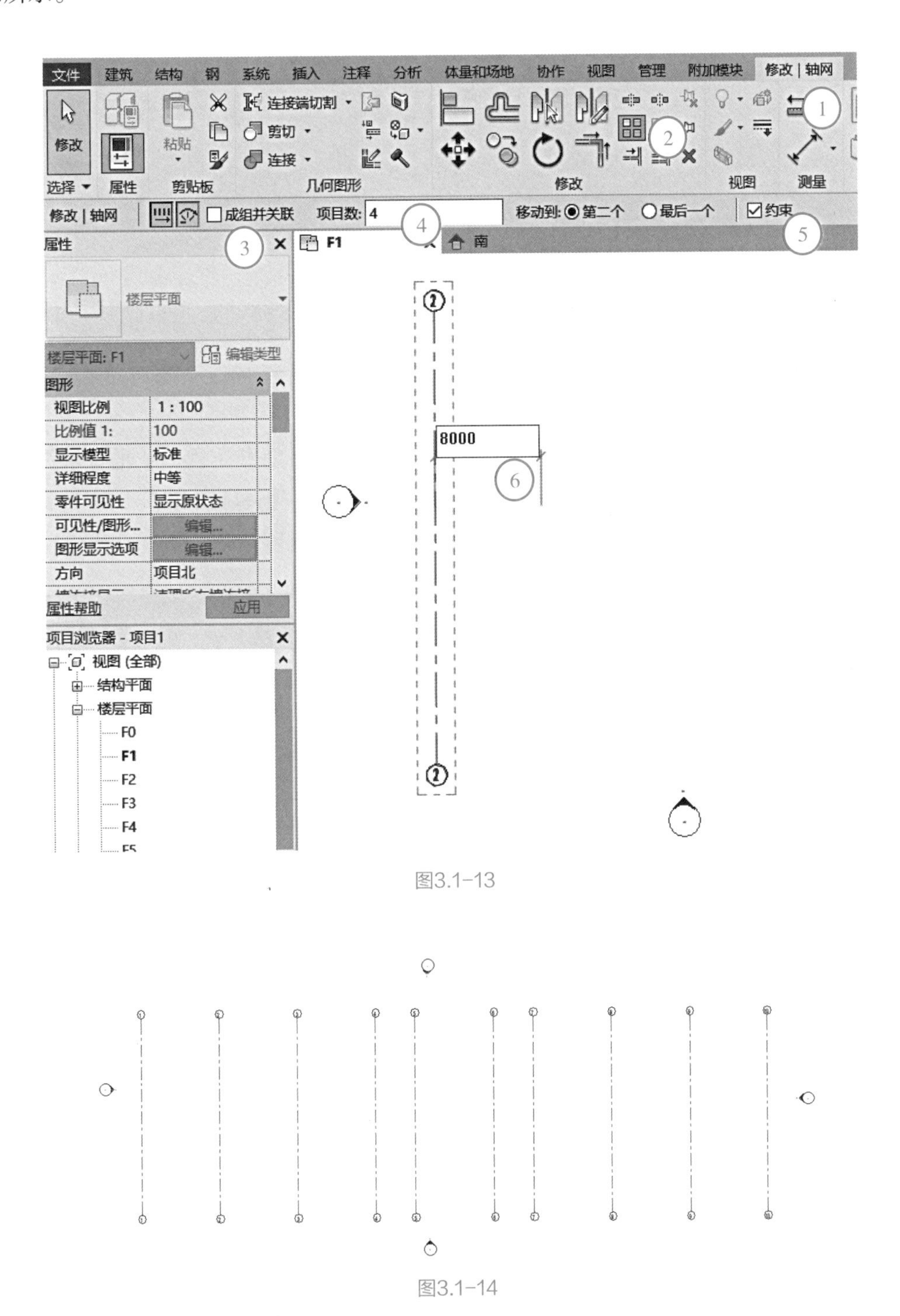

图3.1–13

图3.1–14

（4）绘制水平轴线。键入轴网快捷键“GR”，移动鼠标光标到视图左下方空白处，单击确定水平轴线的起点，水平向左移动光标，到合适位置后再次单击确定第1条水平轴线终点，按Esc键两下退出绘制状态。双击水平轴线端点轴号，修改轴号为Ⓐ。

单击轴线Ⓐ，键入复制快捷键“CC”，再在轴线Ⓐ上任取一点作为复制基点，鼠标向上移动，依次输入“7800”“3000”“7800”和按Esc键完成轴线Ⓑ～Ⓓ，如图3.1-15所示。

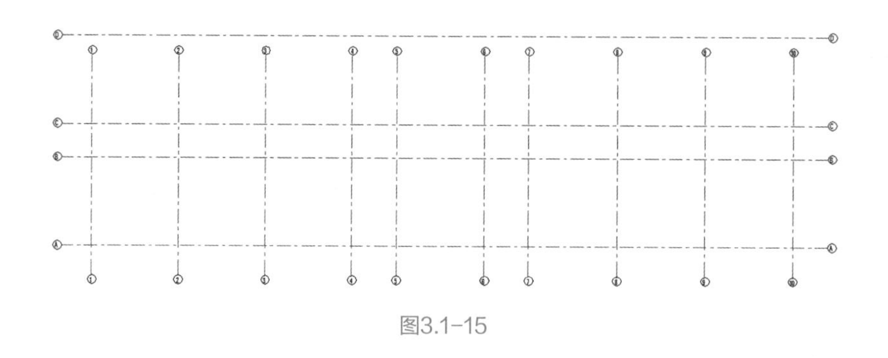

图3.1-15

注意到垂直轴网没有与轴线Ⓓ相交，需要向上拖动。单击任意一条垂直轴线，所有对其轴线的端点位置出现一条蓝色对齐虚线，鼠标点住“拖曳控制柄”向上拖曳所有垂直轴线与轴线Ⓓ相交，如图3.1-16所示。最终完成后的轴网如图3.1-17所示。

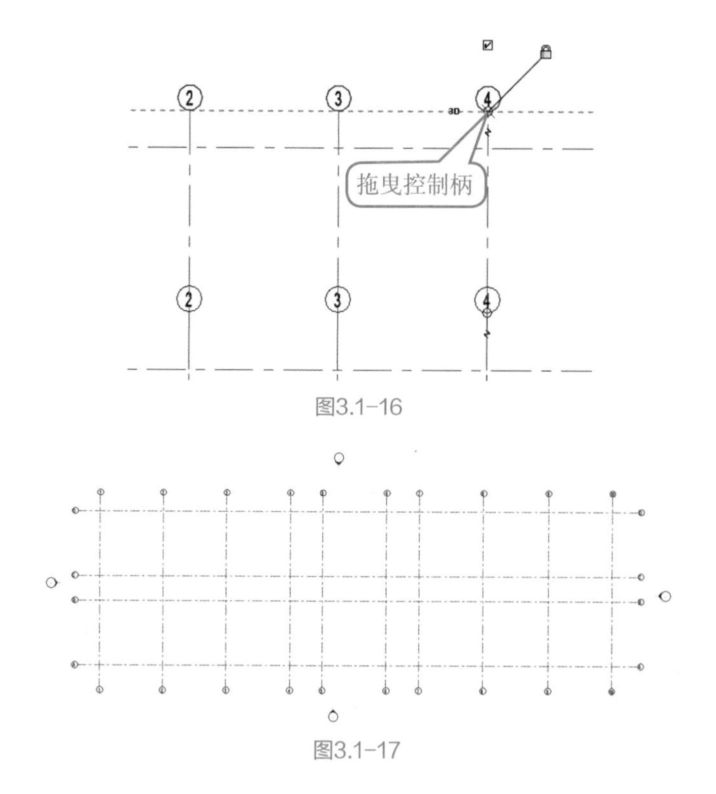

图3.1-16

图3.1-17

5．技能点——编辑轴网

建筑设计图中的轴网与标高相同，也可以改变显示效果。同样，既可以在轴网的“类型属性”对话框中统一设置轴网的显示效果，也可以设置单个轴线的显示方式。唯一不同的是，轴网为楼层平面视图中的图元，所以要在各个楼层平面视图中查看轴网的效果。

用【项目浏览器】打开其他楼层平面，可以看到前面绘制的轴网。单击任意一条轴线并拖曳，如果是基于轴线【3D】范围，则所有与其端点对齐的轴线也会同步拖动，并且其他平面视图也会同步修改。如果单击【3D】，切换轴线【2D】范围再拖曳，或是添加弯头、隐藏轴号等命令，则其他平面视图不能同步修改，如图3.1–18所示。

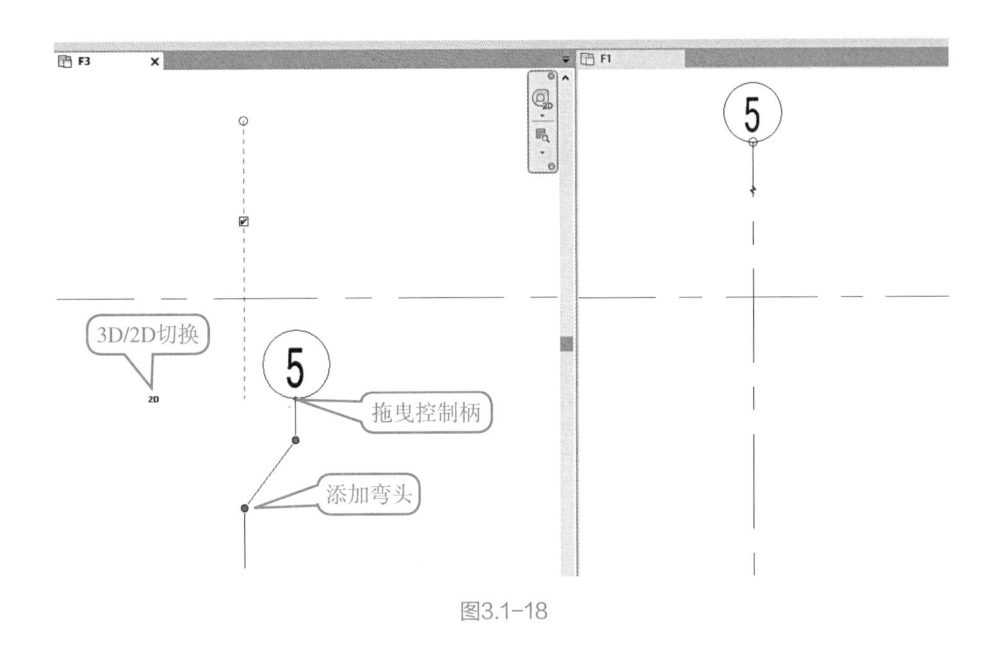

图3.1–18

如果要使上述三层轴网做的修改能够影响到一层、二层，则需要选中所有轴网，单击【影响范围】，勾选想要影响的楼层平面视图，如图3.1–19所示。一层、二层就会出现同样的修改。

6．技能点——标注轴网

绘制完成轴网后，通常需要对轴网进行标注。具体步骤如下。

（1）标注轴网。在F1楼层平面中，依次点击【注释】选项卡→【对齐】（快捷键“DI”），进入放置标注模式。点击①轴线上任意一点，然后依次点击②～⑪轴线，完成后移动鼠标到外的任意空白处单击完成标注，如图3.1–20所示。同样的方法可以完成水平方向轴网的标注。

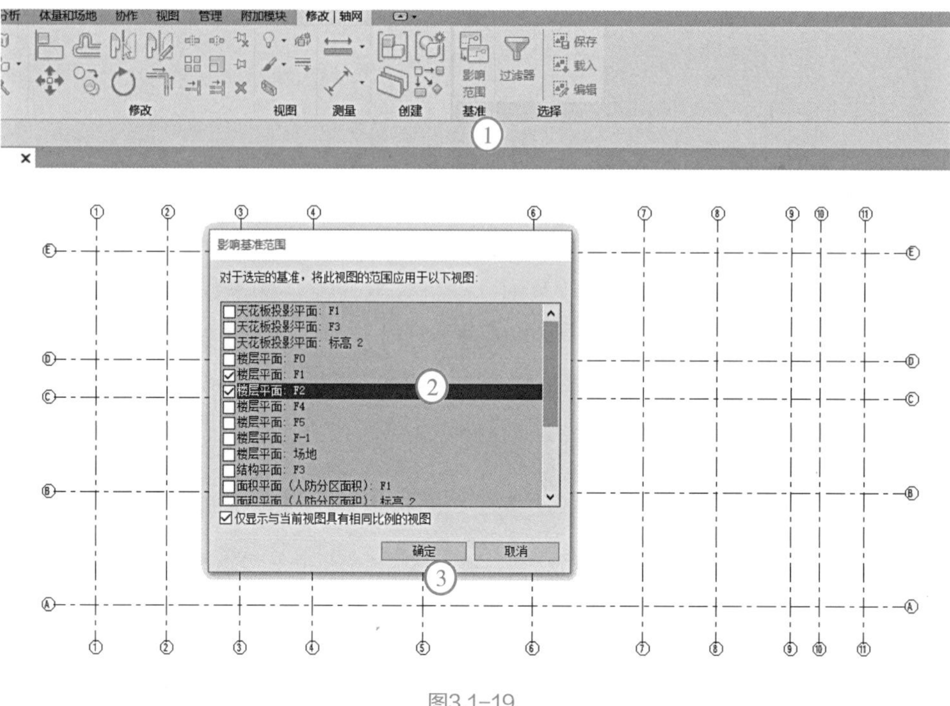

图3.1–19

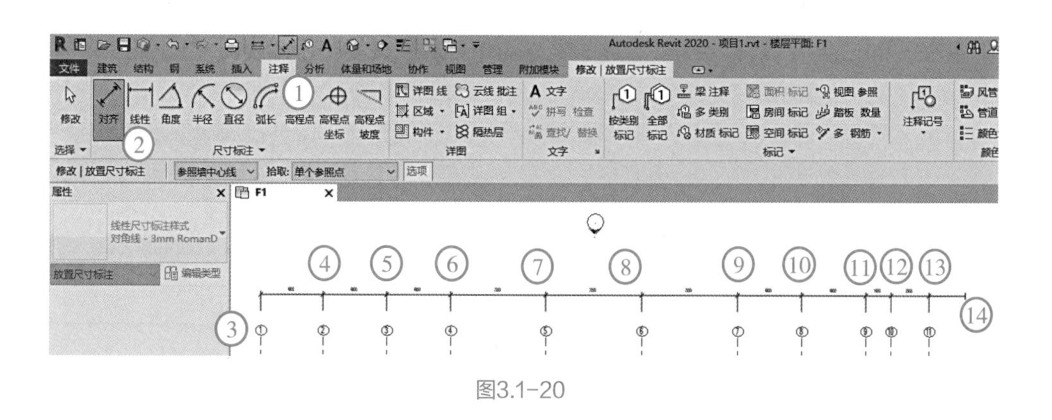

图3.1–20

（2）复制标注。切换到F2楼层平面，发现没有生成上一步做的标注，切换回F1楼层平面，鼠标配合Ctrl键选择所有尺寸标注。此时自动出现【修改|尺寸标注】上下文选项卡，点击【复制】→【粘贴】的下拉箭头→【与选定的视图对齐】，如图3.1–21所示，将弹出【选择视图】对话框。在对话框中，鼠标配合Ctrl键或Shift键选择需要标注的楼层平面，如图3.1–22所示。完成后切换到F2楼层平面视图，可以看到选择复制的标注已经生成在F2楼层。

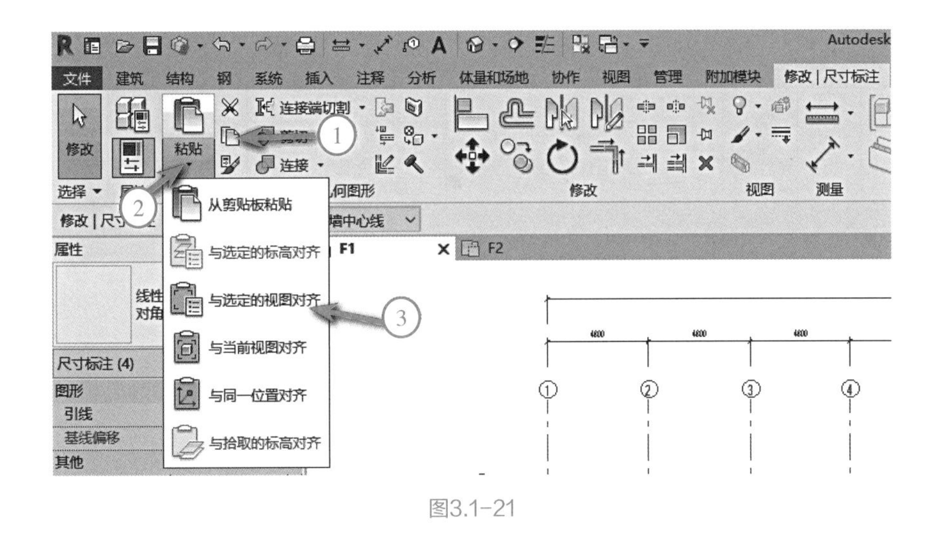

图3.1-21

选择视图

天花板投影平面: F1
天花板投影平面: F3
天花板投影平面: 标高 2
楼层平面: F0
楼层平面: F1
楼层平面: F2
楼层平面: F3
楼层平面: F4
楼层平面: F5
楼层平面: F-1
楼层平面: 场地
结构平面: F3
面积平面 (人防分区面积): F1
面积平面 (人防分区面积): 标高 2
面积平面 (净面积): F1
面积平面 (净面积): 标高 2
面积平面 (总建筑面积): F1
面积平面 (总建筑面积): 标高 2

确定　取消

图3.1-22

3.1.4 问题思考

根据图3.1-23中给定的尺寸绘制标高轴网。某建筑共三层，首层地面标高为±0.000，层高为3m，要求两侧标头都显示，将轴网颜色设置为红色并进行尺寸标注。请将模型以“标高轴网”为文件名保存。

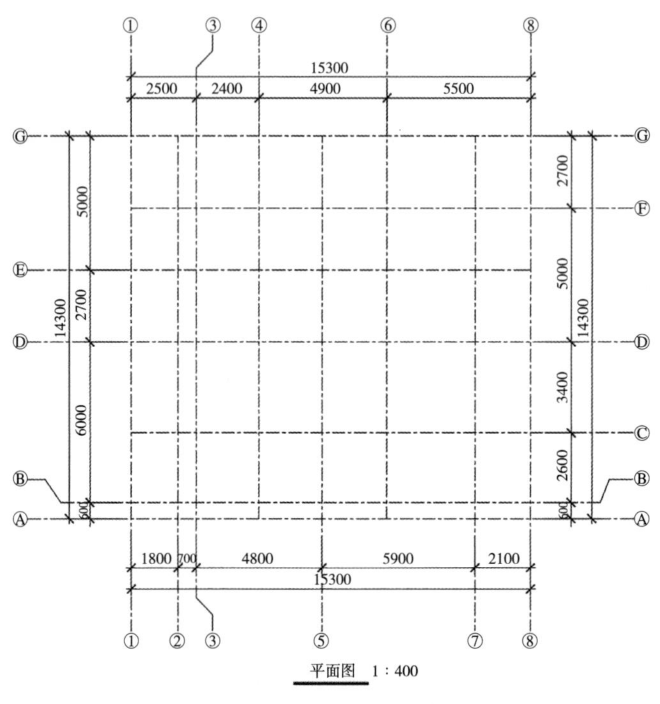

图3.1-23

3.1.5 知识拓展

资源名称	真题讲解 （真题在课件中下载）	标高和轴网使用技巧
资源类型	视频	文档
资源二维码		

任务 3.2 墙

3.2.1 教学目标与思路

【教学目标】

知识目标	能力目标	素养目标	思政要素
1. 熟悉墙的知识； 2. 熟悉普通墙的结构分层； 3. 熟悉幕墙的组成。	1. 能够创建和编辑基本墙； 2. 能够创建和编辑幕墙。	1. 培养良好职业道德素养； 2. 培养团结协作、创新、专业表达能力。	1. 墙能挡风遮雨，类比国家对个人的保护； 2. 通过墙分很多层的案例，培养团队精神。

【学习任务】熟悉墙的概念、普通墙和幕墙的结构组成，掌握创建和编辑基本墙和幕墙的一般方法。

【建议学时】4～6学时。

【思维导图】

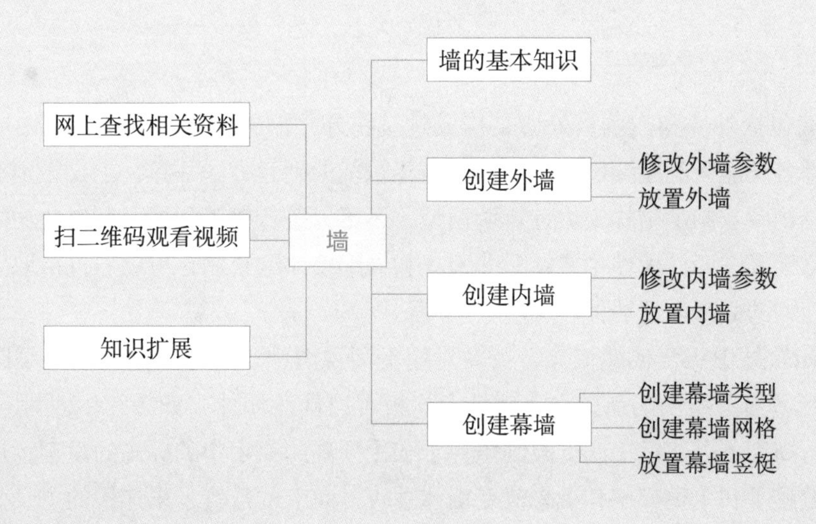

3.2.2 学生任务单

学生根据要求，自行复印附录 学生任务单。

3.2.3 知识与技能

1．知识点——墙的基本知识

在Revit中绘制墙体可以通过功能区中的【墙】命令进行创建，点击【墙】命令下三角符号，可以看到墙分为建筑墙、结构墙和面墙，墙饰条和墙分隔条为墙体的附属功能，如图3.2–1所示。

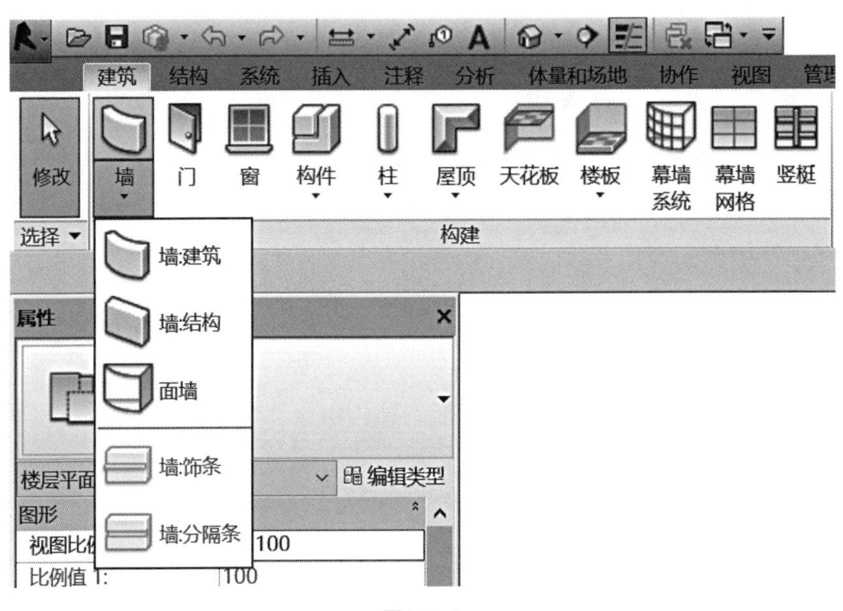

图3.2–1

建筑墙包括外墙和内墙，外墙是构成建筑物外立面主体的重要部分，内墙是分隔建筑物内部各功能区的主要部分。结构墙与建筑墙的创建方法一致，主要区别在于结构墙可以为结构专业制定结构受力计算墙模型，还可以进行钢筋配置，所以此功能主要用于创建剪力墙等图元。面墙主要针对非常规和异形墙体的绘制，可以通过拾取生成的体量或常规模型的面来创建墙体。

在Revit软件中想要创建墙体，可在对应平面视图中，通过绘制墙体水平路径来实现。点选水平面上绘制的墙，在【属性】面板可以修改墙体，如图3.2–2所示。墙体的垂直位置与高度可以通过【底部限制条件】和【顶部约束】中的标高的设定，还可以通过【底部偏移】和【顶部偏移】来改变墙体垂直方向上的位置，未连接的意义为未设置顶部约束标高。绘制墙体路径时，有六种定位方式：【墙中心线】【核心层中心线】【面层面外部】【面层面内部】【核心面外部】【核心面内部】，如图3.2–3所示。一般项目中绘制墙体时用得最多的是墙中心线的定位方式。

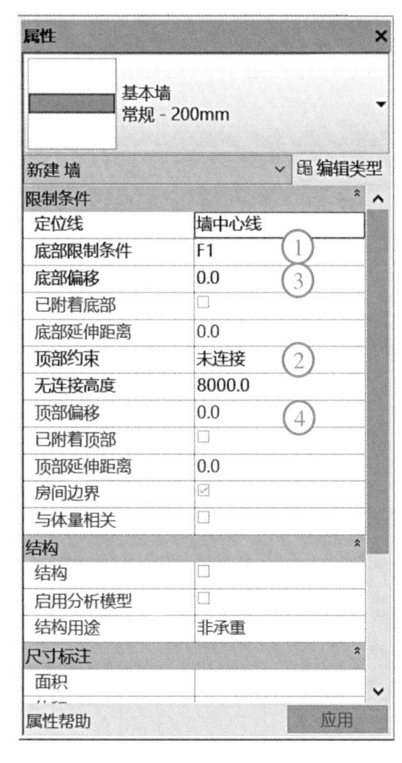

图3.2-2

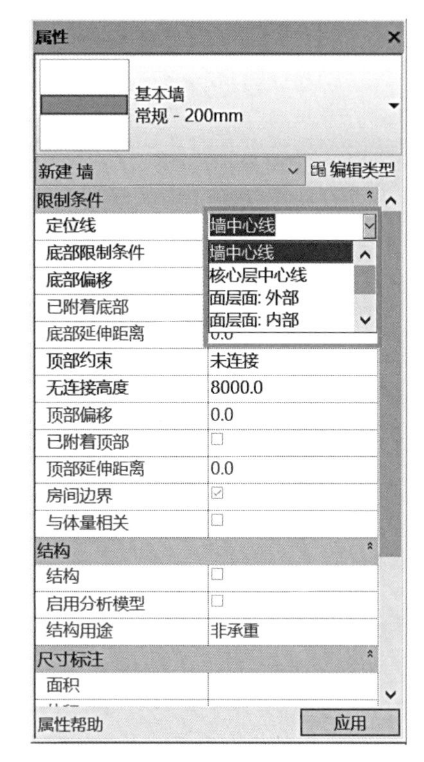

图3.2-3

2. 技能点——创建外墙

依照本项目图纸，创建墙体的具体步骤如下：

（1）进入对应标高。依照上文创建的标高，从标高F1开始绘制墙体，在【项目浏览器】中双击【楼层平面】中的【F1】即可进入标高F1的平面视图。

（2）创建外墙墙体类型。点击【建筑选项卡】中【墙】命令（快捷键“WA”），此时绘制墙体命令已激活，点击【属性】面板中的【编辑类型】，在出现的【类型属性】对话框中点击【复制】命令，在出现的名称对话框中编辑文本改为“办公楼外墙”，最后点击【确定】，此时外墙的类型已经创建完毕。如图3.2–4所示。

（3）修改外墙墙体构造。墙体是由结构层和若干功能层构成的，在Revit中可以在墙体的类型属性中添加修改墙体的构造。本项目已经简化墙体构造：内部结构为180mm厚“混凝土砌块”，外部功能层为10mm厚“旧米黄色石材”，内部功能层为10mm厚“白色涂料”。

继续上文（2）步骤，点击新创建的外墙【类型属性】对话框中的【结构】后方的【编辑】，即可出现【编辑部件】对话框，如图3.2–5所示。功能层中的【结构1】即为墙体的结构功能部分，上下两层【核心边界】为结构部分与其他功能层的分界线，【核心

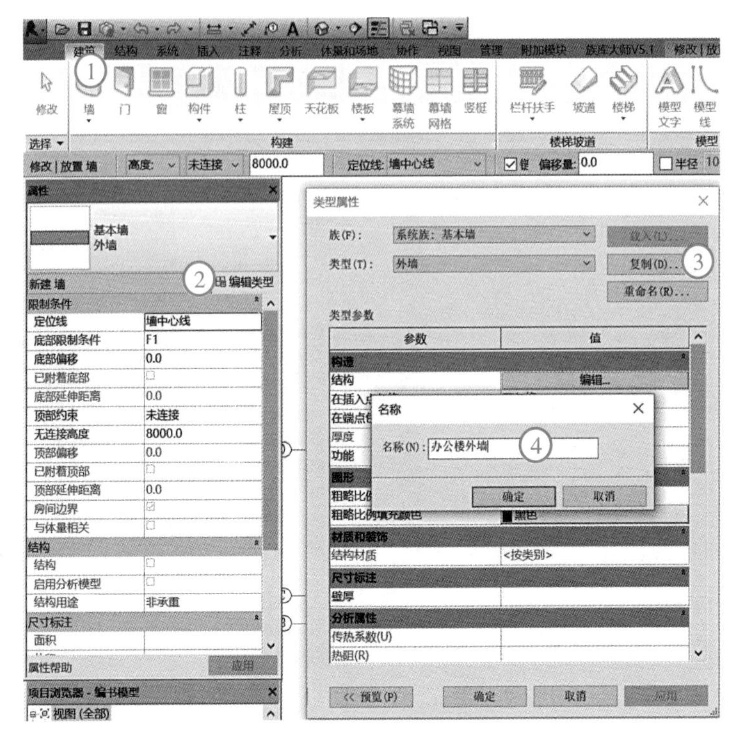

图3.2-4

边界】只是概念上的存在，实际模型中不会体现出材质和厚度。【核心边界】上部为【外部边】即为墙体的外侧，下部为【内部边】即为墙体的内侧，如图3.2-6所示。

要添加内外两层面层，需点击【插入】两次，会在核心边界中出现两层【结构1】，点击【向上】，被选中的黑色高亮区域的一层会向上移动一层，移动到核心边界上方。

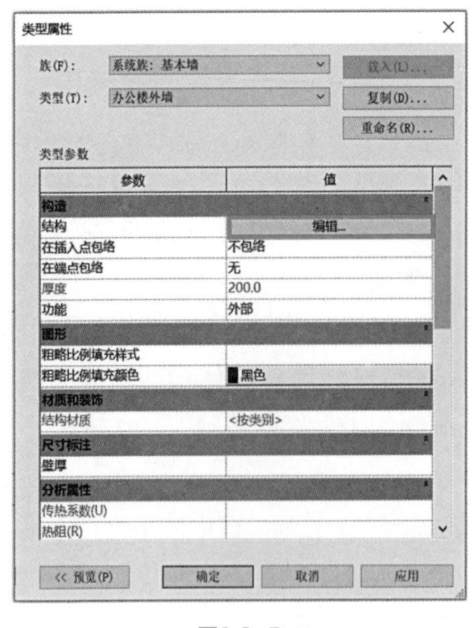

图3.2-5

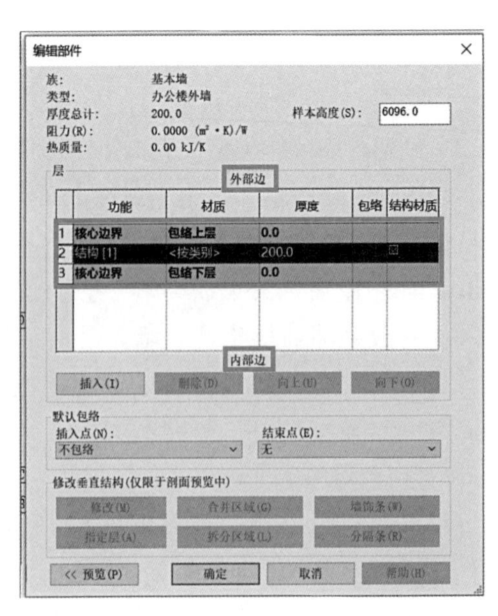

图3.2-6

点击功能层前方的序号【4】即可选中第四行功能层并变为黑色高亮显示状态，点击【向下】移动到下方核心边界的下部。如图3.2–7和图3.2–8所示。

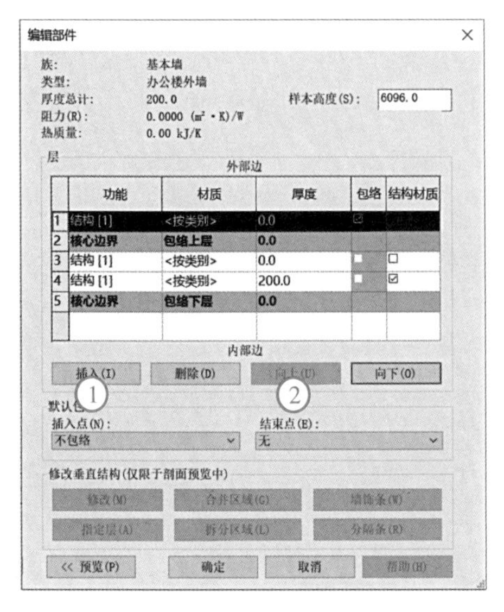

图3.2–7

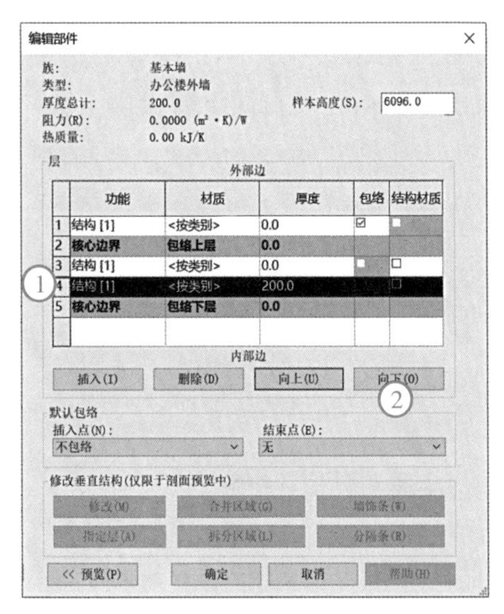

图3.2–8

接着添加功能层的材质，首先更改【功能】一栏的信息，点击第一行【结构1】后方的下拉小箭头，选中【面层1】即可完成功能类型的更改，如图3.2–9所示。同样的方法把最下方第5行也改成【面层1】。核心边界中间处为结构层，第3行【结构1】不需要更改。接下来设置材质，点击第1行【材质】一栏的【按类别】后方的小按钮即会出现【材质浏览器】对话框，如图3.2–10所示。

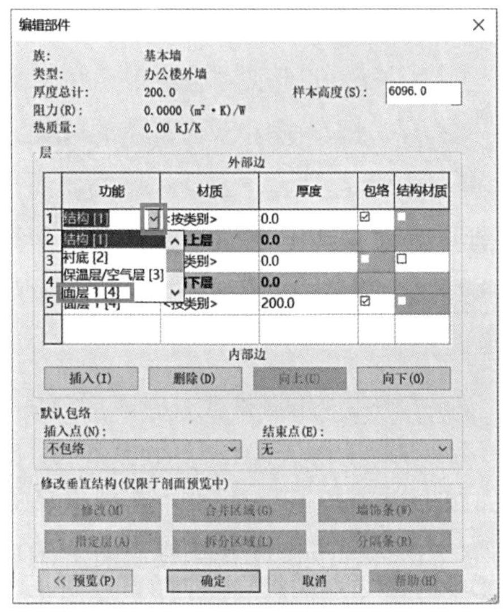

图3.2–9

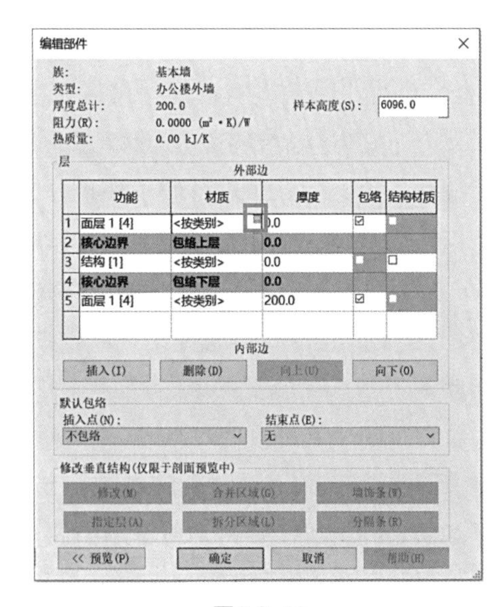

图3.2–10

在【材质浏览器】对话框中选择或新建相应的材质，本项目中的“旧米黄色石材”材质库中不存在，所以需要手动创建，点击材质浏览器下方的【创建并复制材质】，在新出现的对话框选择【新建材质】，即会在对话框中部出现名称为“默认为新材质”的材质类型，如图3.2–11所示。接着需要对刚创建的新材质进行重命名并赋予外观，鼠标右键点击【默认为新材质】后点击【重命名】，更改为“旧米黄色石材”，如图3.2–12所示。

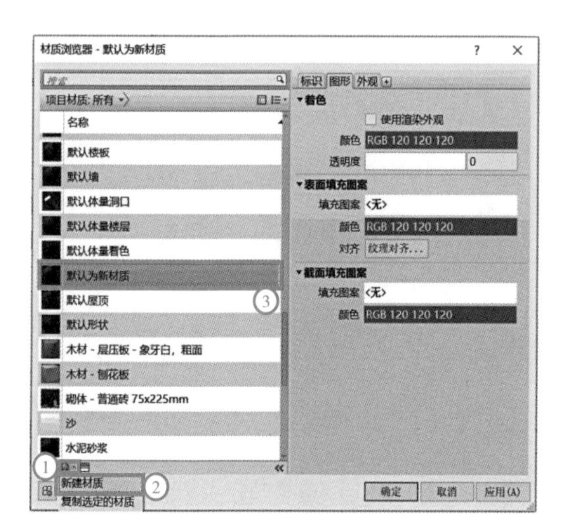

图3.2–11

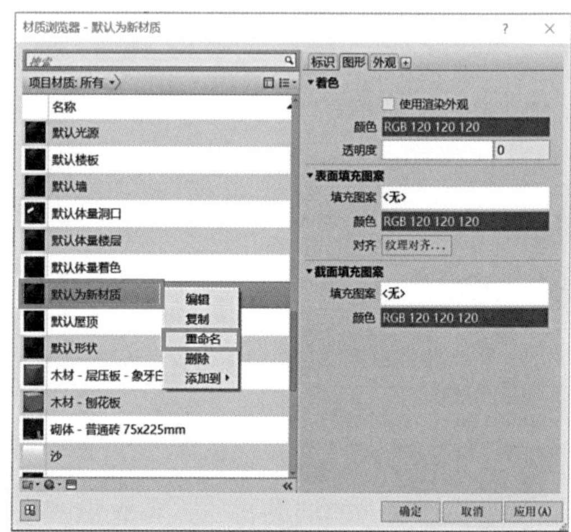

图3.2–12

重命名完毕后在【材质浏览器】对话框右侧上方的【图形】中【着色】一栏中点击【颜色】，会出现【颜色】对话框，选中黄色色卡后点击【确定】，如图3.2–13所示。

这样只是更改了此材质在着色模式下的颜色显示，还需要更改在真实模式下的显示，点击【材质浏览器】对话框上方的【外观】，在【外观】一栏的【常规】中点击【颜色】，也会出现【颜色】对话框，可以赋予本材质暗黄色的外观，点击黄色色卡后，把颜色版下方【红R】【绿G】后方的数字都改为“200”，即可显示出暗黄色的外观，也可以通过拖动右上方的三角进行改变颜色，最后点击【确定】，如图3.2–14所示。

点击【材质浏览器】对话框中的【确定】，这样就完成了“旧米黄色石材”材质属性设置。【材质浏览器】对话框中的【标识】【图形】【外观】中还有【透明度】【填充图案】【反射率】等其他材质属性，可以根据项目的材质要求对应更改设置。

同样的方法，可以把第5行【面层1】的材质更改为“白色涂料”，并把材质的着色和真实模型下的外观都改为“白色”，最后点击【确定】，如图3.2–15所示。

接着设置第3行【结构1】的材质，与上文两个材质不同，由于“混凝土砌块”材质是存在于软件材质库中的，所以不需要重新创建材质，点击【按类别】后方的小按钮后，在出现的【材质浏览器】上方的【搜索】栏中，输入“混凝土砌块”，选中下方“混凝土砌块材质”后点击【确定】，如图3.2–16所示。

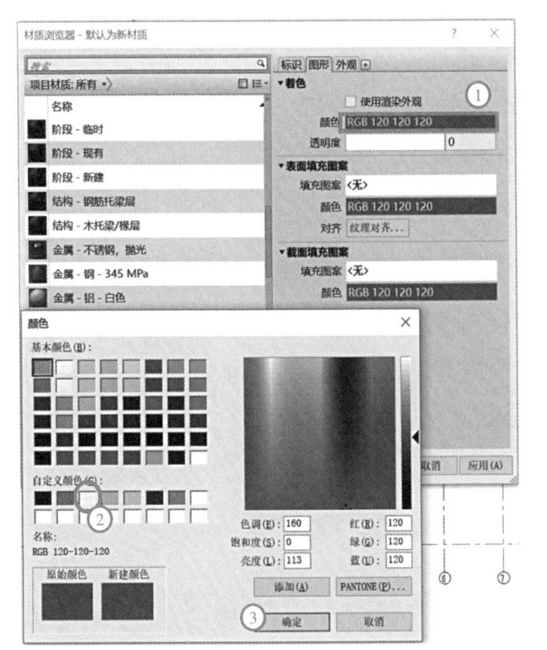

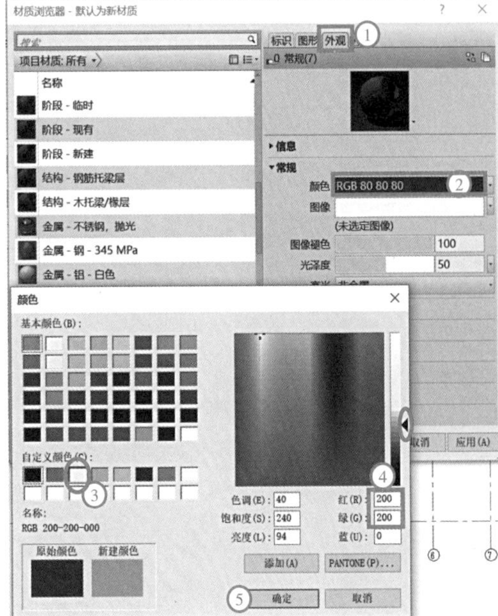

图3.2-13　　图3.2-14

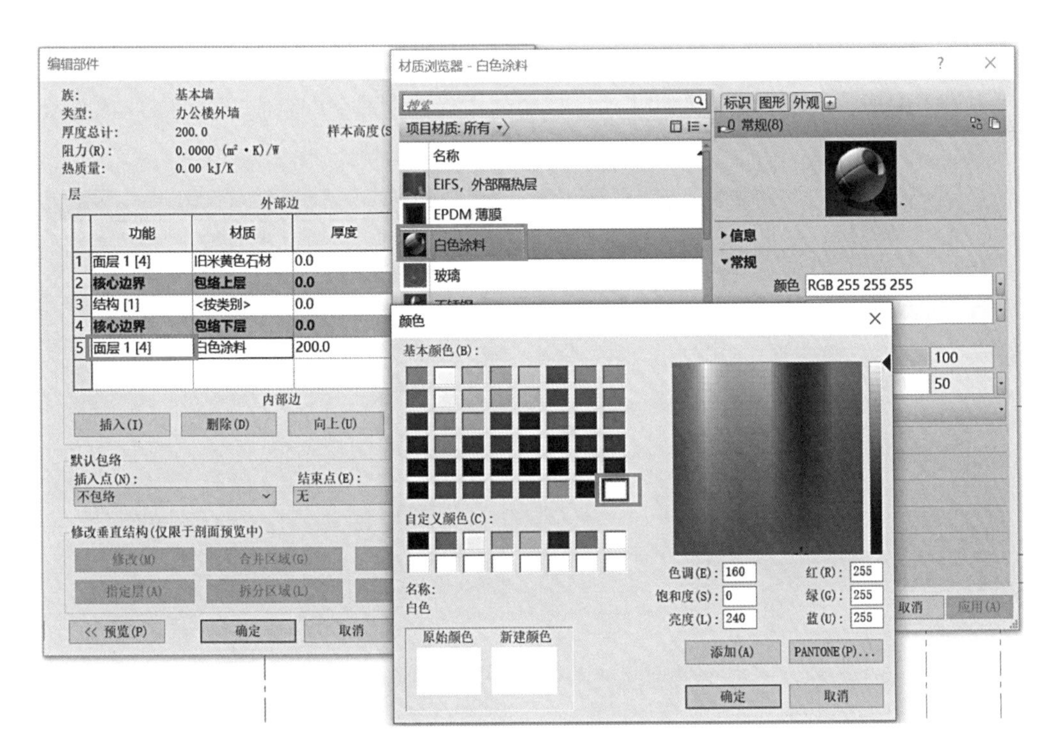

图3.2-15

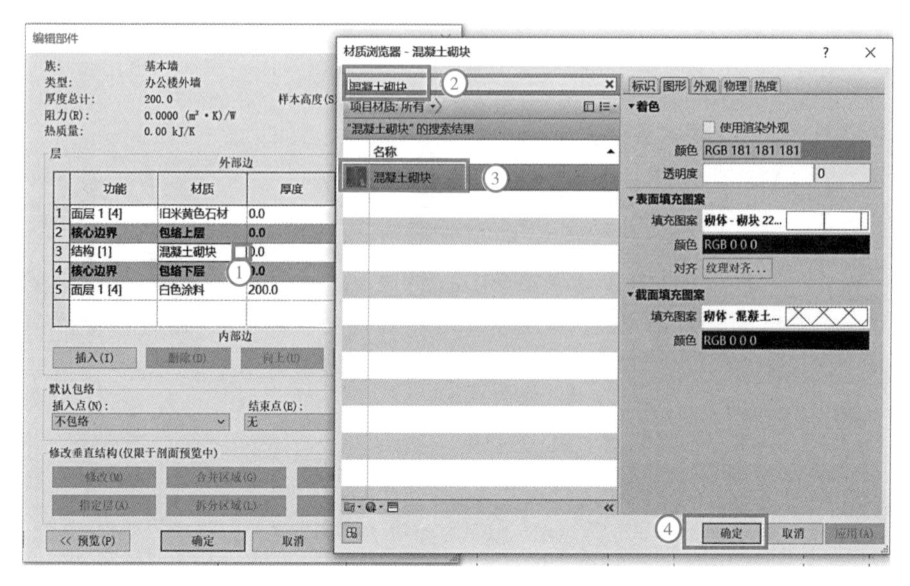

图3.2-16

此时，三个功能层的材质已经设置完毕。最后进行每个功能层厚度的设置，在【编辑部件】对话框中的【厚度】一栏中，单击【旧米黄色石材】后方的数字框，输入“10”（单位为毫米），即设置完毕，用同样的方法分别设置【混凝土砌块】和【白色涂料】的厚度分别为“180”和“10”，如图3.2-17所示。

现在“办公楼外墙”的墙体构造就设置完毕，点击【确定】完成，“办公楼外墙”的类型也设置完毕，点击【类型属性】对话框中的【确定】即全部完成，如图3.2-18所示。

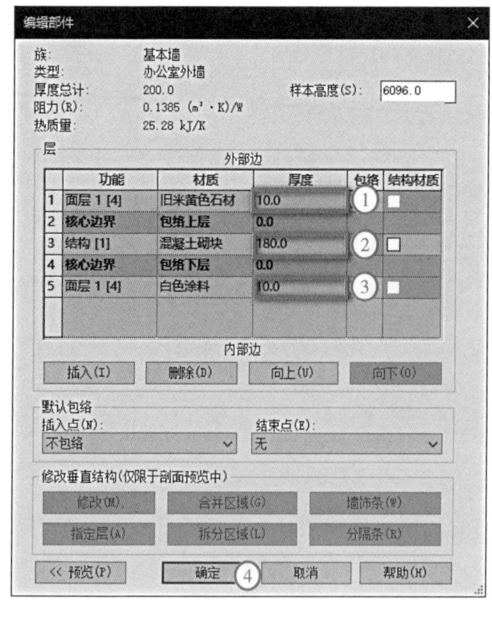

图3.2-17

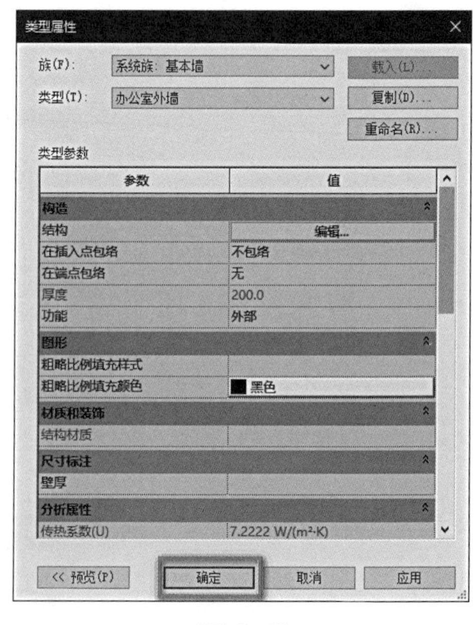

图3.2-18

（4）绘制外墙。依照建筑图纸，先绘制1层的外墙，首先要进入楼层平面F1，双击【项目浏览器】中【楼层平面】中的【F1】。点击【建筑】选项卡中的【墙】命令（快捷键“WA”），默认选择的墙类型即为上文刚创建的“办公楼外墙”，此处如果墙体类型不是“办公楼外墙”，点击墙体【属性】面板中的墙类型下拉菜单，选择对应类型的墙，如图3.2–19所示。

绘制一层的墙，高度从F1标高到F2标高，绘制之前需在【属性】面板中调整墙的实例属性。【底部约束】保持默认【F1】不变，点击【顶部约束】后方的【未连接】，再点击下拉箭头，在菜单中选择【直到标高：F2】，如图3.2–20所示，其他属性为默认即可。

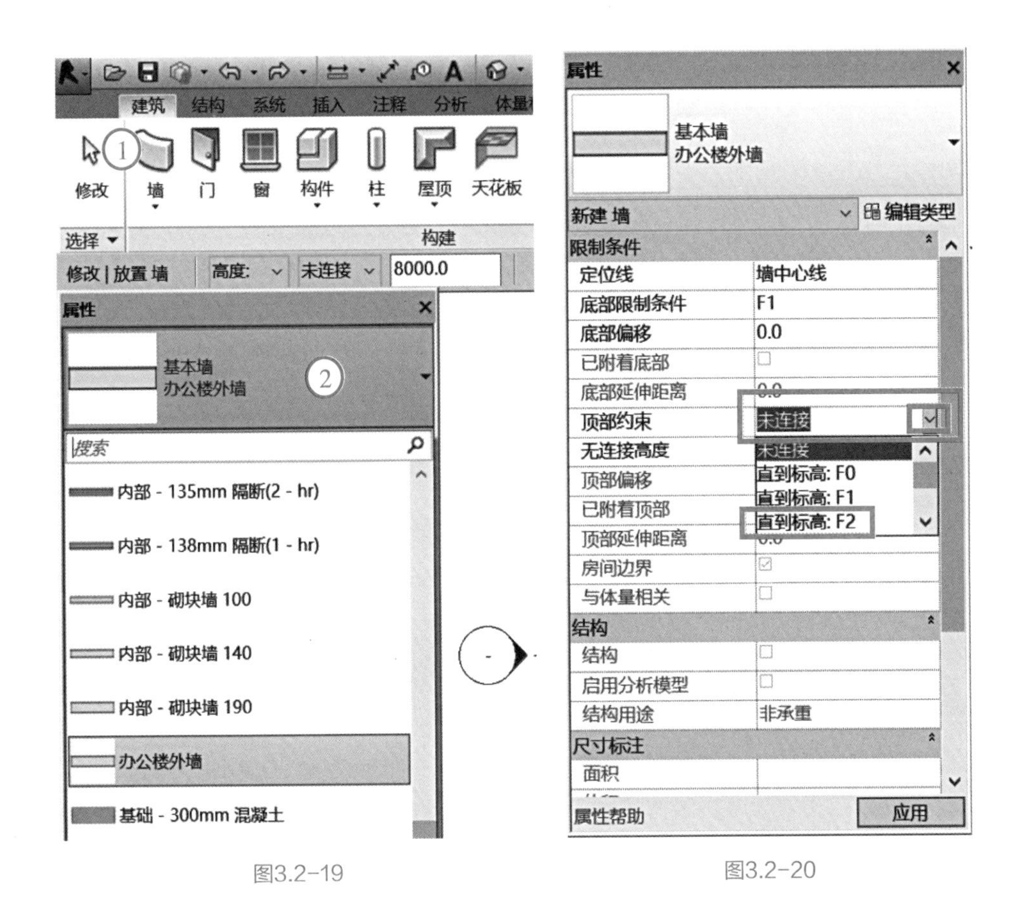

图3.2–19　　　　图3.2–20

选择好墙的属性，鼠标按照图纸依次点击①轴与Ⓒ轴和Ⓓ轴交点位置，这样就绘制好了第一面墙，如图3.2–21所示。注意：顺时针绘制墙体时，即墙体外部面在外，内部面在内；逆时针绘制墙体时，墙体内部面在外，外部面在内。

此时墙命令依然处于激活之中，可以连续绘制，鼠标沿着①轴移动到Ⓓ轴上方，输入“900”后按回车键，即完成Ⓓ轴上方900mm段墙体绘制。继续将鼠标水平向右移动，输入“2000”后按回车键，即完成水平段2000mm墙体的绘制，再将鼠标垂直移动

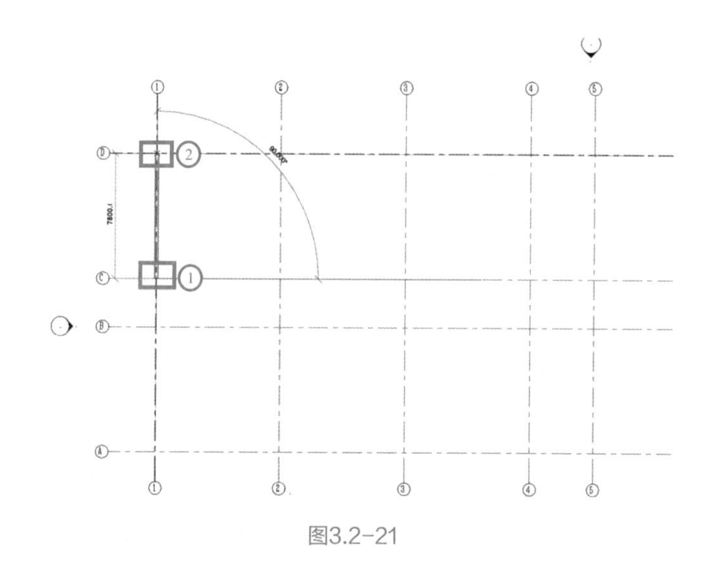

图3.2-21

到Ⓓ轴上，单击鼠标左键，即完成无轴网定位部分的墙体绘制，如图3.2-22所示。这里运用了两种绘制墙的方法：当有轴网定位时，可以沿着轴网进行墙体的绘制；当部分墙体突出，无轴网定位时，可以根据图纸中的尺寸标注，手动输入墙体的延伸尺寸完成绘制。

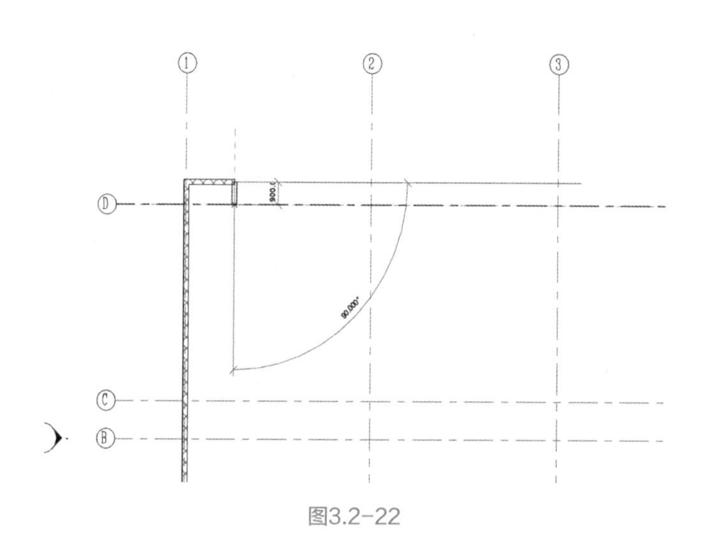

图3.2-22

同样的方法继续完成剩余一层“办公楼外墙”的绘制。注意：如果遇到墙体中有门或窗的标识，不用断开墙体，直接绘制出整面墙体即可，门窗是附着在墙体上的附加构件，绘制时会自动剪切墙体。绘制完成后进入三维视图检查绘制的墙体，如有发现某段墙体的内外面颠倒，可以鼠标选中有误的墙体，按空格键或者点击如图3.2-23和图3.2-24所示的图标即可。调整完毕之后，即完成一层“办公楼外墙”的绘制。

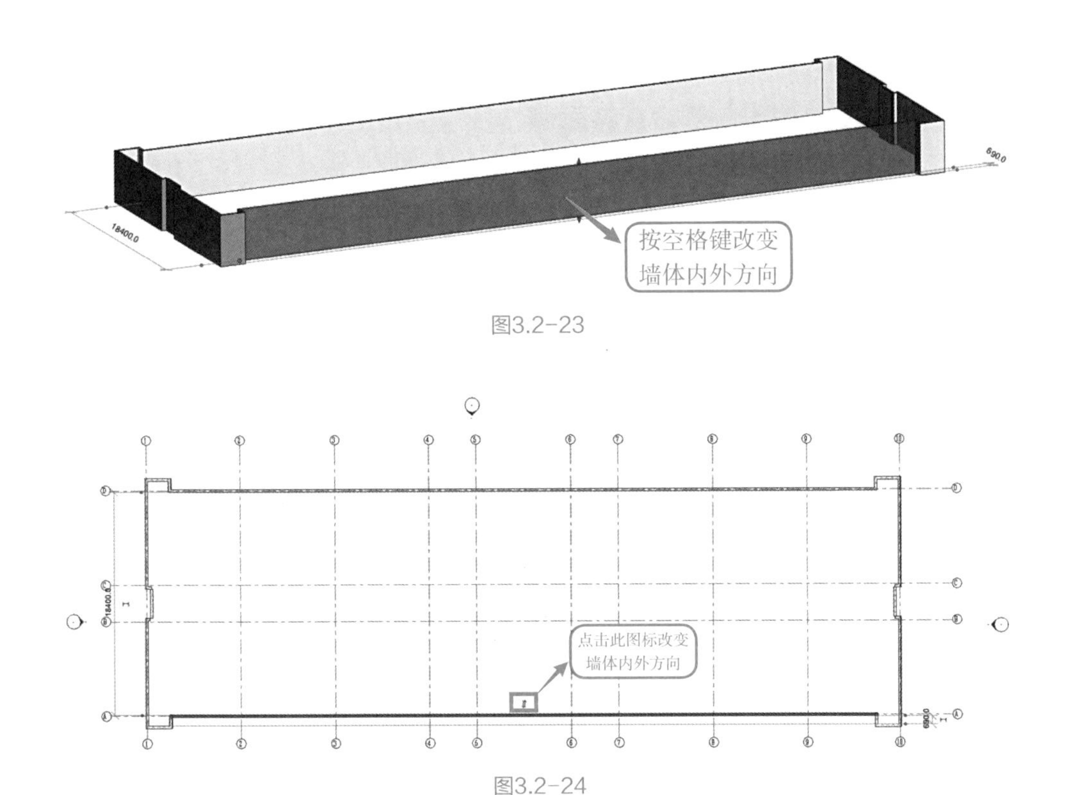

图3.2-23

图3.2-24

3．技能点——创建内墙

（1）创建内墙墙体类型。创建内墙“办公楼内墙”类型的方法与外墙相同。这里可以在“办公楼外墙”的基础上修改创建。依次点击【墙】→【编辑类型】→【复制】，然后在对话框中输入“办公楼内墙”，点击【确定】，如图3.2-25所示。

本项目内墙的构造同样也做了简化：内部结构为180mm厚的“混凝土砌块”，内外部功能层都为10mm厚的“白色涂料”。点击【结构】后方的【编辑】按键，在出现的【编辑部件】对话框中点击功能层第一层的“旧米黄色石材”后方的小按钮，在【材质浏览器】中搜索“白色涂料”，更改此材质为“白色涂料”，点击【确定】，如图3.2-26所示。

（2）绘制内墙墙体。绘制“办公楼内墙”墙体的方法与绘制外墙相同，依据工程图纸中给定尺寸，进行内墙绘制。双击【F1】进入一层标高。

输入快捷键“WA”打开墙命令，检查属性浏览器实例属性是否正确（此处软件默认沿用外墙的标高设置，所以不需要修改），之后依照图纸分别点击②轴与Ⓐ轴和Ⓑ轴的交点位置，如图3.2-27所示。此时连续绘制墙体的命令依旧在执行，按一次键盘上的Esc按键取消，但墙体命令依旧处于激活状态，这时候可以继续绘制另一面墙体，如果想完全取消墙体命令需要再按一次Esc键。

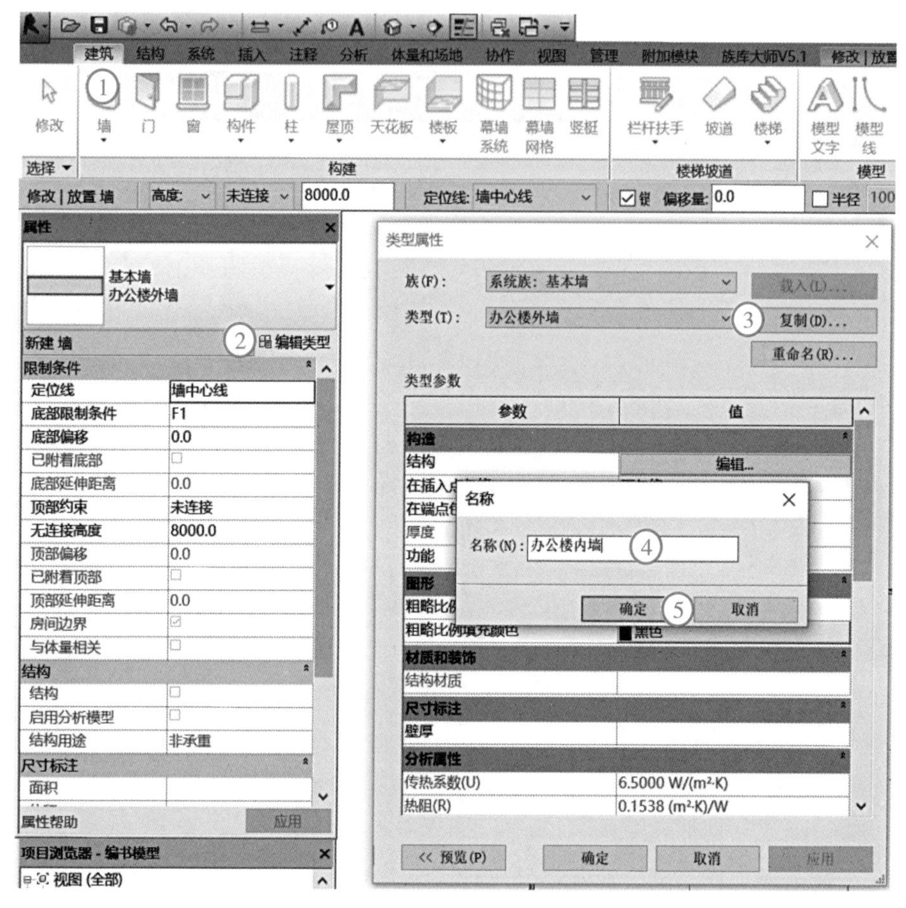
建筑
结构
系统
插入
注释
分析
体量和场地
协作
视图
管理
附加模块
族库大师V5.1
修改 | 放置
修改
墙
门
窗
构件
柱
屋顶
天花板
楼板
幕墙系统
幕墙网格
竖梃
栏杆扶手
坡道
楼梯
模型文字
模型线
选择
构建
楼梯坡道
模型
修改 | 放置 墙
高度:
未连接
8000.0
定位线: 墙中心线
偏移量: 0.0
半径
属性
基本墙
办公楼外墙
新建 墙
编辑类型
限制条件
定位线
墙中心线
底部限制条件
F1
底部偏移
0.0
已附着底部
底部延伸距离
0.0
顶部约束
未连接
无连接高度
8000.0
顶部偏移
0.0
已附着顶部
顶部延伸距离
0.0
房间边界
与体量相关
结构
结构
启用分析模型
结构用途
非承重
尺寸标注
面积
属性帮助
应用
项目浏览器 - 编书模型
视图 (全部)
类型属性
族(F):
系统族: 基本墙
载入(L)...
类型(T):
办公楼外墙
复制(D)...
重命名(R)...
类型参数
参数
值
构造
结构
编辑...
厚度
功能
图形
粗略比例填充颜色
黑色
材质和装饰
结构材质
尺寸标注
壁厚
分析属性
传热系数(U)
6.5000 W/(m²·K)
热阻(R)
0.1538 (m²·K)/W
名称
名称(N): 办公楼内墙
确定
取消
<< 预览(P)
确定
取消
应用

图3.2-25

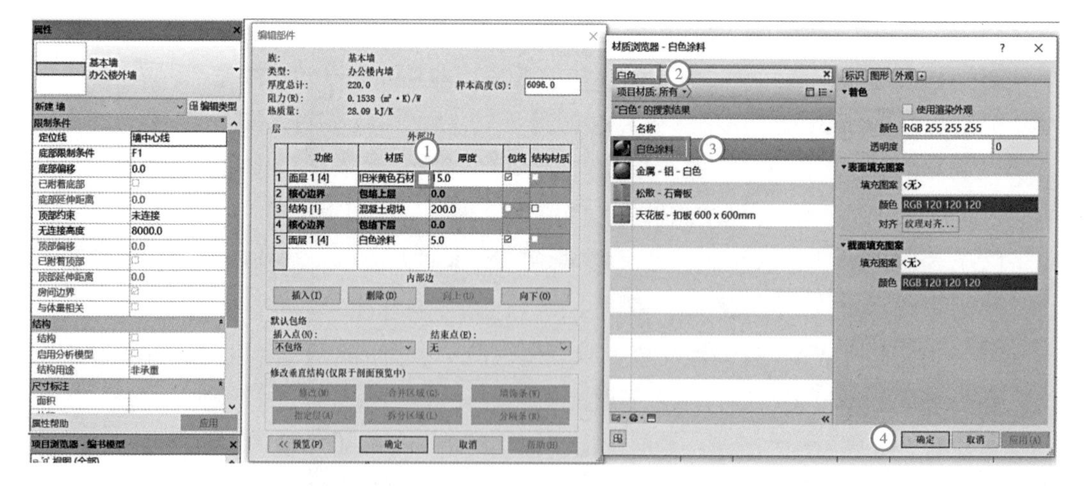
编辑部件
族:
基本墙
类型:
办公楼内墙
厚度总计:
220.0
样本高度(S):
6096.0
层
外部边
功能
材质
厚度
包络
结构材质
面层 1 [4]
旧米黄色石材
15.0
核心边界
包络上层
0.0
结构 [1]
混凝土砌块
200.0
核心边界
包络下层
0.0
面层 1 [4]
白色涂料
5.0
内部边
插入(I)
删除(D)
向下(O)
默认包络
插入点(N):
不包络
结束点(E):
无
修改垂直结构(仅限于剖面预览中)
<< 预览(P)
确定
取消
材质浏览器 - 白色涂料
白色
项目材质: 所有
"白色" 的搜索结果
名称
白色涂料
金属 - 铝 - 白色
松散 - 石膏板
天花板 - 扣板 600 x 600mm
标识
图形
外观
着色
使用渲染外观
颜色
RGB 255 255 255
透明度
0
表面填充图案
填充图案
<无>
颜色
RGB 120 120 120
对齐
纹理对齐...
截面填充图案
填充图案
<无>
颜色
RGB 120 120 120
确定
取消
应用(A)

图3.2-26

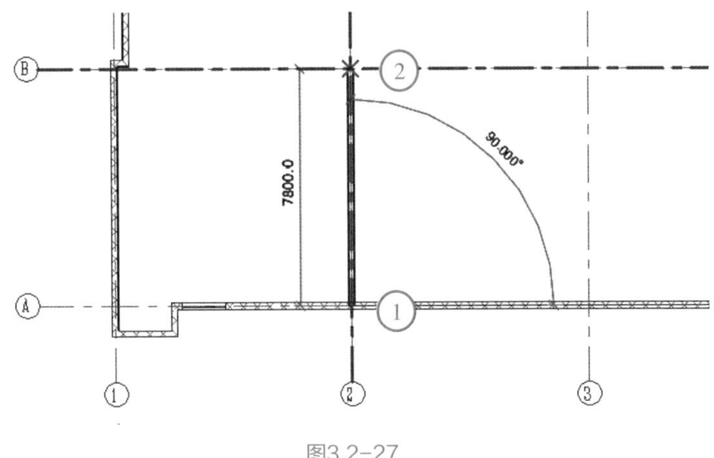

图3.2–27

同样的方法绘制完成全部200mm厚的办公楼内墙，如图3.2–28所示。

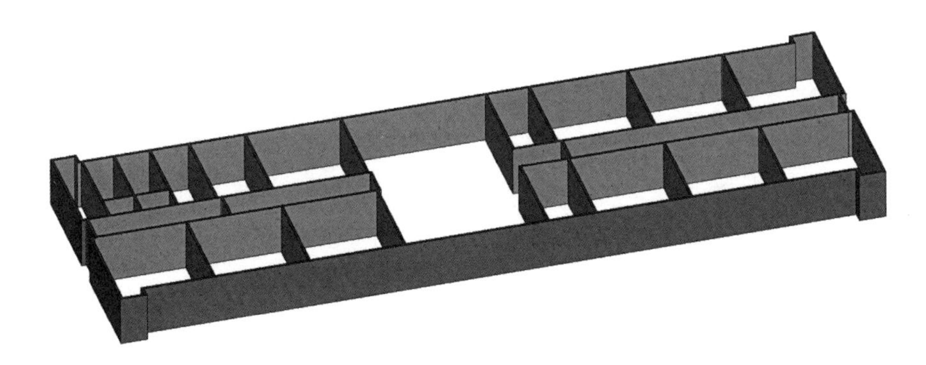
图3.2–28

运用相同的方法绘制出2～4层的墙体，也可以用复制命令快速将相同的墙体复制到其他标高对应位置，全选所有一层的墙，点击【复制到剪切板】→【粘贴】→【与选定标高对齐】，选择全部的标高，点击【确定】，如图3.2–29所示。接着打开对应每个标高平面，进行墙体标高位置等参数的调整，将墙体顶部与底部偏移量均改为0（此方法仅适用于每层墙体基本相同的情况）。

屋顶上方的墙体称为“女儿墙”，绘制女儿墙需要注意墙体的高度以及路径。双击进入到屋面标高【F5】，输入“WA”命令，选择“办公室外墙”类型，调整属性浏览器中的实例属性，【顶部约束】改为“未连接”，【无连接高度】数值改为“1500”，如图3.2–30所示。

依照图纸进行绘制，全部绘制完成后墙体模型如图3.2–31所示。

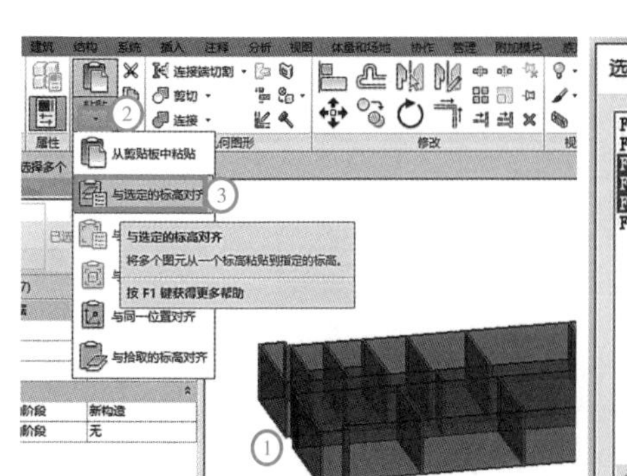

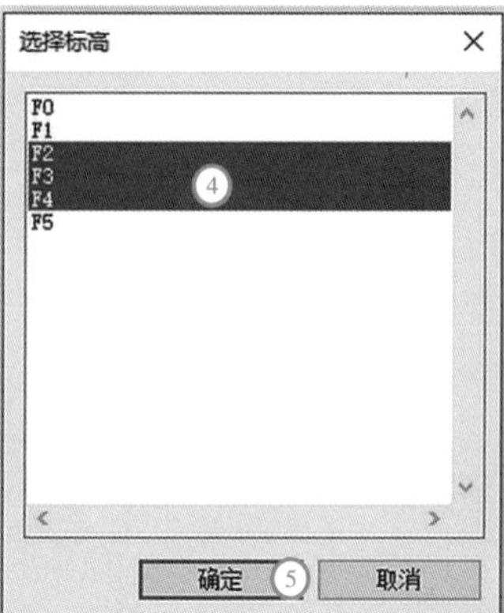

图3.2-29

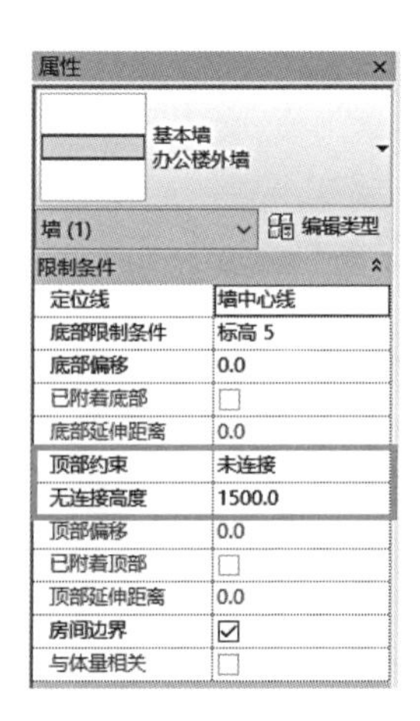

图3.2-30

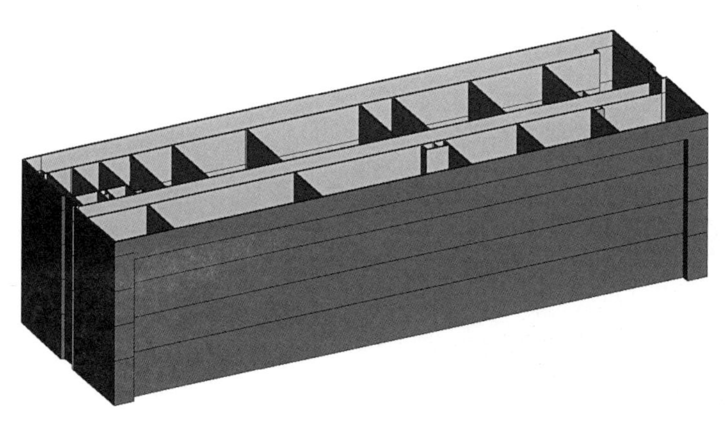

图3.2-31

4. 技能点——创建幕墙

幕墙是建筑的外墙围护，是现代大型和高层建筑常用的带有装饰效果的轻质墙体，由面板和支承结构体系组成的，可相对主体结构有一定位移能力或自身有一定变形能力，是不承担主体结构作用的建筑外围护结构或装饰性结构。玻璃幕墙通过金属框架把自重和风荷载传递给主体结构，传递方式主要为竖梃传递。

幕墙也是属于墙的一种，所以【幕墙】命令在Revit中也是处于【墙】上下文选项卡。在Revit软件中，幕墙的组成包含幕墙网格、竖梃和幕墙嵌板。系统默认的幕墙嵌板为玻璃嵌板，绘制出来的幕墙是玻璃外观；竖梃需要依附于幕墙网格进行布置，需要先绘制幕墙网格才可进行竖梃的布置，如图3.2-32所示。

（1）创建幕墙类型

首先需要找到项目中幕墙出现的位置，打开建筑工程图纸，在图纸中找到“门窗大样图”，其中编号为“MQ1”的字样即为“幕墙1”的编号，如图3.2-33所示。

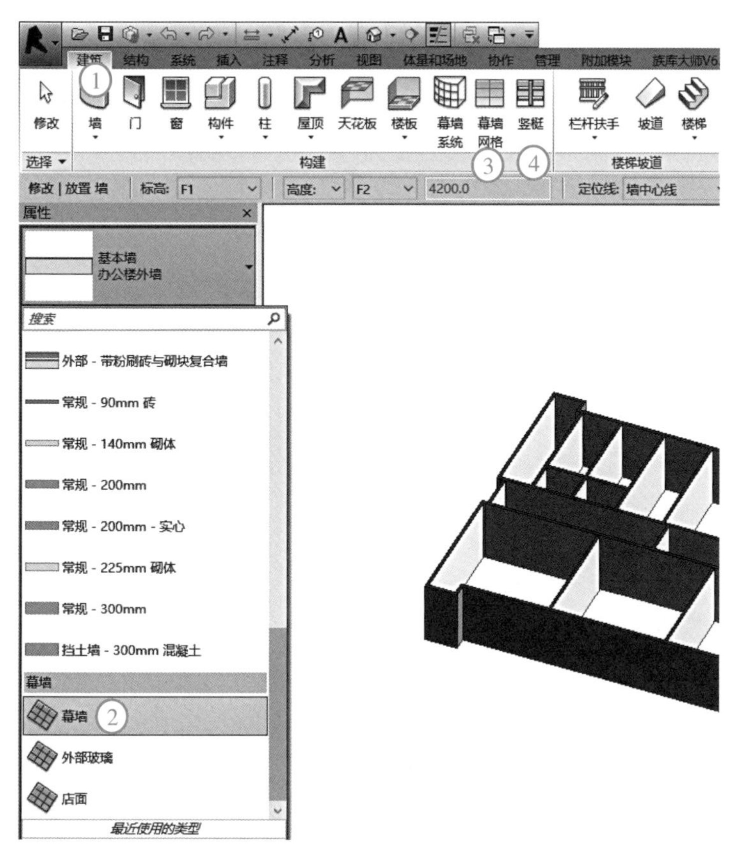

建筑
结构
系统
插入
注释
分析
视图
体量和场地
协作
管理
附加模块
族库大师V6
修改
墙
门
窗
构件
柱
屋顶
天花板
楼板
幕墙系统
幕墙网格
竖梃
栏杆扶手
坡道
楼梯
选择
构建
楼梯坡道
修改 | 放置 墙
标高: F1
高度:
F2
4200.0
定位线: 墙中心线
属性
基本墙
办公楼外墙
搜索
外部 - 带粉刷砖与砌块复合墙
常规 - 90mm 砖
常规 - 140mm 砌体
常规 - 200mm
常规 - 200mm - 实心
常规 - 225mm 砌体
常规 - 300mm
挡土墙 - 300mm 混凝土
幕墙
幕墙
外部玻璃
店面
最近使用的类型

图3.2-32

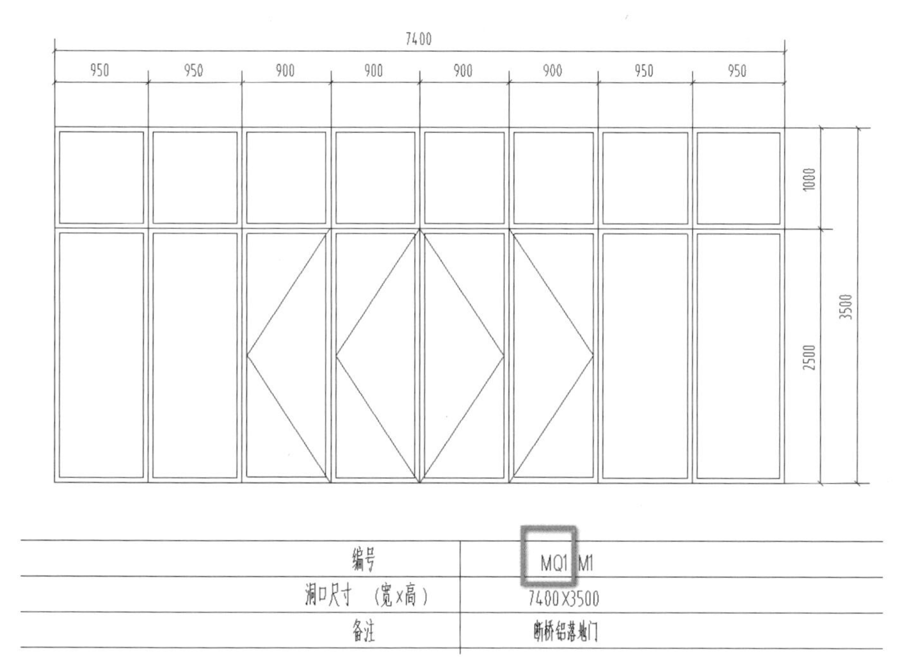

7400
950
950
900
900
900
900
950
950
1000
2500
3500
编号
MQ1 M1
洞口尺寸 （宽×高）
7400X3500
备注
断桥铝幕地门

图3.2-33

依照门窗大样图的名称在一层平面图中找到“MQ1”的对应位置，如图3.2–34所示。

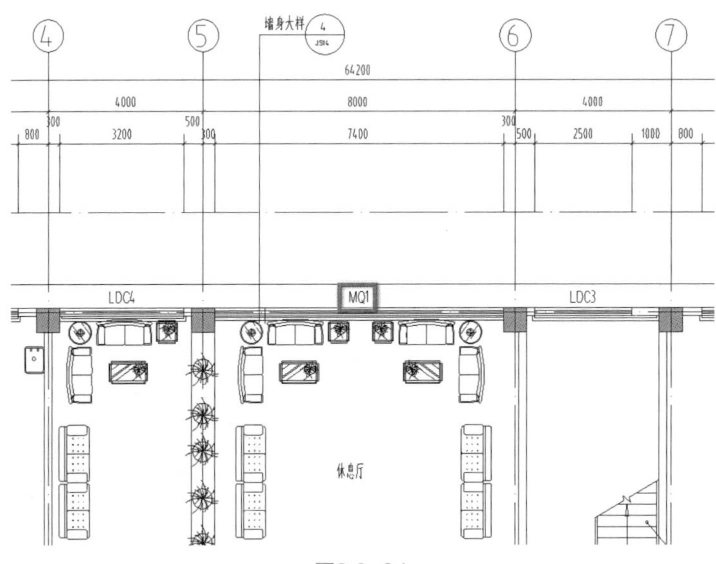

图3.2–34

在模型中找到图纸中的对应“MQ1”位置，幕墙在Revit中是被定义为墙族的一种，所以幕墙的布置方法和墙的方法基本一致。

双击打开标高F1，输入快捷键“WA”打开墙命令，属性面板下拉找到【幕墙】，首先新建幕墙类型，点击【属性浏览器】中的【编辑类型】，点击【复制】，在跳出的对话框中输入“MQ1”，点击【确定】，之后在【类型属性】对话框中勾选【自动嵌入】，再次点击【确定】，“MQ1”幕墙类型创建完毕，如图3.2–35所示。

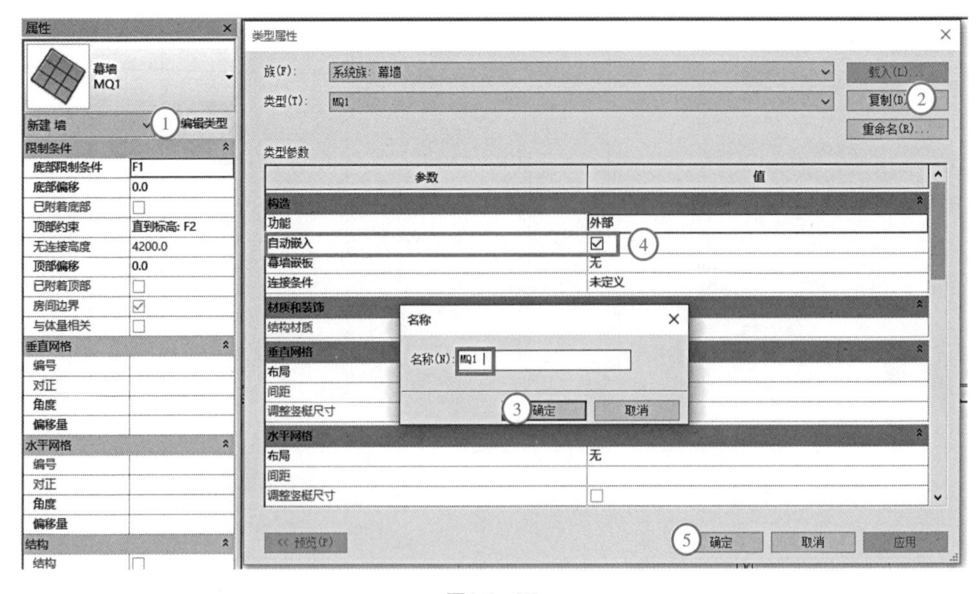

图3.2–35

接着对幕墙的“实例属性”中的高度进行设置。查工程图纸可知，幕墙MQ1高度为3500mm，将【顶部约束】改为“未连接”，修改【无连接高度】参数为“3500”，如图3.2–36所示。

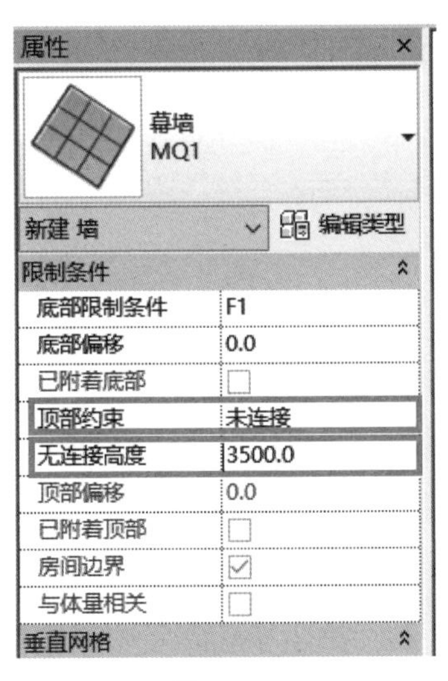

图3.2–36

查找工程图纸对应幕墙MQ1位置，点击Ⓓ轴与⑤轴交点处右侧300mm（为柱预留的空间）为幕墙MQ1绘制起点，再点击Ⓓ轴与⑥轴的交点向左300mm处为绘制终点，幕墙MQ1的长度、高度与位置等参数已经确定完毕。绘制完成后的模型如图3.2–37所示。

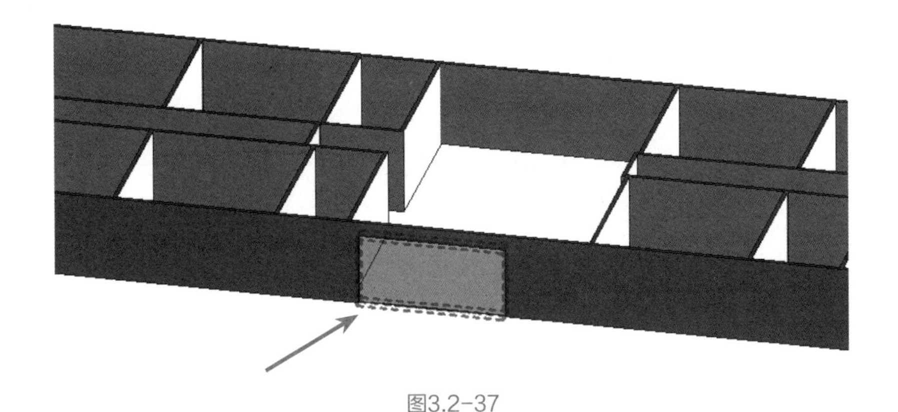

图3.2–37

（2）创建幕墙网格

此时的幕墙仅为一块玻璃的外观，需要继续对幕墙网格、幕墙嵌板等进行参数设置。找到门窗大样图中的MQ1大样图，根据大样图中标明的尺寸等数据进行幕墙网格的绘制。

先进入北立面（或三维模式），点击【建筑】选项卡中的【幕墙网格】命令，如图3.2–38所示。

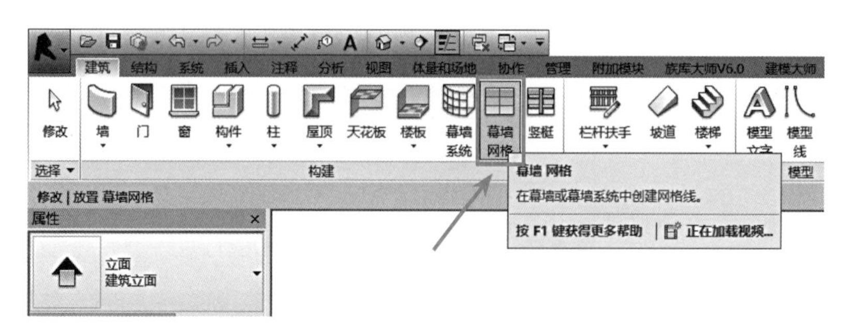

图3.2–38

此时幕墙网格命令为激活状态，鼠标放在幕墙上即会出现预放置的虚线与临时尺寸标注，此时需要将竖向的第一条幕墙网格线放置在距离左侧幕墙边缘950mm的位置，由于默认临时尺寸标注只能拾取到100mm的倍数的数值，所以可以先将幕墙网格线放在900mm的位置，放置完毕后依旧为幕墙网格命令激活状态，需要按两次Esc键取消命令，再选中幕墙网格线，点击临时尺寸标注，进行修改数值为“950”即完成第一条幕墙网格线绘制，如图3.2–39所示。

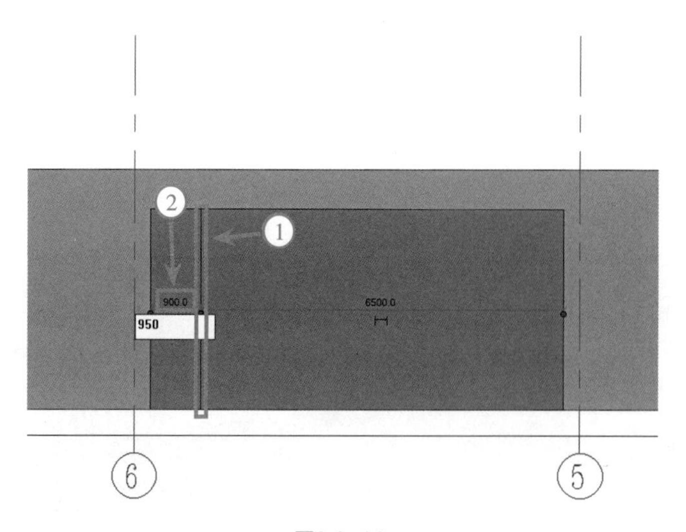

图3.2–39

运用相同方法进行剩下竖向幕墙网格线的绘制，也可用复制命令进行剩下竖向幕墙网格的绘制。横向幕墙网格线也是相同的绘制方法。注意：在幕墙网格命令激活状态时，鼠标移动到幕墙上下侧边缘时，即会出现竖向幕墙网格；鼠标移动到幕墙左右侧边缘，即会出现横向幕墙网格。绘制完成的幕墙网格模型如图3.2–40所示。

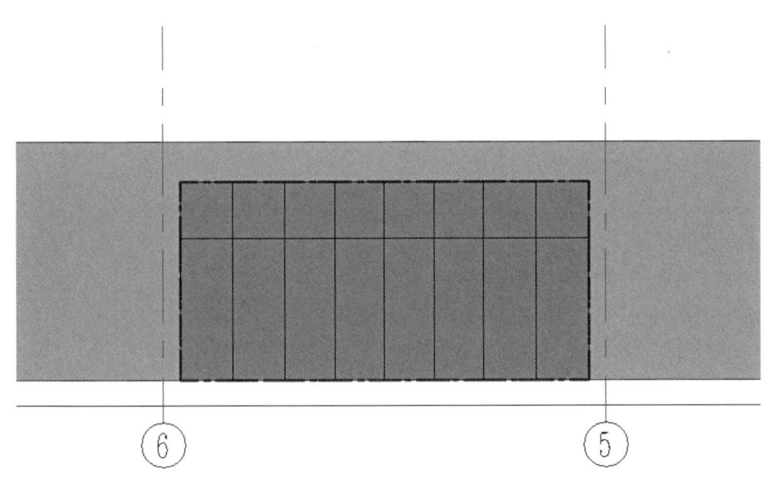

图3.2-40

（3）放置幕墙竖梃

幕墙竖梃依托于幕墙网格，点击【建筑】选项卡中的【竖梃】命令，可以在左侧属性浏览器中选择不同的竖梃类型（本项目采用默认竖梃），鼠标点击绘制好的幕墙网格线即可自动布置竖梃到相应的幕墙网格线上，如图3.2-41所示。

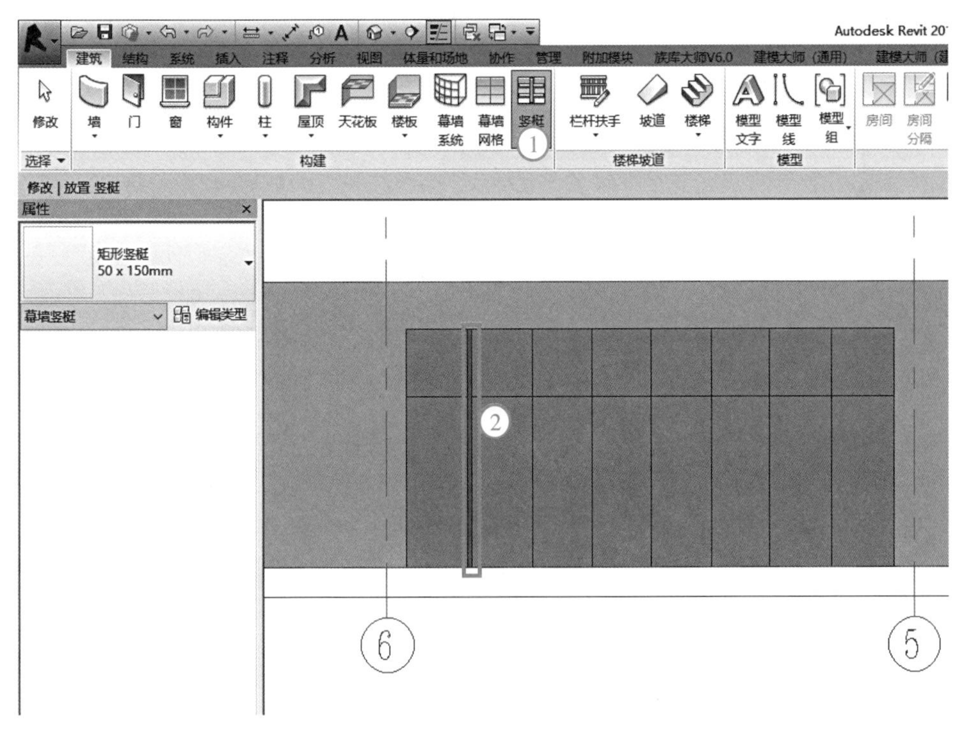

图3.2-41

若竖梃较多，可点击【修改|放置 竖梃】选项卡中的【全部网格线】，鼠标移动到对应幕墙上，即可一次性绘制完成全部竖梃，如图3.2-42所示。

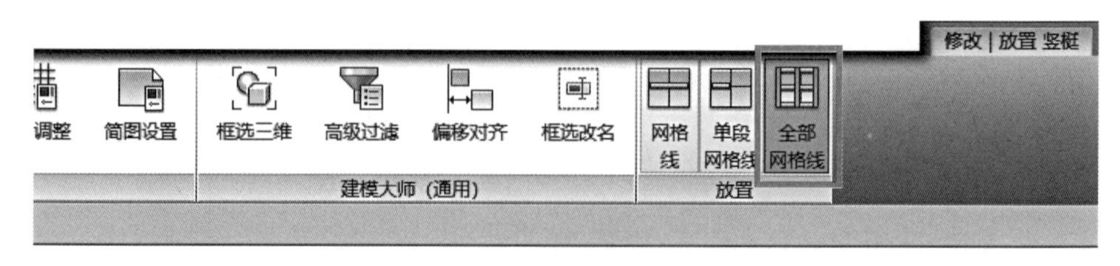

图3.2-42

（4）幕墙嵌板

本项目南北墙上各有一段幕墙，名称均为MQ1，不过两者也是有区别的，依照平面图和大样图来看，建筑南侧的幕墙多了一扇四开的门，在这里可以通过替换幕墙嵌板来进行门的布置。

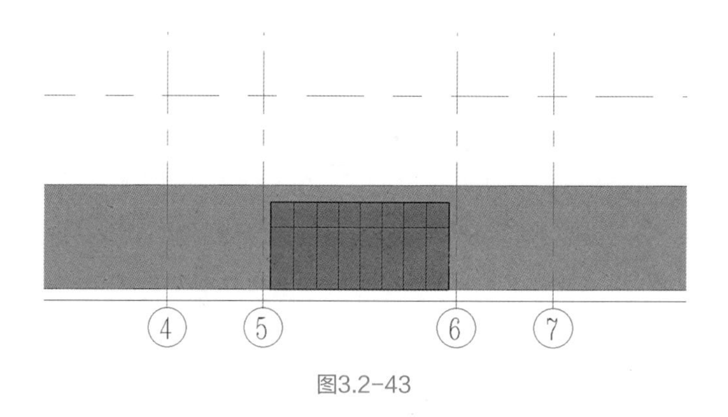

图3.2-43

运用同样方法在模型中创建出建筑物南侧的幕墙MQ1，如图3.2-43所示。

为了在幕墙MQ1中间用幕墙嵌板来进行门的布置，首先要将相关幕墙网格线删除。点击需要删除的幕墙网格线，再点击右上角【修改】选项卡中出现的【添加/删除线段】命令，然后再次点击需要删除的线段，即完成删除命令，如图3.2-44所示，按两次Esc键退出。

运用相同的方法，删除余下的幕墙网格线，完成后的模型如图3.2-45所示。

接下来开始替换图中最大的幕墙嵌板——门嵌板。鼠标放在需要选中的嵌板边缘，按Tab键，切换出目标嵌板，点击鼠标左键选中此嵌板，点击左侧属性浏览器中的【编辑类型】，依次点击【载入】→【建筑】→【幕墙】→【门窗嵌板】→【门嵌板-70-90系列四扇推拉铝门】→【打开】→【确定】，如图3.2-46所示。

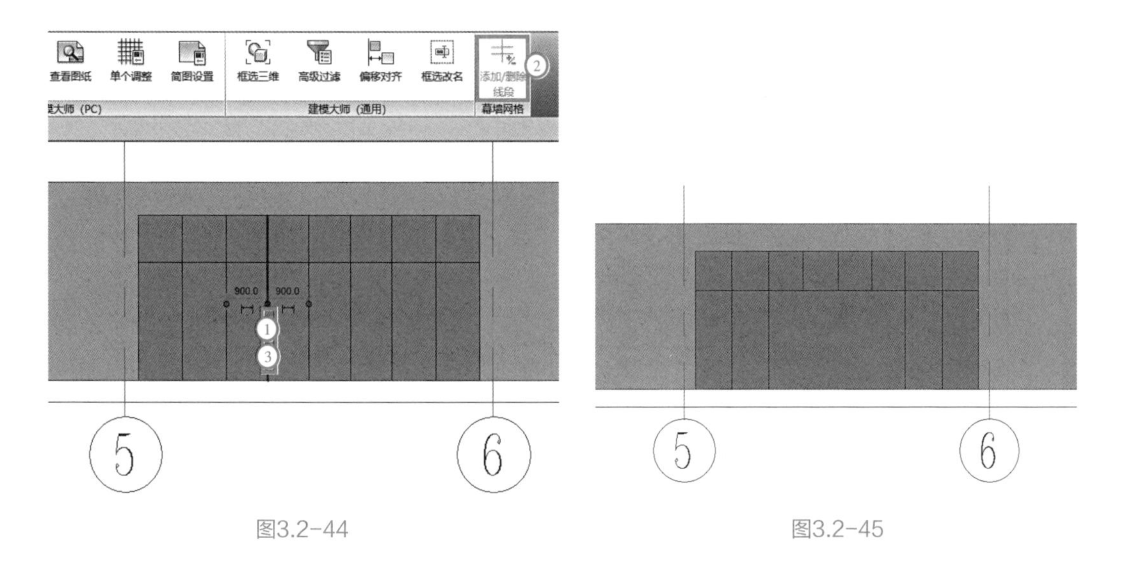

图3.2-44　　　　图3.2-45

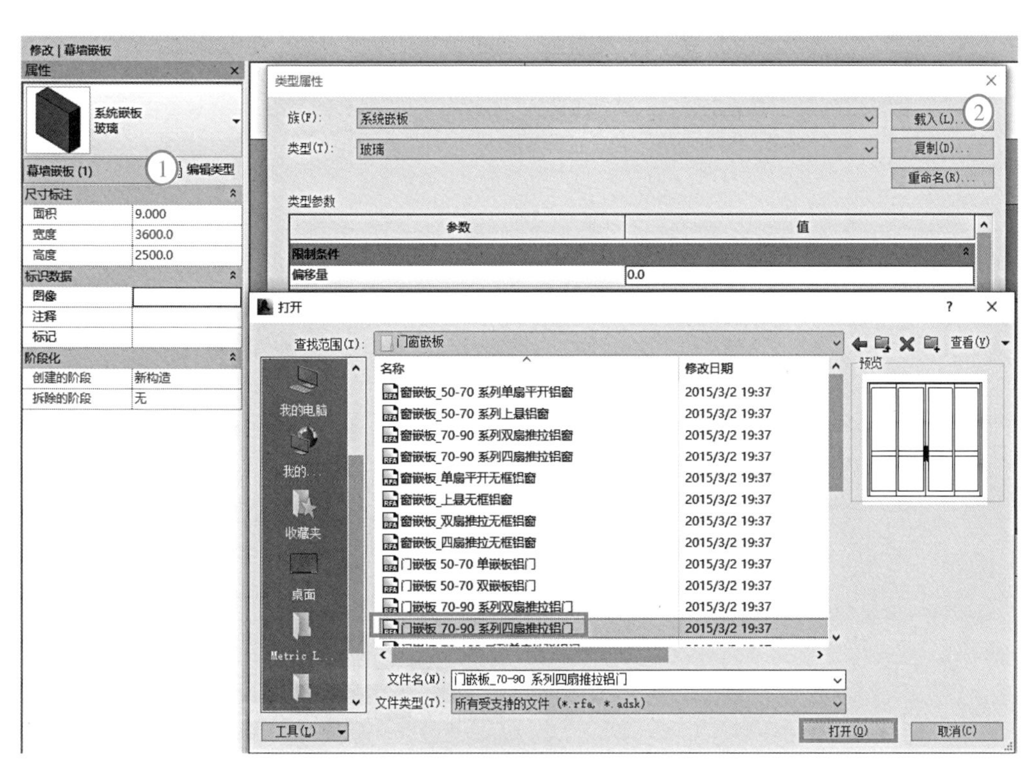

图3.2-46

此门嵌板即被载入到项目中，也完成了嵌板的替换，最后选中替换的门嵌板在【编辑类型中】点击【复制】，将门嵌板名称改为M1。布置完成后的模型如图3.2-47所示。

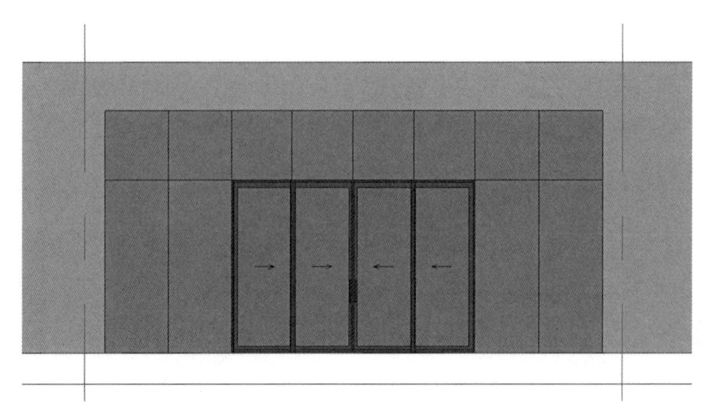

图3.2-47

3.2.4 问题思考

1. 创建普通墙的过程中，墙的高度如何设置？
2. 如何设置墙的构造？
3. 幕墙由哪几个部分组成？

3.2.5 知识拓展

资源名称	真题讲解 （真题在课件中下载）	Revit创建复杂墙	模型动画
资源类型	视频	文档	3D模型
资源二维码			

任务 3.3 门窗

3.3.1 教学目标与思路

【教学目标】

知识目标	能力目标	素养目标	思政要素
1. 熟悉门窗的概念； 2. 熟悉门窗的属性和类型。	1. 能够创建和编辑门； 2. 能够创建和编辑窗。	1. 养成严谨的工作态度和一丝不苟的工作作风； 2. 培养自觉学习和自我调节的能力。	1. 树立自信意识； 2. 培养奉献精神； 3. 培养团队精神。

【学习任务】熟悉门窗的概念、属性和类型，掌握创建和编辑门窗的一般方法。

【建议学时】4 ~ 6学时。

【思维导图】

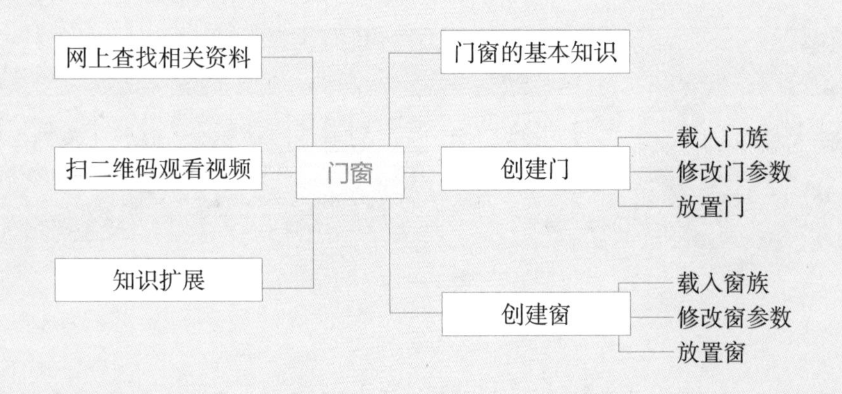

3.3.2 学生任务单

学生根据要求，自行复印附录 学生任务单。

3.3.3 知识与技能

1．知识点——门窗的基本知识

门主要起到室内、室内外的交通联系和交通疏散，兼起通风采光的作用。窗主要起到通风、采光、观景眺望的作用。门和窗是建筑造型的重要组成部分，所以它们的形状、尺寸、比例、排列、色彩、造型等对建筑的整体造型都有很大的影响。

门窗按其所处的位置不同分为围护构件或分隔构件，有不同的设计要求，且要分别具有保温、隔热、隔声、防水、防火等功能。门窗是建筑外围结构的组成部分，有不同的建筑性能和要求。

在Revit软件中绘制门窗时，要根据门窗表和平面图的尺寸大小、开启方向、类型进行绘制。

2. 技能点——创建和编辑门

创建和编辑门

依照本项目图纸，创建门的具体步骤如下：

在相对应的标高平面中进行绘制，从标高F1开始绘制门窗。在【项目浏览器】中双击【楼层平面】中的【F1】即可进入标高F1的平面视图。

进入【F1】平面中，根据工程平面图CAD图纸，确定门的类型和开启方向。由于项目只包括一些基本的样例和族，但是在实际项目中需要很多不同的门族，需要载入族。在【插入】选项卡中选择【载入族】，如图3.3-1所示。

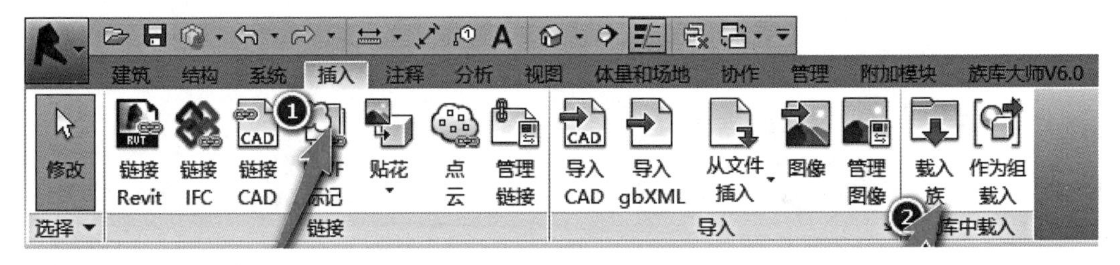

图3.3-1

然后依次打开文件夹【建筑】→【门】→【普通门】→【平开门】→【单扇】，根据门窗表中的类型，选择一个合适的木门，如图3.3-2所示。

单击【建筑】→【门】命令，快捷键“DR”，在【属性】栏中就会出现刚才载入的门族。点击编辑类型，出现【类型属性】对话框，点击【复制】命令，修改门的名称改为“M4”，根据门窗表的尺寸大小，在对话框尺寸修改栏目下，修改粗略宽度为1000mm、粗略高度为2400mm，如图3.3-3所示。

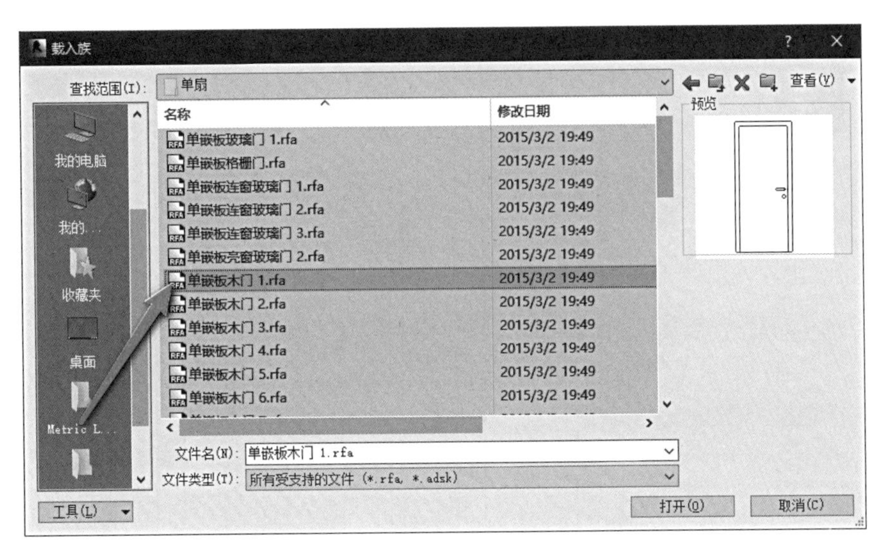

图3.3-2

图3.3-3

按【确认】键后返回绘图界面，此时为门命令激活状态，鼠标移动到墙体上即会出现预放置门的位置，注意临时尺寸标注距离墙边与图纸尺寸一致时，点击鼠标左键即可将门放置完毕，如图3.3-4所示。

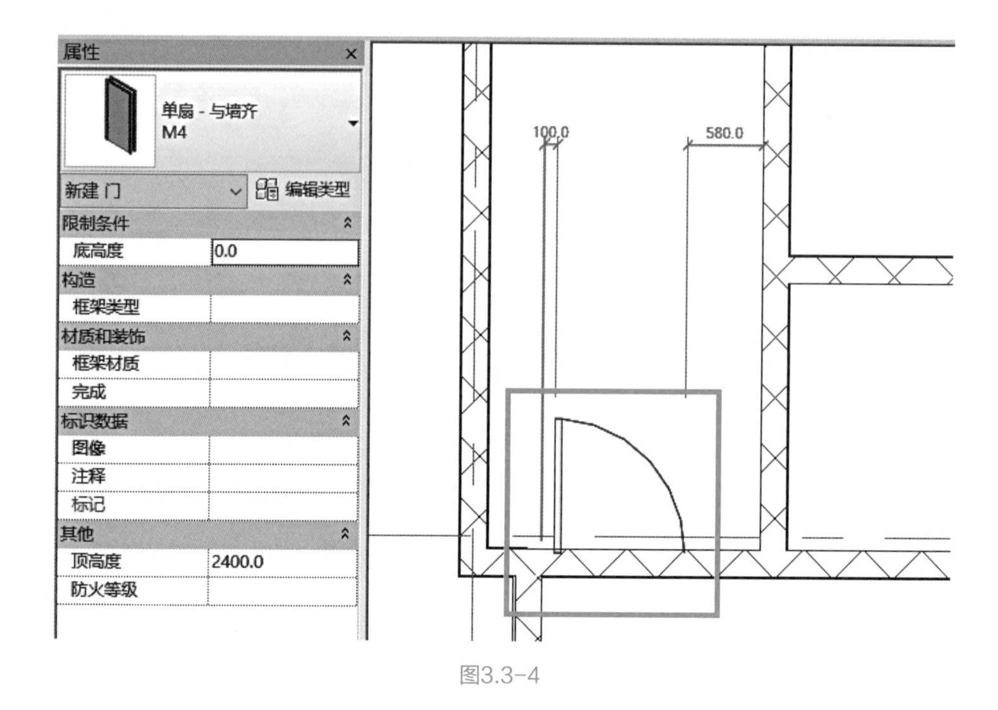

图3.3-4

门M5与门M4类型一样，只不过名字与尺寸大小不一样，这时只需修改名字与尺寸大小即可。输入快捷键“DR”进入门命令，在属性面板中找到门M4，点击【编辑类型】，进入对话框复制修改类型名称、粗略宽度和粗略高度。

门M2与门M3是双扇木门，需要载入双扇门族。在【插入】选项卡中选择【载入族】，依次打开文件夹【建筑】→【门】→【普通门】→【平开门】→【双扇】，选择其中一个木门，如图3.3-5所示。

图3.3-5

输入快捷键“DR”进入门命令，在属性面板中找到刚才载入的双扇木门，点击【编辑类型】，进入对话框复制修改类型名称、粗略宽度和粗略高度。修改门的名称为M2，粗略宽度为1200mm、粗略高度为2400mm。同样的方法创建M3，粗略宽度为1500mm、粗略高度为2400mm。

根据门窗表中的类型，选择防火门，在【插入】选项卡中选择【载入族】→【消防】→【建筑】→【防火门】→【双扇防火门】，如图3.3–6所示。

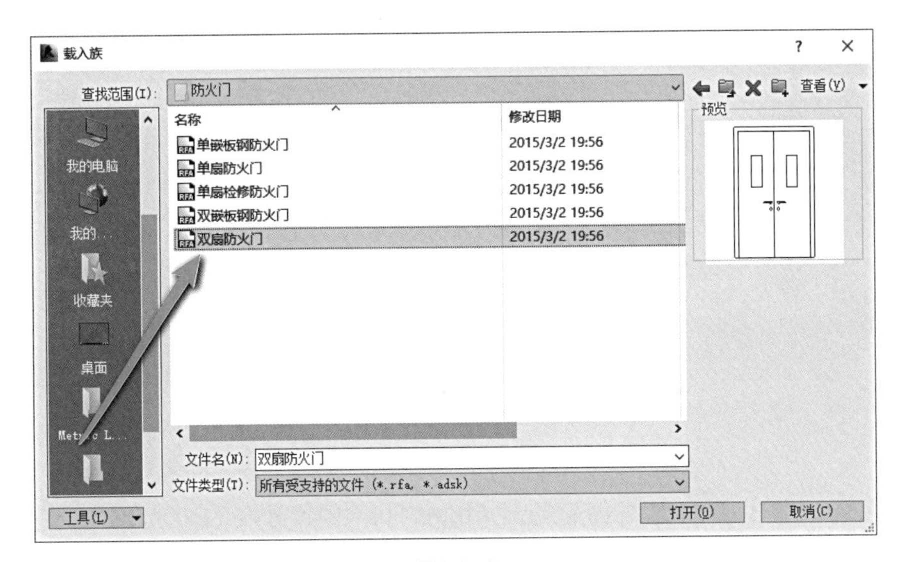

图3.3–6

载入后，同上面的方法创建防火门FM乙1，粗略宽度为1500mm、粗略高度为2400mm，如图3.3–7所示。

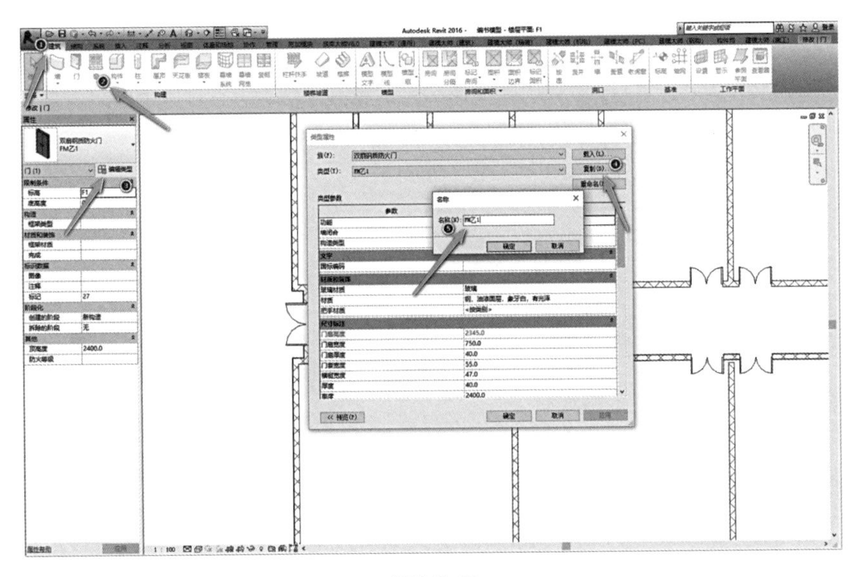

图3.3–7

FM丙1与FM乙1同是防火门，FM丙门是单扇防火门，在【插入】选项卡中选择【载入族】→【消防】→【建筑】→【防火门】→【单扇防火门】，如图3.3–8所示。

图3.3–8

载入后，同上面的方法创建防火门FM丙1，粗略宽度为600mm、粗略高度为1500mm，值得注意的是根据工程图纸的门窗表，FM丙1的底高度需要上抬200mm，如图3.3–9所示。

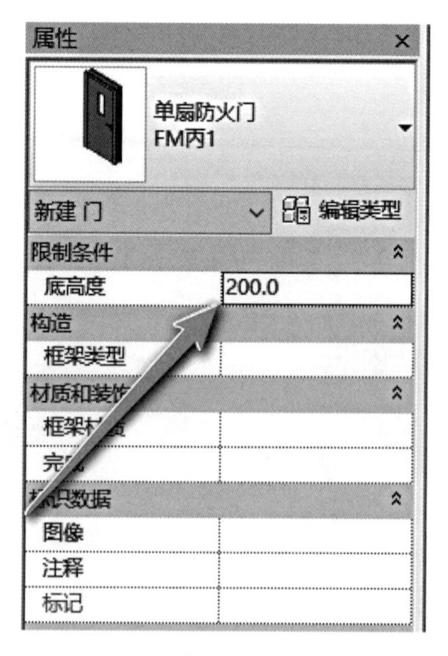

图3.3–9

3. 技能点——创建和编辑窗

窗构件的放置与门构件的放置是类似的，门C1是双扇推拉窗，在【插入】选项卡中选择【载入族】，依次打开文件夹【建筑】→【窗】→【普通窗】→【推拉窗】，选择“推拉窗6”，如图3.3–10所示。

载入族
查找范围(I): 推拉窗
查看(V)
预览
我的电脑
我的...
收藏夹
桌面
Metri...

名称	修改日期
上下拉窗1	2015/3/2 19:45
上下拉窗2 - 带贴面	2015/3/2 19:45
上下拉窗3 - 带贴面	2015/3/2 19:45
推拉窗1 - 带贴面	2015/3/2 19:45
推拉窗2 - 带贴面	2015/3/2 19:45
推拉窗3 - 带贴面	2015/3/2 19:45
推拉窗4 - 带贴面	2015/3/2 19:45
推拉窗5 - 带贴面	2015/3/2 19:45
推拉窗6	2015/3/2 19:45
推拉窗7 - 带贴面	2015/3/2 19:45

文件名(N): 推拉窗6
文件类型(T): 所有受支持的文件 (*.rfa, *.adsk)
工具(L)　打开(O)　取消(C)

图3.3–10

输入快捷键“WN”进入窗命令，在属性面板中找到刚才载入的推拉窗，点击【编辑类型】，进入对话框复制修改类型名称、粗略宽度和粗略高度。修改窗的名称为C1，粗略宽度为1500mm、粗略高度为1800mm，如图3.3–11所示。

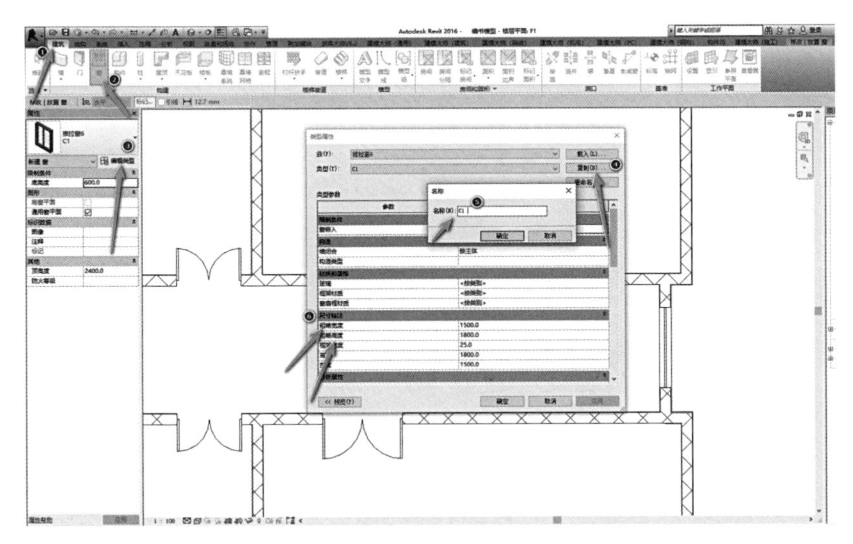

图3.3–11

同样的方法创建窗C2，复制修改名称与尺寸大小，C2的粗略宽度为2400mm、粗略高度为2000mm。

窗LDC1是组合窗，在【插入】选项卡中选择【载入族】，依次打开文件夹【建筑】→【窗】→【普通窗】→【组合窗】→【双层三列】，如图3.3-12所示。

图3.3-12

同样的方法创建窗LDC1，复制修改窗的名称与尺寸大小，窗LDC1的粗略宽度为2400mm、粗略高度为3200mm。根据立面图，窗LDC1底高度需要上抬300mm，如图3.3-13所示。同样，修改其他类型窗户底高度。

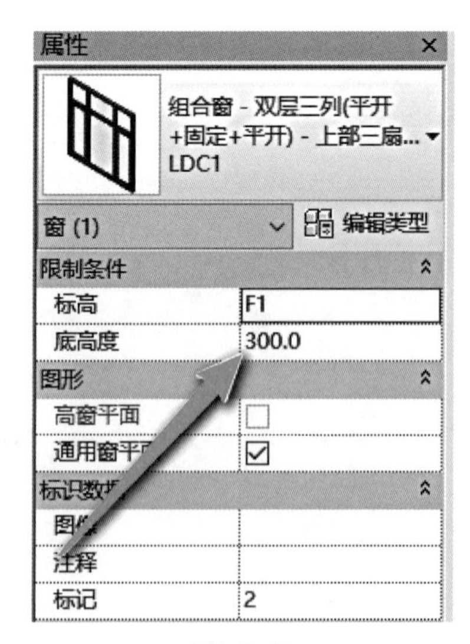

图3.3-13

同样的方法可以创建完成门窗表中其余的窗。接下来开始放置窗，窗的放置方法与门类似，但是要注意设置窗的底高度。以窗LDC2为例，根据立面图的尺寸标注可以得知，窗LDC2的底高度为300mm，输入快捷键“WN”进入【窗】命令，点击属性面板中下拉箭头，选择窗LDC2窗类型，将【底高度】数值修改为“300”，鼠标放在对应的位置，距离左侧墙150mm，单击鼠标左键即放置成功，如图3.3-14所示。

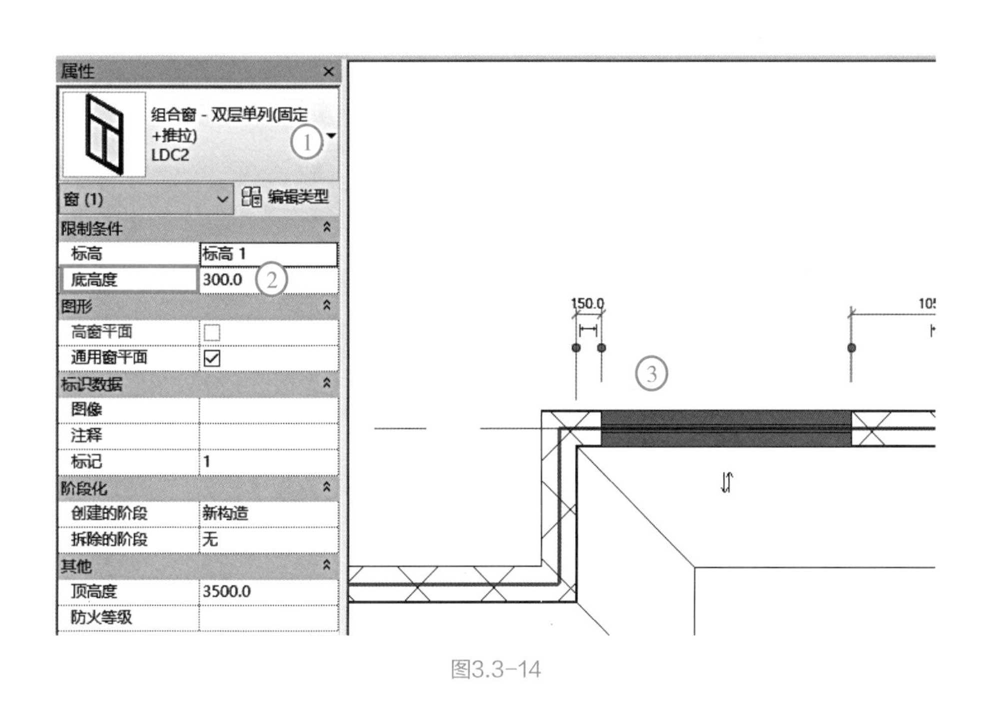

图3.3-14

同样的方法放置一层剩下的门与窗，放置完毕如图3.3-15所示。

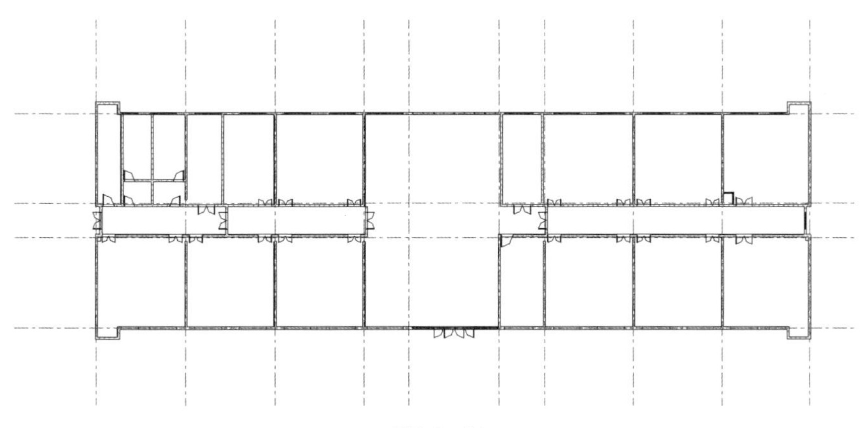

图3.3-15

一层门窗创建并布置完毕后可继续运用相同的方法创建并布置二层的门窗。绘制完二层后，注意到三、四层门窗位置与尺寸与二层完全相同，可以用复制的命令进行快速创建，全选一层所有的门窗，点击【复制到剪切板】→【粘贴】→【与选定标高对齐】，选择全部的标高，点击确定。复制后再根据实际图纸修改，完成后的三维模型如图3.3–16所示。

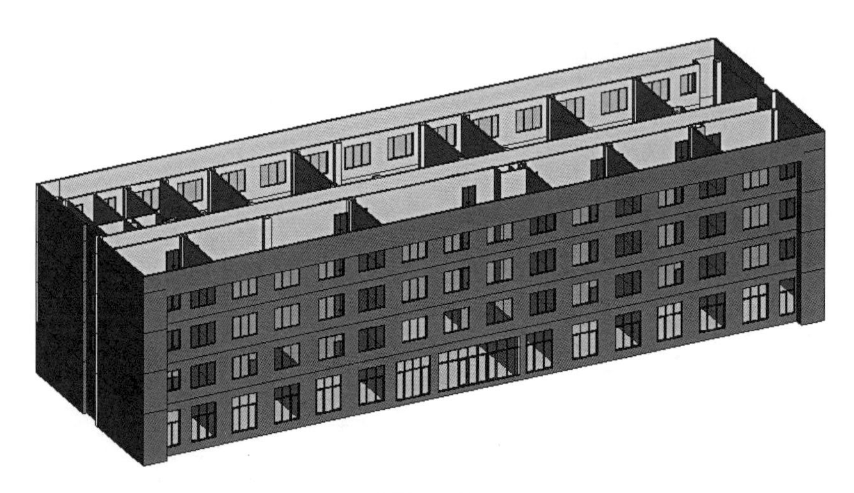

图3.3–16

3.3.4 问题思考

1. 如何载入一个新的门窗类型？
2. 门窗放置时，如何区分正反面？如果放错了，如何调整？

3.3.5 知识拓展

资源名称	真题讲解 （真题在课件中下载）	门窗参数与使用	模型动画
资源类型	视频	文档	3D模型
资源二维码			

任务 3.4 楼板和屋顶

3.4.1 教学目标与思路

【教学目标】

知识目标	能力目标	素养目标	思政要素
1. 熟悉楼板和屋顶的作用； 2. 熟悉楼板和屋顶结构和承载负荷。	1. 能够创建和编辑门； 2. 能够创建和编辑窗。	1. 培养自主学习的习惯和创新的能力； 2. 养成较强的团队协作精神。	1. 通过中国特色屋顶设计，树立文化自信； 2. 注重楼板上下层邻里关系，倡导和谐相处，宽容待人。

【学习任务】熟悉楼板和屋顶的概念、属性和类型，掌握创建和编辑楼板和屋顶的一般方法。

【建议学时】4～6学时。

【思维导图】

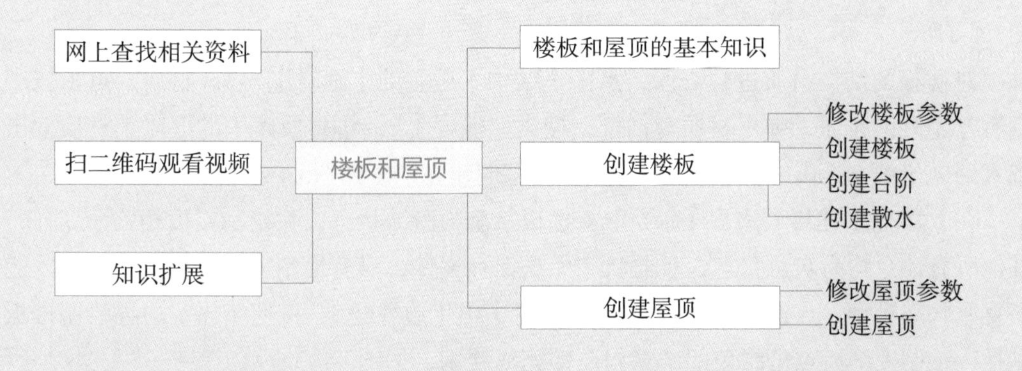

3.4.2 学生任务单

学生根据要求，自行复印附录 学生任务单。

3.4.3 知识与技能

1．知识点——楼板和屋顶的基本知识

在建筑物中，屋顶主要作用是与墙地面构成建筑的围护空间，起保温隔热、防风雨日晒、防水等作用；楼板是分隔建筑竖向空间的水平承重构件，一般由梁板组成，起到承重，防火防潮等作用。屋顶的基本组成包含混凝土现浇楼面、水泥砂浆找平层、保温隔热层、防水层、水泥砂浆保护层、排水系统、女儿墙及避雷措施等；楼板的基本组成可划分为结构层、面层和顶棚。

从结构承载上说屋顶主要承担板自重、顶棚、找平层、保温层、防水层、雪、积灰、检修等荷载，还经常会受种植屋面、蓄水屋面、水箱间、电梯间、楼梯间、暖通空调设备间、建筑装饰件等荷载作用，其荷载构成多以永久荷载为主。楼板主要承担自重、抹灰、家具等荷载，民用建筑除板自重外，以活荷载为主。工业建筑楼板则可能承担机器设备、材料备品备件等荷载，这些也被视为活荷载，楼板中活荷载所占的比例要大些。

楼板与屋顶都是建筑物的横向支撑的重要构件，在Revit中楼板与屋顶的属性预创建方法有类似之处，都是通过编辑边缘路径与设置标高进行创建与布置。

2．技能点——创建楼板

依照图纸与项目说明进行楼板类型的创建，本项目楼板为混凝土材质。首先进入楼层平面中的楼层平面F1，点击建筑选项卡中的【楼板：建筑】，在属性面板点击【编辑类型】，接着在弹出的类型属性对话框点击【复制】，修改名称为“办公楼楼板”，点击【确定】，如图3.4–1所示。

对楼板的结构材质进行修改，点击【结构】后方的【编辑】，修改材质，点击按类别后方隐藏的按钮，弹出材质对话框，搜索“混凝土”，将材质库中的混凝土材质双击载入到项目中，点击三次【确定】，楼板类型创建完毕，如图3.4–2所示。

在【修改/创建楼层边界】命令下，楼板绘制为激活状态，除绘制楼板相关命令外，其他所有命令均为灰色状态，且此状态无法保存文件，只有绘制完成或者取消绘制才能恢复原状态模型。点击【修改/创建楼层边界】中【边界线】，按照墙体的边界绘制楼板路径，绘制完毕后点击绿色的“对勾”即完成绘制，如图3.4–3所示。

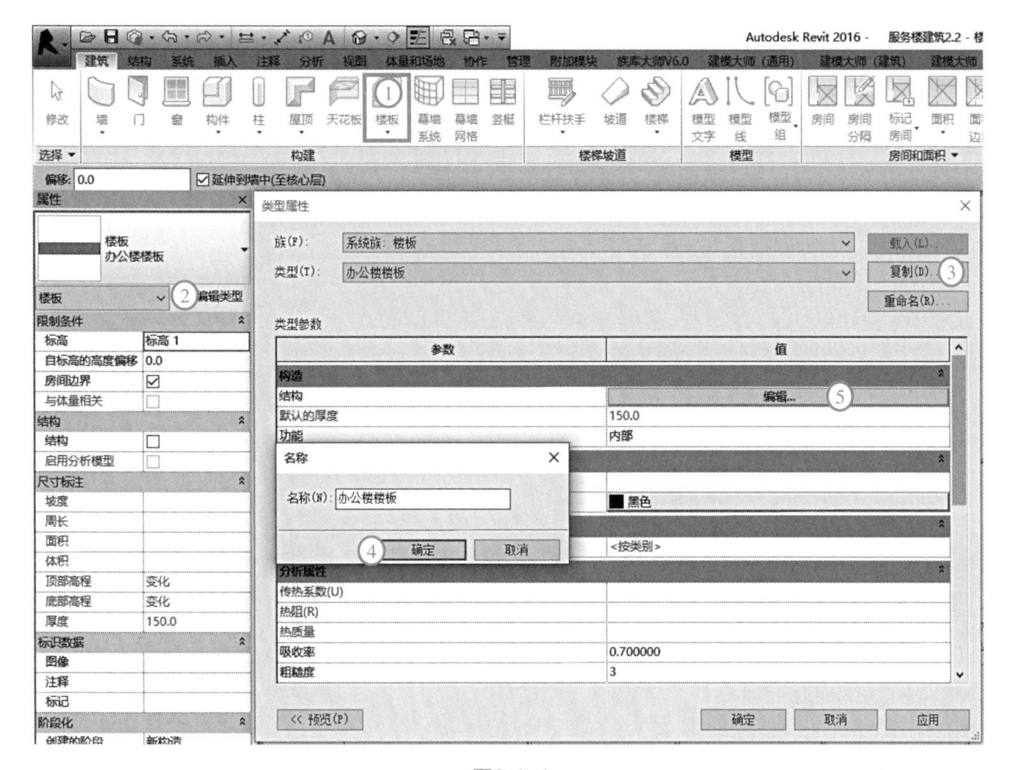
Autodesk Revit 2016
建筑
结构
系统
插入
注释
分析
视图
体量和场地
协作
管理
附加模块
修改
墙
门
窗
构件
柱
屋顶
天花板
楼板
幕墙系统
幕墙网格
竖梃
栏杆扶手
坡道
楼梯
模型文字
模型线
模型组
房间
房间分隔
标记房间
面积
构建
楼梯坡道
模型
房间和面积
偏移: 0.0
延伸到墙中(至核心层)
属性
楼板
办公楼楼板
编辑类型
限制条件
标高
标高 1
自标高的高度偏移
0.0
房间边界
与体量相关
结构
启用分析模型
尺寸标注
坡度
周长
面积
体积
顶部高程
变化
底部高程
厚度
150.0
标识数据
图像
注释
标记
阶段化
类型属性
族(F):
系统族: 楼板
类型(T):
办公楼楼板
载入(L)...
复制(D)...
重命名(R)...
类型参数
参数
值
构造
编辑...
默认的厚度
功能
内部
名称
名称(N): 办公楼楼板
确定
取消
黑色
<按类别>
分析属性
传热系数(U)
热阻(R)
热质量
吸收率
0.700000
粗糙度
3
<< 预览(P)
应用

图3.4-1

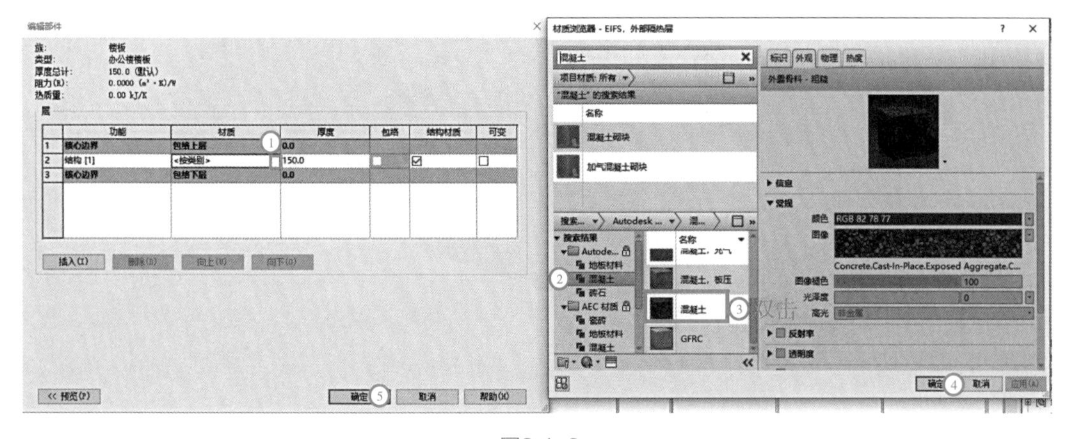
编辑部件
族:
楼板
类型:
办公楼楼板
厚度总计:
150.0 (默认)
层
功能
材质
厚度
包络
结构材质
可变
核心边界
包络上层
0.0
结构 [1]
<按类别>
150.0
包络下层
插入(I)
删除(D)
向上(U)
向下(O)
<< 预览(P)
确定
取消
帮助(H)
材质浏览器 - EIFS, 外部隔热层
混凝土
标识
外观
物理
热度
"混凝土"的搜索结果
名称
混凝土砌块
加气混凝土砌块
Autodesk
地板材料
混凝土
砖石
AEC 材质
瓷砖
混凝土, 板压
GFRC
双击
信息
颜色
RGB 82 78 77
图像
Concrete.Cast-In-Place.Exposed Aggregate.C...
光泽度
高光
反射率
透明度
应用(A)

图3.4-2

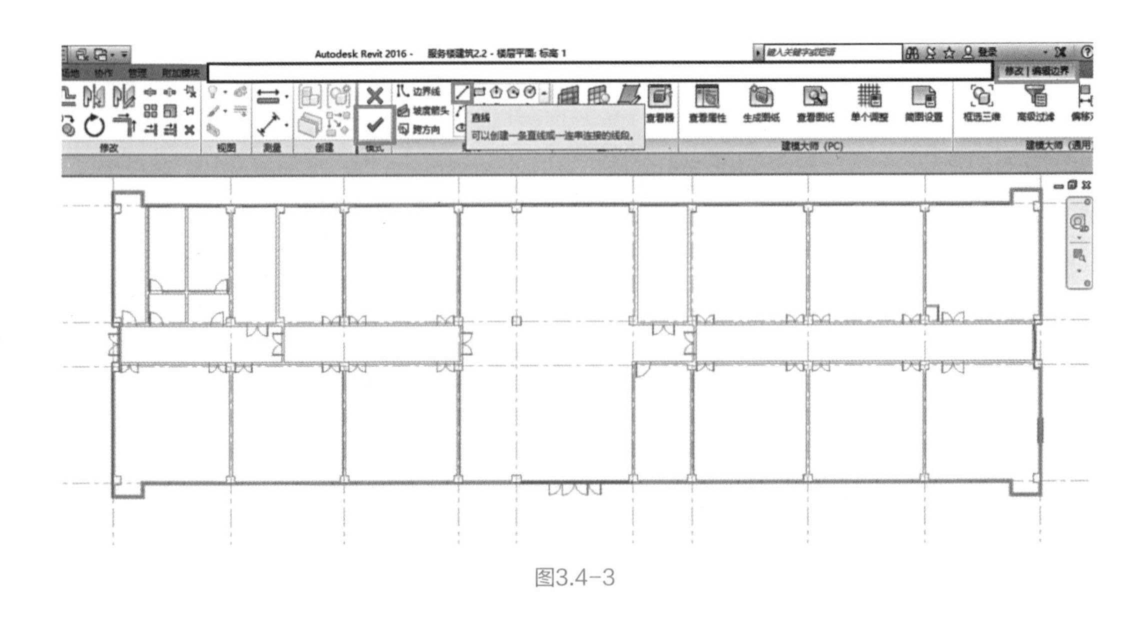

图3.4-3

注意：和其他构件不一样，楼板的厚度是指从标高向下的深度。

运用相同的方法绘制2~4层的楼板，此处每层楼板边相同，也可以用【复制】命令进行快速布置，复制完毕后需要检查每层楼板的标高是否有偏移量，有偏移量的需要将数值改成0，楼板即绘制完成，如图3.4–4所示。

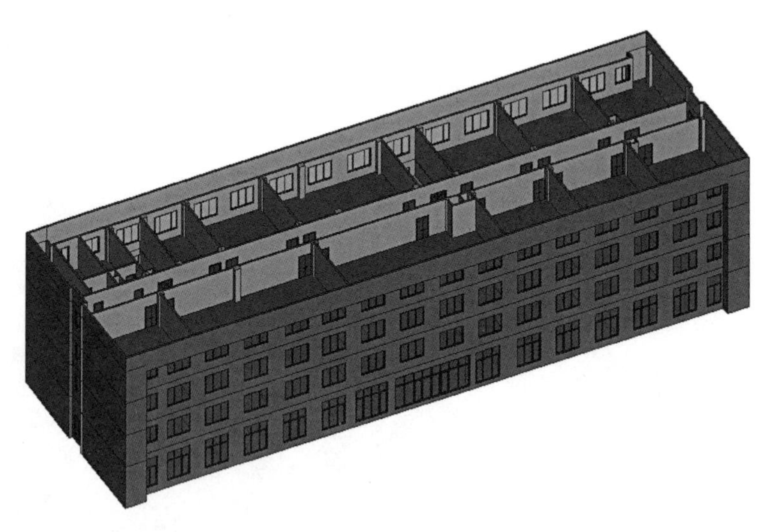

图3.4-4

根据本项目工程图，首层平面还需要有台阶和散水，这些均可用【楼板】命令创建。

绘制台阶的方法，首先在工程图中的首层平面图找到台阶的位置定位、尺寸等相关信息，再根据信息在模型楼层平面F1相应位置绘制台阶的参照平面，如图3.4–5所示。

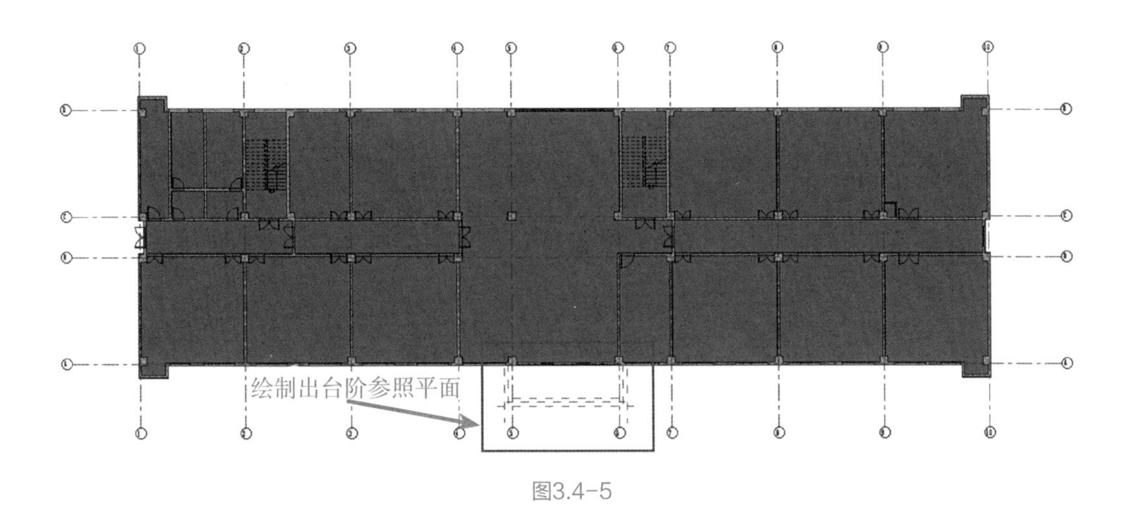

图3.4-5

室外地坪与室内高差为450mm，台阶数量为3级，由此得出每级台阶高度为150mm。因此，需要对楼板厚度设置为150mm，且每层楼板高差为150mm。

进入【F1】标高，点击【楼板：建筑】→【编辑类型】→【复制】，名称更改为“台阶”。点击【确定】，并在楼板结构中将厚度调整为150mm，最后点击【确定】，完成“台阶”类型创建。

从上到下分三层绘制台阶，最上一层台阶标高与室内地坪一致。首先点击【边界线】中的【矩形】命令，按照参照平面绘制台阶，【属性】浏览器中的【自标高的高度偏移】为“0”，绘制完毕后点击绿色对勾完成创建，如图3.4-6所示。

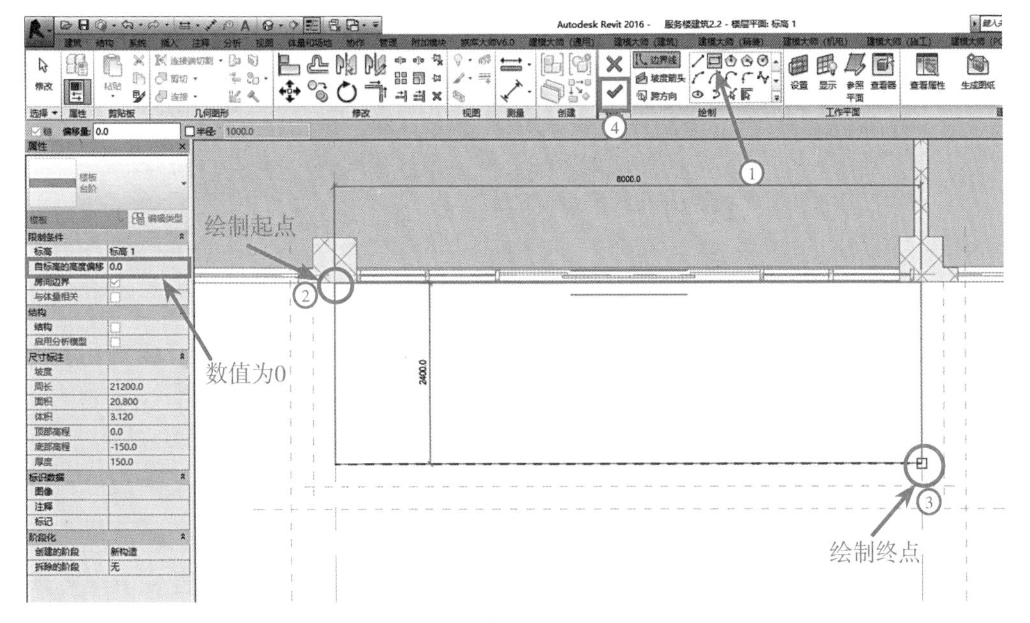

图3.4-6

同样的方法绘制中、下两层台阶，注意中层台阶与底层台阶的【自标高的高度偏移】数值分别为–150mm和–300mm，绘制完毕后如图3.4–7所示。利用相同的方法创建出建筑西侧台阶。

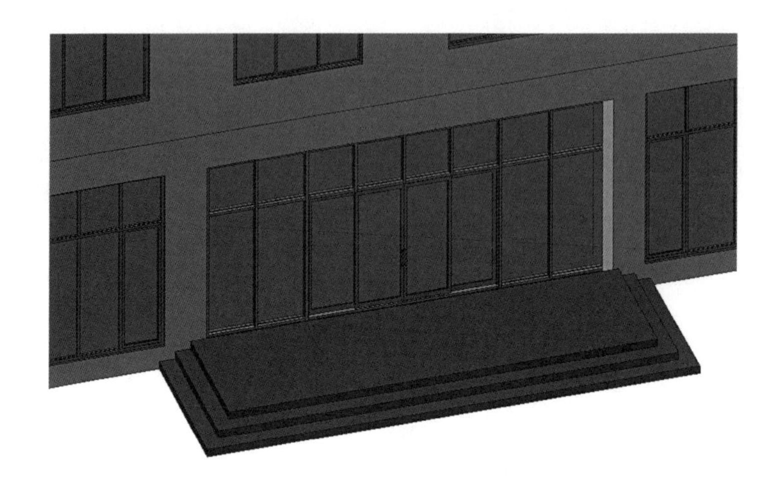

图3.4–7

创建散水的方法，首先在工程图首层平面图找到散水的位置定位、尺寸等相关信息，再根据图纸信息在室外地坪标高绘制辅助的参照平面。根据图纸，散水的宽度为600mm，对应【F1】楼层平面图纸中散水的外边线，绘制参照平面如图3.4–8所示。

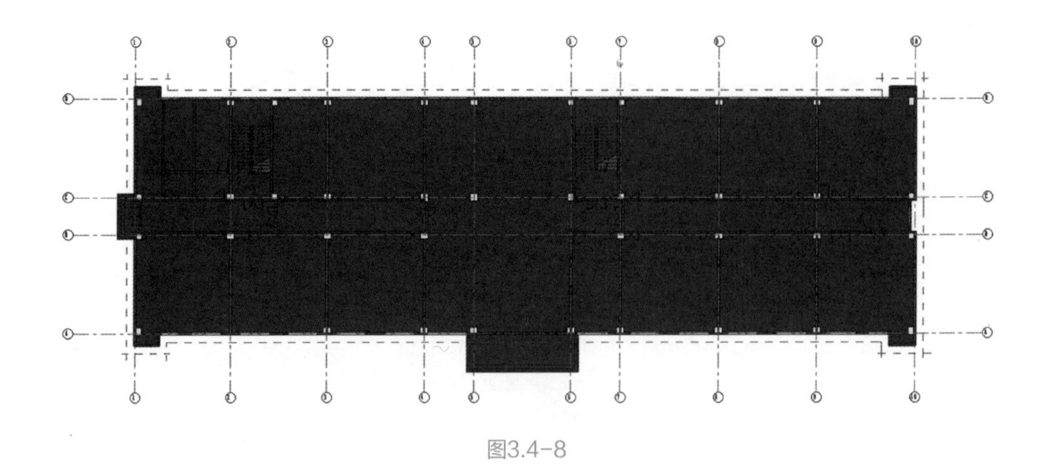

图3.4–8

新建一个建筑楼板类型，复制修改名称为“散水”，材质更改为“混凝土”，楼板厚度设定为150mm。将参照平面连接出的闭环作为楼板边界的外边线，建筑物外墙边线作为楼板边界的内边线，绘制出两个闭环即为“散水”的边界范围，如图3.4–9所示。点击绿色对勾完成楼板命令。

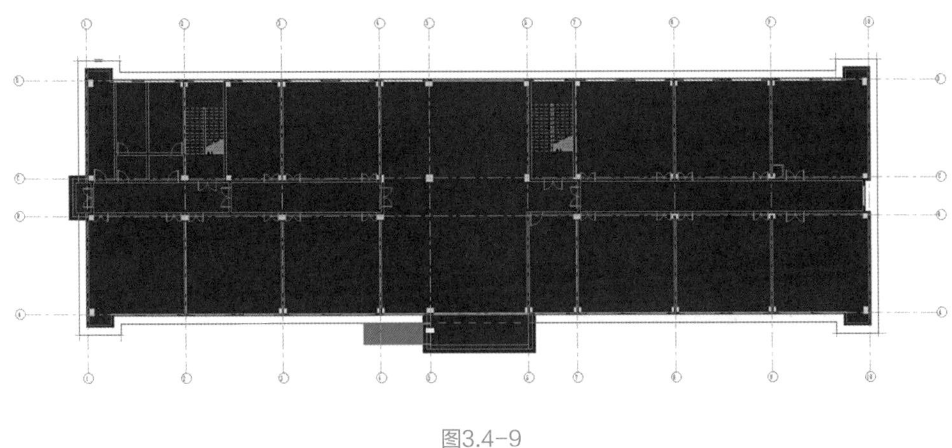

图3.4-9

散水和楼板的不同之处是其拥有向外的坡度，以供雨水能够正常向外侧流出，所以需要将“散水”外侧边界所有图元点向下偏移。

点击选中创建完毕的“散水”楼板，点击【修改/楼板】→【形状编辑】→【修改子图元】，楼板所有转折点上均有一个方形符号，这就是楼板的子图元，点选一个外侧边线上子图元，选中后会出现偏移量“0”，单击“0”，更改数值为“–20”，按回车键完成，如图3.4–10所示。

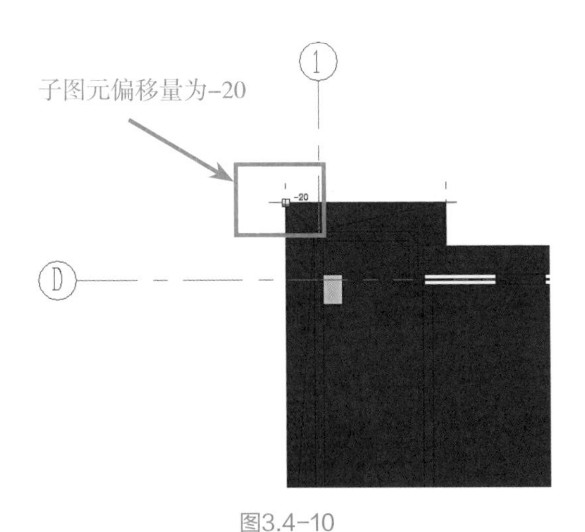

图3.4–10

运用上述方法，将“散水”楼板所有外侧边线上的子图元偏移量调整为“–20”，调整完成后选中“散水”楼板，在属性面板将【自标高的高度偏移】数值改为“–300”，此时散水创建完毕，如图3.4–11所示。为了散水底部平齐，可以将属性面板中点击【编辑类型】→【结构】→【编辑】，在弹出的编辑部件对话框中框选【可变】。

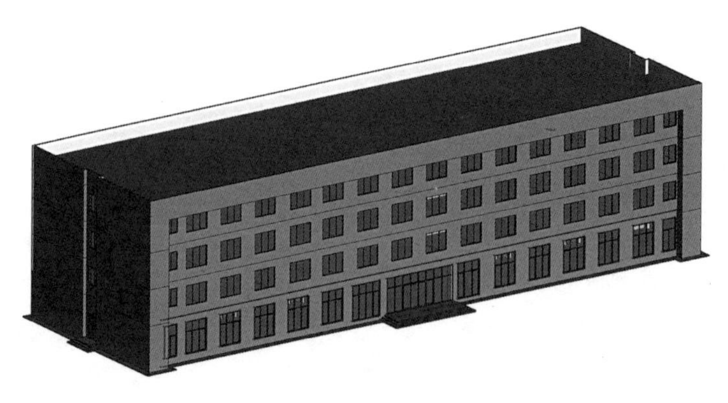

图3.4–11

3. 技能点——创建屋顶

在Revit中，屋顶的创建方法主要有三种：拉伸屋顶、迹线屋顶和面屋顶。拉伸屋顶主要用于绘制人字形或弧形屋面，其创建方法与拉伸命令相似；迹线屋顶主要用于绘制带坡度的屋顶，其创建方法与楼板命令相似，通过编辑边界线来绘制范围；面屋顶主要用于创建异形屋顶，其创建方法与面墙、面楼板创建方法类似，通过拾取面来生成。

本项目中的屋面为平屋面，可用【迹线屋顶】来绘制，首先进入屋顶标高所在的楼层平面F5，点击【建筑】选项卡→【屋顶】下拉箭头→【迹线屋顶】，如图3.4–12所示。

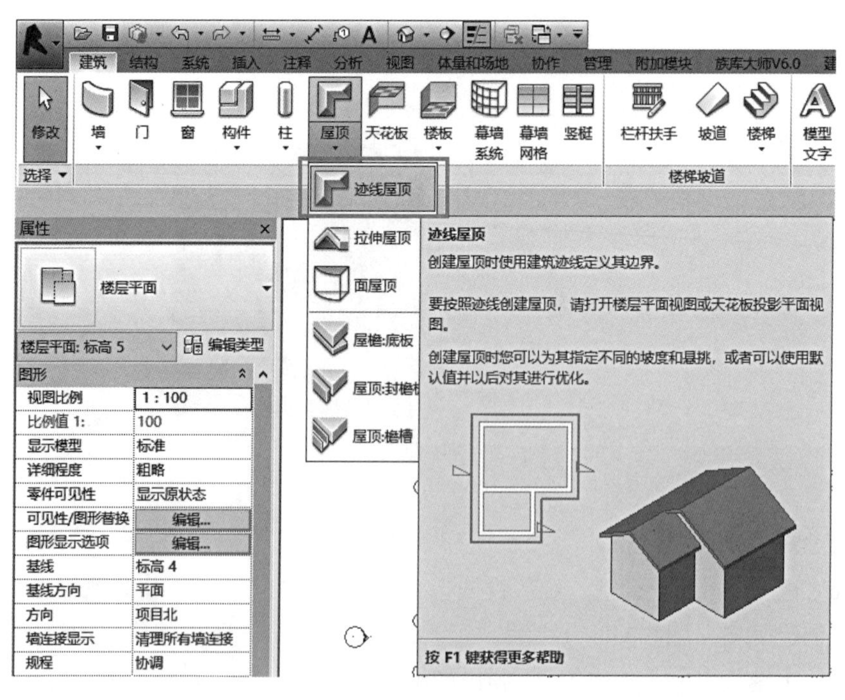

图3.4–12

此时进入类似绘制楼板时的“编辑边界”模式，在绘制边界之前还需要新建屋顶的类型，点击属性面板中的【编辑类型】→【复制】将名称修改为“办公楼屋顶”，如图3.4–13所示。

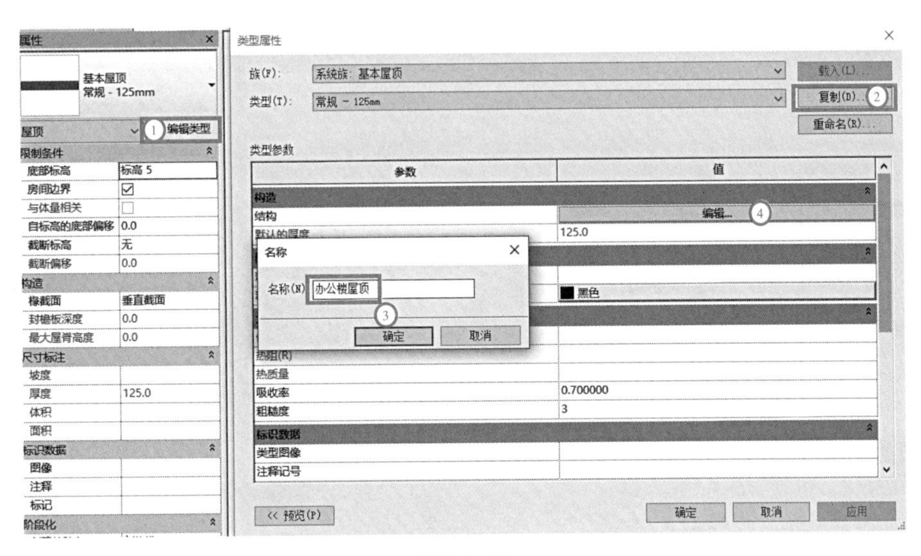

图3.4–13

点击【结构】后方的【编辑】，在【编辑部件】对话框中将材质修改为“混凝土”，将厚度修改为“150”，点击【确定】完成屋顶类型修改，如图3.4–14所示。

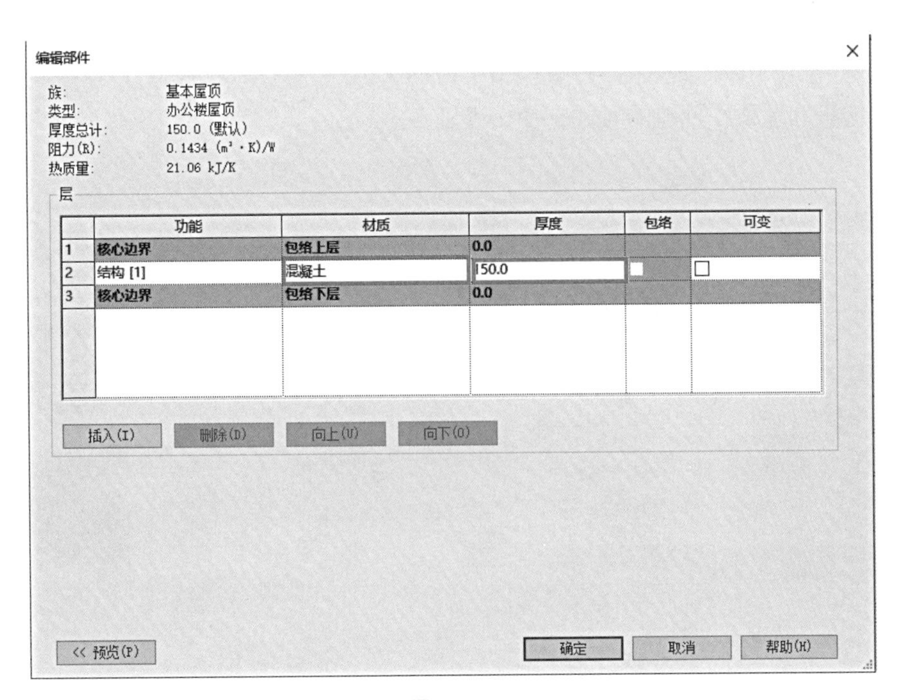

图3.4–14

此时依旧为迹线屋顶的编辑边界模式，依照模型中“女儿墙”的边界绘制屋顶的边界，本项目的屋顶属于平屋顶，不存在坡度，所以需要将【坡度】改为“0”，修改完毕后点击【修改/编辑迹线】中绿色的对钩，屋顶即创建完毕，如图3.4–15所示。

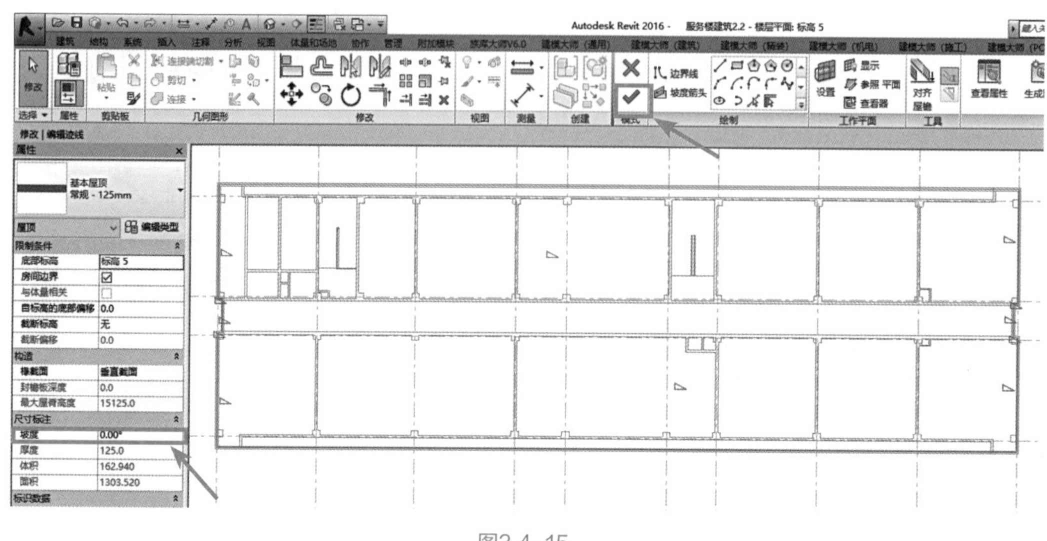

图3.4–15

3.4.4 问题思考

1. 如何把一层楼板复制到其他各层？
2. 创建屋顶有哪些方式？各自适用于何种场所？
3. 楼板和屋顶在创建的时候有什么区别？

3.4.5 知识拓展

资源名称	真题讲解（真题在课件中下载）	Revit视图范围	模型动画
资源类型	视频	文档	3D模型
资源二维码			

任务 3.5 楼梯、扶手和坡道

3.5.1 教学目标与思路

【教学目标】

知识目标	能力目标	素养目标	思政要素
熟悉楼梯、扶手和坡道概念和作用。	1. 能够创建和编辑楼梯和扶手； 2. 能够创建和编辑坡道。	1. 培养查阅资料，自主学习的能力； 2. 培养团队协作，与人沟通的能力。	1. 以楼梯助人上下楼，培养学生奉献精神； 2. 以建筑中坡道的增加，体现关爱他人的精神。

【学习任务】熟悉楼梯、扶手和坡道概念和作用，掌握基于Revit软件创建和编辑楼梯、扶手和坡道的一般方法。

【建议学时】4～6学时。

【思维导图】

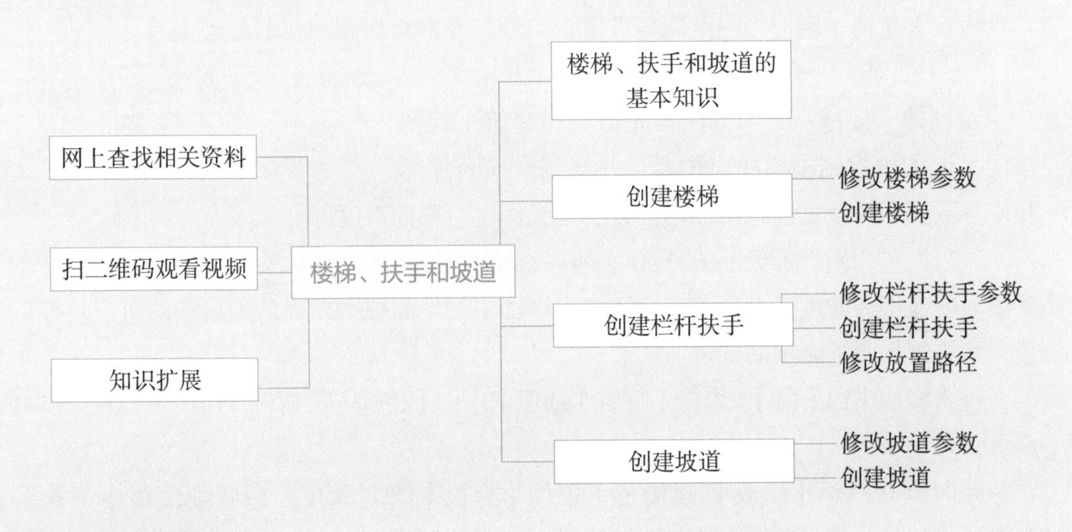

3.5.2 学生任务单

学生根据要求，自行复印附录 学生任务单。

3.5.3 知识与技能

1．知识点——楼梯、扶手和坡道的基本知识

楼梯是建筑物中作为楼层间垂直交通用的构件，用于楼层之间和高差较大时的交通联系。在设有电梯、自动梯作为主要垂直交通手段的多层和高层建筑中也要设置楼梯。高层建筑尽管采用电梯作为主要垂直交通工具，但仍然要保留楼梯，供火灾时逃生之用。楼梯由连续梯级的梯段（又称梯跑）、平台（休息平台）和围护构件等组成。

在Revit软件中，楼梯为系统族，由梯段、平台、支座三部分构成，绘制方法分为“按构件”和“按草图”两种方式。（1）“按构件”是首选的快速绘制方法。在此方式下，首先自定义绘制直梯、螺旋梯段、U形梯段等形式梯段，平台会自动在两个梯段间生成，也可以通过拾取两个梯段，自定义绘制平台。栏杆扶手在创建期间自动生成，或稍后自定义放置。（2）“按草图”方式通过定义楼梯梯段或绘制踢面线和边界线，在平面视图中创建楼梯。在此方式下，绘制梯段是最简单的方法。绘制梯段时，将自动生成边界和踢面。同理，平台和栏杆扶手也可以自动生成或自主创建。

栏杆扶手是指设在梯段及平台边缘的安全保护构件，扶手一般附设于栏杆顶部。Revit软件中，栏杆扶手是由多个族构件组成，多个扶栏族与若干栏杆族共同组成了栏杆扶手的横向与竖向支撑，扶栏族与栏杆族均属于轮廓族。

坡道是连接高差地面或者楼面的斜向交通通道以及门口的垂直交通和属相疏散措施。在建筑中，建筑物内常见的坡道有：地下室的斜道部分采用非台阶的坡道；门侧方专供残疾人轮椅车辆使用的无障碍坡道；内部、外部存在高差接驳处坡道等。

2．技能点——创建楼梯

以创建“楼梯一”为例，首先需要在建筑工程图纸的平面图中找到楼梯相应位置，并找到对应大样图相应参数——梯段宽度、所需踢面数、踏板深度、踢面高度等。

“楼梯一”梯段宽度为1650mm、所需踢面数为28个、踏板深度为280mm，这三个参数为创建楼梯的重要参数。对应楼梯大样图中的平面视图，确认项目中的对应楼梯位置，可绘制参照平面辅助定位。

进入楼层平面【F1】，点击【建筑】选项卡中的【楼梯（按构件）】命令，如图3.5-1所示。

此时默认激活【修改|创建楼梯】中的【梯段】绘制命令，在属性面板中下拉箭头选择【现场浇筑楼梯】，编辑类型复制命名为“楼梯一”。修改【所需踢面数量】为“28”，【实际踏板深度】为“280”，上方【实际梯段宽度】修改为“1650”，此时相应参数已经修改完毕，可进行绘制楼梯。将绘制的【定位线】修改为“梯段：左”，鼠标左键点击楼梯起点位置，向上至楼梯下方出现“创建了14个踢面，剩余14个”的字样

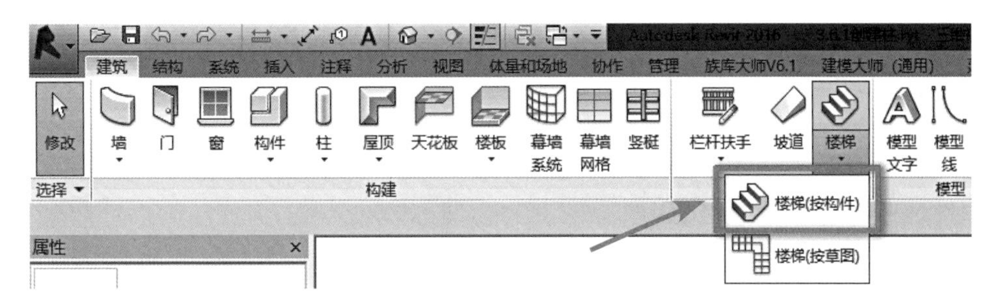

图3.5-1

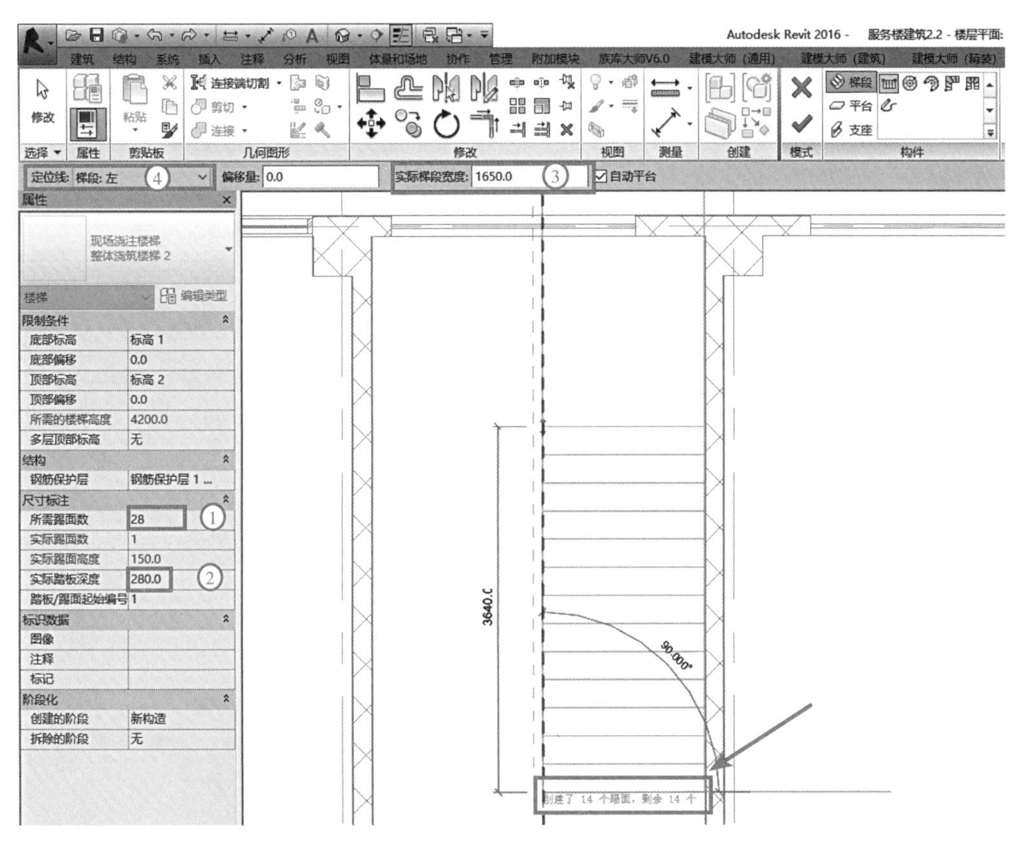

图3.5.2

时，再次点击鼠标左键即完成右侧部分的梯段绘制，如图3.5-2所示。

运用类似的方法绘制出另一侧梯段，绘制完毕两端梯段后，系统会自动生成楼梯平台，单击选中楼梯平台后平台四条边会出现箭头，通过拖拽箭头进行楼梯平台边界修改，使得平台边缘与墙体贴合，如图3.5-3所示。最后点击【修改|创建楼梯】上下文选项卡中的绿色对勾即完成“楼梯一”的创建。

在三维视图中，在属性面板中的打开【剖面框】命令，可剖切模型查看创建的楼梯，如图3.5-4所示。

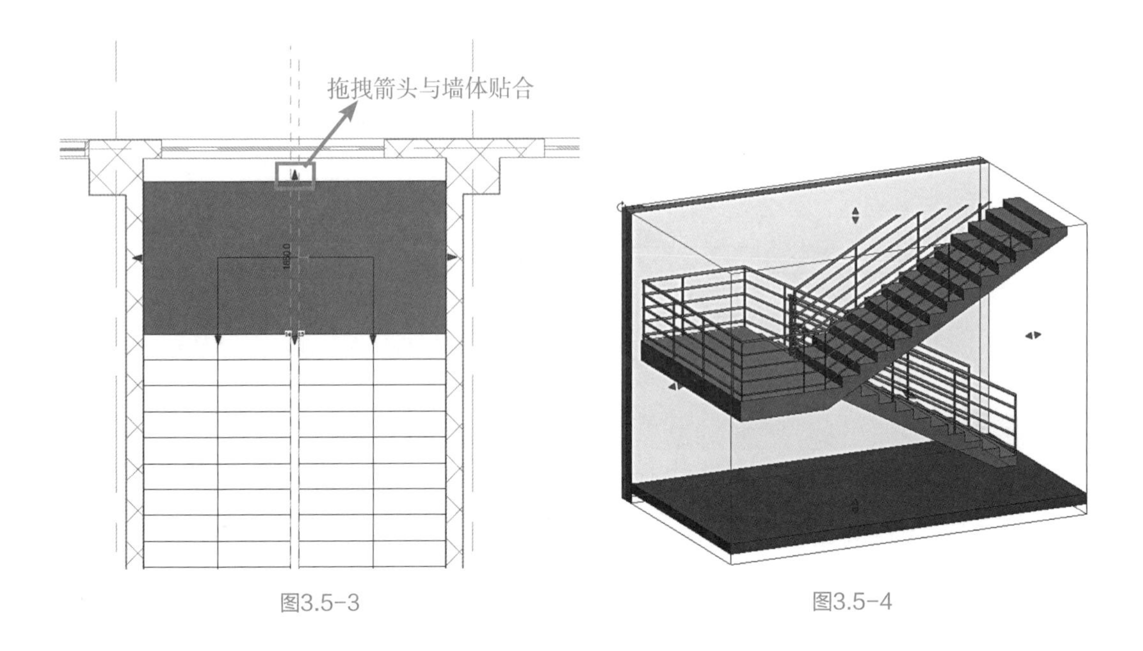

图3.5-3　　　　图3.5-4

利用相同的方法进行之后几层的楼梯绘制，“楼梯一”的2～3层的属性参数如下：【所需踢面数量】为24个，【实际踏板深度】为280mm，【实际梯段宽度】为1650mm。进入楼层平面【F2】，依照图纸大样图定位，进行上述参数调整并绘制楼梯。“楼梯一”的3～4层的属性参数与2～3层相同，可以用复制的方法快速创建。“楼梯一”绘制完毕后如图3.5–5所示。运用相同的方法，找到“楼梯二”在图纸中的位置与“楼梯二”的大样图，进行相应参数设置并完成绘制，如图3.5–6所示。

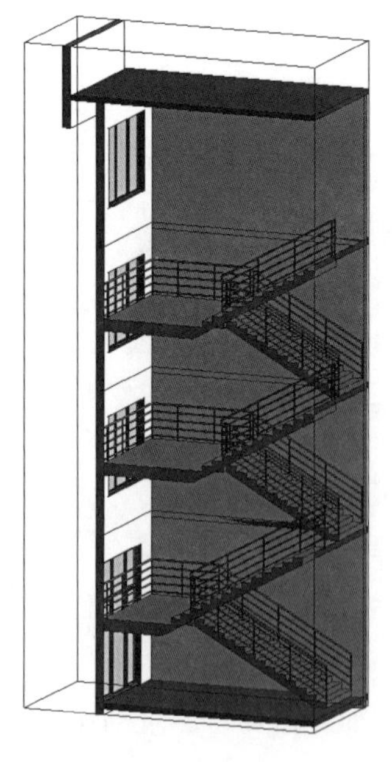

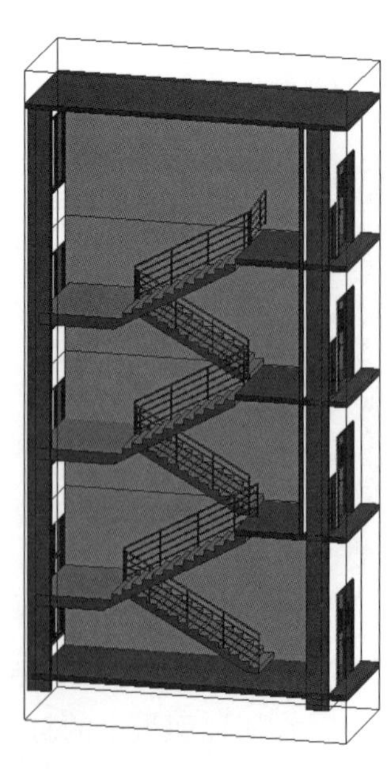

图3.5-5　　　　图3.5-6

3. 技能点——创建栏杆扶手

在绘制完成楼梯或坡道时，系统默认会自动生成栏杆扶手，但是经常需要根据实际项目进行修改或重修创建。在Revit软件中，栏杆扶手有两种创建方法——“绘制路径”与“放置在主体上”。

“绘制路径”是通过绘制连续线条作为路径生成栏杆扶手；“放置在主体上”是通过拾取楼梯、坡道等构件主体，自动在构件边缘生成栏杆扶手。

“绘制路径”的创建方法：首先进入到需要绘制的栏杆扶手的平面视图，点击【建筑】上下文选项卡中的【栏杆扶手】下拉箭头，点击【绘制路径】，进入【编辑路径】模式，通过选择【绘制】中适当的线条绘制命令进行路径的绘制，注意绘制的路径必须为连续线段，不可有交叉或断开。绘制完毕路径后，点击绿色对勾图标即完成绘制，如图3.5–7所示。

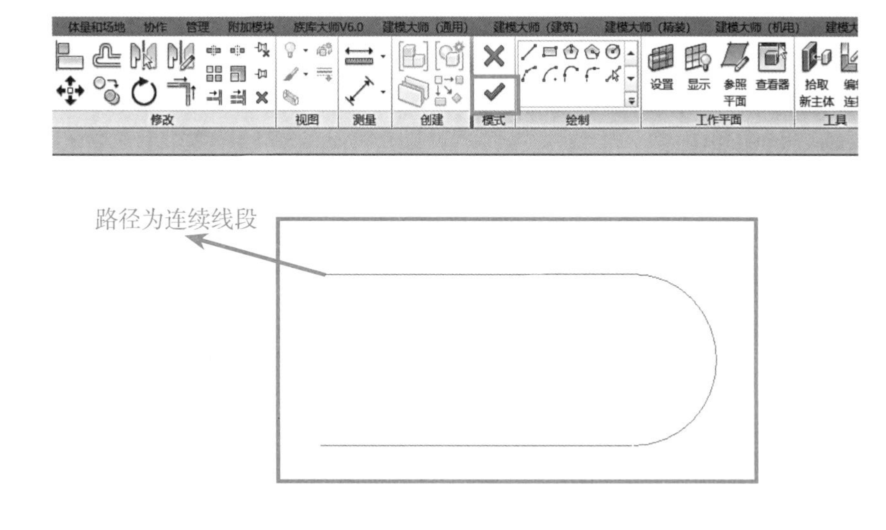

图3.5–7

“放置在主体上”的创建方法：首先模型中要存在无栏杆扶手的楼梯或坡道，点击【建筑】选项卡中的【栏杆扶手】下拉箭头，点击【放置在主体上】，可在选项卡【修改】→【位置】中选择放置的位置为【踏板】或【梯边梁】，本项目选择【踏板】，鼠标单击楼梯主体后即完成布置，如图3.5–8所示。

本项目中，在绘制完成楼梯后，系统自动生成了栏杆扶手，但是还需要根据工程图纸对楼梯的栏杆扶手进行修改。以【楼梯一】为例，贴墙的楼梯扶手部分需要删除，顶层的楼梯平台需要增加栏杆扶手，如图3.5–9所示。

要添加楼梯顶部栏杆扶手，首先选中顶部需要延伸的栏杆扶手后，点击上方【修

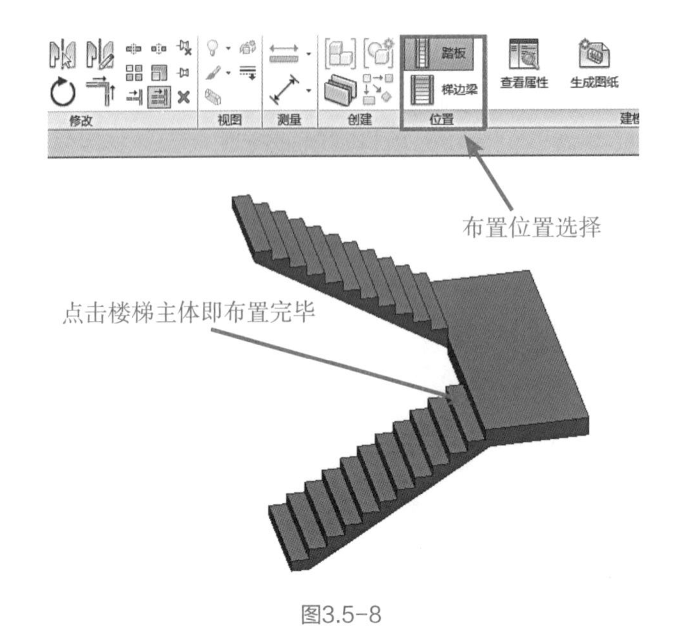

图3.5-8

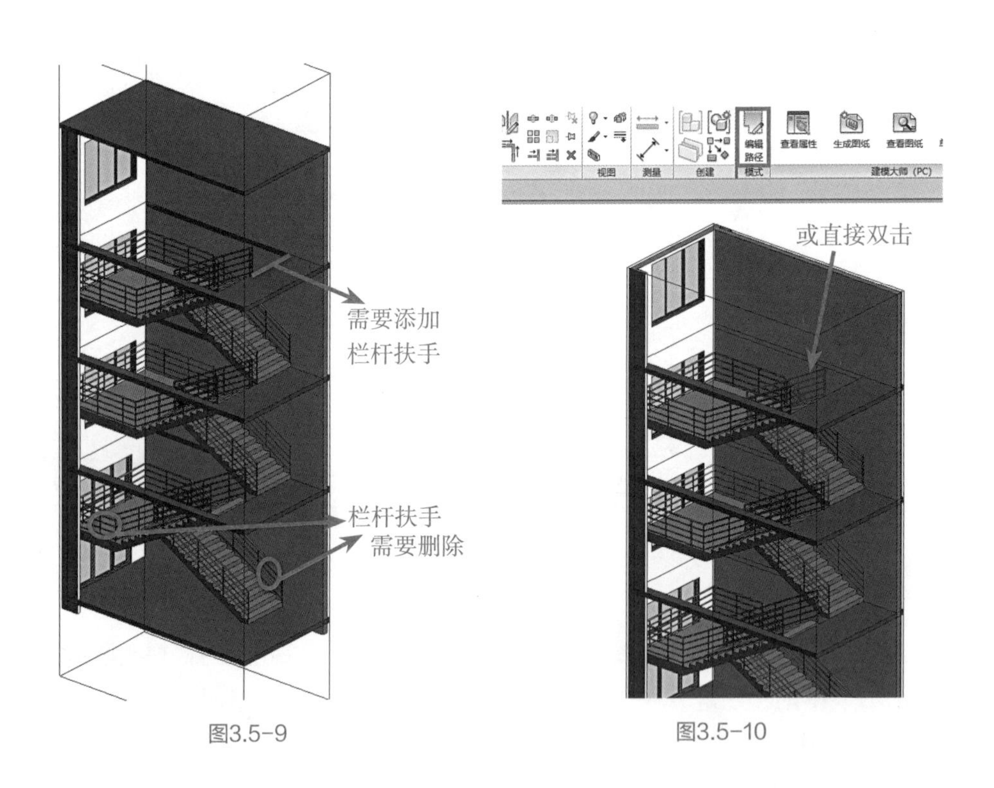

图3.5-9

图3.5-10

改】选项卡中的【编辑路径】(或直接双击栏杆扶手)，即可进入栏杆扶手的“编辑路径模式”，如图3.5-10所示。

在“编辑路径模式”中可进行路径的修改，进入楼层平面【F4】，点击【绘制】中的【直线】，从栏杆扶手路径左下侧一端向右侧绘制直线，如图3.5-11所示。

点击【修剪/延伸为角】命令（快捷键“TR”），分别点击未闭合直角的两条边线，将直线的缺口闭合为角，最终点击绿色对勾完成绘制，注意绘制的线条不能有交叉且必须连续，如图3.5–12所示。完成修改后的栏杆扶手如图3.5–13所示。

本项目中靠墙一侧的栏杆扶手需要删除，可直接选中栏杆扶手，按键盘上的Delete键或用快捷键“DE”进行删除，将楼梯栏杆扶手修改完毕，最终模型如图3.5–14所示。

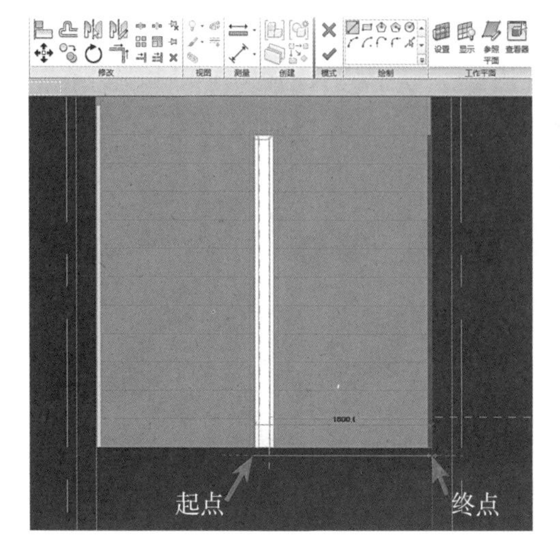

图3.5–11

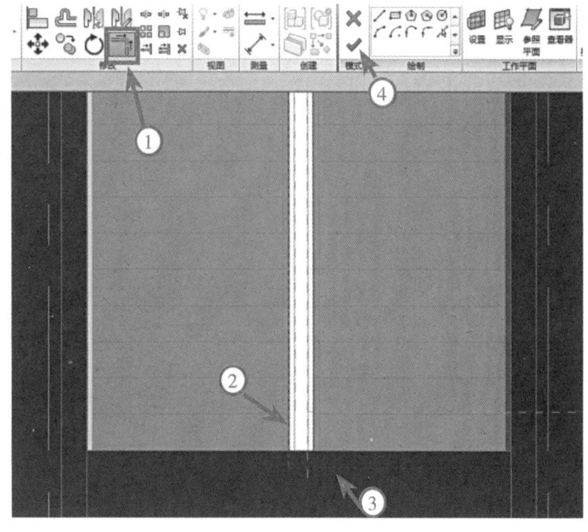

图3.5–12

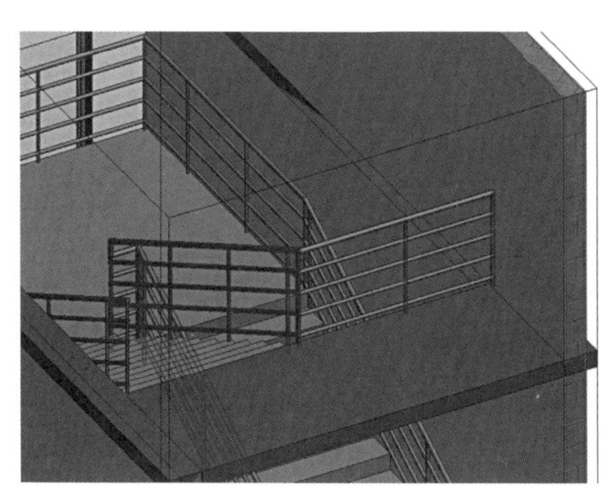

图3.5–13

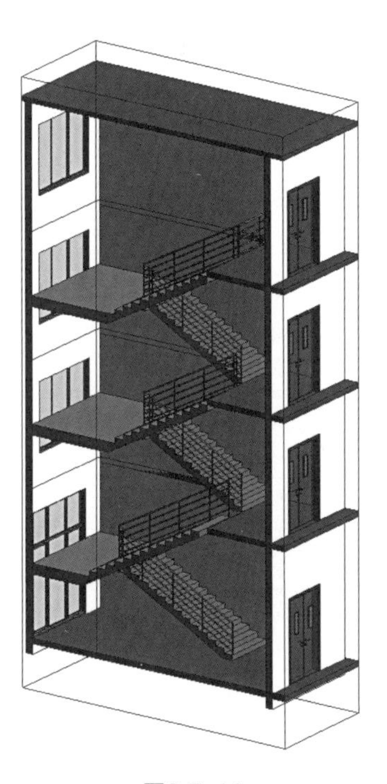

图3.5–14

如需修改栏杆扶手的类型，可单击选中需要修改的栏杆扶手，在属性面板中下拉选择其他类型的栏杆扶手，如图3.5–15所示，也可通过载入族添加新类型的栏杆扶手。

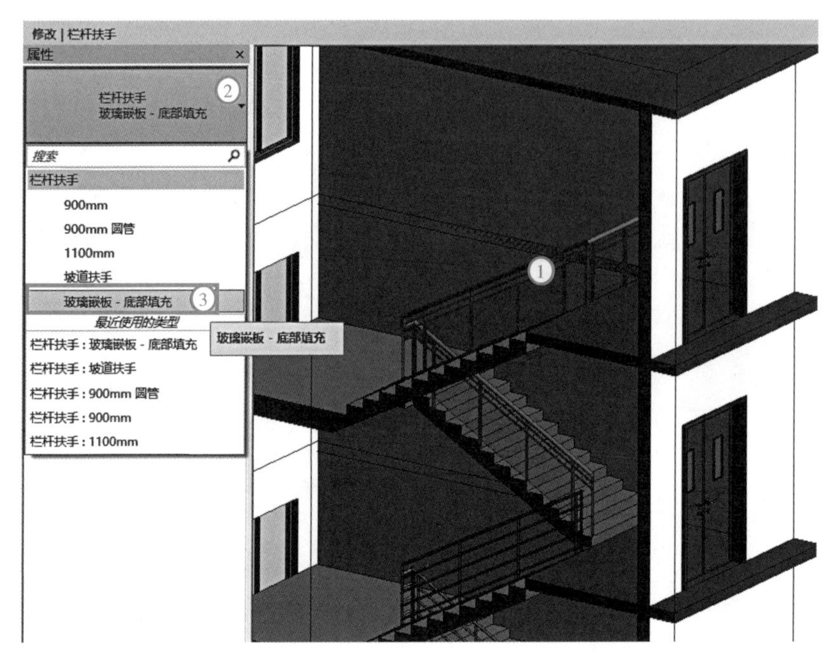

图3.5–15

对于项目中已有的栏杆扶手类型，可以通过【编辑类型】中的编辑【扶栏结构】和编辑【栏杆位置】等修改栏杆扶手的细节，如图3.5–16所示。

图3.5–16

点击【扶栏结构】后方的【编辑】弹出相应对话框，其中【扶栏1】【扶栏2】【扶栏3】【扶栏4】分别与模型中扶手下方的四根扶栏对应，可以通过修改其后方的【高度】【偏移】【轮廓】【材质】等参数来实现对每一根扶栏的修改，如图3.5–17所示。

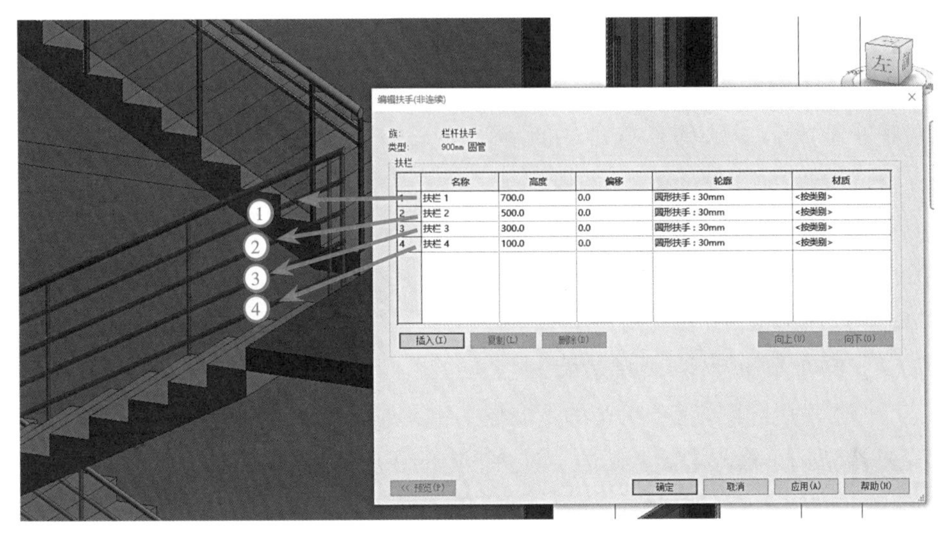

图3.5–17

点击【栏杆位置】后方的【编辑】弹出相应对话框，其中【常规栏杆】【起点支柱】【转交支柱】【终点支柱】等也分别与模型中栏杆对应，如图3.5–18所示，可通过修改其中【栏杆族】【底部偏移】【顶部偏移】【相对前一栏杆的距离】【偏移】等参数来改变每一根栏杆的属性。

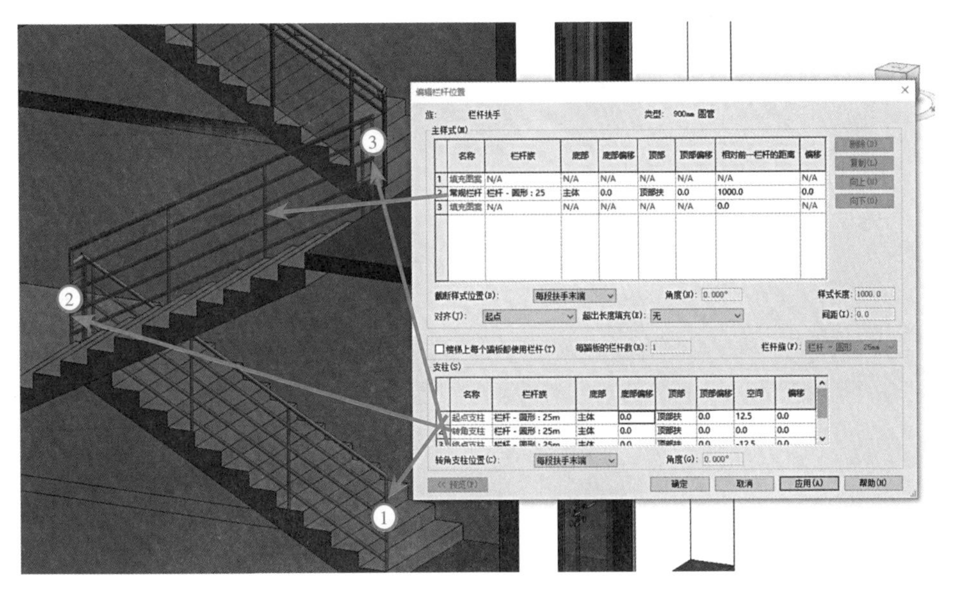

图3.5–18

4．技能点——创建坡道

创建坡道

在Revit软件中，坡道与楼梯的创建逻辑类似，坡道底部需要底部标高约束，坡道顶部需要顶部标高约束。

本项目中的坡道位于一层南侧主门西侧的无障碍坡道，坡道的【底部标高】为标高【室外地坪】,【顶部标高】为标高【F1】，坡道宽度为1500mm，进入楼层平面【室外地坪】，首先依照图纸一层平面图中坡道的位置与尺寸布置参照平面（快捷键“RP”），如图3.5–19所示。

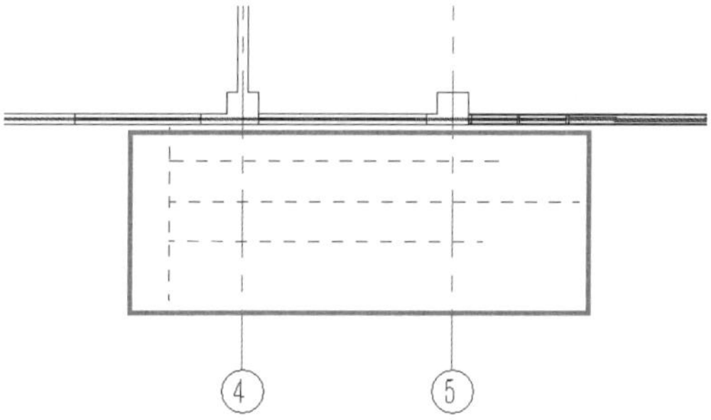

图3.5–19

参照平面布置完毕后，开始绘制坡道，点击【建筑】上下文选项卡中的【坡道】，修改属性面板中的【宽度】为“1500”，点击【编辑类型】，修改【类型属性】对话框中的相应参数,【造型】改为“实体”,【坡道材质】改为“混凝土，扫面”，在材质浏览器中默认项目材质没有“混凝土，扫面”，需要打开【显示/隐藏库面板】，将其添加进项目，如图3.5–20所示。修改【坡道最大坡度（1/x）】为“12”，完毕后点击【确定】，如图3.5–21所示。

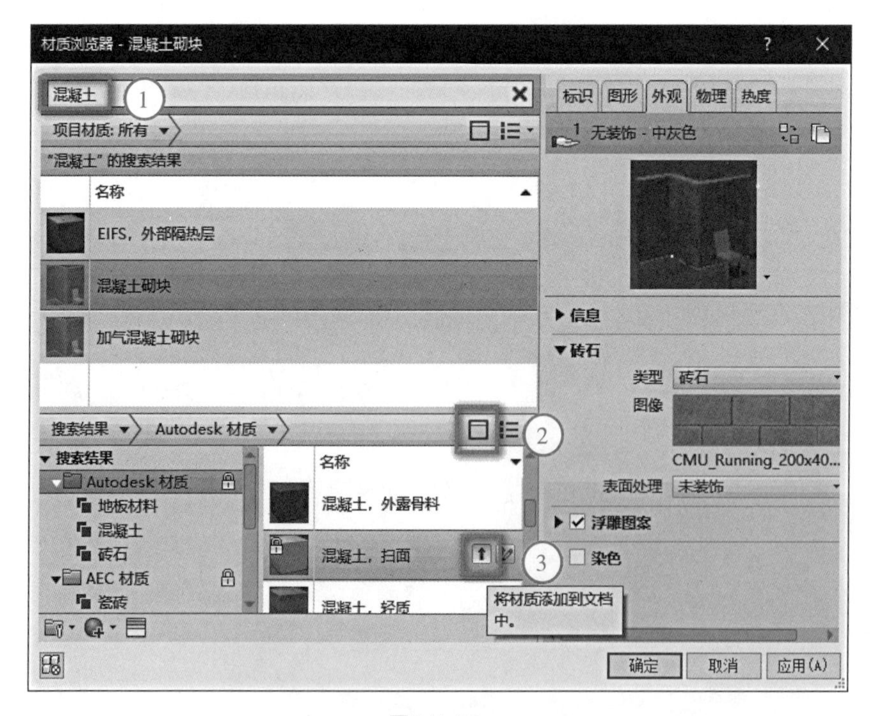

图3.5–20

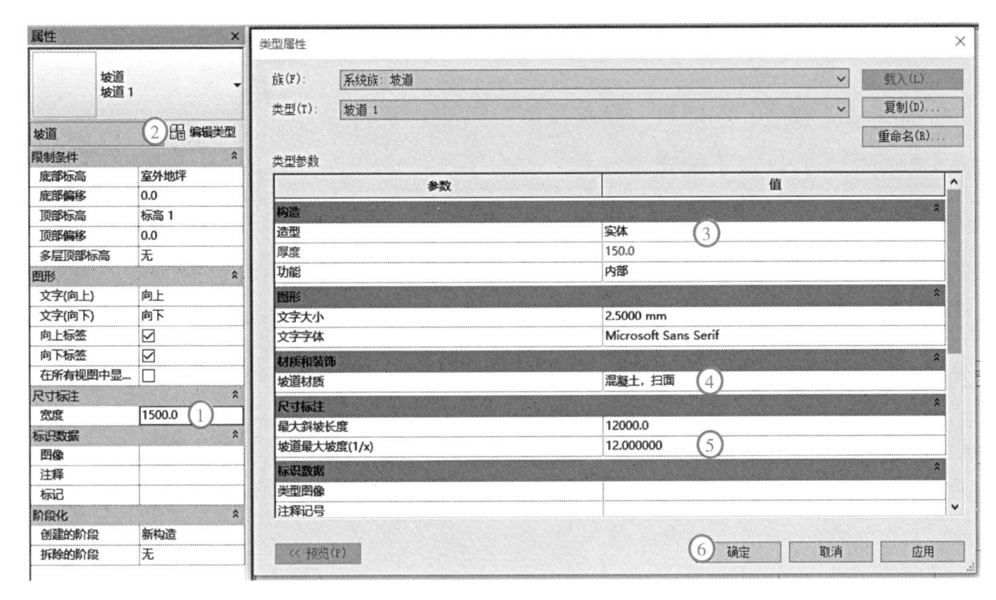

图3.5-21

坡道的对应参数修改完毕后，点击【绘制】→【梯段】中的“直线”命令，以创建的参照平面左侧中部为起点，右侧中部为终点进行绘制，绘制完毕后，点击绿色对勾即完成坡道绘制，如图3.5-22和图3.5-23所示。

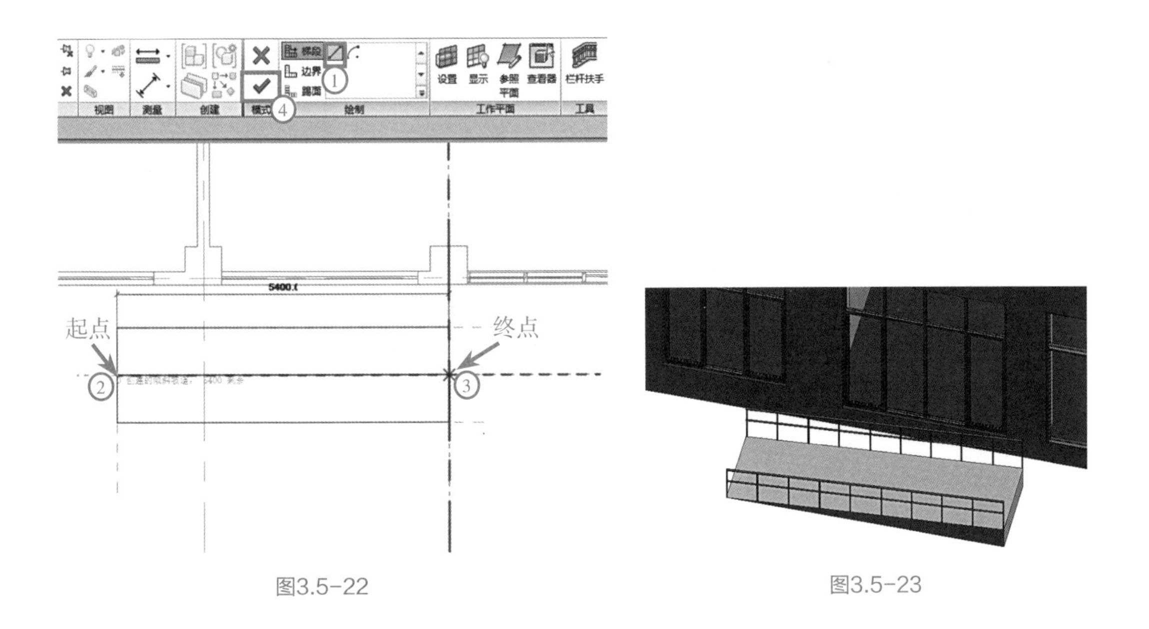

图3.5-22　　图3.5-23

3.5.4 问题思考

1. 简述梯段宽度、踢面数、踏板深度、踢面高度的概念。
2. 如何修改栏杆扶手的类型？
3. 画楼梯时，“按构件”和“按草图”绘制有什么区别？
4. 如果系统提示“坡道长度不足，无法达到顶部限制条件”，应如何解决？

3.5.5 知识拓展

资源名称	真题讲解（真题在课件中下载）	楼梯扶手转角连接技巧	模型动画
资源类型	视频	文档	3D模型
资源二维码			

任务 3.6 柱、梁和场地

3.6.1 教学目标与思路

【教学目标】

知识目标	能力目标	素养目标	思政要素
熟悉柱、梁和场地的概念和作用。	1. 能够创建和编辑柱梁； 2. 能够创建和编辑地形表面； 3. 能够创建和编辑建筑地坪。	1. 培养自主学习的习惯，能有效收集信息； 2. 养成严谨的工作作风和责任感。	1. 柱梁全力支撑起大楼，体现奉献精神； 2. 柱联合起来力量更大，培养团队精神。

【学习任务】熟悉柱和场地概念和作用，掌握基于Revit软件创建、放置和编辑柱和场地的一般方法。

【建议学时】4～6学时。

【思维导图】

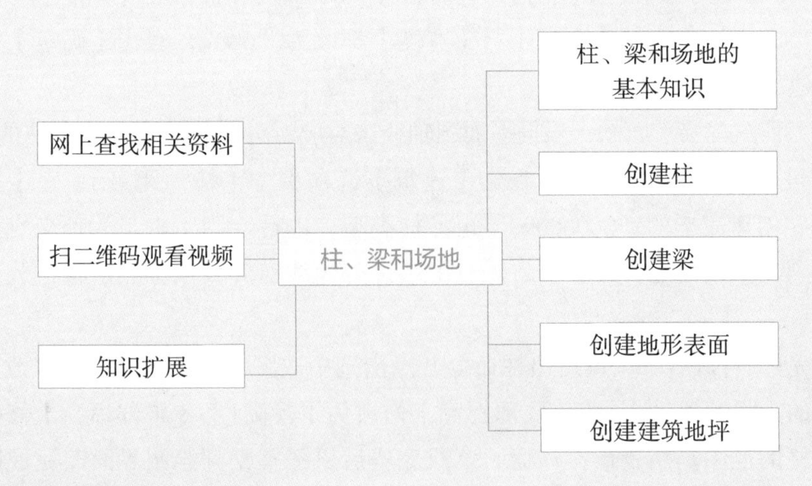

3.6.2 学生任务单

学生根据要求，自行复印附录 学生任务单。

3.6.3 知识与技能

1．知识点——柱、梁和场地的基本知识

在Revit中，由于绘制功能上的不同，在软件中将柱分为“结构柱”和“建筑柱”。结构柱是指在结构施工阶段柱的名称，建筑柱是指在完成装饰后柱的名称，同一根柱在不同阶段可有不同性质。结构柱具有承重结构属性，可做结构分析，可在Revit钢筋系统中生钢筋，不会受墙体材质影响。建筑柱在布置完毕后会提取相邻墙体材质，建筑柱无法利用钢筋系统进行布置钢筋。结构柱与建筑柱在Revit中创建与绘制方法基本相同。

场地指建筑物所在的区域，其范围大致相当于厂区、居民点和自然村的区域，一般不小于0.5km^2。在Revit中，先绘制一个地形表面，然后添加建筑红线、建筑地坪以及停车场和场地构件，即可完成场地设计。还可以在场地中添加人物、植物、停车场等构件，使项目内容更加丰富，并为这一场地设计创建三维视图或对其进行渲染，以提供更真实的演示效果。

2．技能点——创建柱

在Revit中柱主要有以下几个参数：柱的截面尺寸、柱的材质、柱的标高限制范围、偏移量等。由工程图纸可知，本项目柱的截面尺寸均为600mm×600mm，且从首层至屋顶均为通长柱，外观材质为相邻墙体饰面对应材质，创建建筑柱的方法步骤如下。

先创建出对应类型的柱，点击【建筑】选项卡中【柱：建筑】，选中柱族“矩形柱”，点击【编辑类型】→【复制】，重命名为“600×600”，点击【确定】。

将【类型属性】中的【深度】与【宽度】都改为“600”，点击【确定】完成矩形柱类型创建，如图3.6–1所示。

打开工程图首层平面图，根据平面图轴线来对应Revit轴网，来定位各柱的位置。

双击进入楼层平面【F1】，点击【建筑】选项卡中【柱：建筑】，在【属性】浏览器中选中创建完毕的“600×600”矩形柱类型，进行绘制①轴与Ⓐ轴交点处柱，其外边线分别与①轴的墙体外边线、Ⓐ轴的墙体外边线对齐，鼠标点击将柱放置在对应位置。

放置完毕后按两次Esc键退出柱命令并点击选中放置完毕的柱，进行修改【属性】浏览器中的【限制条件】，将【底部标高】修改为【标高1】,【顶部标高】修改为【标高5】，即柱的范围是从首层至屋面，修改完毕后鼠标移动到绘制界面即完成限制条件的更改，①轴与Ⓐ轴交点处柱创建完毕，如图3.6–2所示。

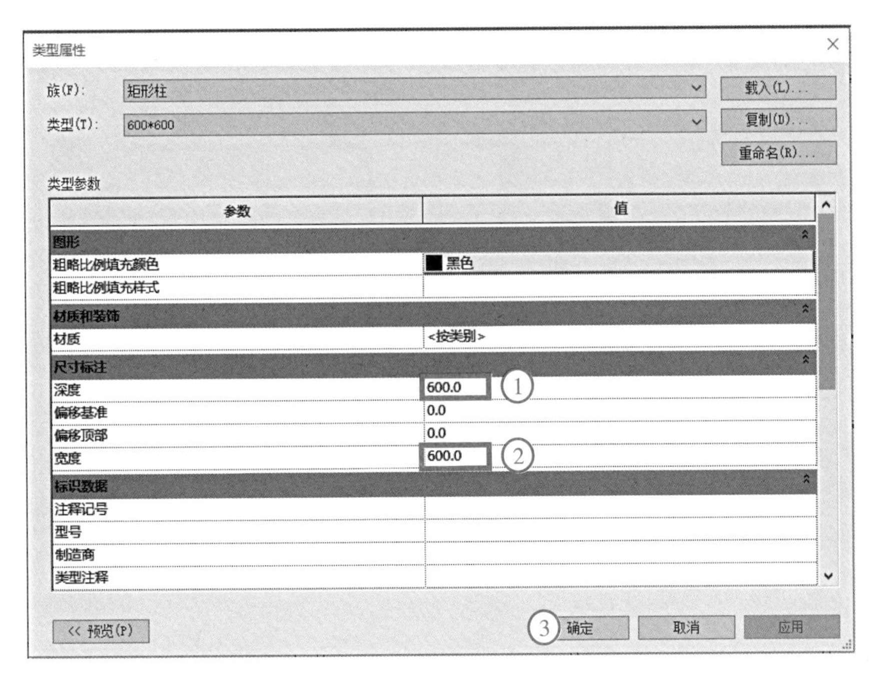

图3.6–1

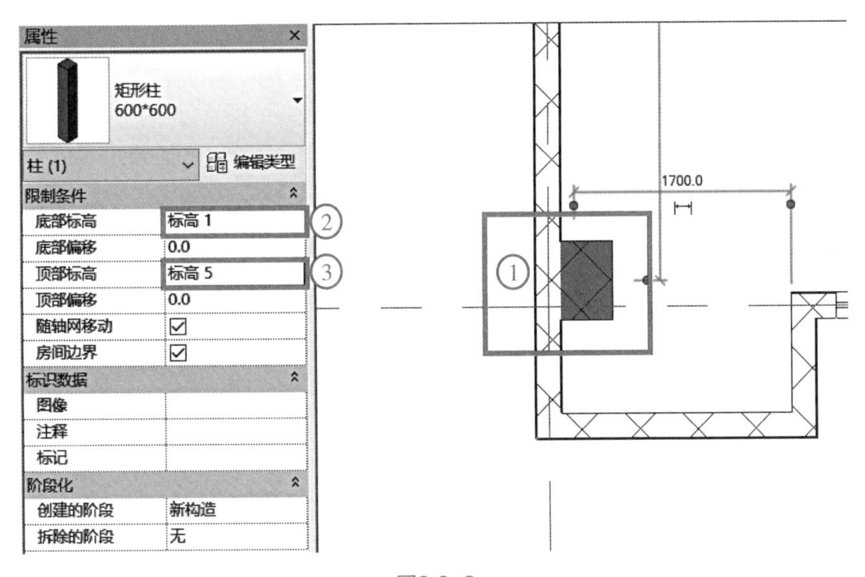

图3.6–2

运用相同的方法，创建出①轴上剩下三个柱，如图3.6–3所示。

①轴柱绘制完毕后，可根据图纸，运用【复制】命令，进行其他轴上柱的绘制。选中①轴上的四根柱，点击【复制】图标，勾选【多个】，移动起点选择第一根柱的中间点，移动终点为对应轴线，多次点击，完成复制多个命令。

最后对照图纸，进行复制后柱的调整，⑤轴、⑥轴上方有需要删除的柱，⑩轴上方的柱外边线需要贴墙外边线，调整完毕如图3.6–4所示。

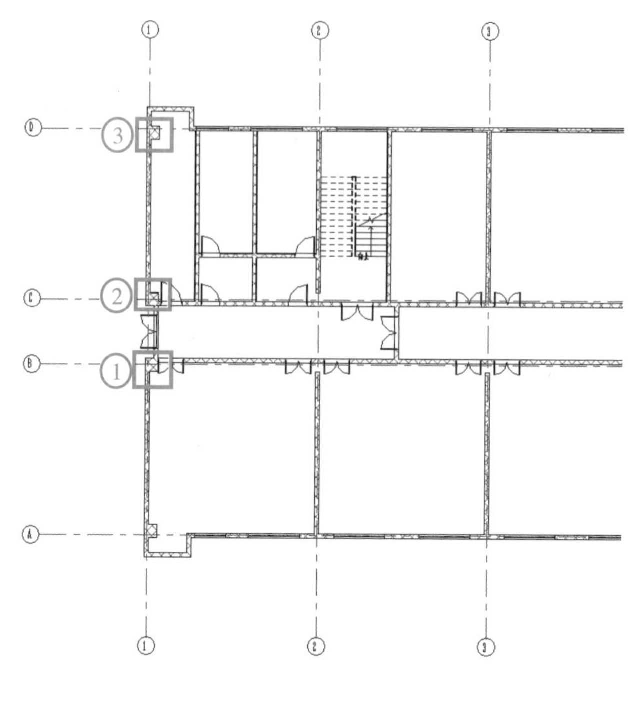

图3.6-3

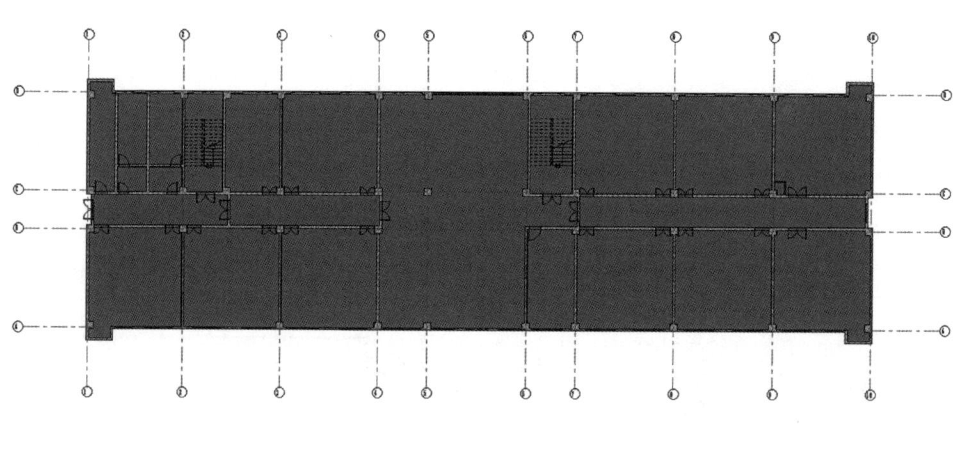

图3.6-4

在绘制柱时需要注意，需要按照图纸中柱与轴网、墙体的位置关系，在Revit中进行柱的绘制。

3. 技能点——创建梁

在Revit中，【梁】命令在【结构】选项卡中，需要对应结构图纸进行梁的创建，在CAD图纸中找到【一层楼面梁】平面图，一层梁需要在一层底部进行创建，进入【标高1】，点击【结构】

选项卡中【梁】命令，梁命令即被激活，点击【编辑类型】→【载入】→【结构】→【框架】→【混凝土】→【混凝土–矩形梁】→【打开】，如图3.6–5所示。

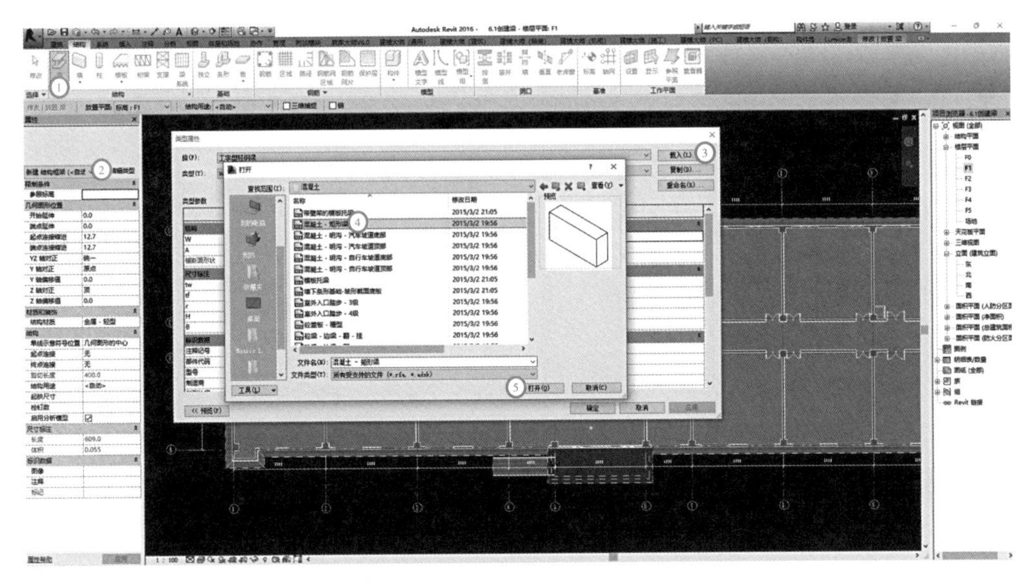

图3.6–5

此时“混凝土–矩形梁”系统族已经被载入项目，需要在【类型属性】对话框中进行梁类型的新建，根据【一层楼面梁配筋图】，首先进行Ⓐ轴上方“KL–1（9）”的创建，点击【复制】，将名称更改为“KL–1”，如图3.6–6所示。根据图纸中的平法标注内容，将“b”与“h”分别修改为“300”与“700”，最后点击【确定】，如图3.6–7所示。

类型属性

族(F): 混凝土 - 矩形梁　载入(L)...

类型(T): 300 x 600mm　复制(D)...

重命名(R)...

类型参数

参数	值
结构	
横断面形状	
尺寸标注	
b	
h	
标识数据	
部件代码	
类型图像	
注释记号	
型号	
制造商	
类型注释	
URL	
说明	
防火等级	
成本	

名称

名称(N) KL-1

确定　取消

<< 预览(P)　确定　取消　应用

图3.6–6

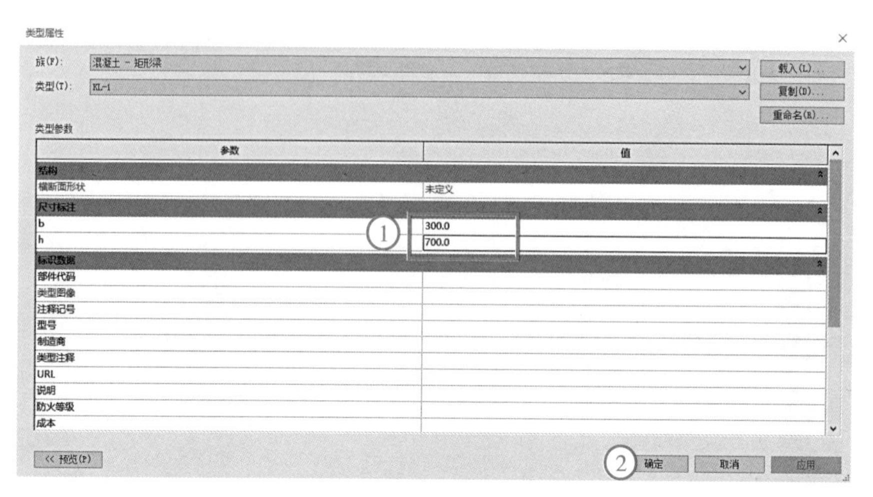

图3.6-7

此时梁“KL1”类型已经被创建完毕，绘制梁命令激活状态，由于一层梁处于【F1】标高下方，绘制出的构件不可见，所以需要调整视图范围，先按两次Esc键取消梁的绘制命令，点击【属性】浏览器中的【视图范围】后方的【编辑】，出现【视图范围】对话框，其中的【顶（T）】与【底（C）】为可视的主要范围区间，【剖切面】剖切到的构件可显示，【剖切面】需要在【顶（T）】与【底（C）】范围区间之内，【视图深度】需要小于或等于【底（C）】。现只需将【视图深度】下降至梁所处的范围即可，将【视图深度】后方偏移量修改为“–700”，点击【确定】，如图3.6–8所示。

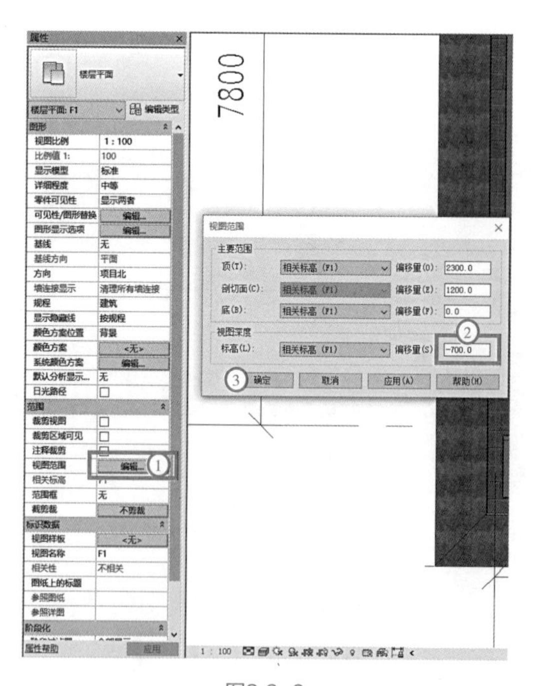

图3.6–8

视图范围设置完毕之后，可进行梁的布置，依据图纸确定梁的绘制起终点与定位，点击【结构】选项卡中的【梁】，激活梁绘制命令，类型选择为【KL–1】，绘制起点为①轴与Ⓐ轴交点，绘制终点为⑩轴与Ⓐ轴交点，如图3.6–9所示。

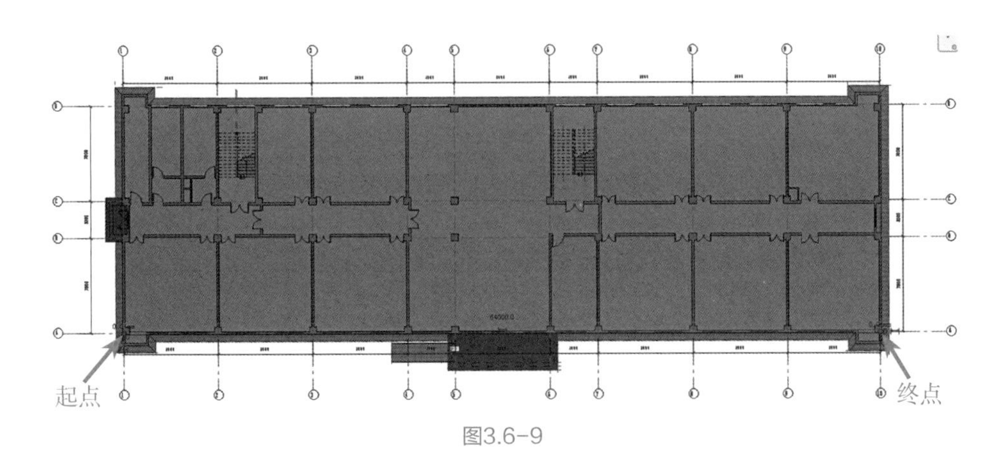

图3.6–9

此梁的中心定位线不是Ⓐ轴，梁的外边界与柱、外墙外边界重合，需要将梁的位置进行对正，选中绘制出的梁，点击【移动】命令（MV），或运用【对齐】命令（TR），将梁与柱、外墙外边界对齐，如图3.6–10所示，梁的顶面标高为结构标高，结构标高低于建筑标高50mm，需要将梁的整体向下偏移50mm，在选中梁的状态下将【属性】浏览器中【起点标高偏移】与【终点标高偏移】更改为“–50”，此时梁已偏移到楼板下方不可见，可调整为【线框】模式观察，如图3.6–11所示。

绘制过程中注意梁类型的命名需要与图纸一致，F2、F3、F4三层梁的分布相同，可用楼层复制命令，屋面梁大部分为屋框梁，运用此方法，绘制完毕剩下所有梁，如图3.6–12所示。

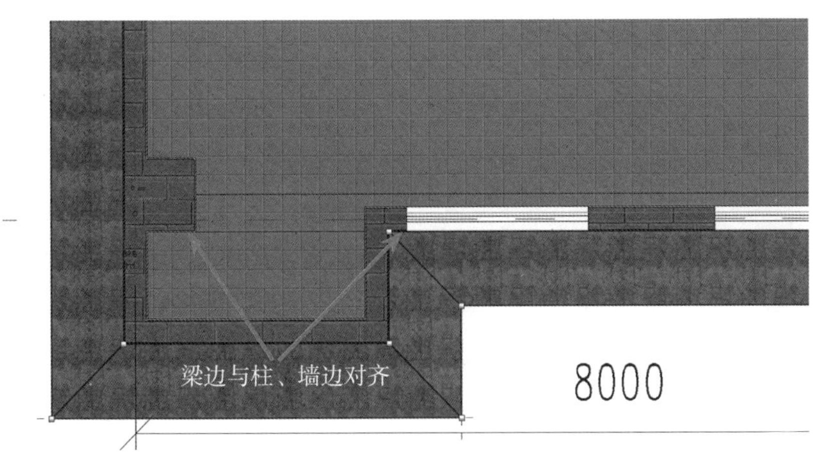

图3.6–10

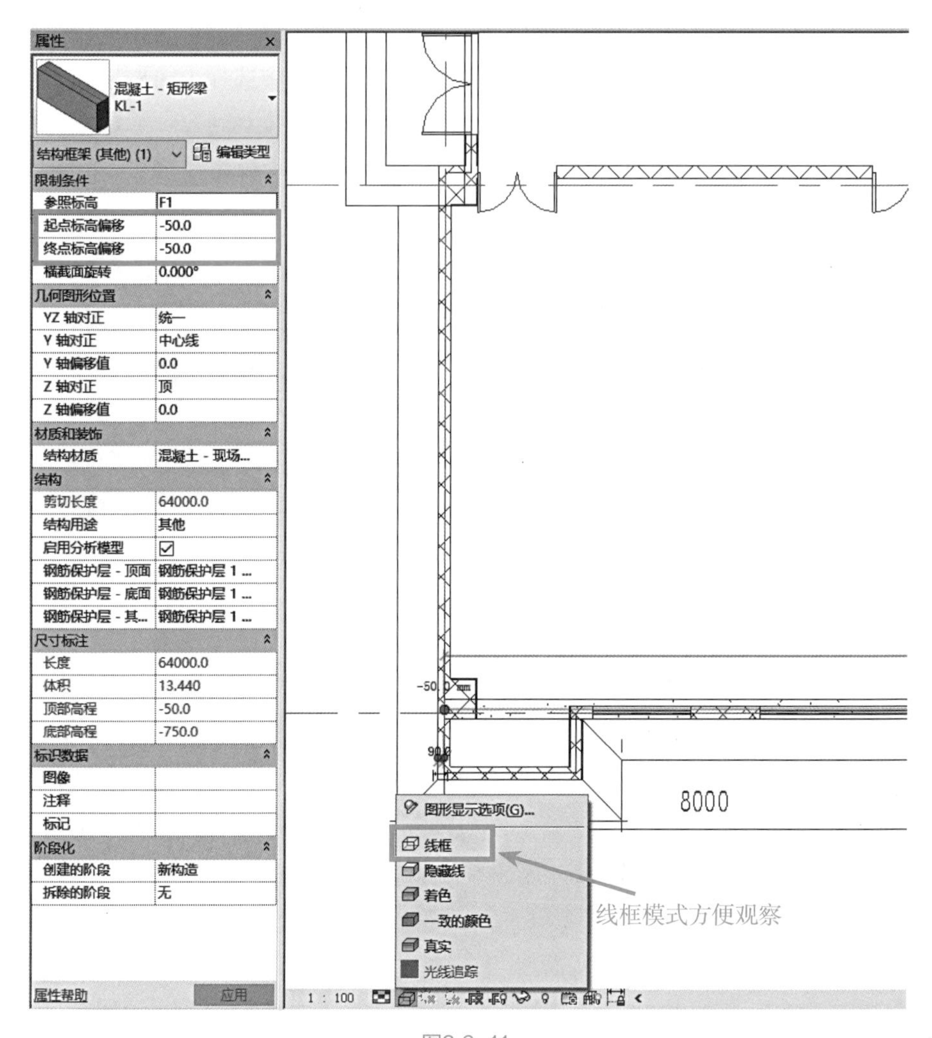
属性
混凝土 - 矩形梁
KL-1
结构框架 (其他) (1)
编辑类型
限制条件
参照标高
F1
起点标高偏移
-50.0
终点标高偏移
-50.0
横截面旋转
0.000°
几何图形位置
YZ 轴对正
统一
Y 轴对正
中心线
Y 轴偏移值
0.0
Z 轴对正
顶
Z 轴偏移值
0.0
材质和装饰
结构材质
混凝土 - 现场...
结构
剪切长度
64000.0
结构用途
其他
启用分析模型
钢筋保护层 - 顶面
钢筋保护层 1 ...
钢筋保护层 - 底面
钢筋保护层 1 ...
钢筋保护层 - 其...
钢筋保护层 1 ...
尺寸标注
长度
64000.0
体积
13.440
顶部高程
-50.0
底部高程
-750.0
标识数据
图像
注释
标记
阶段化
创建的阶段
新构造
拆除的阶段
无
属性帮助
应用
8000
图形显示选项(G)...
线框
隐藏线
着色
一致的颜色
真实
光线追踪
线框模式方便观察
1 : 100

图3.6-11

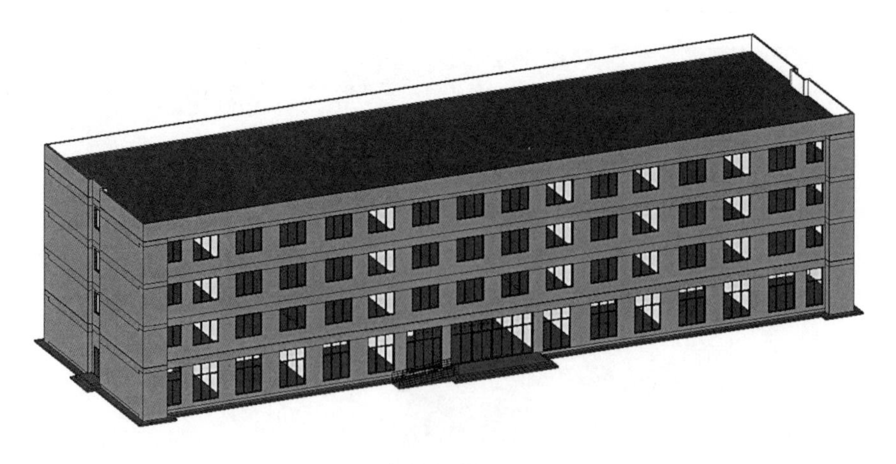

图3.6-12

4. 技能点——创建地形表面

地形表面只允许在【场地】标高中创建，首先进入楼层平面中【场地】标高，点击【体量和场地】→【地形表面】，此时已激活命令【放置点】，单击鼠标左键可放置关键点，在建筑物外围放置任意四个点，会自动链接这四个点并形成闭合区域，如图3.6–13所示。

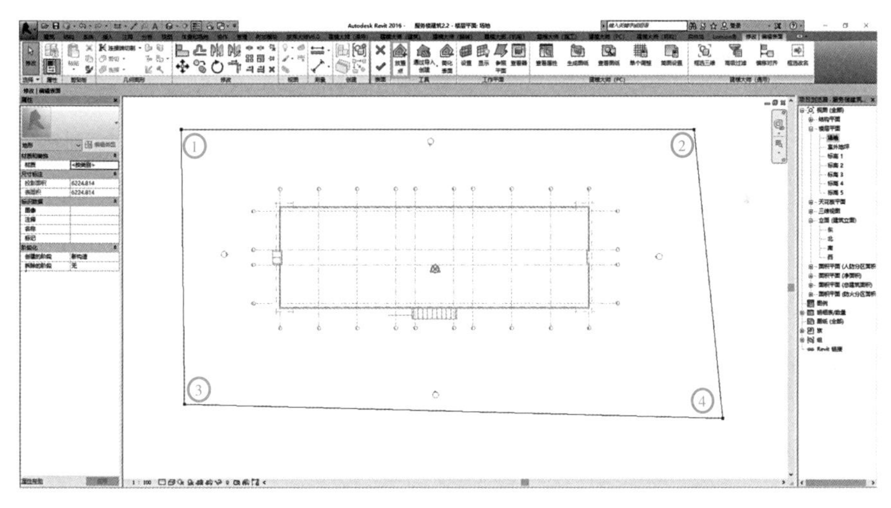

图3.6–13

关键点可以设置若干个，根据项目每个位置标高不同，放置不同高度的关键点，每个关键点都可进行标高的调整，放置多个有高差的关键点会自动生成连接每个关键点的起伏不平的地形。

本项目地形标高整体默认为室外地坪标高，相对标高为–450mm，选中全部关键点后，点击【属性】浏览器中【立面】，修改数值“–450”，如图3.6–14所示。点击绿色对勾，即完成地形表面创建。

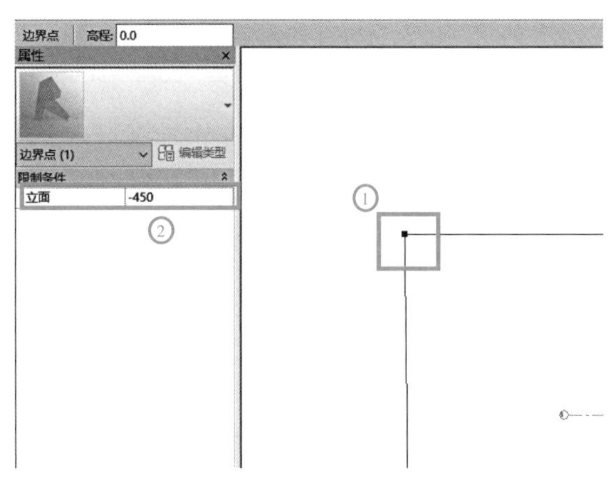

图3.6–14

5．技能点——创建建筑地坪

建筑地坪是依附于地形表面的构件，其属性和绘制方法类似于【楼板】。进入楼层平面F1，点击【体量和场地】→【建筑地坪】，高度偏移值改为“-450”，边界线绘制用矩形命令，围绕建筑绘制出一个矩形范围，如图3.6-15所示。

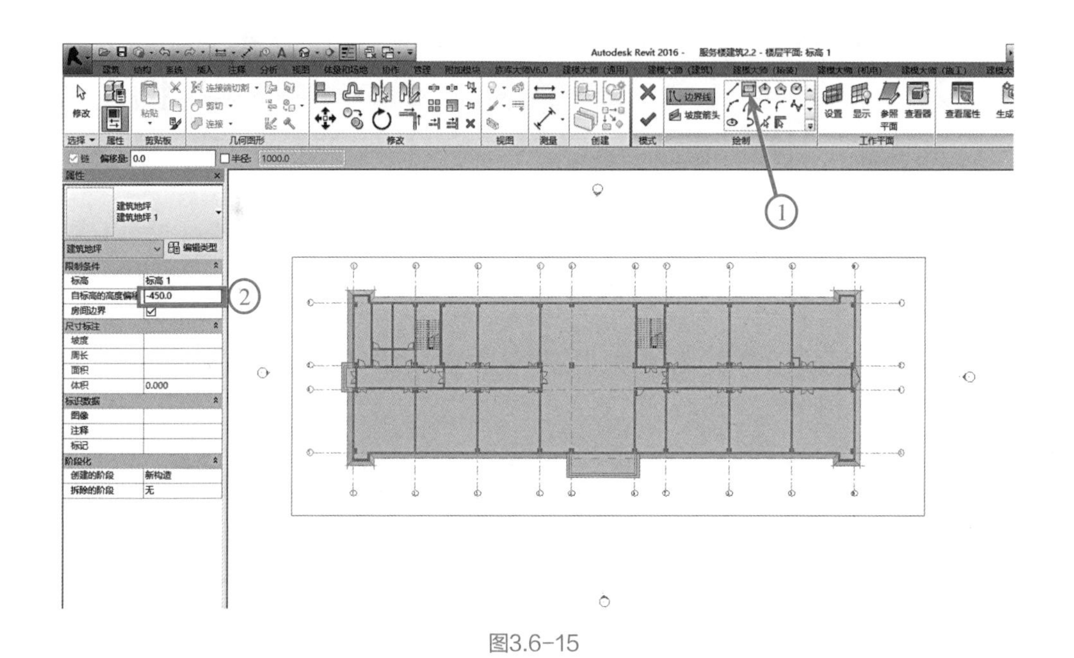

图3.6-15

在【属性】浏览器中点击【编辑类型】，对建筑地坪的材质与厚度进行更改，本项目无特殊要求，点击绿色对勾即完成建筑地坪的绘制，如图3.6-16所示。

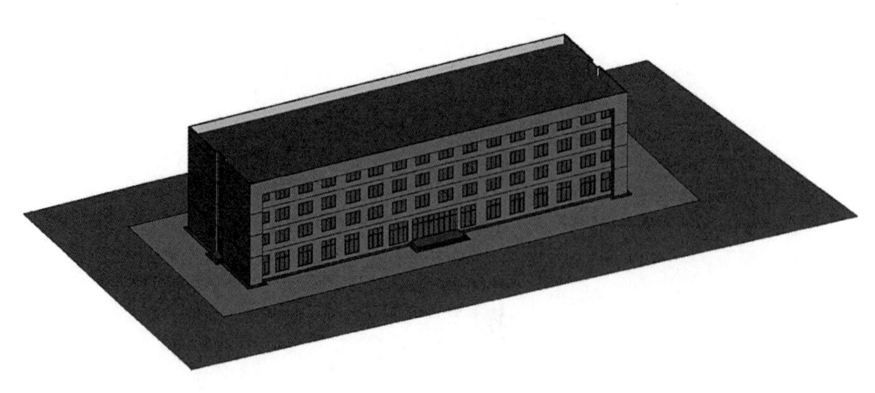

图3.6-16

3.6.4 问题思考

1. 简述结构柱和建筑柱的区别。
2. 如果绘制出的梁不可见，试分析有几种原因并给出解决方案。
3. 简述场地的概念。

3.6.5 知识拓展

资源名称	真题讲解 （真题在课件中下载）	BIM技术在场地布置中的应用	模型动画
资源类型	视频	文档	3D模型
资源二维码			

CHAPTER 4

项目 4
给水排水系统模型的创建

任务 4.1 机电样板

项目样板的设置是一个项目开始的先决条件，只有依托于完善的样板文件，各专业工程师相关模型的搭建才能有序进行，在繁杂的设计流程环节中无损传递。创建样板文件能让每个工程师不必花费时间来设置软件，将时间真正地用于设计本身，能统一不同工程师的建模设置和制图标准，规范不同项目的模型标准，设计出具有统一风格的模型。

4.1.1 教学目标与思路

【教学目标】

知识目标	能力目标	素养目标	思政要素
1. 熟悉项目样板的概念； 2. 掌握过滤器设置步骤。	1. 能够设置机电项目样板； 2. 能够创建过滤器； 3. 能够设置视图样板。	利用工程实例，培养诚实守信意识和社会责任感。	学习精准定位施工，培养精益求精的工匠精神。

【学习任务】熟悉项目样板的概念，掌握项目样板和过滤器创建的一般方法。

【建议学时】3 ~ 4学时。

【思维导图】

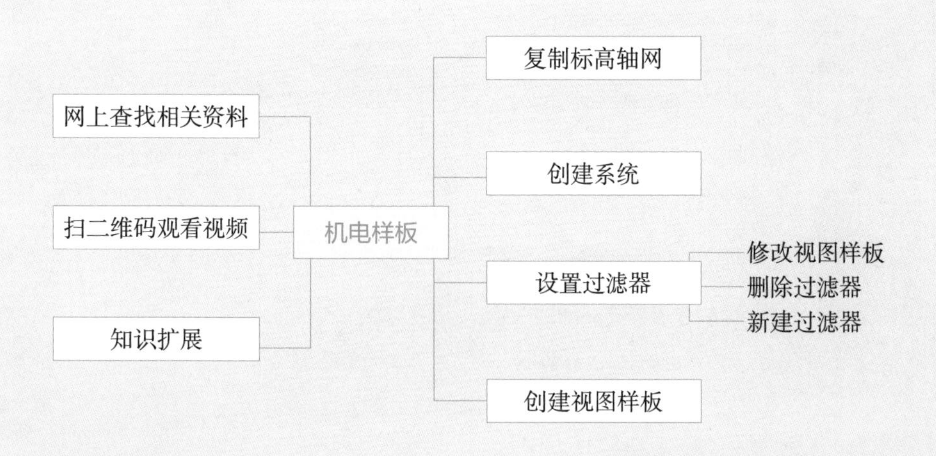

4.1.2 学生任务单

学生根据要求，自行复印附录 学生任务单。

4.1.3 知识与技能

1. 技能点——复制标高轴网系统

机电系统建模是在建筑的基础上完成的，为了保证机电系统和建筑结构系统在空间上的一致性，需要通过链接Revit土建模型，复制标高轴网系统。

（1）新建机电样板

打开Revit软件，首先点击【新建】命令，在弹出的“新建项目”对话框中点击【浏览】，接着在弹出的【选择样板】对话框中，选择“China”目录下的“Systems–DefaultCHSCHS”文件，单击【打开】按钮，继续依次点击【项目样板】按钮、【确定】按钮，进入创建样板界面，如图4.1–1所示。

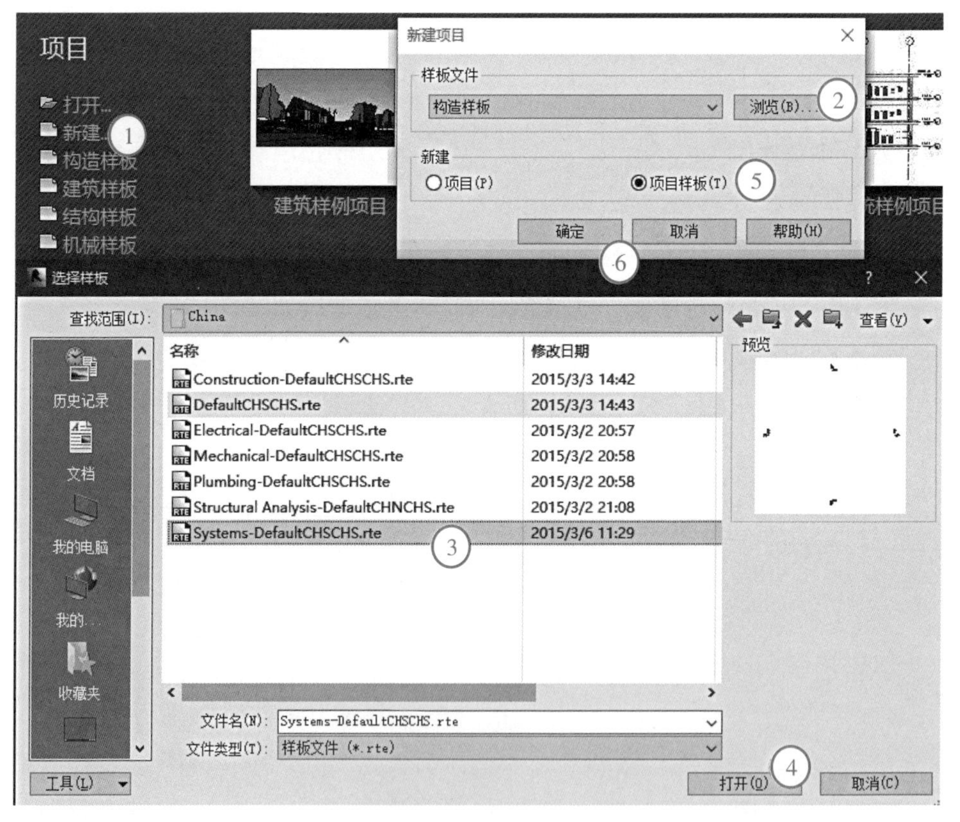

图4.1–1

（2）链接“标高轴网”RVT文件

选择【插入】→【链接Revit】命令，在【导入/链接Revit】对话框中选择在前面步骤保存的“标高轴网”rvt文件，单击【打开】，如图4.1–2所示。完成后进入一个默认的楼层平面，由于模型是按照原点到原点方式链接进来，不一定位于东南西北四个立面标记中间，可以手动移动四个立面标记到轴网模型范围之外。

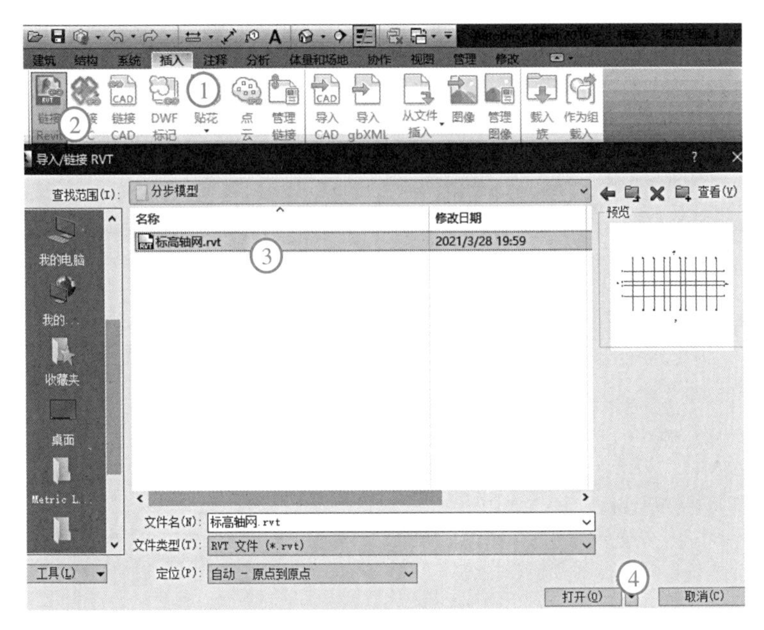

图4.1-2

（3）复制标高

找到【项目浏览器】→【机械】→【暖通】→【立面（建筑立面）】→【南–立面】，双击打开南立面视图，可以看到有原项目样板中自带的【标高1】和【标高2】，还有链接文件中的标高，选择【标高1】和【标高2】，按键盘Delete键，忽略弹出的警告，删除样板自带标高，如图4.1–3所示。

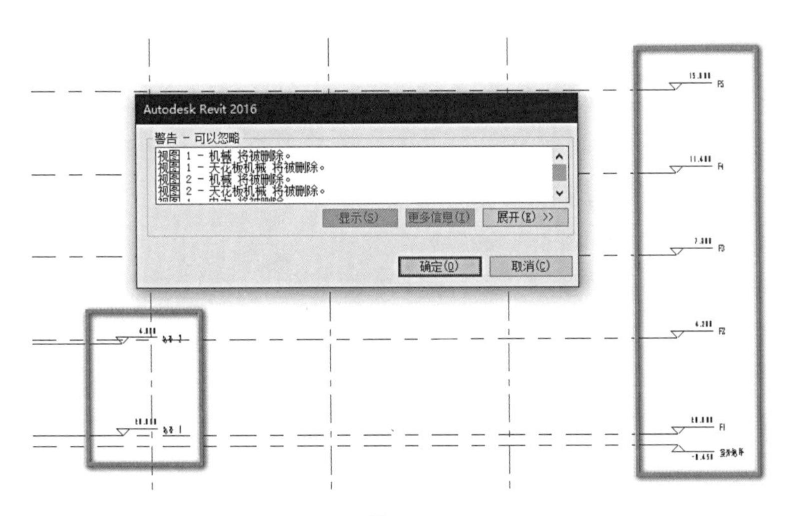

图4.1–3

单击功能区【协作】→【复制/监视】→【选择链接】命令，选中链接文件，单击【复制】按钮，并勾选【多个】，全选链接文件6个标高，然后点击【完成】，如图4.1–4所示。

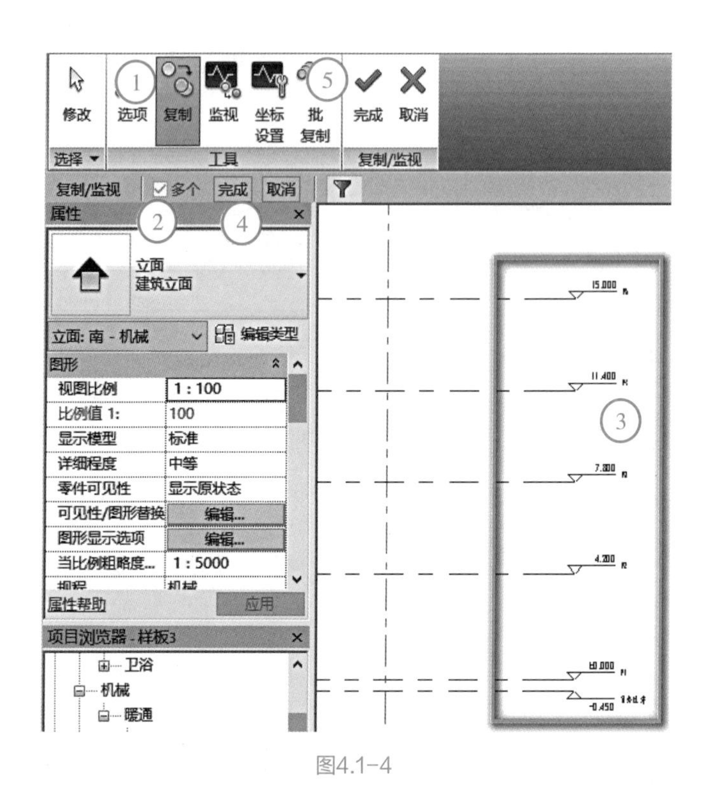

图4.1–4

复制完成后，默认标高属性“上标头”，还需修改【F1】和【室外地坪】标高的类型改为“正负零标高”和“下标头”。

点击功能区的【视图】→【平面视图】→【楼层平面】命令，在弹出的【新建楼层平面】对话框中，选中所有的6个标高，按【确认】按钮创建对应的楼层平面。

（4）复制轴网

找到【项目浏览器】→【机械】→【暖通】→【楼层平面】→【F1】，双击打开F1楼层平面视图。单击功能区【协作】→【复制/监视】→【选择链接】命令，选中链接文件，单击【复制】按钮，并勾选【多个】，全选视图中的标高，然后点击【完成】，如图4.1–5所示。

注意到轴网样式和原模型不一致，点选任一轴线，在【属性】面板选择【编辑类型】修改轴线末端颜色为红色，勾选轴号端点选择框。

完成标高轴网复制后，单击功能区【管理】→【管理项目】→【管理链接】命令，选中标高轴网文件删除。

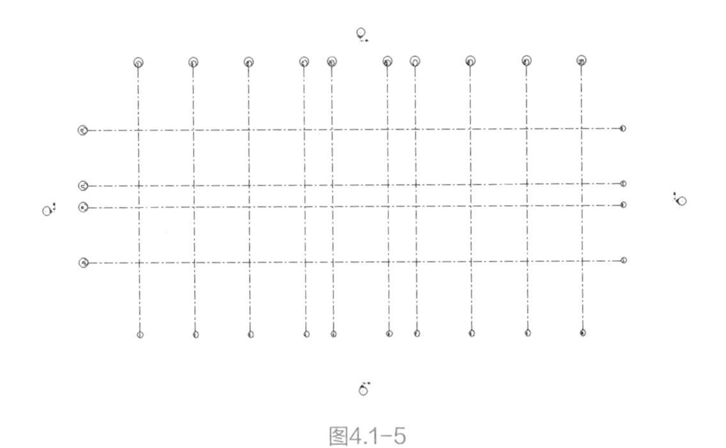

图4.1-5

2. 技能点——创建系统

由于机电专业管线众多，为了便于前期设计和后期管理，需要在开始设计之初创建一套完善的管线系统。

找到【项目浏览器】→【族】→【管道系统】→【管道系统】，如图4.1-6所示。点击展开【管道系统】，可发现软件本身自带的管道系统。下面创建“办公楼生活给水系统”，以“家用冷水”为模板，右键选择【复制】命令，将复制的管道系统重新命名为“办公楼生活给水系统”即可，同样的原理创建“办公楼生活排水系统”，如图4.1-7所示。

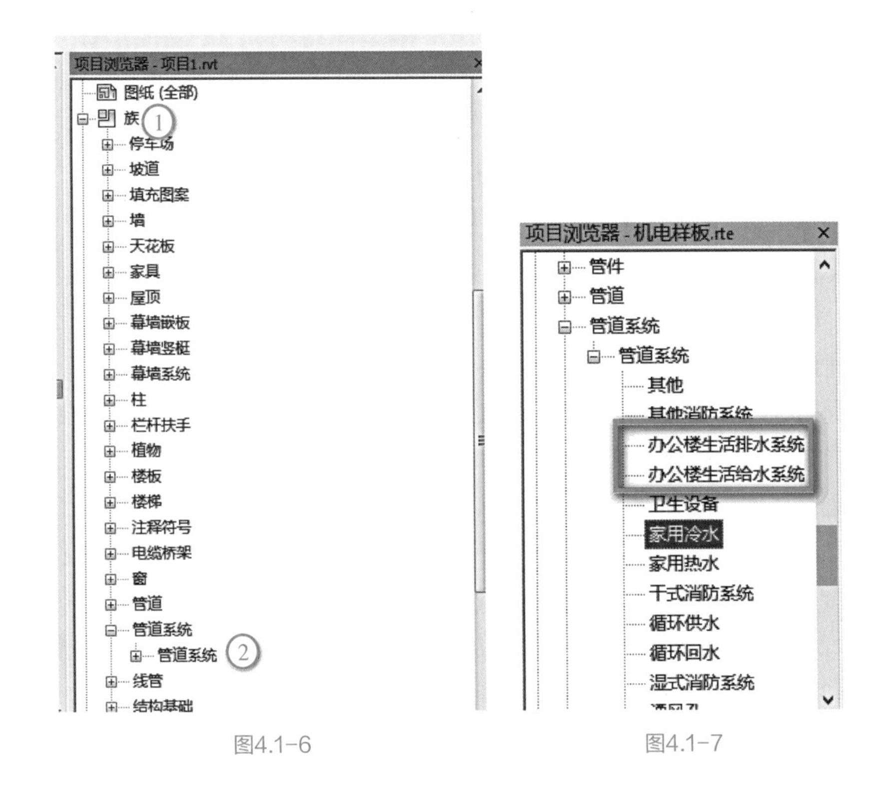

图4.1-6　　图4.1-7

同样的方法，还可以在风管系统、电缆桥架系统、管线系统里面分别建立此项目所需的暖通、电气等专业的系统。

3. 技能点——创建过滤器

（1）修改视图样板。由于当前平面视图是由暖通专业南立面创建的，默认视图样板为【机械平面】，所以无法在功能区【视图】→【可见性/图形】命令（快捷键“VV”）里进行设置。单击【属性】→【标识数据】→【视图样板】→【机械平面】，在弹出的【应用视图样板】对话框中选择【无】，接着单击【确定】完成，如图4.1–8所示。

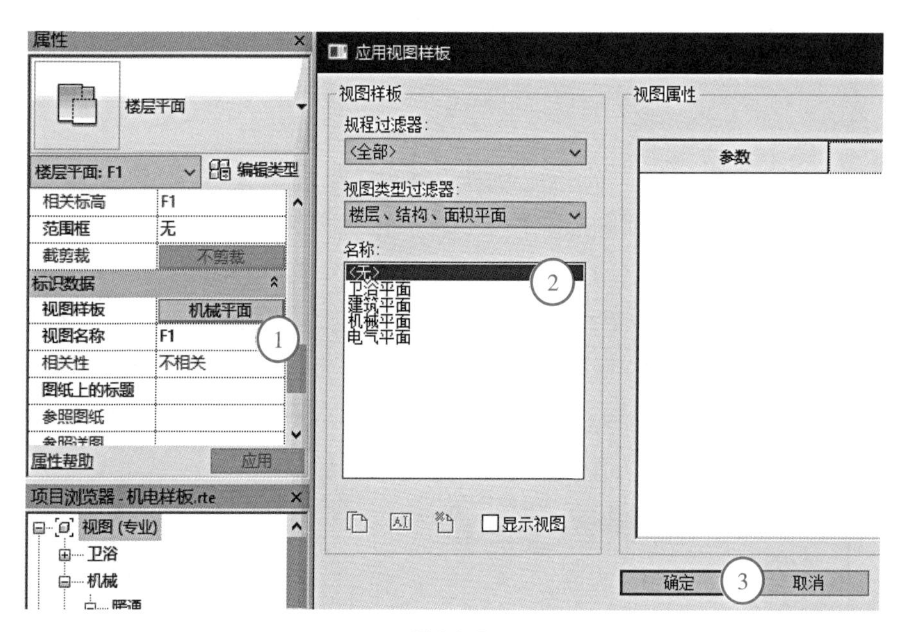

图4.1–8

（2）删除过滤器。键入快捷键“VV”进入“可见性/图形替换”命令，点击标题栏【过滤器】选项，可以看到默认的【家用】【卫生设备】【通风孔】三个选项，依次选择删除后按【确认】按钮完成操作，如图4.1–9所示。

单击【编辑/新建】按钮，在弹出的过滤器对话框中，可以看到默认建立的过滤器选项，依次选择滤器栏选项，分别删除，如图4.1–10所示。

（3）新建过滤器。在过滤器对话框中，单击【新建】按钮，在弹出的过滤器名称对话框上修改名称为【办公楼生活给水系统】后确定。在【过滤器列表】选择【管道】，然后在下方类别中分别勾选【管件】【管道】【管道附件】【管道隔热层】，然后在【过滤条件】中一次选择【系统类型】【等于】【办公楼生活给水系统】，按【确认】按钮完成，如图4.1–11所示。

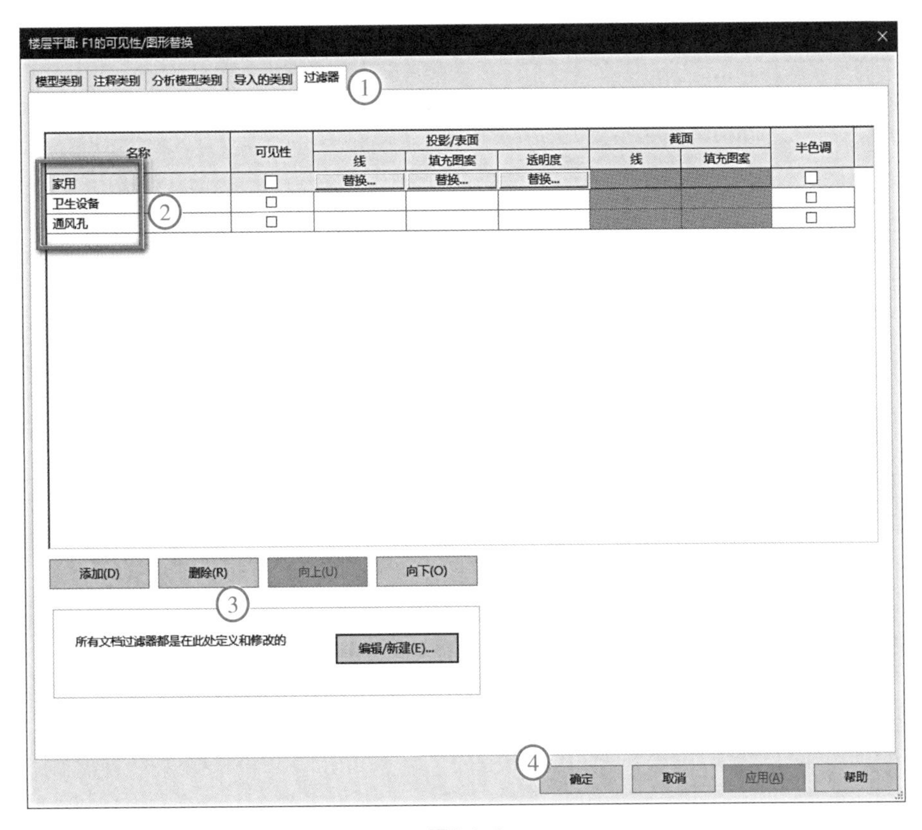
楼层平面: F1的可见性/图形替换
模型类别
注释类别
分析模型类别
导入的类别
过滤器
名称
可见性
投影/表面
线
填充图案
透明度
截面
半色调
家用
卫生设备
通风孔
替换...
添加(D)
删除(R)
向上(U)
向下(O)
所有文档过滤器都是在此处定义和修改的
编辑/新建(E)...
确定
取消
应用(A)
帮助

图4.1-9

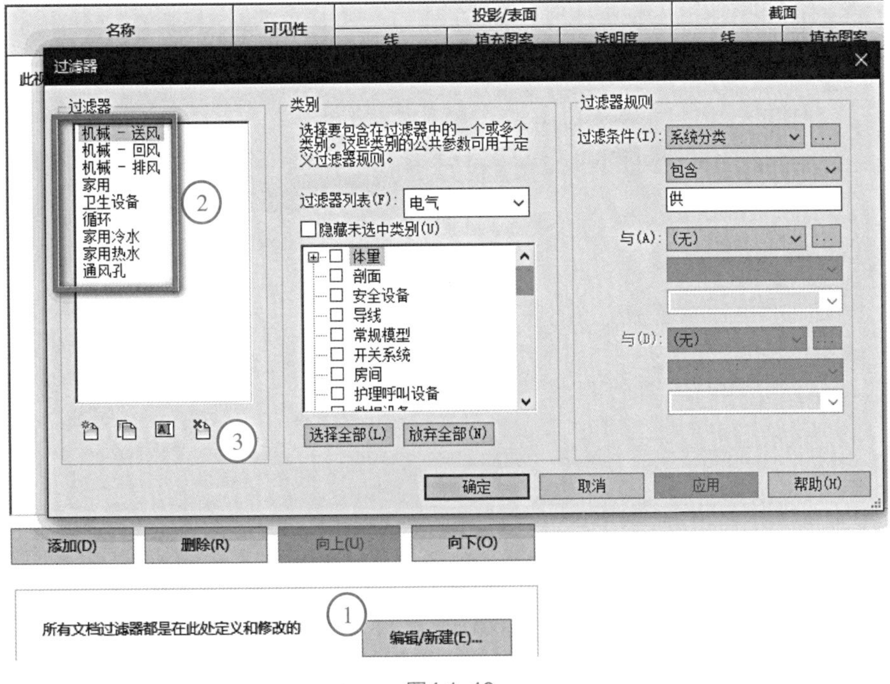
过滤器
机械 - 送风
机械 - 回风
机械 - 排风
家用
卫生设备
循环
家用冷水
家用热水
通风孔
类别
选择要包含在过滤器中的一个或多个类别。这些类别的公共参数可用于定义过滤器规则。
过滤器列表(F): 电气
隐藏未选中类别(U)
体量
剖面
安全设备
导线
常规模型
开关系统
房间
护理呼叫设备
选择全部(L)
放弃全部(N)
过滤器规则
过滤条件(I): 系统分类
包含
供
与(A): (无)
与(D): (无)
确定
取消
应用
帮助(H)
添加(D)
删除(R)
向上(U)
向下(O)
所有文档过滤器都是在此处定义和修改的
编辑/新建(E)...

图4.1-10

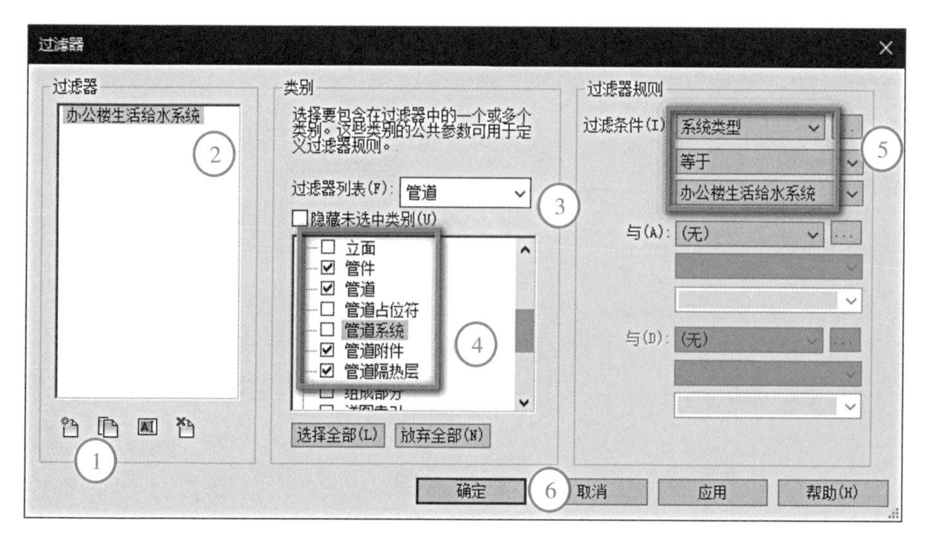

图4.1–11

回到【楼层平面：F1的可见性/图形替换】对话框中，单击【添加】按钮，在弹出的【添加过滤器】窗口点选【办公楼生活给水系统】，然后按【确认】按钮完成。

接下来在【线】和【填充图案】下点击【替换】，设置颜色“RGB为0–255–0”，【填充图案】为实体填充，如图4.1–12所示。

同样的方法可添加其他过滤器。

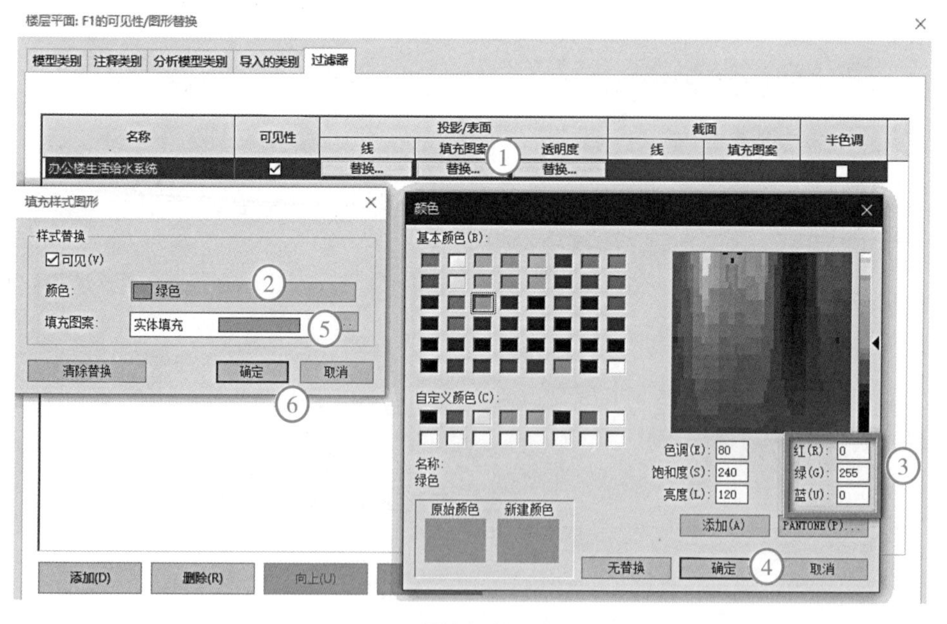

图4.1–12

4. 技能点——创建视图样板

（1）创建视图平面

在F1楼层平面，查看【项目浏览器】，发现在【卫浴】【电气】里缺少楼层平面。需要重新创建。找到【项目浏览器】→【机械】→【暖通】→【楼层平面】→【F1】，点击右键选择【复制视图】→【复制】，复制两次，再把连同原有的F1视图分别改名为【暖通–F1】【电气–F1】和【给排水–F1】，如图4.1–13所示。同样的方法创建修改其余平面视图。

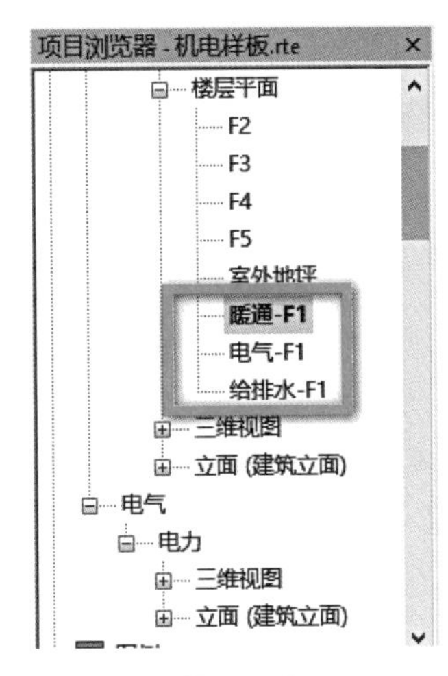

图4.1–13

（2）创建视图样板

目前的机电样板中的项目浏览器中，还没有按专业划分视图平面，而且除了上文修改的"F1"之外的各个楼层平面，依旧无法设置视图属性。这些问题都可以通过视图样板很方便地解决。视图样板是一系列的视图属性，应用视图样板可以保障设计模型的规范性和后期管理的便利性。

打开【项目浏览器】→【给排水–F1】，然后点选菜单栏【视图】→【视图样板】→【从当前视图创建样板】命令，在弹出的对话框输入名称为【给排水】。在新弹出【视图样板】对话框右侧【视图属性】栏目中，【参数】为属性名称、【值】代表对参数的设置、【包含】则代表此项属性是否在视图样板之中，当方框被勾选则代表只能在视图样板里面做修改，这里需要对【规程】和【子规程】做修改为【卫浴】，按【确定】完成给排水视图样板设置，如图4.1–14所示。

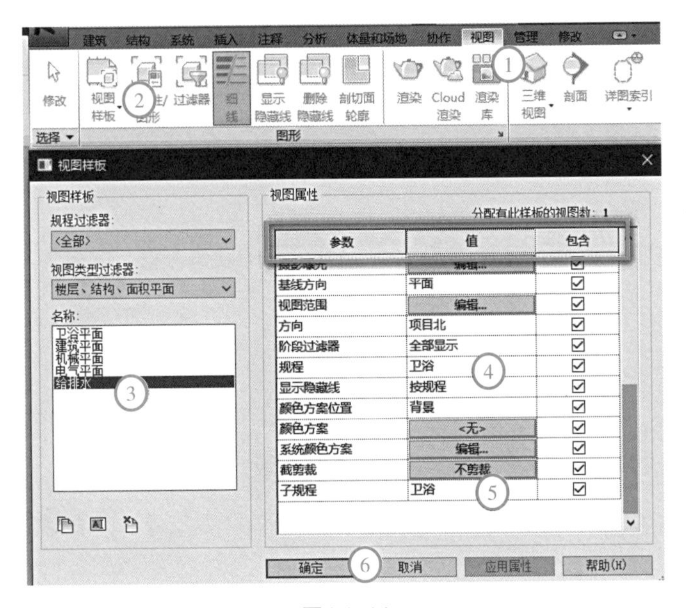

图4.1–14

单击【属性】→【标识数据】→【视图样板】→【无】，在弹出的【应用视图样板】对话框中选择【给排水】，对右侧【视图属性】栏进行设置，就可以把设置应用到所有以【给排水】为样板的视图中，接着单击【确定】完成，如图4.1–15所示。

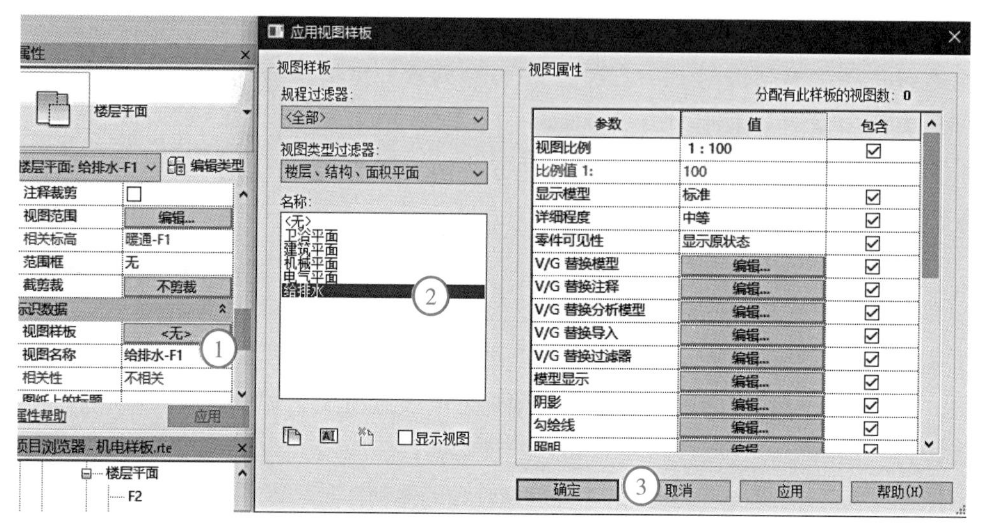

图4.1–15

4.1.4 思考与实操

1. 参照给水系统设置排水系统过滤器，颜色为RGB 255–255–0，【填充图案】为实体填充。

2. 创建名为虹吸雨水的管道系统。

3. 创建管径小于或等于*DN*50的管道过滤器。

4.1.5 知识拓展

资源名称	某地库BIM项目建模标准	某地库项目机电深化设计报告	某公寓酒店动画
资源类型	文档	文档	视频
资源二维码			

任务 4.2 给水系统

4.2.1 教学目标与思路

【教学目标】

知识目标	能力目标	素养目标	思政要素
1. 熟悉给水系统的组成； 2. 了解给水方式及给水类型。	1. 能够进行给水系统绘制前期准备； 2. 能够创建给水管道； 3. 能够添加给水阀门附件。	1. 培养专业学习兴趣，能有效收集资料； 2. 培养团队精神和组织协调能力。	1. 避免供水损耗，树立节约用水意识； 2. 了解供水行业的艰苦，培养奉献精神。

【学习任务】熟悉给水系统的组成，掌握基于Revit软件进行给水管道系统绘制作的一般方法，为实现建筑、结构、机电全专业间三维协同设计的工作基础与前提条件。

【建议学时】3～4学时。

【思维导图】

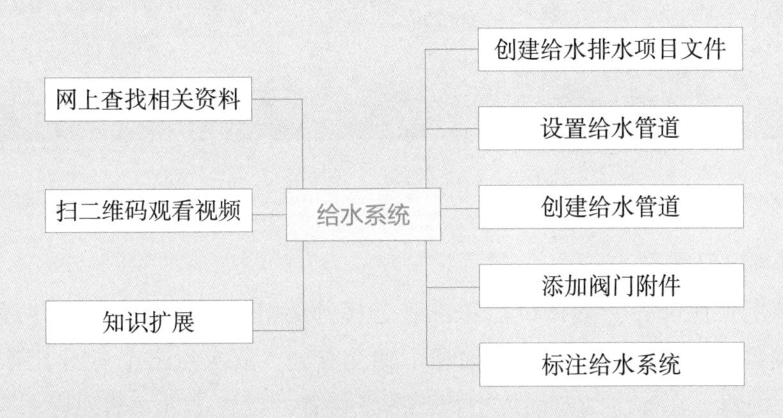

4.2.2 学生任务单

学生根据要求，自行复印附录 学生任务单。

4.2.3 知识与技能

1．技能点——创建给排水项目文件

创建给排水项目文件

给排水项目文件的创建步骤如下：

（1）选择项目样板

首先点击【新建】命令，在弹出的“新建项目”对话框中单击【浏览】按钮，找到“机电样板”项目样板所在位置并点选，单击【打开】命令，如图4.2–1所示。

（2）CAD底图导入

在Revit软件中打开“给排水–1F”平面视图，依次点击【插入】菜单栏、【导入CAD】按钮，在弹出的对话框中找到图纸位置，设置【导入单位】为毫米，其余命令采用默认设置，操作完成后点击【打开】按钮，如图4.2–2所示。

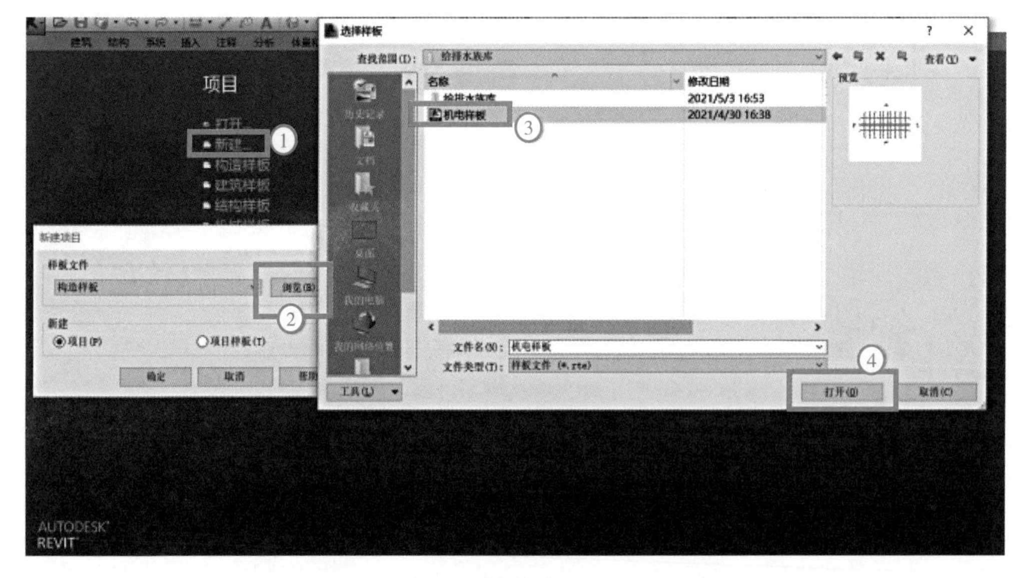

图4.2–1

（3）调整项目基点

项目基点是保证各专业图纸能够准确合模的关键，需要在刚开始建模的时候就定好基点位置，本项目基点位于Ⓐ轴和①轴交点处。依次点击【视图】菜单栏、【可见性图形】按钮，在弹出的对话框中找到图纸位置，设置【过滤器列表】为建筑，并勾选项目基点，其余命令采用默认设置，操作完成后点击【确定】按钮，如图4.2–3所示。

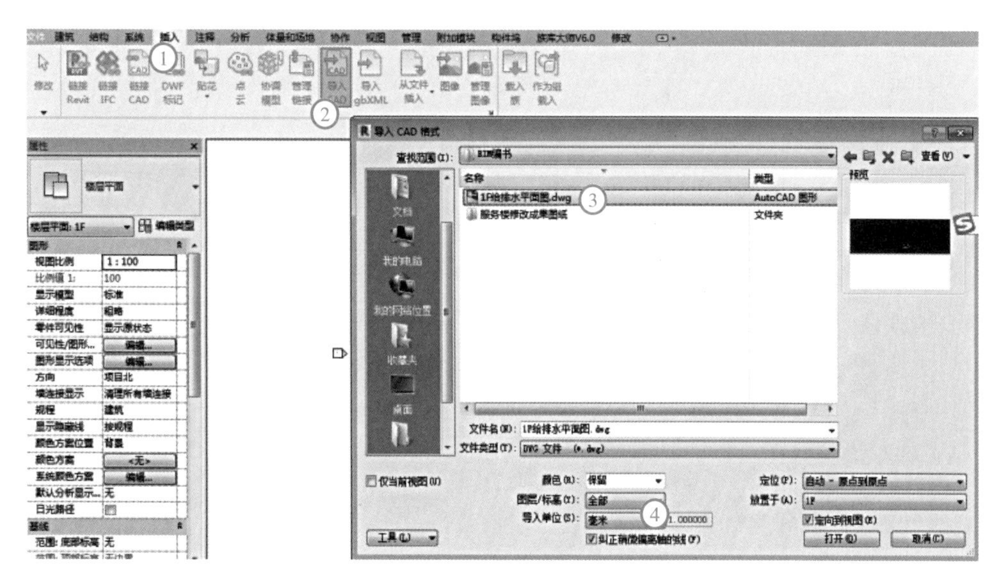

图4.2-2

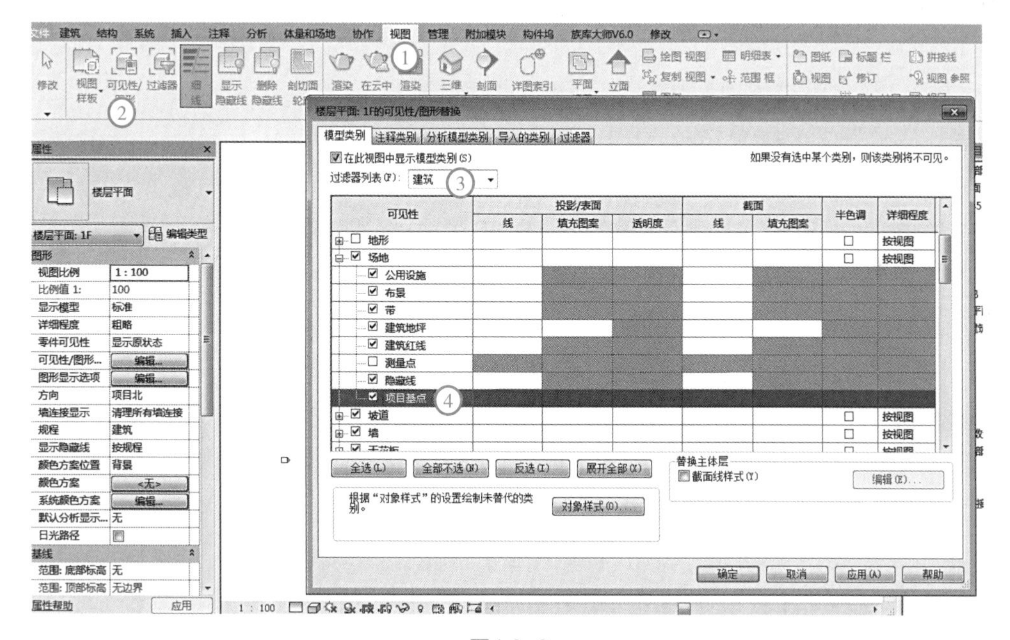

图4.2-3

设置完成后的项目基点图形将会在1F平面视图中显示出来。选择导入进来的CAD底图，在弹出的【修改】选项卡中依次点击【解锁】和【移动】按钮，选择Ⓐ轴和①轴交点作为移动基点，移动整个底图至项目基点，如图4.2-4所示。

调整完项目基点后，为了便于后续建模往往还需要对底图进行锁定，同时将项目基点符号隐藏。保存该项目并命名为“服务楼给排水项目”存于指定位置。

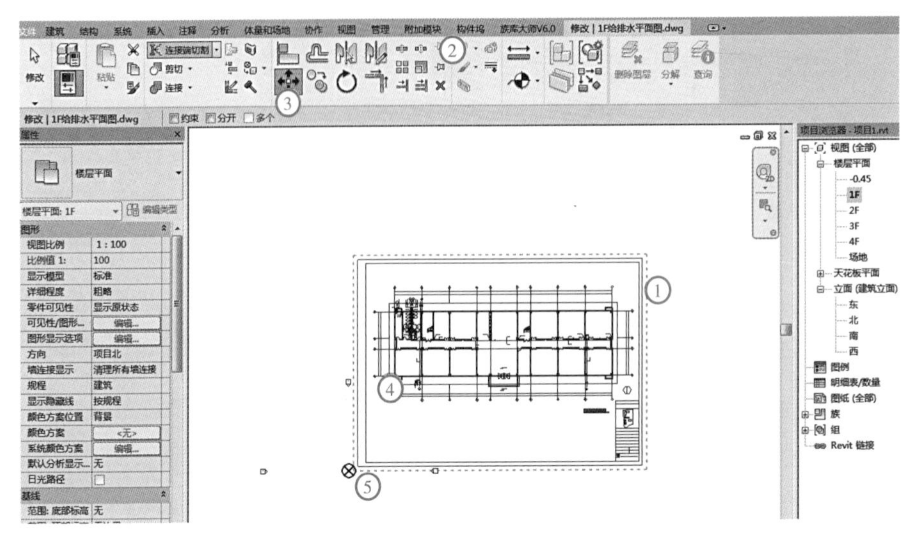

图4.2-4

2. 技能点——设置给水管道

设置给水管道

Revit软件族库中自带有一些常用管材及管件系统族，供用户在建模过程中使用，本系统给水管材采用PPR管，压力等级为1.25MPa。打开“服务楼给排水项目”文件，在项目浏览器窗口中找到【族】菜单，在【管道】菜单下有【管道类型】列表。在【默认】菜单处右击，选择【复制】命令，并将其重命名为【PPR管】，如图4.2–5所示。

双击刚命名好的【PPR管】，在弹出的【类型属性】对话框中，单击布管系统配置面板中的【编辑】命令，打开【布管系统配置】对话框，可以看出，管道类型为PPR管，管段默认为“铜–CECS 171–1.0MPa”，弯头、四通等管件均采用“常规：标准”，如图4.2–6所示。

在布管系统配置面板中单击【载入族】命令，在软件系统族中依次单击【机电】→【水管管件】→【GB/T 13663 PE】→【热熔承插】，将热熔管道管件族载入进项目文件，如图4.2–7所示。注意由于系统没有提供PPR管的管件，此处用PE管的管件及连接方式进行替代。

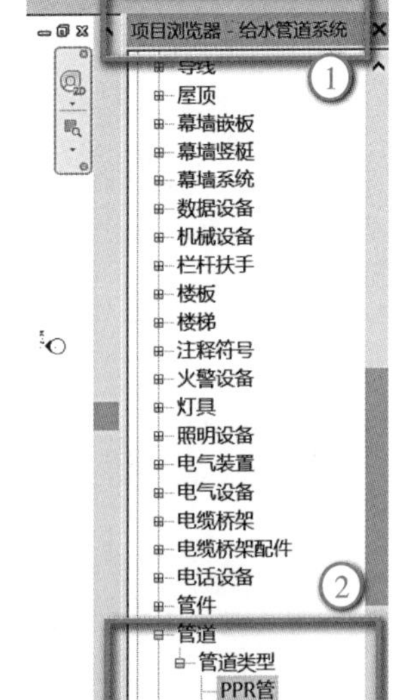

图4.2–5

在布管系统配置面板的管件列表中选择刚刚载入的管件类型，没有的采用系统默认类型，同时将管段选择为“PE 100–GB/T 13363–1.6”，单击【管道和尺寸（S）】命令，在弹出的“机械设置”对话框中，可以新建和删除尺寸，由于本项目给水系统管径最小为*DN*25，最大为*DN*50，其他所有管道类型系统中也均有，故此处不做设置，如图4.2–8所示。

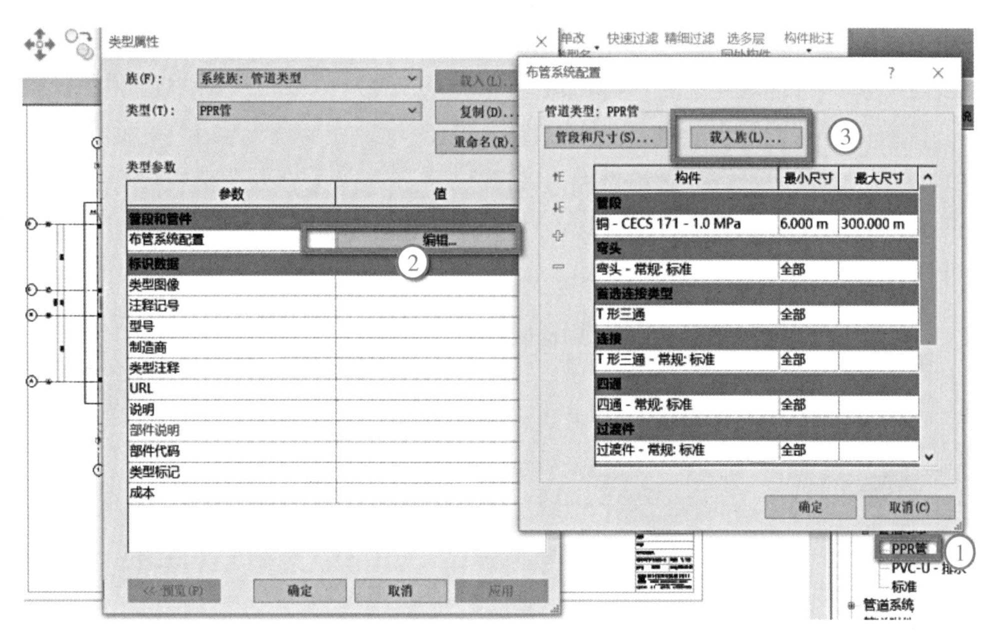

图4.2-6

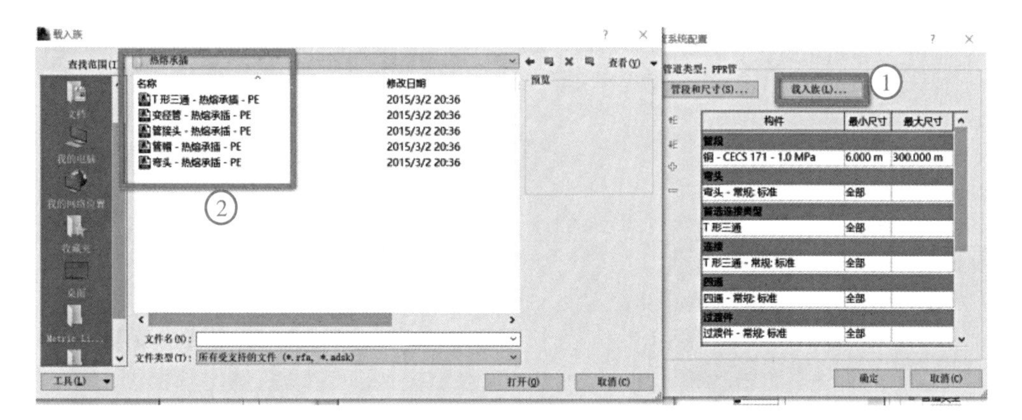

图4.2-7

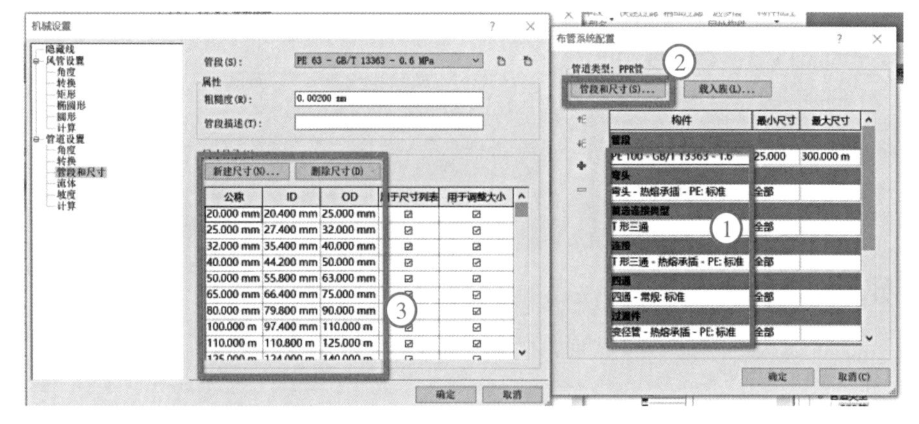

图4.2-8

3. 技能点——创建给水管道

设置完成给水管道类型之后即可进行给水管道的绘制，依次单击【系统】→【管道】命令，进入【修改/放置管道】选项卡，选择管道类型为PPR管，系统类型为“办公楼生活给水系统”，直径“50mm”，偏移量“-1000mm”，完成后单击【应用】按钮，如图4.2-9所示。

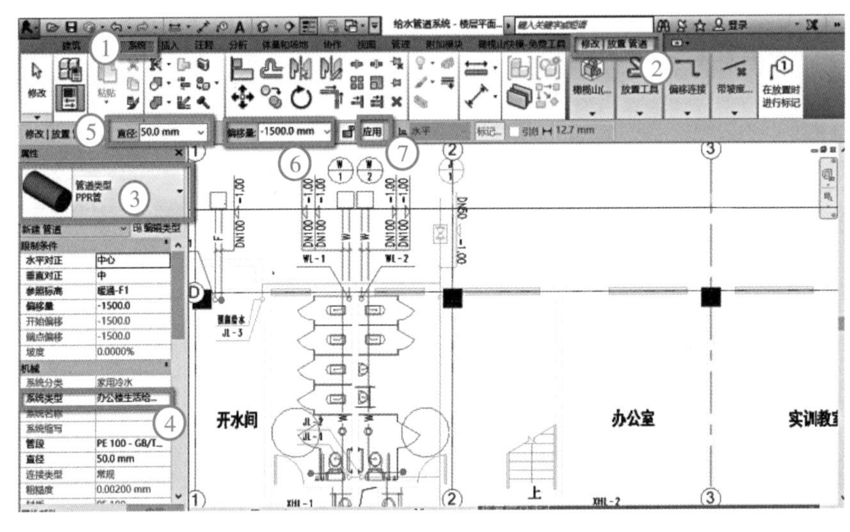

图4.2-9

按照CAD底图给水管线位置进行创建，完成后系统提示“图元在所在视图中不可见”，如图4.2-10所示。

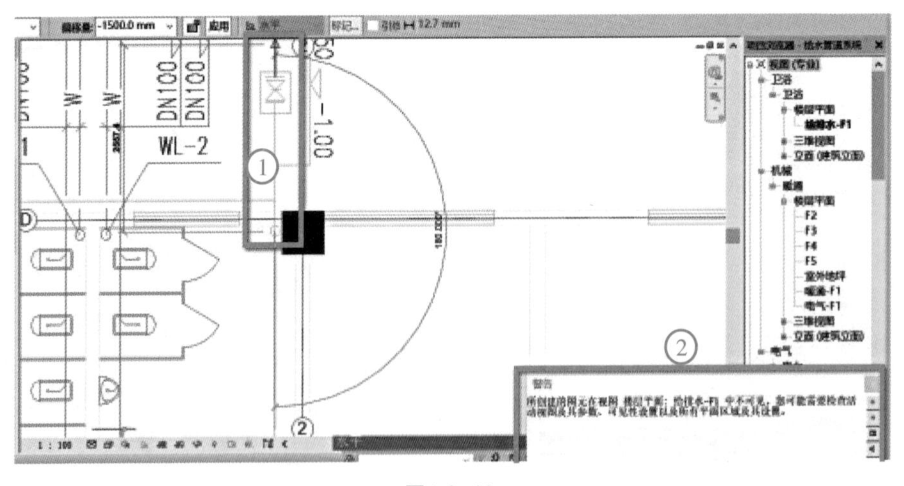

图4.2-10

按Esc键两次或单击鼠标右键【取消】按钮两次退出绘制管道命令，在楼层平面属性窗口中找到视图样板栏目下的【给排水】按钮并单击，进入应用视图样板对话框，将其中的详细程度改为“详细”，视图范围底部偏移量改为“-1000”，视图深度偏移量改为“-1000”，同时设置视图菜单栏下以细线显示，如图4.2-11所示。

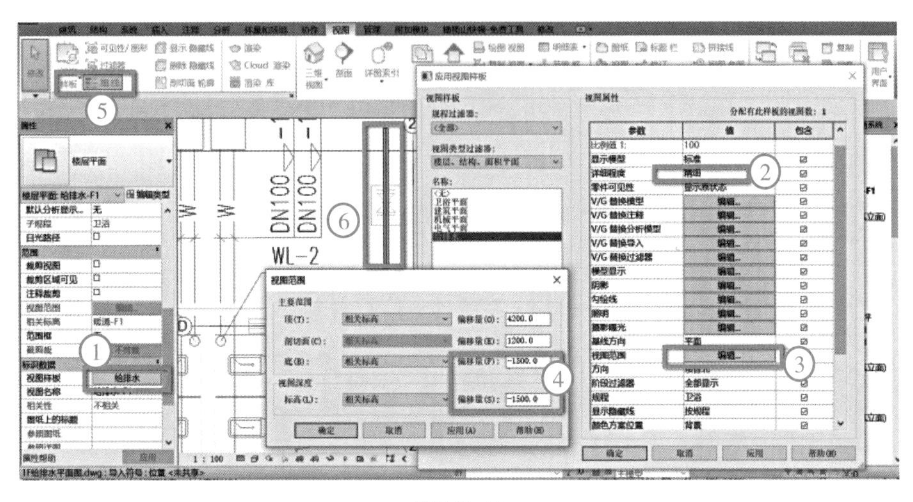

图4.2-11

单击刚才绘制的给水管道，在管道末端单击右键【绘制管道（P）】，更改偏移量为“0”，按照CAD底图给水管线位置进行创建，如图4.2-12所示。

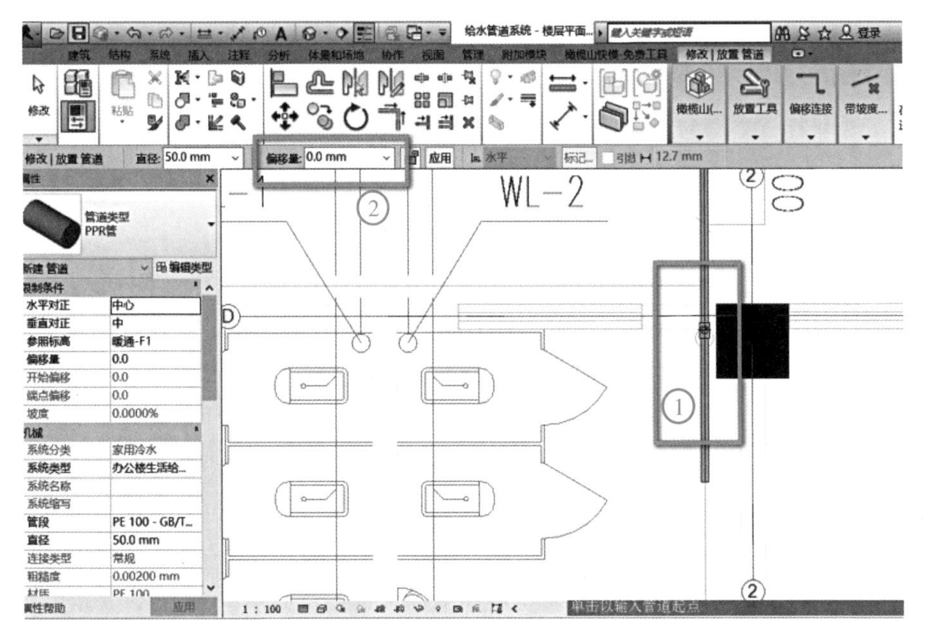

图4.2-12

以同样的方式绘制底部其他横管，绘制完成后单击顶部菜单栏中【三维视图】按钮，在视图属性中更改视图样板为“给排水”，即可以在三维状态下查看绘制效果，如图4.2-13所示。

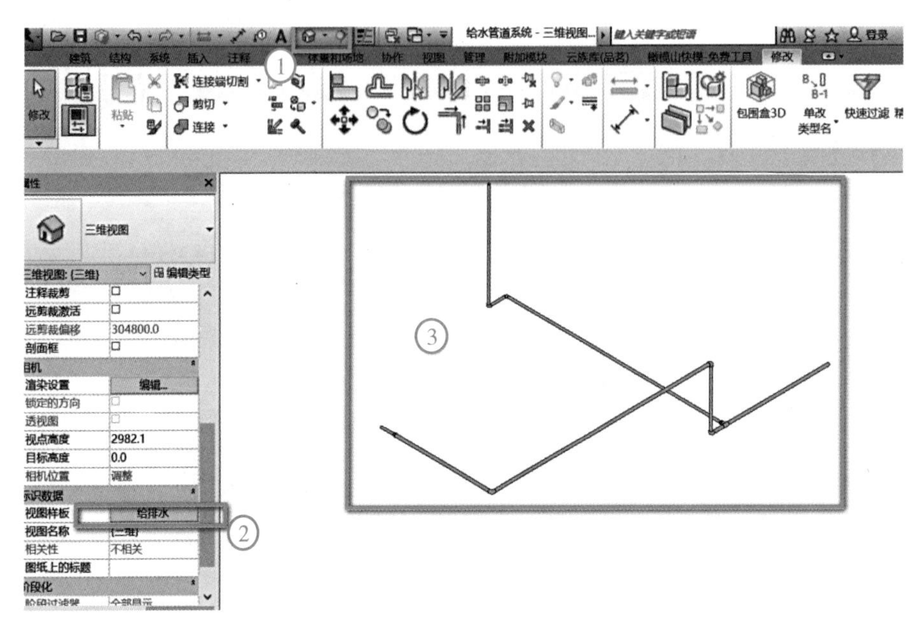

图4.2-13

卫生间支管的绘制和底部横管类似，单击【系统】→【管道】命令，进入【修改/放置管道】选项卡，选择管道类型为PPR管，系统类型为办公楼生活给水系统，直径40mm，偏移量1100mm，完成后单击【应用】按钮，将鼠标移至管道末端，待出现有打叉的红色圆圈时单击，如图4.2-14所示。

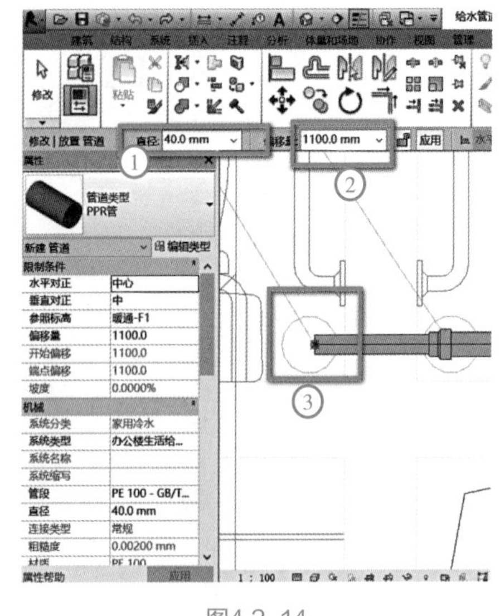

图4.2-14

对于管道垂直连接的地方，可以借助【修改】菜单下的各种命令进行方便绘制，单击【修改】→【修剪/延伸】命令，快捷键“TR”，依次单击【修剪/延伸第一条线】【修剪/延伸第二条线】，即可完成管道的垂直连接，如图4.2-15所示。

参照以上命令，完成1F给水管道绘制，绘制完成的三维效果如图4.2-16所示。

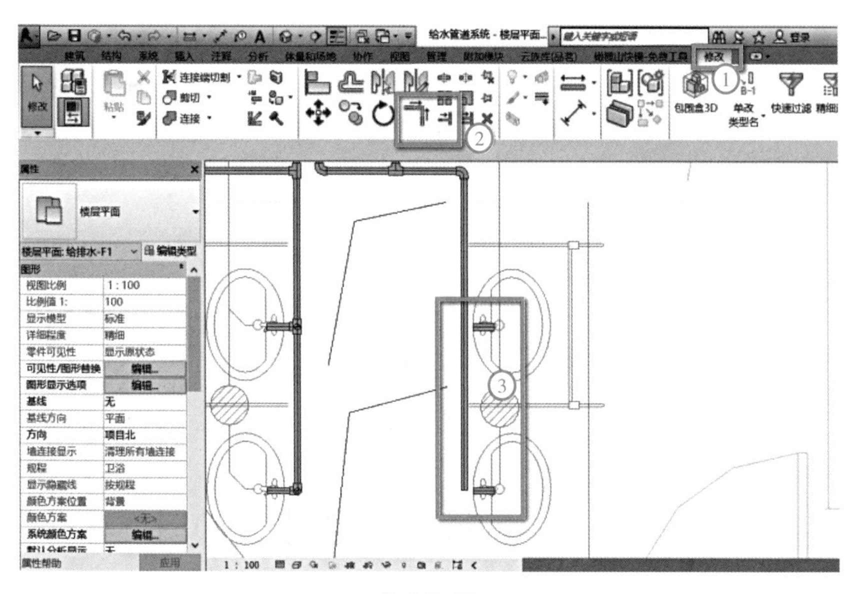

图4.2–15

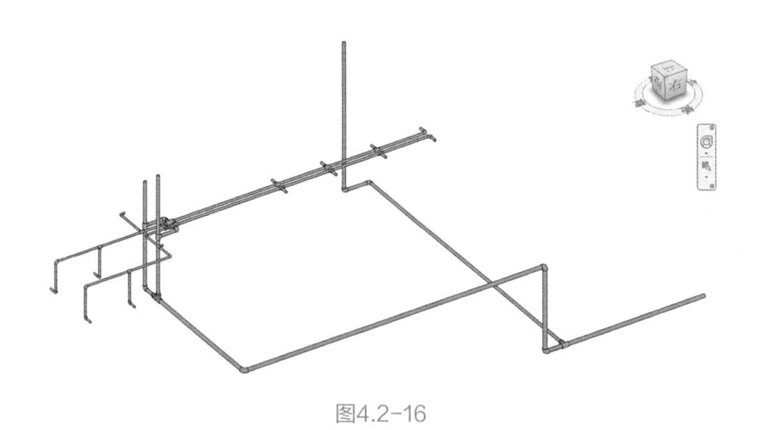

图4.2–16

4．技能点——添加阀门附件

阀门附件是给水系统的重要组成部分，首先放置给水系统引入管处闸阀，在项目文件中依次单击【系统】→【管路附件】命令，进入【修改/放置管路附件】选项卡，在属性窗口中选择合适的阀门，在底图适当位置进行插入，如图4.2–17所示。

由立管到每层横支管处设置有截止阀，系统中提供了公称直径为6～25mm的截止阀，但是没有*DN*40的类型，以J21–25–6mm类型为模板进行复制，将其名称改为J21–25–40mm，在属性窗口中将公称半径或直径更改为相应数值即可，完成后在图中适当位置完成截止阀*DN*40的布置，如图4.2–18和图4.2–19所示。

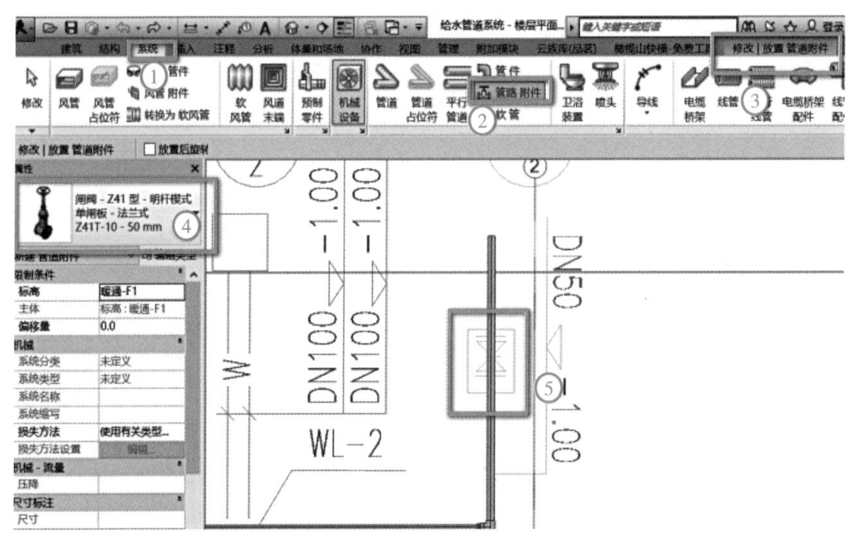

图4.2-17

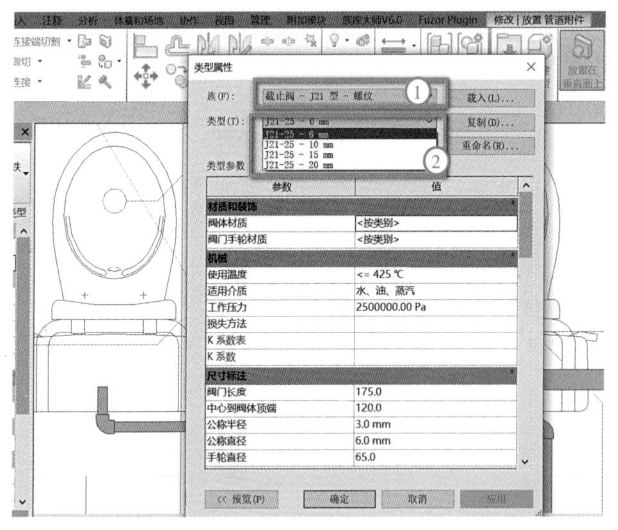

图4.2-18

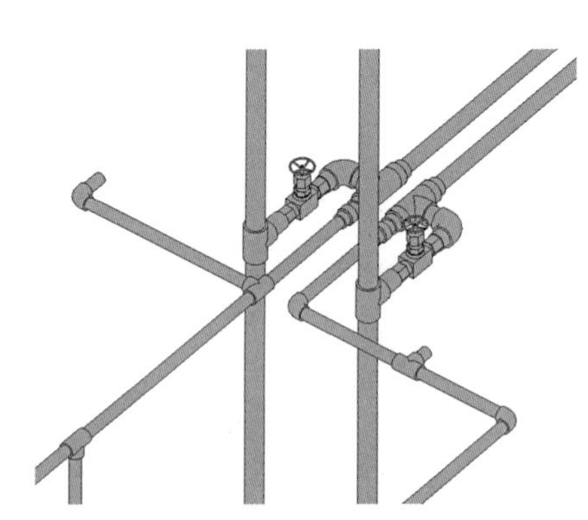

图4.2-19

5．技能点——标注给水系统

一个管道系统绘制完成后需要对其进行标注，在楼层平面中，依次单击【注释】→【按类别标记】进入【修改/标记】选项卡中，修改端点位置为自由端点，点选图中管道，拖动标记信息至合适位置，如图4.2–20所示。

有时候我们不仅需要管道管径的信息，还需要系统类型、管中心标高等信息，这就需要对“标签族”进行修改。按Esc键两次退出标记命令，选择标记的内容，单击菜单栏中“编辑族”按钮，进入到族编辑器状态，如图4.2–21所示。

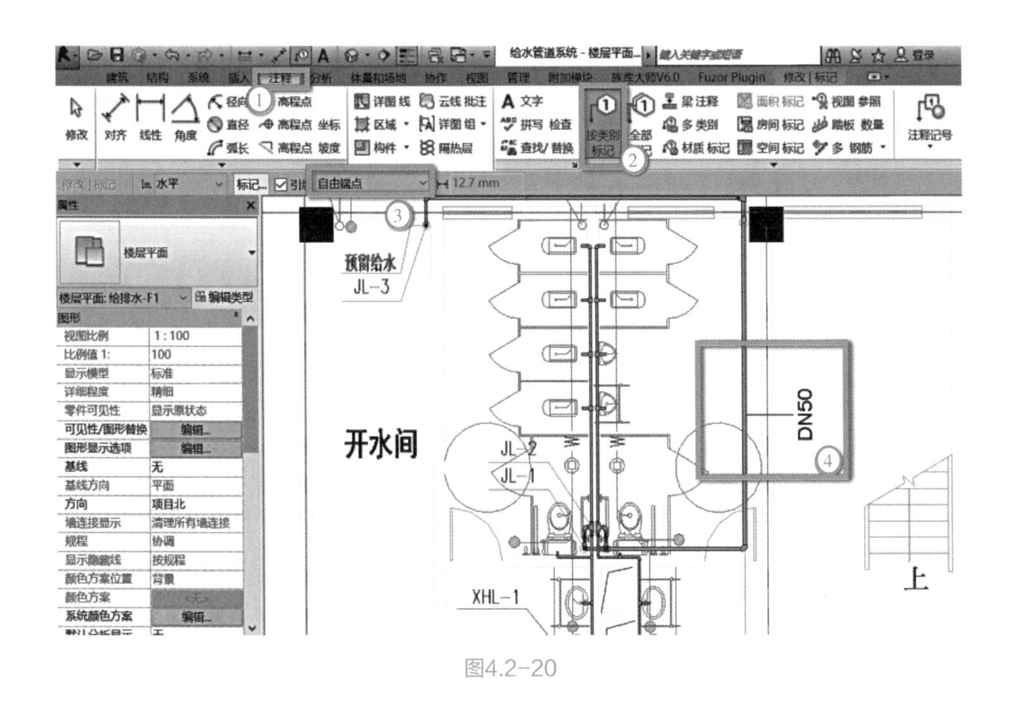

图4.2-20

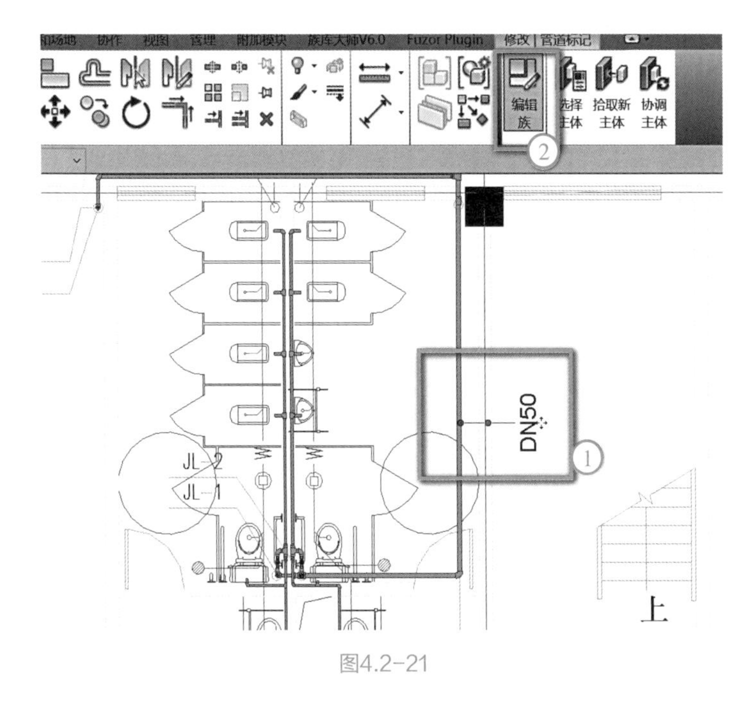

图4.2-21

在编辑标签界面，双击左侧类型参数，导入右侧标签参数。本项目依次导入系统类型、直径、端点偏移三个标签参数，完成后单击【确定】按钮，如图4.2-22所示。

依次单击【载入到项目中】→【覆盖现有版本】，修改完成标签族信息，同时完成其他管道信息标注，如图4.2-23所示。

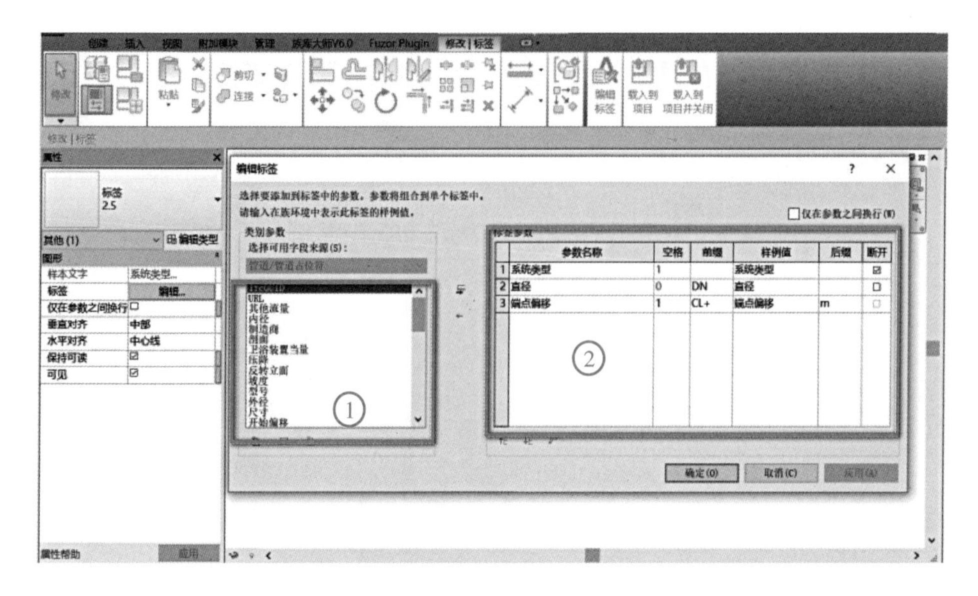

图4.2-22

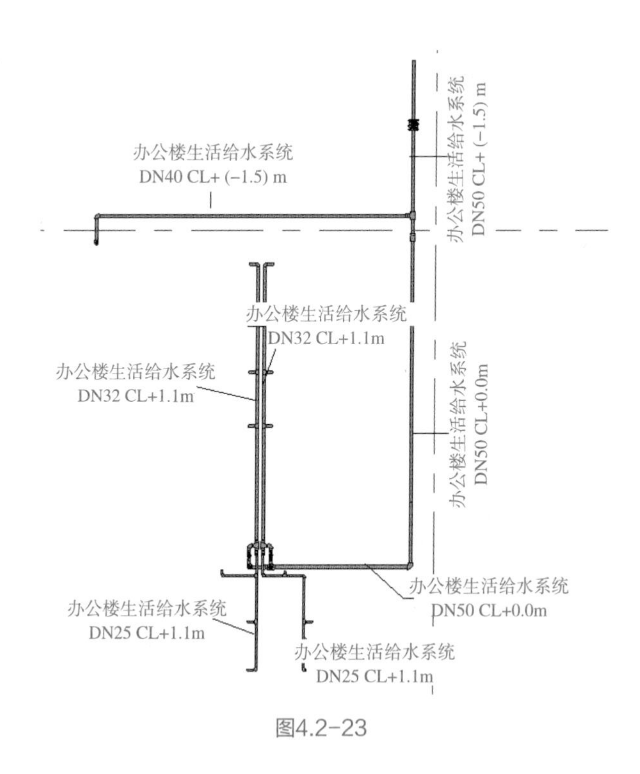

图4.2-23

在三维状态下也可以对管道系统进行标注，但必须锁定窗口，依次单击【窗口锁定】→【按类别标注】，刚才修改的管道标签信息已经适用，找到合适位置，在三维状态下对系统进行标注，如图4.2-24所示。

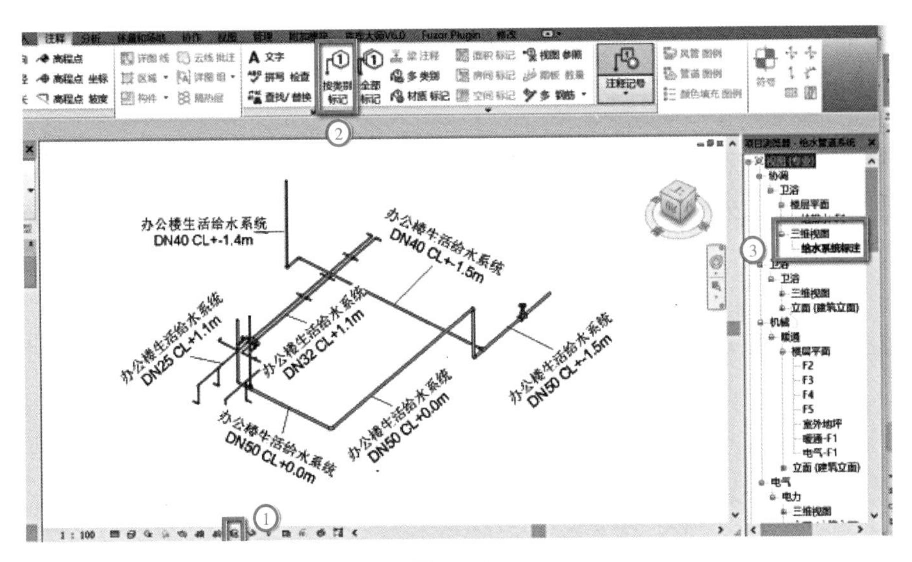

图4.2-24

4.2.4 思考与实操

1. 生活给水泵房里，管道系统的组成有哪些？
2. 建筑给水常用的管材有哪些？
3. 创建材质为聚氯乙烯的给水管道，并设置其管径为*DN*65的规格。

4.2.5 知识拓展

资源名称	给水分类与组成	管道系统工程量统计	给排水系统出图	模型动画
资源类型	文档	视频	视频	3D模型
资源二维码				

任务 4.3 排水系统

4.3.1 教学目标与思路

【教学目标】

知识目标	能力目标	素养目标	思政要素
1. 熟悉排水系统的组成； 2. 了解排水方式及给水类型。	1. 能够进行排水系统绘制前期准备； 2. 能够创建排水管道； 3. 能够添加卫生器具。	1. 提升主动学习能力及解决问题的能力； 2. 培养热爱工作，求真务实的优良品质。	1. 树立自信意识； 2. 培养奉献精神； 3. 培养团队精神。

【学习任务】熟悉给水系统的组成，掌握基于Revit软件绘制排水管道系统的一般方法，为实现建筑、结构、机电全专业间三维协同设计的工作基础与前提条件。

【建议学时】3 ~ 4学时。

【思维导图】

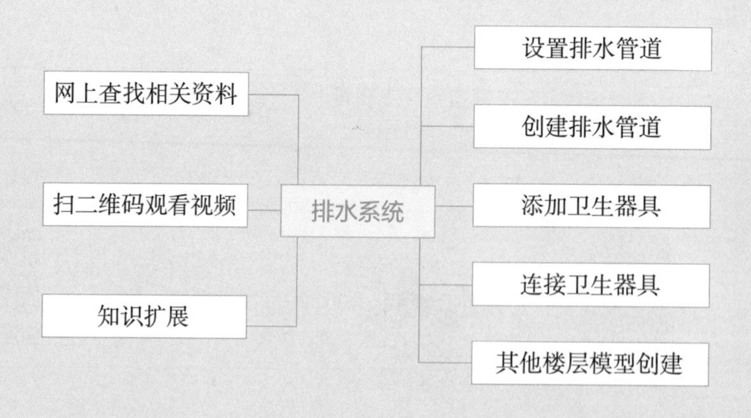

4.3.2 学生任务单

学生根据要求，自行复印附录 学生任务单。

4.3.3 知识与技能

1．技能点——设置排水管道

给排水项目样板中已经给出排水管道类型PVC–U管，否则按照给水管道设置方法完成排水管道设置，如图4.3–1所示。

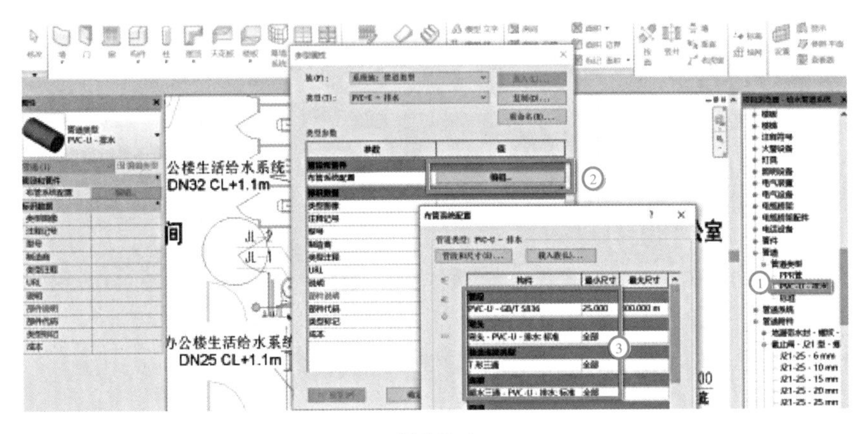

图4.3–1

为了更清晰地绘制排水管道系统，需要将给水管道系统的可见性进行设置，在【楼层平面属性】窗口中单击视图样板下给排水按钮，进入【应用视图样板】对话框，单击右侧【V/G替换过滤器】按钮，在弹出的对话框中以“办公楼给水系统”为模板设置“办公楼排水系统”过滤器，如图4.3–2所示。

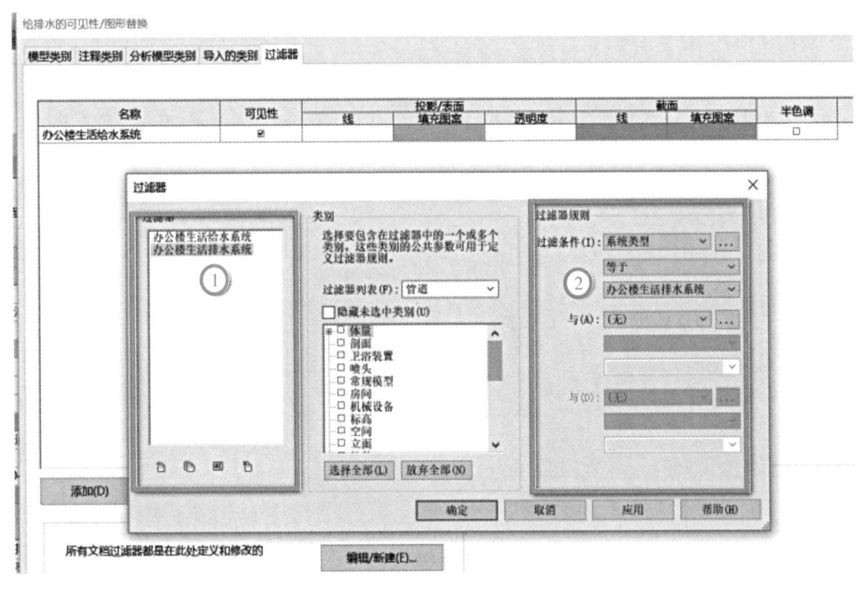

图4.3–2

添加刚才设置好的排水系统过滤器，更改投影/表面的填充样式图形，同时不勾选给水系统可见性复选框，如图4.3–3所示。

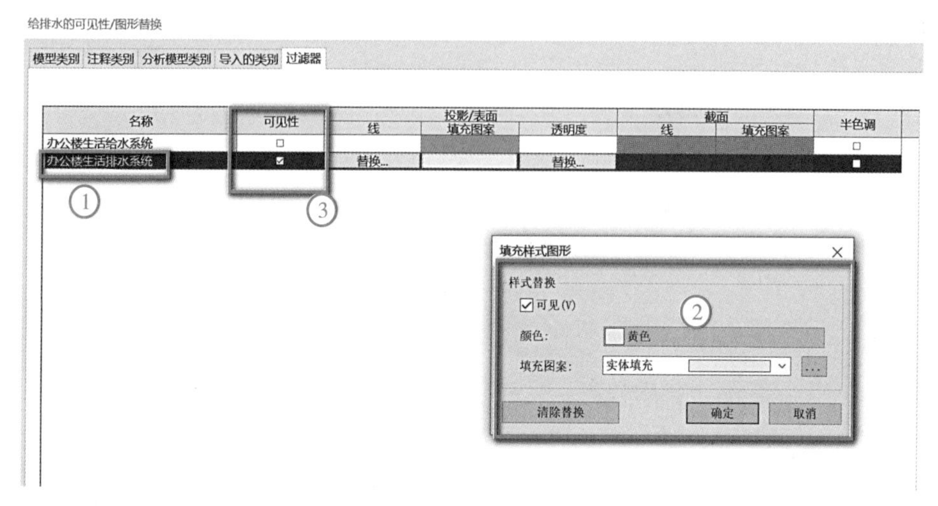

图4.3–3

2．技能点——创建排水管道

设置完成排水管道类型后，即可进行排水管道的绘制，依次单击【系统】→【管道】命令，进入【修改/放置管道】选项卡，选择管道类型为PVC–U管，系统类型为办公楼生活排水系统，直径50mm，偏移量–1000mm，完成后单击【应用】按钮，按照CAD底图排水管线位置进行创建，如图4.3–4所示。

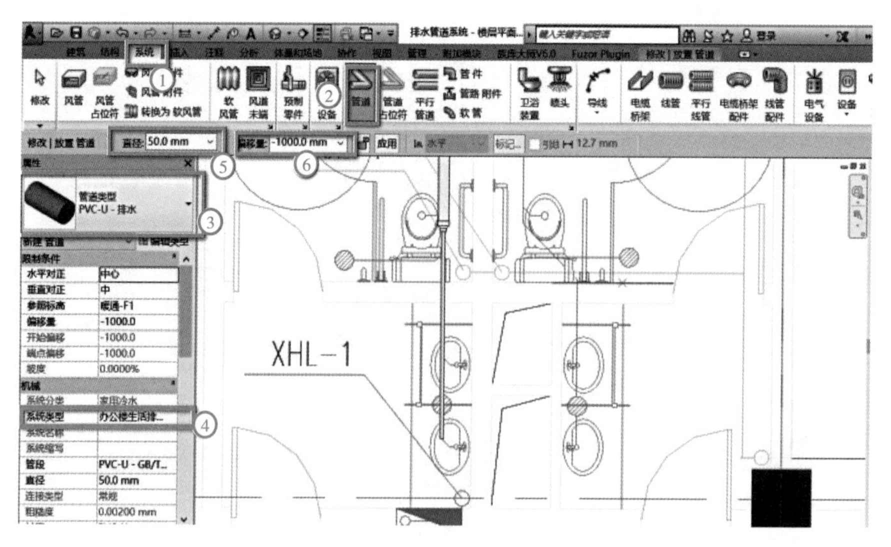

图4.3–4

为了保证排水的通畅性，排水横支管和横干管间通常采用一定的角度顺向排水方向，在Revit建模中可以先绘制干管，支管在需要转弯的地方伸向干管，待干管管线中间出现高亮显示黑线时单击鼠标，完成排水转弯管线绘制，如图4.3–5所示。

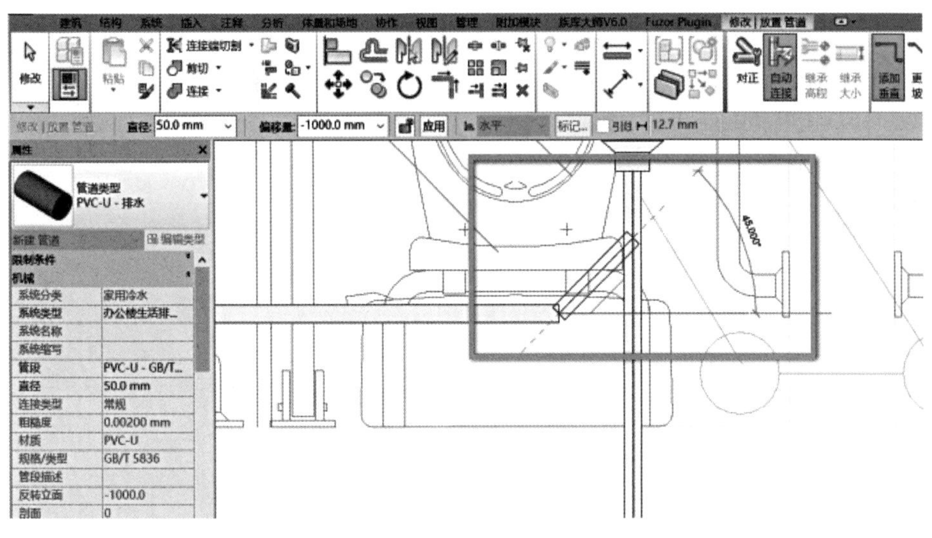

图4.3–5

参照以上命令，完成1F排水管道绘制，绘制完成的三维效果如图4.3–6所示。

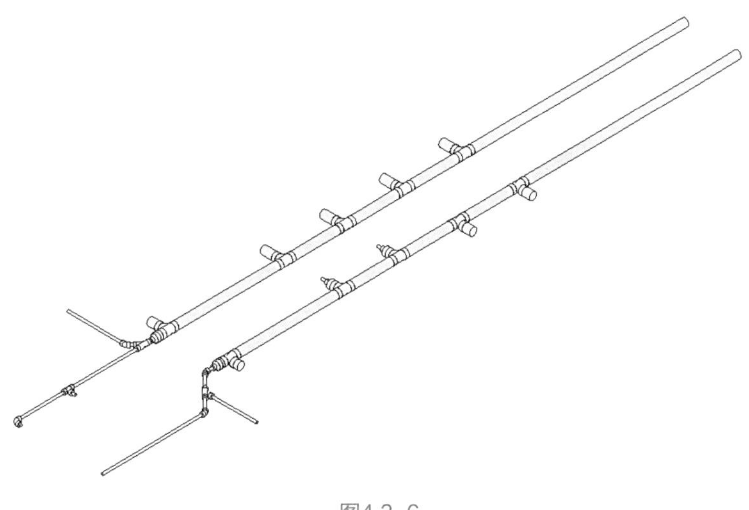

图4.3–6

排水管道系统绘制完成后即可像给水系统一样对系统进行标注，方法步骤同给水管道系统，在此不再赘述。

3．技能点——添加卫生器具

卫生器具是排水系统的重要组成部分，主要包括洗手盆、坐便器、小便器等。在项目文件中单击【建筑】→【参照平面】命令，进入修改/放置参照平面命令，利用拾取线命令拾取CAD底图中的卫生间墙线为参照平面线，如图4.3–7所示。

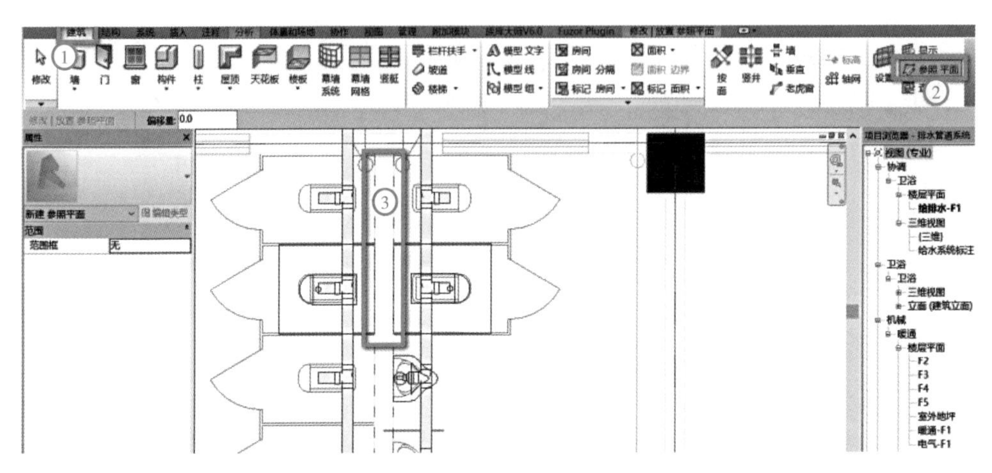

图4.3–7

单击【系统】→【卫浴装置】命令，进入【修改/放置管路附件】选项卡，在属性窗口中单击【编辑类型】命令，进入类型属性对话框，单击【载入】，从系统族库中载入相应卫生器具并按照底图所示位置进行放置，如图4.3–8所示。

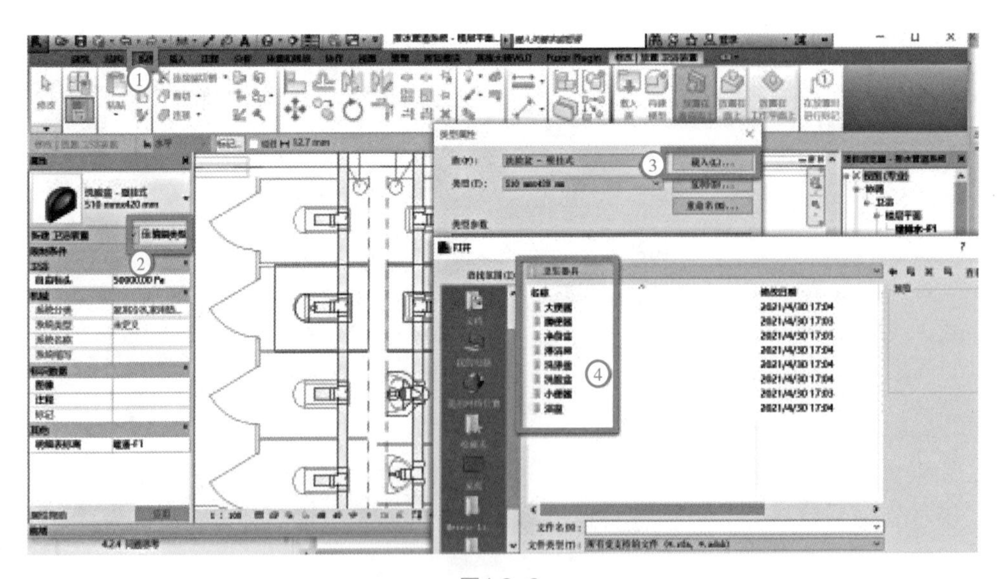

图4.3–8

放置完成后的卫生器具如图4.3-9所示。

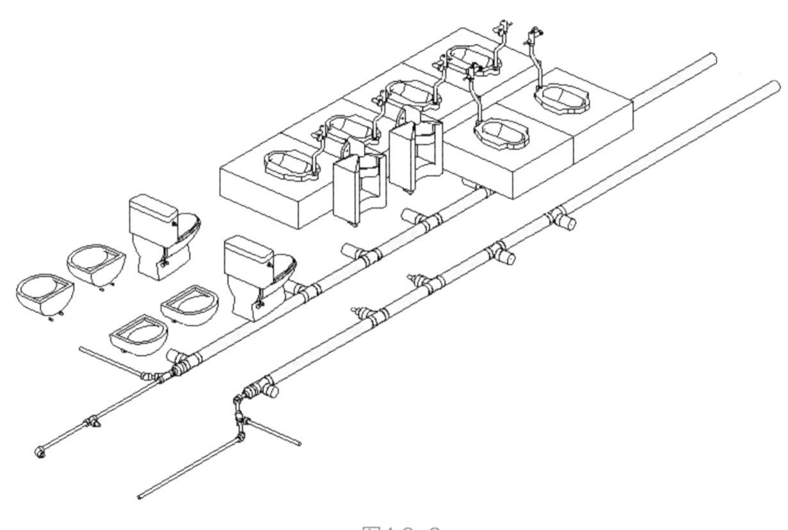

图4.3-9

4．技能点——连接卫生器具

一般情况下，一个完整的卫生器具族元件至少包含有冷水进水端和排水出口端两个管道连接件，如图4.3-10所示。

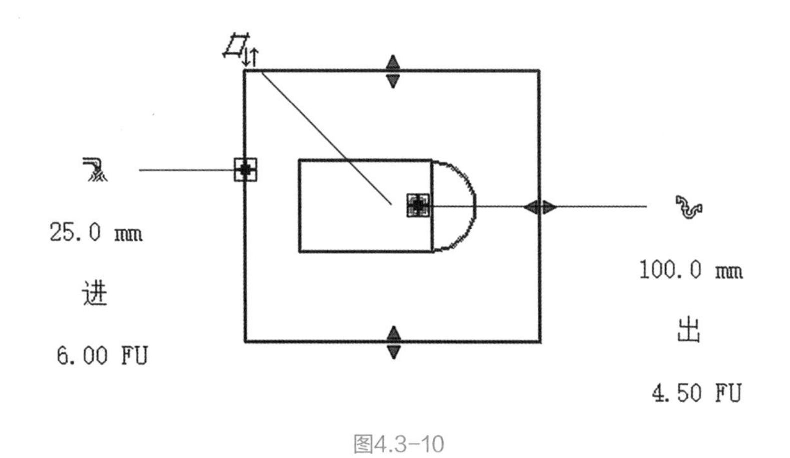

图4.3-10

连接卫生器具包括连接给水系统和排水系统两部分，先进行给水系统连接，在视图样板过滤器中将排水系统隐藏，让给水系统可见，选中其中一个给水管道标注文字，单击显示样式中【隐藏类别】，将所有属于该类别的图元隐藏，如图4.3-11所示。

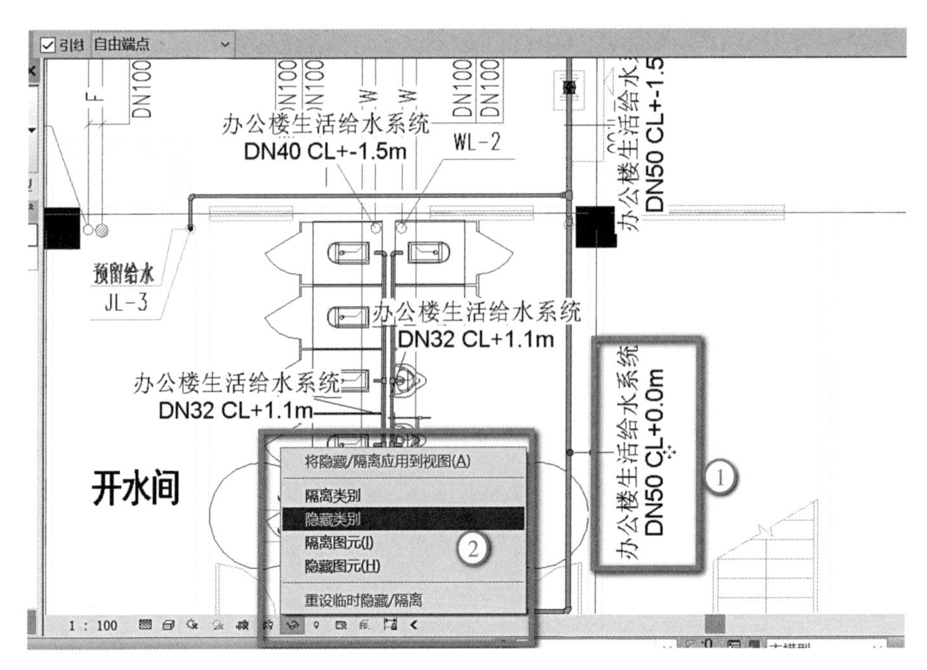

图4.3-11

以给水管道和蹲式大便器连接为例进行说明，单击蹲式大便器图元进入【修改/卫浴装置】命令，单击【连接到】命令，在选择连接件对话框中选择“连接件2：家用冷水：圆形：25mm：进”，如图4.3-12所示。

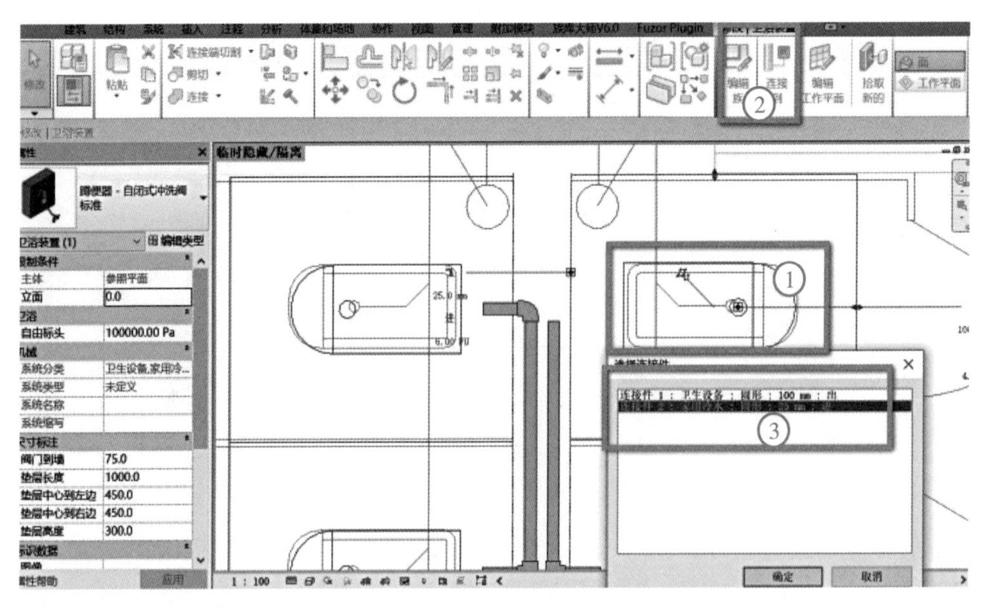

图4.3-12

在卫生器具和管道连接的过程中可以适当修改器具或者管道位置以保证整个系统连接的完整性，整个卫生器具和给水系统的连接效果如图4.3–13所示。

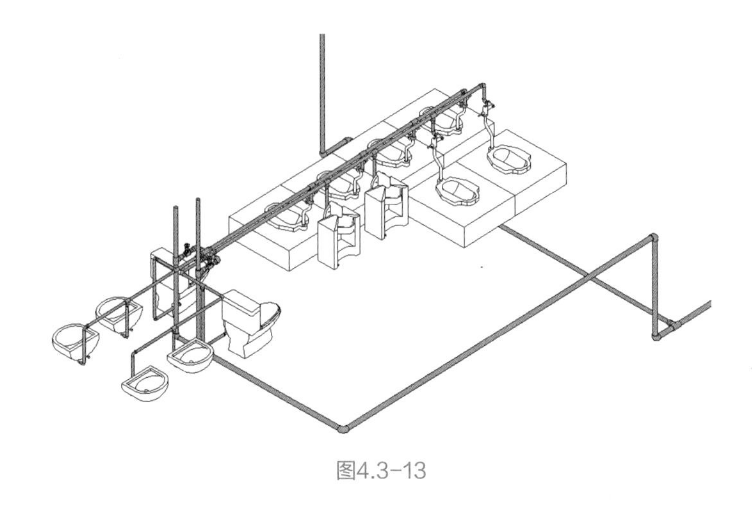

图4.3–13

卫生器具和排水管道系统的连接与给水系统类似，在选择洁具的情况下使用【连接到】命令即可，但是有的卫生器具是没有存水弯的，需要自己添加，此处以小便器为例进行讲述。在楼层平面视图靠近小便器位置单击【剖面】命令，调整剖面视图范围和方向至合适位置，进入剖面视图界面，如图4.3–14所示。

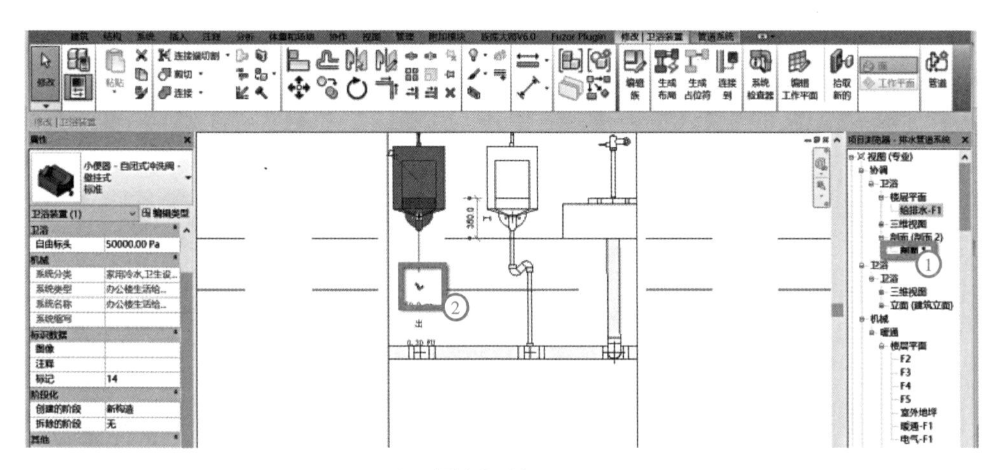

图4.3–14

选择小便器，在出连接件位置右击，选择绘制管道，管道类型更改为PVC–U管，直径*DN*50mm，自上至下绘制一段排水管道，如图4.3–15所示。

依次单击【系统】→【管件】命令，进入【修改/放置管件】选项卡界面，载入S形存水弯，并放置于管道上，如图4.3–16所示。

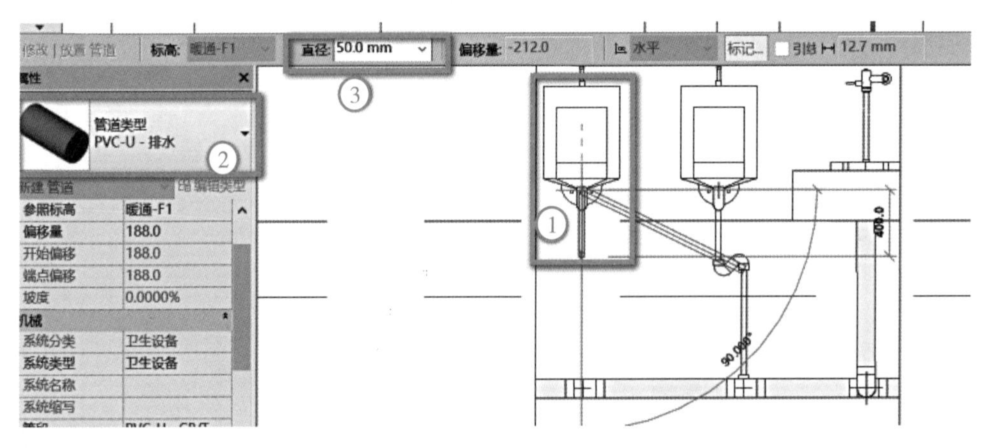

图4.3–15

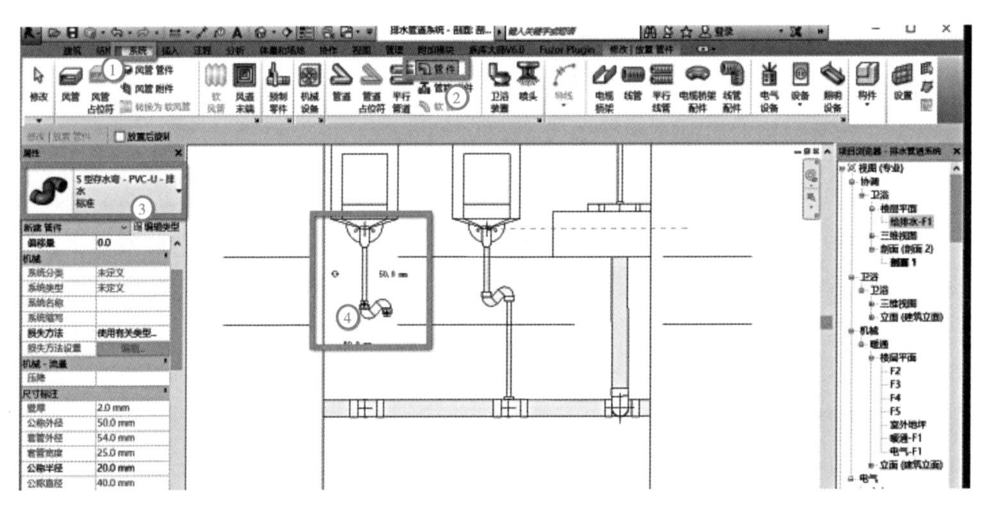

图4.3–16

同理，在存水弯末端右击，选择绘制管道命令，并将其和底部横管连接。洗脸盆存水弯的绘制同小便器，大便器本身自带有存水弯不需要绘制，地漏和清扫口等附件的布置与洁具类似，在此不再赘述，整个排水系统和卫生器具的连接效果如图4.3–17所示。

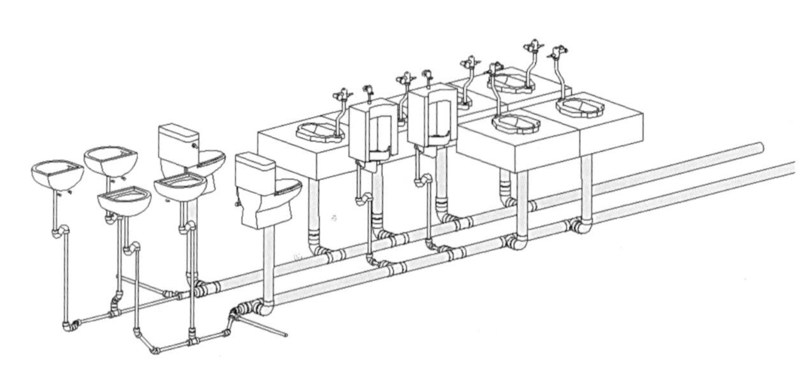

图4.3–17

1层整个给排水系统和洁具的连接效果如图4.3–18所示。

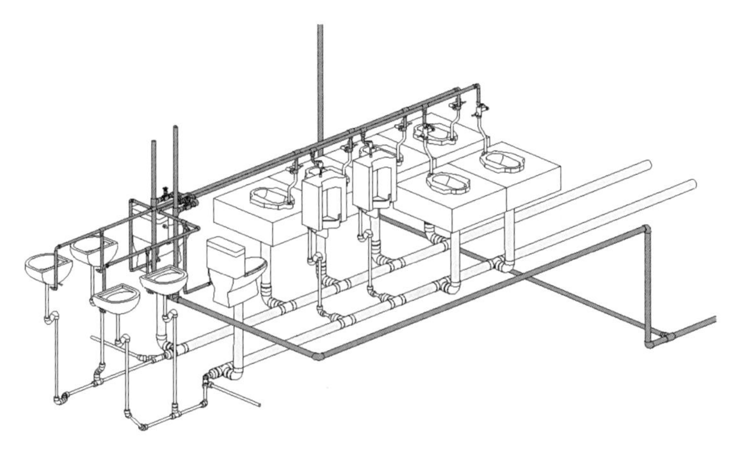

图4.3–18

5．技能点——其他楼层模型创建

当一个标准层的模型绘制完成后，就可以通过复制粘贴的方式将模型拷贝到其他视图中，在项目文件中打开首层平面图，在右侧项目浏览器界面单击机械下面的F2～F5楼层，分别在楼层平面属性窗口中将视图样板更改为“给排水”，这样在卫浴楼层平面菜单下就有了F2～F5楼层，如图4.3–19所示。

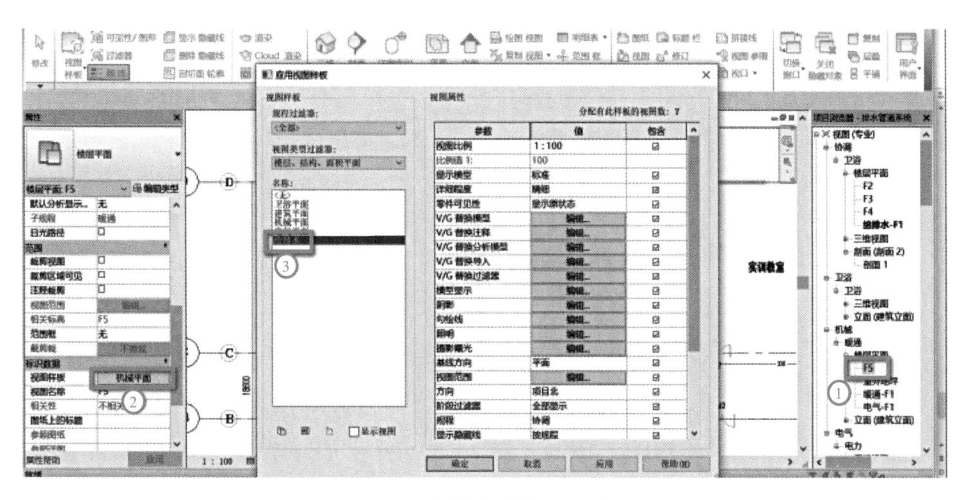

图4.3–19

在给排水–F1楼层平面内，配合Ctrl（+）和Shift（–）键，对图元进行选择，并利用隐藏图元、隐藏类别功能对不需要图元进行隐藏，仅留下其他视图一致的图元，如图4.3–20所示。

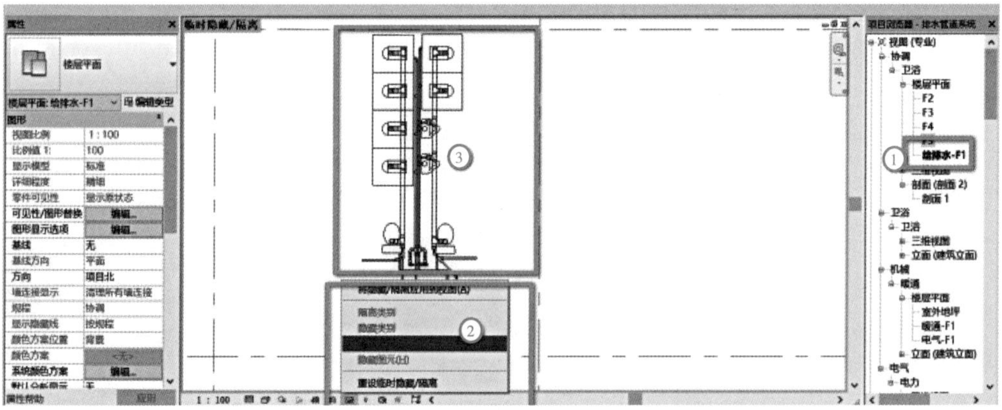

图4.3-20

选中所需图元，依次单击“修改”菜单下的【复制】→【粘贴】→【与指定的标高对齐】，在弹出的对话框中选择F2～F4，单击【确定】按钮完成标准层模型的复制，如图4.3–21所示。

标准层模型复制完成后，还需要结合CAD底图对模型进行适当修改，包括调整图元位置和加设立管及管件等，操作步骤可以参考前述章节，本项目给排水管道模型绘制完成后的最终效果如图4.3–22所示。

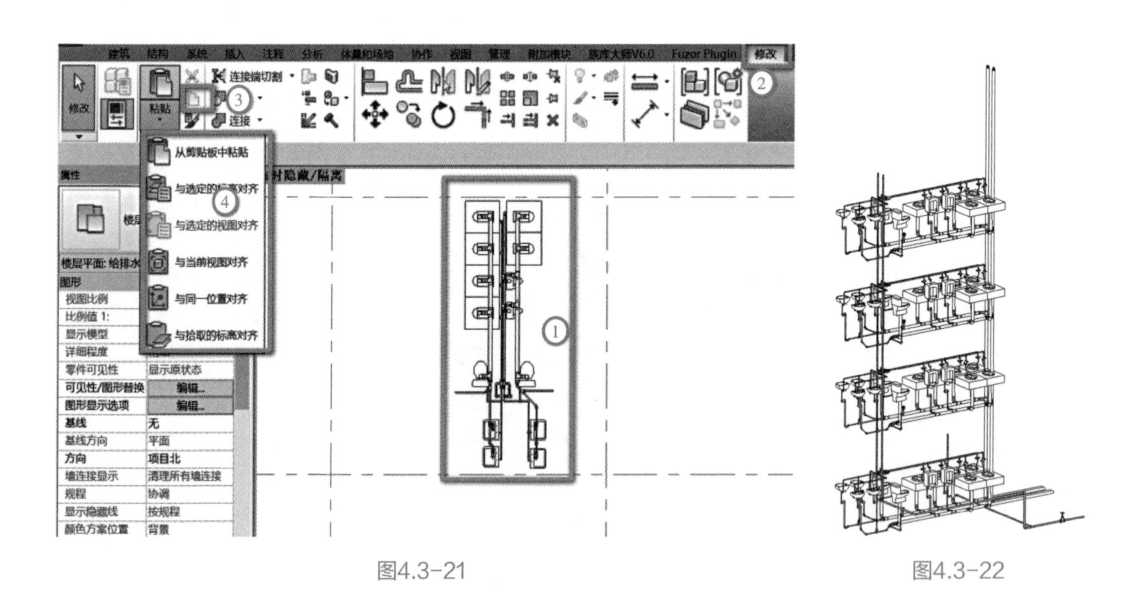

图4.3–21　　图4.3–22

4.3.4 思考与实操

1. 如何创建和绘制中水系统？
2. 建筑排水系统常用的管件有哪些？
3. 在平面图中放置一个蹲式大便器并在距离楼层–350mm处放置P形存水弯。

4.3.5 知识拓展

资源名称	排水管道系统	给水排水管道系统分析	排水转角解决方案	模型动画
资源类型	文档	视频	视频	3D模型
资源二维码				

任务 4.4 消防系统

4.4.1 教学目标与思路

【教学目标】

知识目标	能力目标	素养目标	思政要素
1. 熟悉消火栓系统的组成和类型； 2. 熟悉自喷系统的组成和类型。	1. 能够创建消火栓管道和设备； 2. 能够创建自喷管道和设备。	1. 培养自我控制和自我学习的能力； 2. 养成自主学习习惯。	1. 加强消防警示教育，树立消防安全意识； 2. 了解消防技术发展，培养技术自信精神。

【学习任务】熟悉消火栓系统、自喷系统的组成和类型，掌握基于Revit软件进行消火栓系统和自喷系统绘制作的一般方法。

【建议学时】3～4学时。

【思维导图】

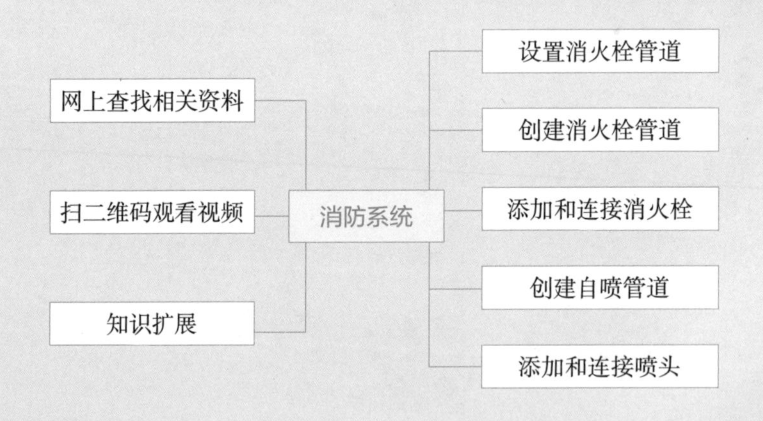

4.4.2 学生任务单

学生根据要求，自行复印附录 学生任务单。

4.4.3 知识与技能

1. 技能点——设置消火栓管道

与给排水管道设置类似，消火栓系统在建模之前也需要对管道类型和连接方式进行设置。本系统消火栓系统管材采用热镀锌钢管，由于系统族库中没有卡箍连接管件，暂以螺纹连接管件为例进行绘制。打开“服务楼给自喷项目”文件，在项目浏览器窗口中找到“族”菜单，在“管道”菜单下有“管道类型”列表，在【默认】菜单处右击，选择【复制】命令，并将其重命名为“镀锌钢管”，如图4.4–1所示。

双击刚命名好的“镀锌钢管”，在弹出的【类型属性】对话框中，单击布管系统配置面板中的【编辑】命令，打开【布管系统配置】对话框，在布管系统配置面板中单击【载入族】命令，在软件系统族中依次单击【机电】→【水管管件】→【CJT 137 钢塑复合】→【螺纹】，将螺纹管件族载入进项目文件，如图4.4–2所示。

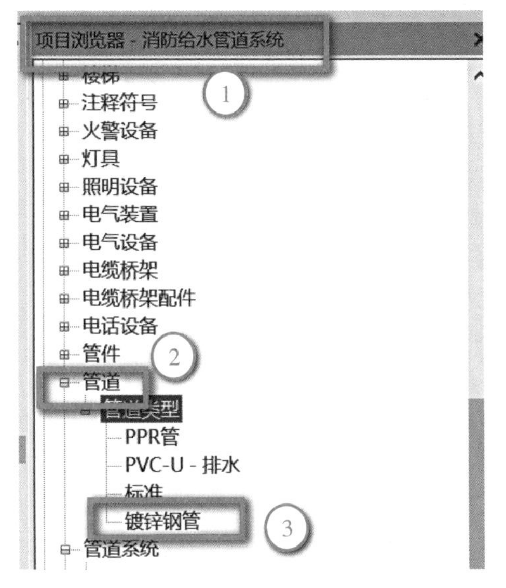

图4.4–1

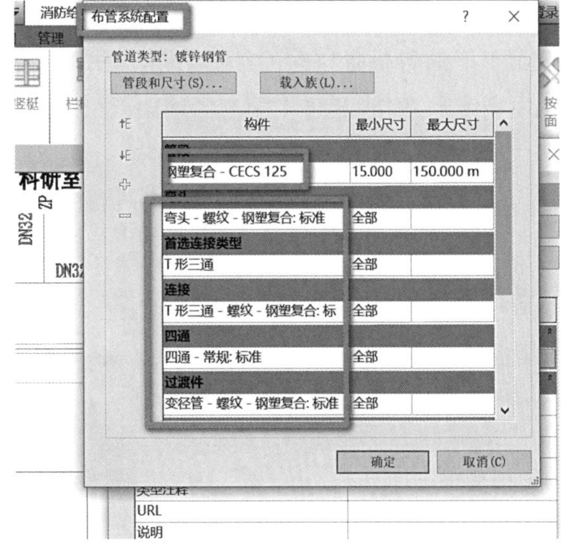

图4.4–2

2. 技能点——创建消火栓管道

设置完成消火栓管道类型之后，即可进行消火栓管道的绘制，依次单击【系统】→【管道】命令，进入【修改/放置管道】选项卡，选择管道类型为镀锌钢管，系统类型为办公楼消火栓系统，直径100mm，偏移量–1000mm，完成后单击【应用】按钮，按照CAD底图消火栓给水管线位置进行创建，如图4.4–3所示。

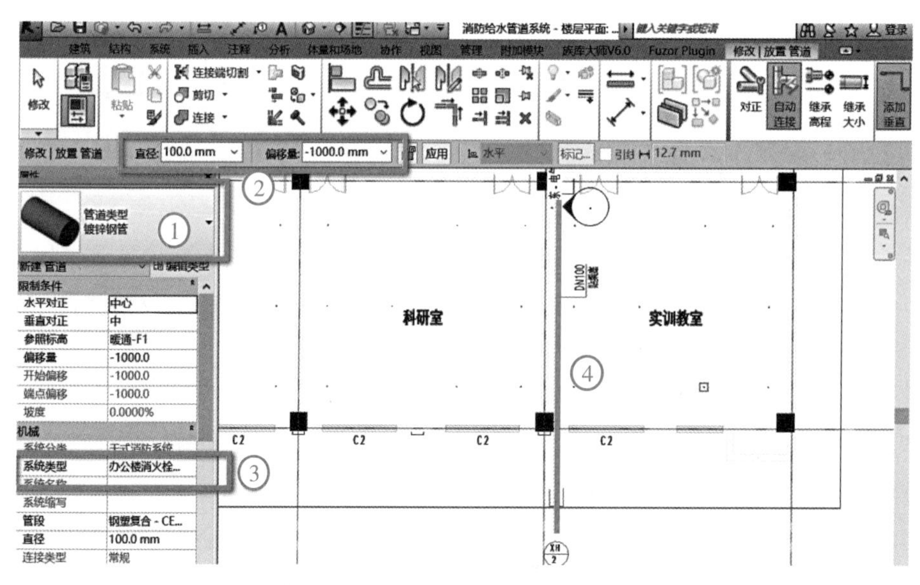

图4.4-3

消火栓支管的绘制和横管类似，由于支管和横管管道均为垂直连接，可以借助修改菜单下的各种命令进行方便绘制，输入快捷键“TR”命令，依次单击“修剪/延伸”第一条线，“修剪/延伸”第二条线，即可完成管道的垂直连接，如图4.4–4所示。

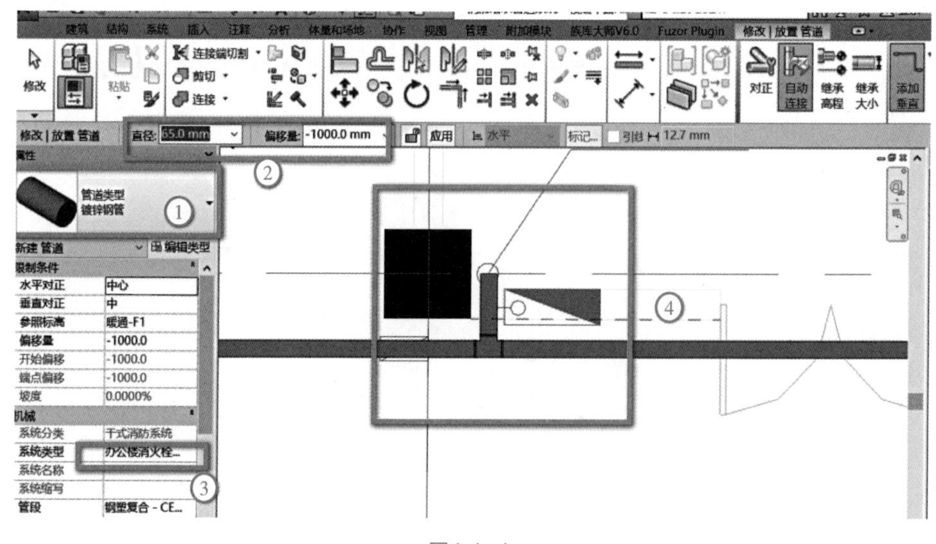

图4.4–4

以同样的方式绘制底部其他横管，结合复制、粘贴命令绘制其他楼层管道，绘制完成后单击顶部菜单栏中“三维视图”按钮，在视图属性中更改视图样板为“消火栓系统”，即可以在三维状态下查看绘制效果，如图4.4–5所示。

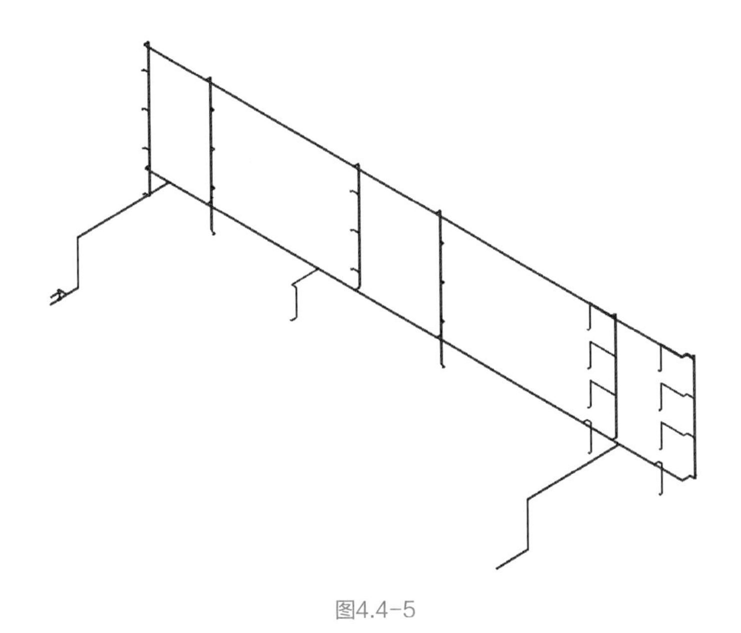

图4.4-5

3．技能点——添加和连接消火栓

消火栓系统里也有一些阀门附件，其添加绘制方式和给水系统中阀门附件的建模类似，在此不再赘述，仅阐述消火栓设备添加。消火栓是消火栓系统的重要组成部分，按类型不同可以分为单栓、双栓，按支管连接方式不同又可以分为左接、右接、后接等，需要在建模过程中加以区分并选择合适的消火栓类型进行创建。

以XHL–2系统处消火栓为例，其为单栓，底部左侧进水，通过系统族库将相应类型进行载入。首先在项目文件中单击【建筑】→【参照平面】命令，进入修改/放置参照平面命令，利用拾取线命令拾取CAD底图中的走廊墙线为参照平面线。

单击【系统】→【机械设备】命令，进入修改/放置机械设备选项卡，在属性窗口中单击【编辑类型】命令，进入类型属性对话框，单击【载入】，从系统族库中载入相应消火栓并按照底图所示位置进行放置，如图4.4–6所示。

连接消火栓主要是将消火栓设备和支管进行连接，单击消火栓图元进入【修改/机械设备】命令，单击【连接到】命令，接着单击消火栓系统支管，如图4.4–7所示。

和卫生器具的连接方式类似，在消火栓和支管管道连接的过程中可以适当修改消火栓或者管道位置以保证整个系统连接的完整性，也可以通过在设备连接点右键单击绘制管道的方式进行局部管道绘制，最终确保消火栓设备和支管管道真正连接，当一个标准层的模型绘制完成后就可以通过复制粘贴的方式将模型拷贝到其他视图中，本项目整个消火栓和管道系统的连接效果如图4.4–8所示。

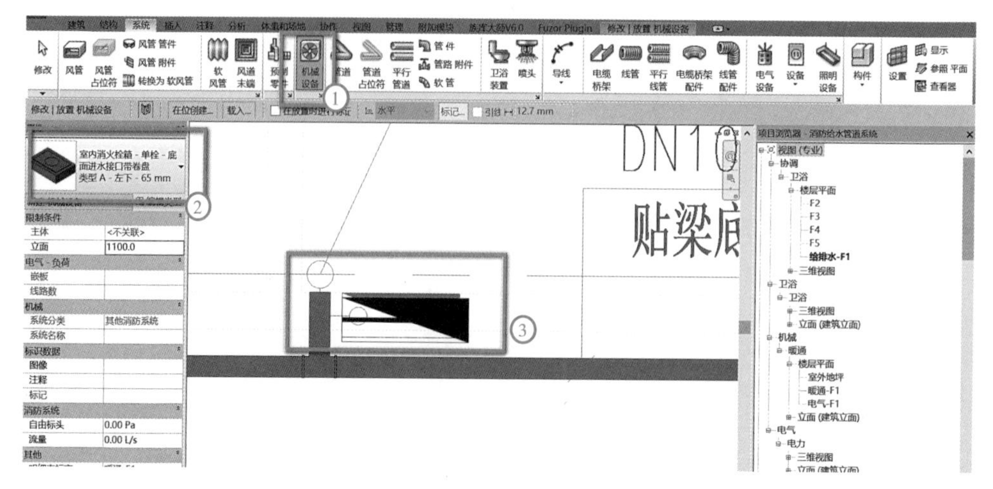

图4.4-6

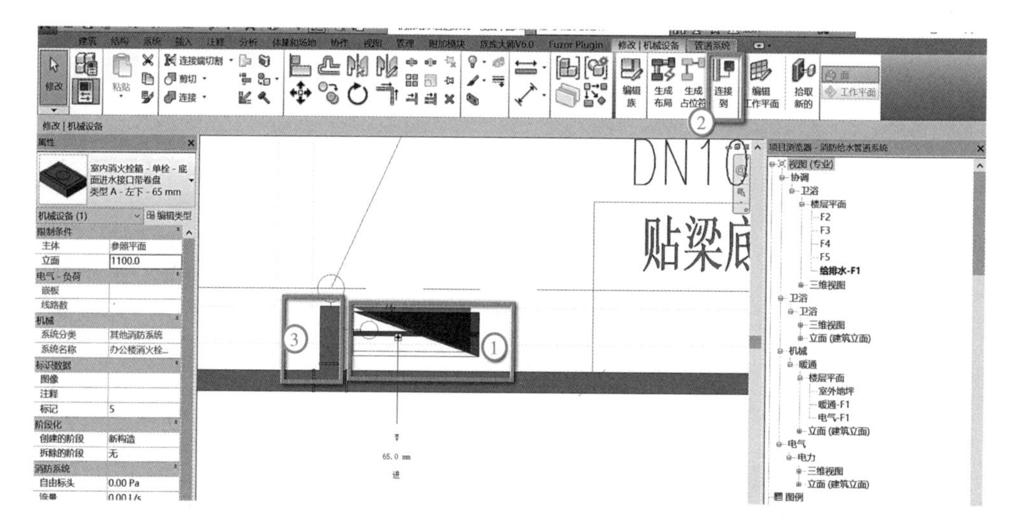

图4.4-7

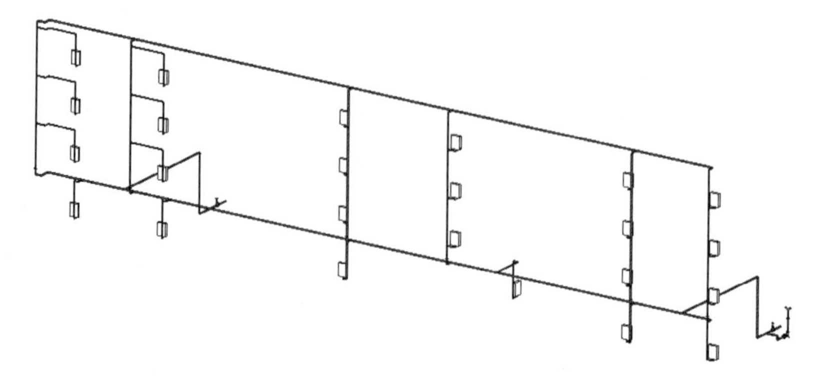

图4.4-8

4. 技能点——创建自喷管道

自喷系统管材和消火栓系统一致，均为镀锌钢管，管道设置步骤见消火栓管道系统，设置完成自喷管道类型之后即可进行自喷管道的绘制，依次单击【系统】→【管道】命令，进入【修改/放置管道】选项卡，选择管道类型为镀锌钢管，系统类型为办公楼自喷系统，直径100mm，偏移量-1000mm，完成后单击【应用】按钮，按照CAD底图管线位置进行创建，在有管道位置升高处，调整偏移量为3400mm，继续进行模型绘制，如图4.4-9所示。

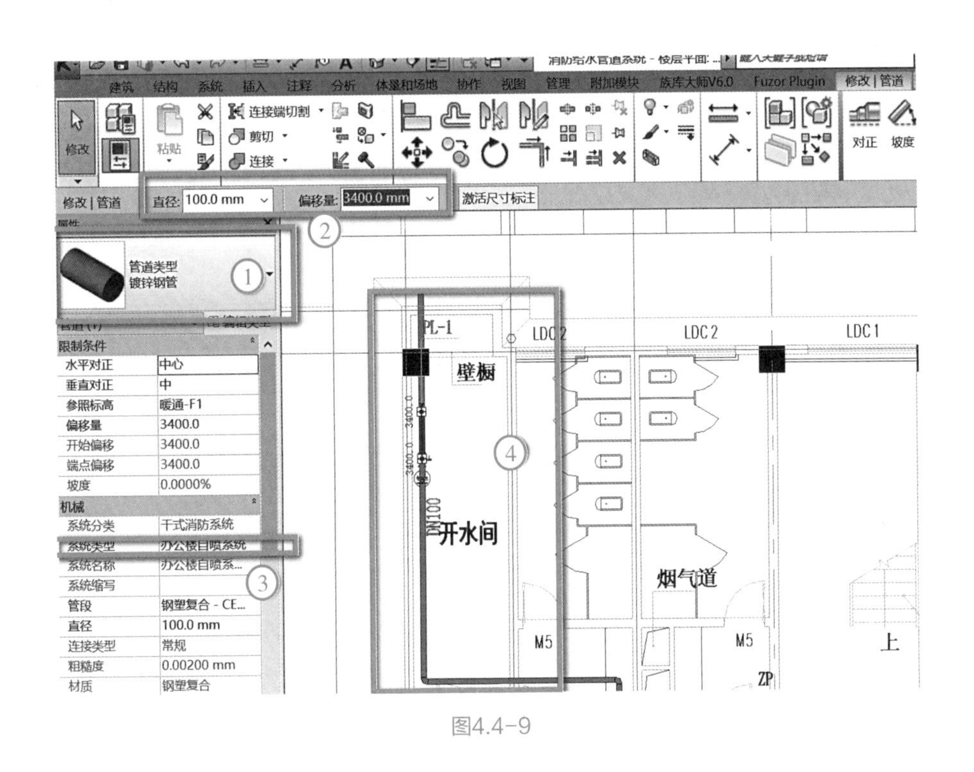

图4.4-9

自喷系统支管径变化范围大，需要找到合适的变径地点，绘制思路是沿着水流方向进行绘制，遇到管径由大变小的地方，让大管径适当多画一段，然后再进行变径。以②~③轴之间科研室为例进行说明，从CAD底图可以看出从主管分出的横干管管径依次由*DN*50变到*DN*40，再变化到*DN*32，连接喷头的末端横支管管径均为*DN*25。

单击【系统】→【管道】命令，进入【修改/放置管道】选项卡，选择管道类型为镀锌钢管，系统类型为办公楼消火栓系统，直径50mm，偏移量3400mm，按照CAD底图管线位置进行创建，在管径由*DN*50变化到*DN*40的时候适当多绘制一段*DN*50管道，然后更改管径为*DN*40，重复上面的步骤完成横干管的绘制。按Esc键取消该段管道绘制命令，同时修改管径为*DN*25，偏移量、系统类型等参数设置不变，完成横支管的绘制，由于横支管和横干管设置偏移量一致，系统会自动在管道连接的地方生产四通管件。

由于横干管和主管管道均为垂直连接，可以借助修改菜单下的各种命令进行方便绘制，输入快捷键“TR”命令，依次单击修剪/延伸第一条线，修剪/延伸第二条线，即可完成管道的垂直连接，该区域管道系统绘制效果如图4.4–10所示。

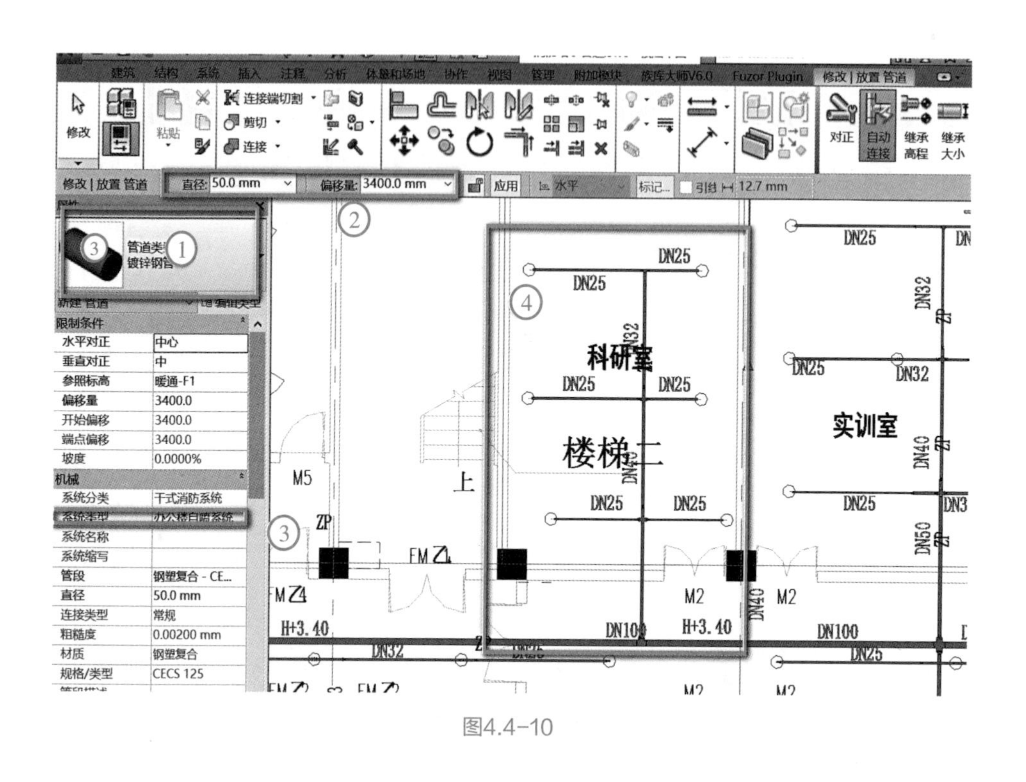

图4.4–10

以同样的方式绘制底部其他横管，结合复制、粘贴命令绘制其他楼层管道，绘制完成后单击顶部菜单栏中【三维视图】按钮，在视图属性中更改视图样板为“自喷系统”，即可以在三维状态下查看绘制效果，如图4.4–11所示。

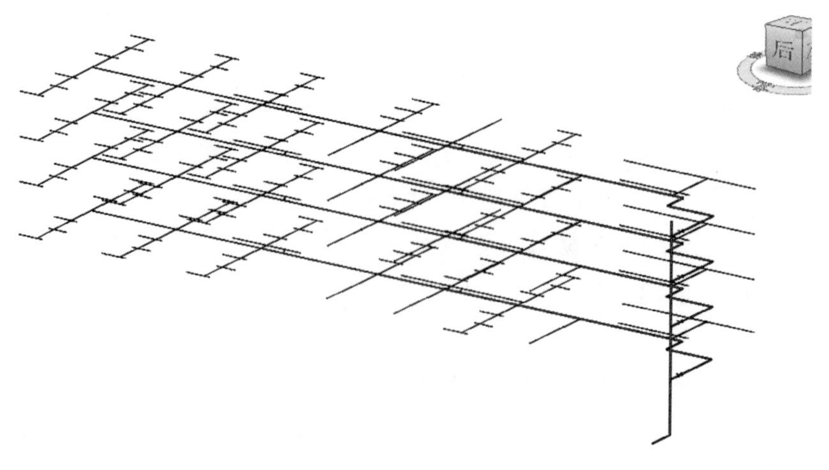

图4.4–11

5. 技能点——添加和连接喷头

自喷系统里也有一些阀门附件，其添加绘制方式和给水系统中阀门附件的建模类似，在此不再赘述，仅阐述自喷喷头添加。自喷喷头按类型不同可以分上喷、下喷、隐蔽式喷头、边墙型喷头等，需要在建模过程中加以区分并选择合适的喷头类型进行创建。

以②～③轴之间科研室为例进行说明，通过系统族库将相应类型进行载入。单击【系统】→【喷头】命令，进入【修改/放置喷头】选项卡，在属性窗口中单击编辑类型命令，进入类型属性对话框，单击【载入】，从系统族库中载入相应喷头，如图4.4–12所示。

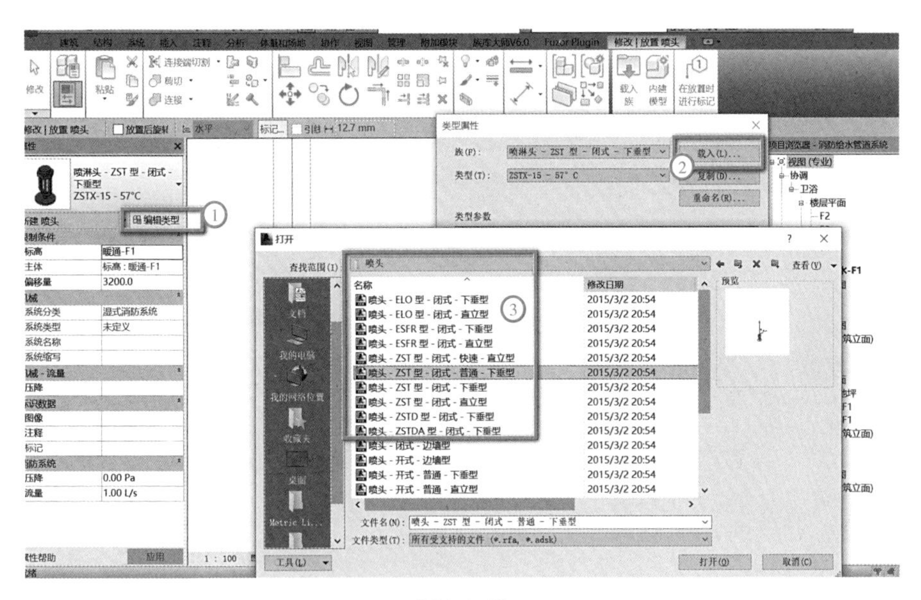

图4.4–12

喷头载入完成后，设置喷头偏移量为3200mm，按照底图所示位置单击进行放置，在放置的过程中可以借助快捷键“SC”命令捕捉底图圆心位置，同时还需要根据横支管位置适当调整喷头放置位置，方便后续管道和喷头之间的连接，如图4.4–13所示。

连接喷头主要是将喷头和支管进行连接，单击喷头图元进入【修改/喷头】命令，单击【连接到】命令，接着单击自喷系统横支管，如图4.4–14所示。

与消火栓的连接方式类似，在自喷喷头和支管管道连接的过程中可以适当修改喷头或者管道位置以保证整个系统连接的完整性，也可以通过在设备连接点右键单击绘制管道的方式进行局部管道绘制，最终确保喷头和支管管道真正连接，自喷系统有很多位置管道布置是相同的，重复利用复制粘贴命令或者通过创建模型组的方式可以很好地提高绘制效率。当一个标准层的模型绘制完成后就可以通过复制粘贴的方式将模型拷贝到其他视图中。

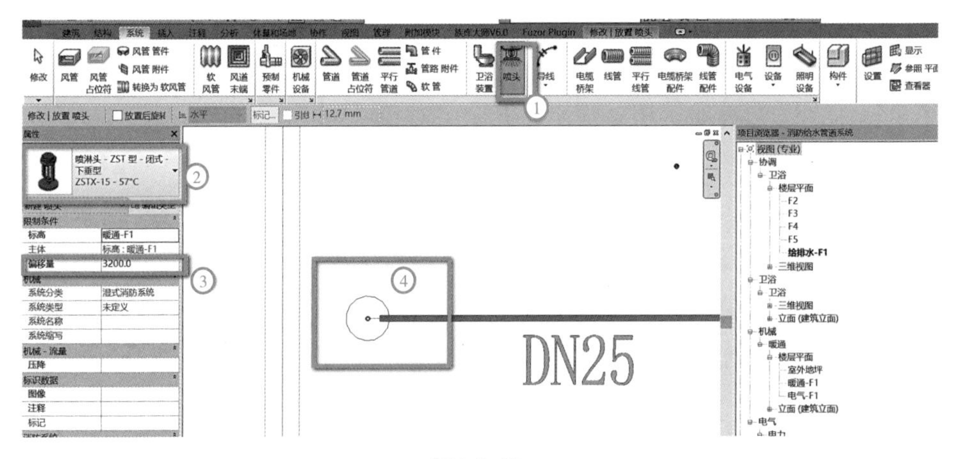

图4.4-13

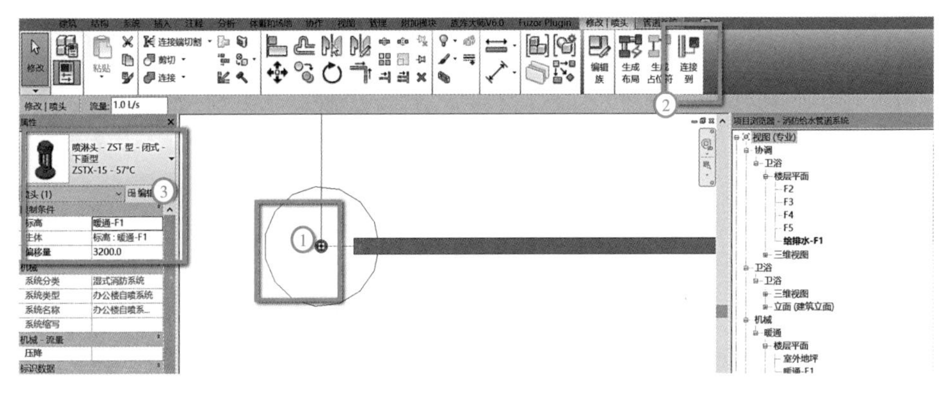

图4.4-14

4.4.4 思考与实操

1. 如何设置消火栓系统的卡箍连接方式？
2. 消防泵站内部管线系统的组成有哪些？
3. 创建名为室外消火栓的管道系统，设置管道材质为无缝钢管。

4.4.5 知识拓展

资源名称	消火栓给水系统	自动喷水灭火系统	三维标注	模型动画
资源类型	文档	文档	视频	3D模型
资源二维码				

CHAPTER 5

项目 5 暖通系统模型的创建

任务 5.1 空调风系统

5.1.1 教学目标与思路

【教学目标】

知识目标	能力目标	素养目标	思政要素
1. 熟悉空调风系统的组成； 2. 了解空气处理设备的类型及构造； 3. 了解风管阀门的类型； 4. 了解风口的类型。	1. 能够进行空调风系统绘制前期准备； 2. 能够创建风管、管件及附件； 3. 能够添加保温层； 4. 能够创建机械设备； 5. 能够创建风管末端。	1. 培养学生学习知识认真严谨； 2. 工作中求真务实、开拓创新以及团队协作、吃苦耐劳的能力。	1. 通过机电样板的创建与使用，培养团队协作精神； 2. 通过创建内建族，培养创新精神。

【学习任务】掌握Revit MEP的风管功能及其基本设置，熟悉空调风系统的组成，掌握基于Revit软件进行空调风系统绘制的一般方法，创造实现建筑、结构、机电全专业间三维协同设计的工作基础与前提条件。

【建议学时】4～6学时。

【思维导图】

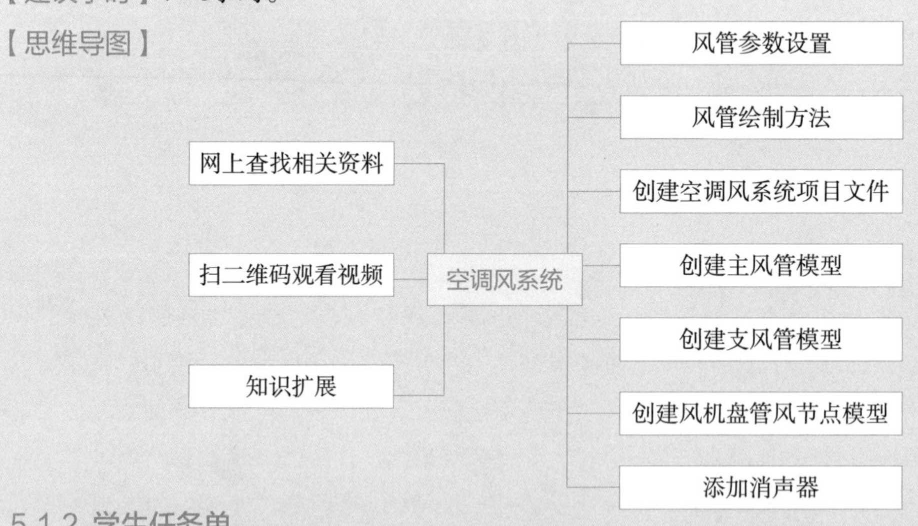

5.1.2 学生任务单

学生根据要求，自行复印附录 学生任务单。

5.1.3 知识与技能

1. 知识点——风管参数设置

在绘制风管系统前，先设置风管设计参数：风管类型、风管尺寸及风管系统。

（1）风管类型设置方法

在功能区中，依次点击【系统】选项卡→【HVAC】面板→【风管】(快捷键“DT”)，通过绘图区域左侧的【属性】面板选择和编辑风管的类型，如图5.1–1所示。Revit提供的【机械样板】或【系统样板】项目样板文件中【风管】都默认配置了“圆形风管”“椭圆形风管”及“矩形风管”三类族，默认族名称为“矩形风管”。

（2）风管尺寸设置方法

在Revit中，通过【机械设置】对话框编辑当前项目文件中的风管尺寸信息。

单击功能区中的【系统】选项卡下【机械】面板名称栏中的斜向箭头设置按钮（快捷键“MS”），打开【机械设置】对话框，如图5.1–2所示。

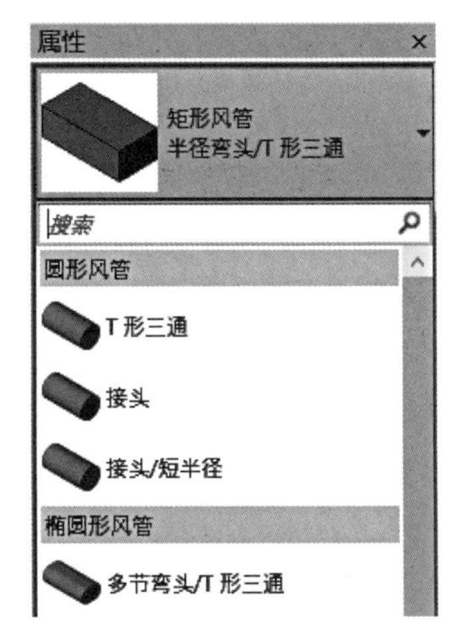

图5.1–1

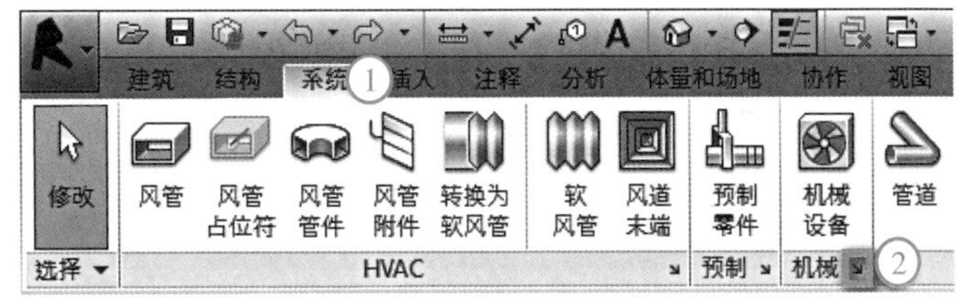

图5.1–2

打开【机械设置】对话框后，单击【矩形】【椭圆形】【圆形】可以分别定义对应形状的风管尺寸。单击【新建尺寸】或者【删除尺寸】按钮可以添加或删除风管的尺寸。软件不允许重复添加列表中已有的风管尺寸。如果在绘图区域已经绘制了某尺寸的风管，该尺寸在“机械设置”尺寸列表中将不能删除，需要先删除项目中的风管，才能删除“机械设置”尺寸。列表中的尺寸，如图5.1–3所示。

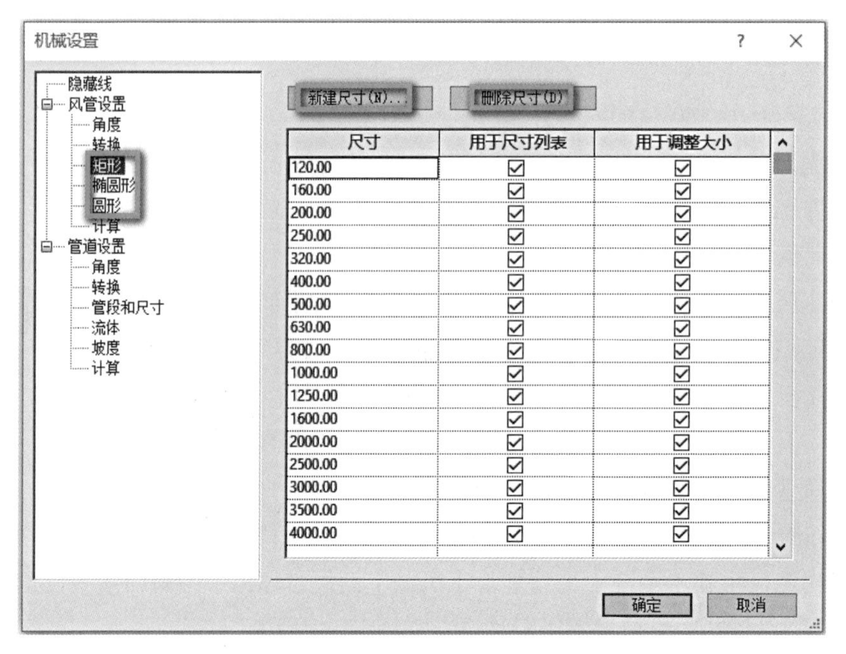

图5.1-3

2．技能点——风管绘制方法

本知识点以绘制矩形风管为例介绍绘制风管的方法。

（1）基本操作

在平面图、立面图、剖面图和三维视图中均可绘制风管。

单击功能区中的【系统】选项卡→【风管】(快捷键“DT”)，进入风管绘制模式后，【修改放置风管】选项卡和【修改放置风管】选项栏被同时激活，如图5.1–4所示。

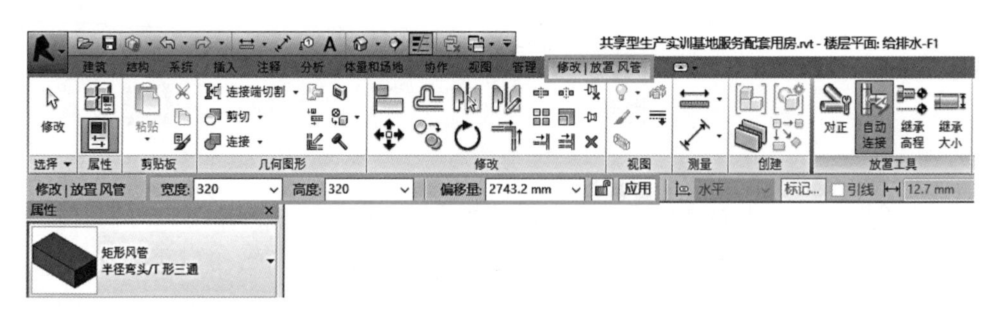

图5.1–4

按照如下步骤绘制风管：

1）选择风管类型。在风管【属性】对话框中选择所需要绘制的风管类型。

2）选择风管尺寸。在风管【修改|放置风管】选项栏的【宽度】或【高度】下拉列表中选择风管尺寸。如果在下拉列表中没有需要的尺寸，可以直接在【宽度】和【高度】

中输入需要绘制的尺寸。

3）指定风管偏移。默认【偏移量】是指风管中心线相对于当前平面标高的距离。在【偏移量】下拉列表中可以选择项目中已经用到的风管偏移量，也可以直接输入自定义的偏移数值，默认单位为毫米。

4）指定风管起点和终点。将鼠标指针移至绘图区域，单击指定风管起点，待移动至终点位置再次单击，完成一段风管的绘制。可以继续移动鼠标绘制下一管段，风管将根据管路布局自动添加在【类型属性】对话框中预设好的风管管件。绘制完成后，按Esc键退出风管绘制命令。

（2）风管管件的使用

风管管路中包含大量连接风管的管件。下面将介绍绘制风管时管件的使用方法和主要事项。

1）放置风管管件

①自动添加

绘制某一类型风管时，通过风管【类型属性】对话框中【管件】指定的风管管件，可以根据风管自动布局加载到风管管路中。目前一些类型的管件可以在【类型属性】对话框中指定弯头、T形三通、接头、四通、过渡件（变径）、多形状过渡件矩形到圆形（天圆地方）、多形状过渡件椭圆形到圆形（天圆地方）、活接头。用户可根据需要选择相应的风管管件族。

②手动添加

在【类型属性】对话框中的【管件】列表中无法指定的管件类型，例如偏移、Y形三通、斜T形三通、斜四通、裤衩三通、多个端口（对应非规则管件），使用时需要手动插入到风管中或将管件放置到所需位置后手动绘制风管。

2）编辑管件

在绘图区域中单击某一管件，管件周围会显示一组管件控制柄，可用于修改管件尺寸、调整管件方向和进行管件升级或降级，如图5.1–5所示。

在所有连接件都没有连接风管时，可单击尺寸标注改变管件尺寸，如图5.1–5（a）所示。

单击 ⇆ 符号可以实现管件水平或垂直翻转180°。

单击 ↻ 符号可以旋转管件。注意：当管件连接了风管后，该符号不会再出现，如图5.1–5（b）所示。

如果管件的所有连接件都连接风管，则可能出现“+”，表示该管件可以升级，如图5.1–5（b、c）所示。例如，弯头可以升级为T形三通、T形三通可以升级为四通等。

如果管件有一个未使用连接风管的连接件，在该连接件的旁边可能出现“–”，表示该管件可以降级，如图5.1–5（d）所示。

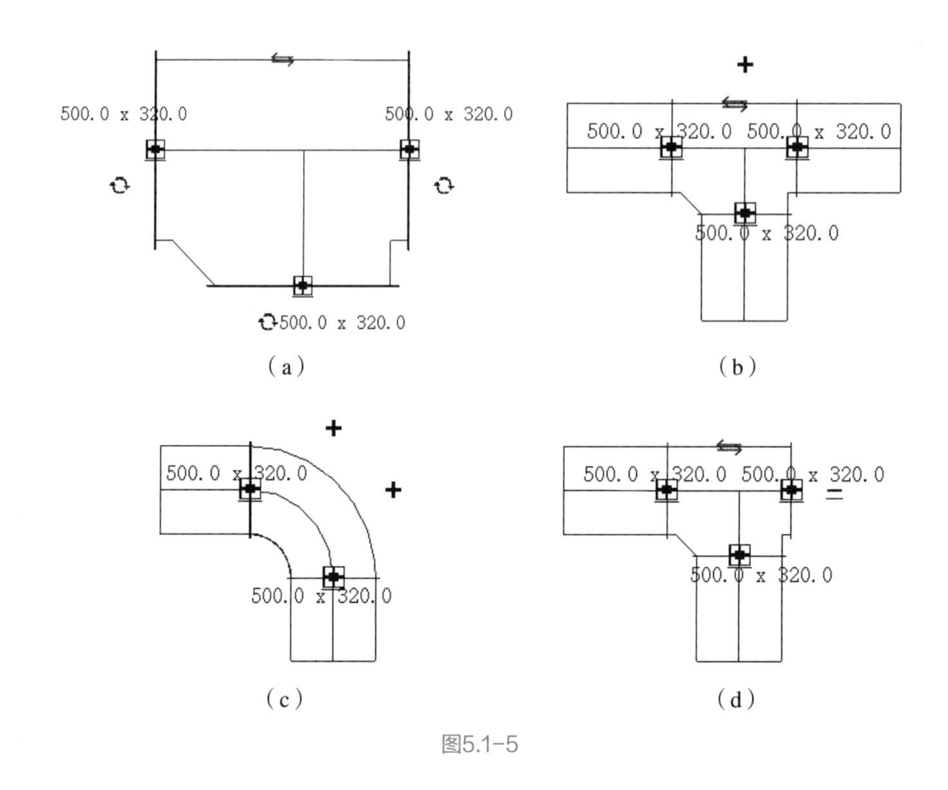

图5.1–5

（3）风管附件放置

单击【系统】选项卡→【HVAC】面板→【风管附件】工具（快捷键“DA”）；然后在【属性】面板的“类型选择器”中选择需要插入的风管附件；再单击【编辑类型】，在弹出的【类型属性】对话框中单击【复制】按钮，修改“风管附件”的名称；再将【类型属性】对话框中的【风管宽度】和【风管高度】值进行修改；最后单击【确定】按钮；风管附件插入到风管中将自动捕捉风管中心线，将光标移至放置风管附件的位置，单击放置风管附件，风管附件会打断风管直接插入到风管中，如图5.1–6（a）所示。

不同类型的风管附件，插入到风管中，安装效果不同，“电动风阀”“弹性连接件”等风管附件能自动匹配风管尺寸，因此无需创建新类型，载入后直接放置即可；而“排烟阀”“对开多叶风阀”“蝶阀”“止回阀”等风管附件将仍维持原尺寸不变，因此放置前需要根据相应风管的宽、高尺寸创建新的类型，如果尺寸与相应风管不匹配，放置后会在连接处的前后产生变径风管管件，如图5.1–6（b）所示。

（4）设备接管

设备的风管连接件可以连接风管和软风管。连接风管和软风管的方法类似，下面将以连接风管为例，介绍设备连接管的3种方法。

第1种方法：单击选中设备，用鼠标右键单击设备的风管连接件，在弹出的快捷菜单中选择【绘制风管】命令，如图5.1–7所示。

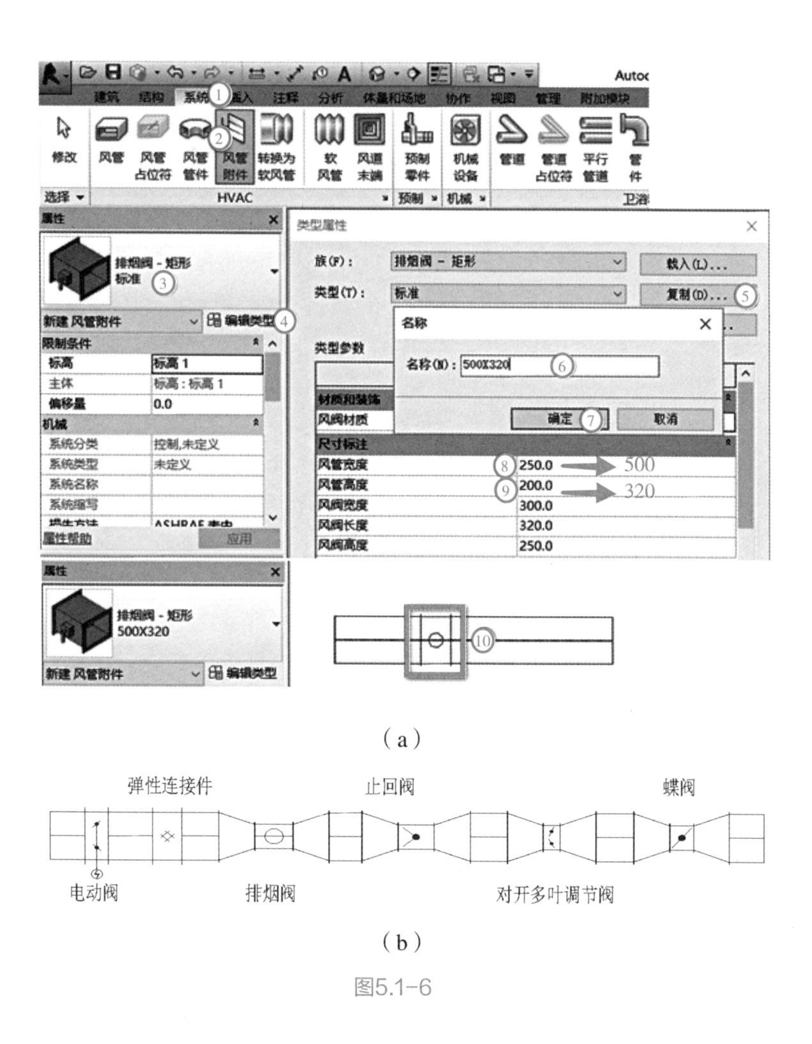
建筑
结构
系统
插入
注释
分析
体量和场地
协作
视图
管理
附加模块
修改
风管
风管占位符
风管管件
风管附件
转换为软风管
软风管
风道末端
预制零件
机械设备
管道
管道占位符
平行管道
管件
HVAC
类型属性
族(F)：
排烟阀 - 矩形
类型(T)：
标准
载入(L)...
复制(D)...
名称
名称(N)：
500X320
确定
取消
类型参数
材质和装饰
风阀材质
尺寸标注
风管宽度
250.0
500
风管高度
200.0
320
风阀宽度
300.0
风阀长度
320.0
风阀高度
250.0
排烟阀 - 矩形
500X320
新建 风管附件
编辑类型
限制条件
标高
标高 1
主体
标高 : 标高 1
偏移量
0.0
机械
系统分类
控制,未定义
系统类型
未定义
系统名称
系统缩写
属性帮助
应用
(a)
弹性连接件
止回阀
蝶阀
电动阀
排烟阀
对开多叶调节阀
(b)

图5.1-6

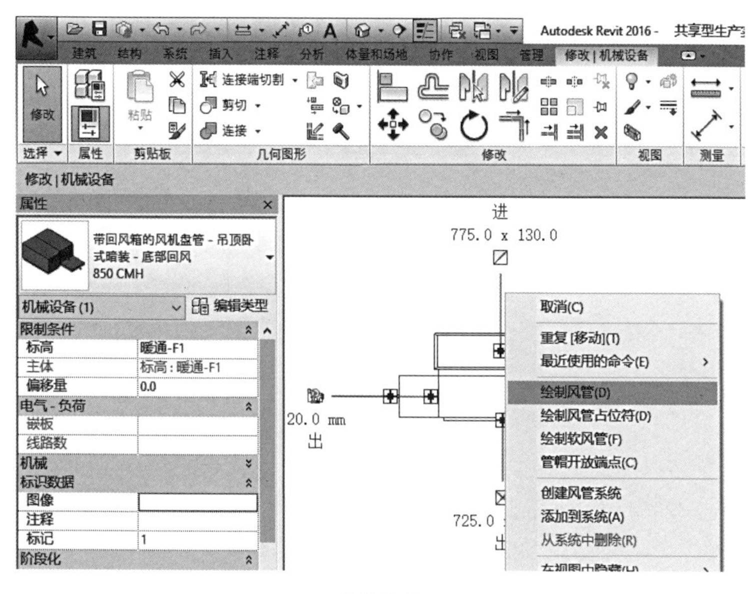
Autodesk Revit 2016 -
建筑
结构
系统
插入
注释
分析
体量和场地
协作
视图
管理
修改 | 机械设备
连接端切割
剪切
连接
选择
属性
剪贴板
几何图形
修改
视图
测量
修改 | 机械设备
属性
带回风箱的风机盘管 - 吊顶卧式暗装 - 底部回风
850 CMH
机械设备 (1)
编辑类型
限制条件
标高
暖通-F1
主体
标高 : 暖通-F1
偏移量
0.0
电气 - 负荷
嵌板
线路数
机械
标识数据
图像
注释
标记
1
阶段化
进
775.0 x 130.0
20.0 mm
出
725.0
取消(C)
重复 [移动](T)
最近使用的命令(E)
绘制风管(D)
绘制风管占位符(D)
绘制软风管(F)
管帽开放端点(C)
创建风管系统
添加到系统(A)
从系统中删除(R)

图5.1-7

第2种方法：直接拖拽已绘制的风管到相应设备的风管连接件，风管将自动捕捉设备上的风管连接件，完成连接，如图5.1–8（a）所示。特别提醒：这种方法需要风管水平中心线和垂直中心线均与设备的风管连接件中心对齐，否则将无法将风管连接到设备，如图5.1–8（b）所示。

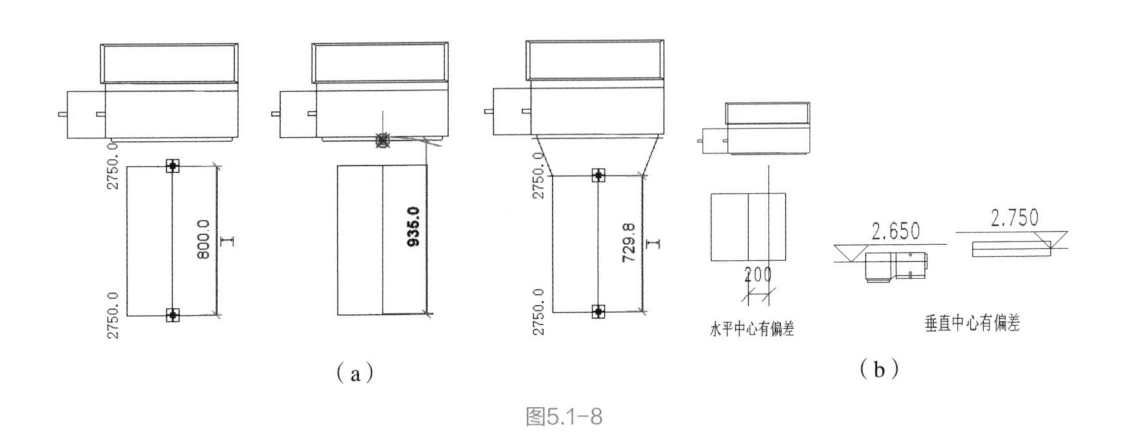

（a）　　（b）

图5.1–8

第3种方法：使用【连接到】功能为设备连接风管。单击需要连接的设备，单击【修改|机械设备】选项卡→【连接到】工具，如果设备包含一个以上的连接件，将打开【选择连接件】对话框，选择需要连接风管的连接件，单击【确定】按钮，然后单击该连接件所要连接到的风管，完成设备与风管的自动连接，如图5.1–9所示。

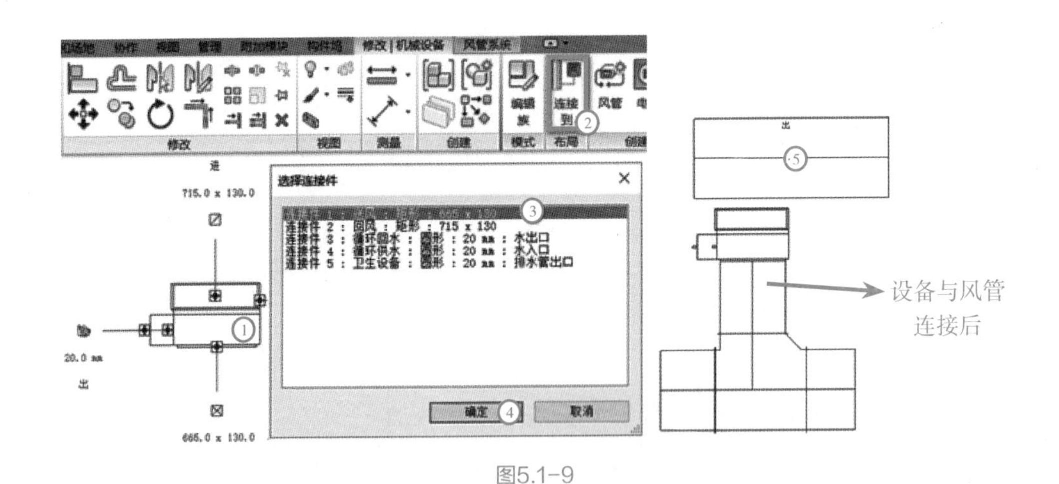

图5.1–9

3. 技能点——创建空调风系统项目文件

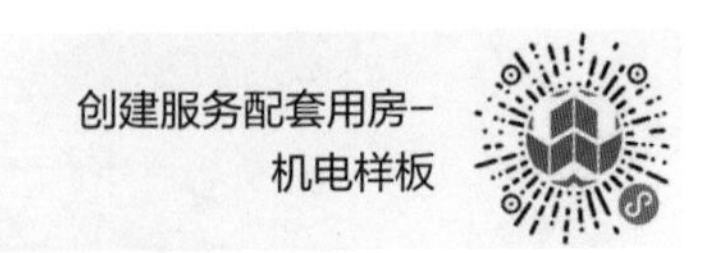

使用AutoCAD软件打开本书配套资源中的“CAD底图”文件夹中“一层通风空调风平面图底图”，可以看到如图5.1–10所示的施工图纸。

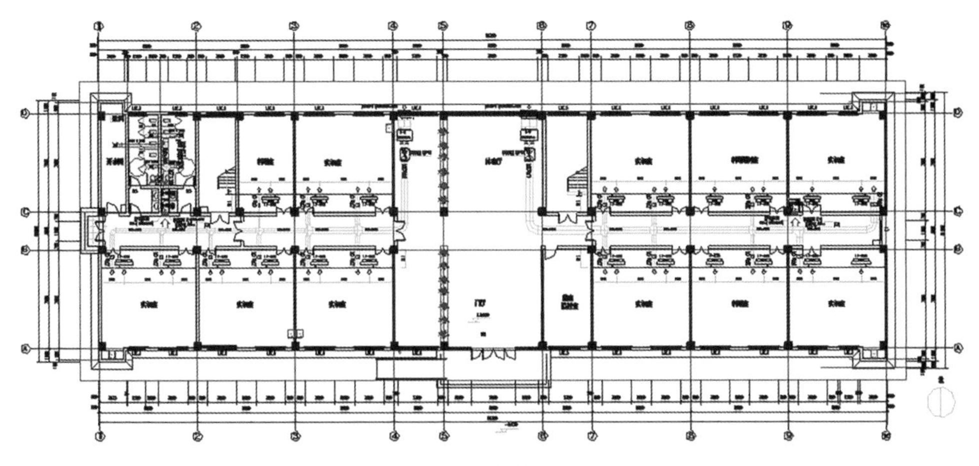

图5.1-10

从图纸中可看到，该“共享性实训基地配套服务用房”项目一层的暖通风系统包含新风系统、风机盘管送回风系统、卫生间排风系统和走廊排烟系统。新风系统由吊顶式新风处理机、新风管、消声器、新风进口、新风送风口、电动风阀、风管蝶阀、帆布软接管等部分组成；风机盘管送回风系统由风机盘管、送风管、回风管、送风口、回风口、帆布软接管等部分组成；卫生间排风系统由卫生间通风器、排风管、风管止回阀、防火阀、帆布软接管等部分组成；走廊排烟系统由排烟风机、排烟管、排烟防火阀、排烟口等部分组成。

（1）新建项目文件

在Revit软件首页的【项目】中单击【新建】，打开【新建项目】对话框，如图5.1-11所示单击【浏览】按钮，选择项目样板文件“服务配套用房–机电样板.rte”后单击【确定】按钮。

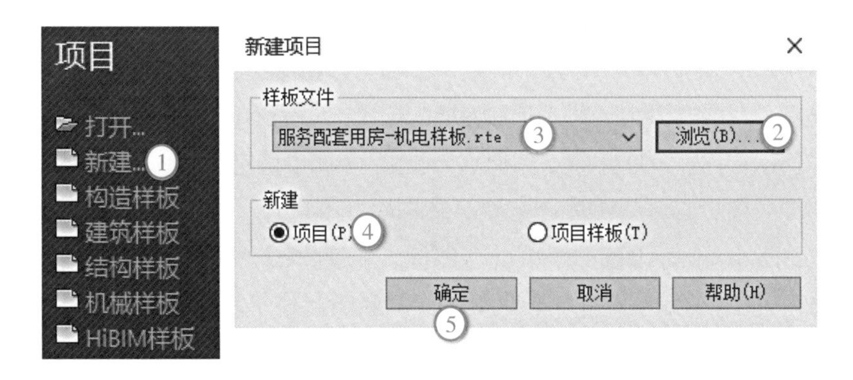

图5.1-11

（2）链接建筑结构模型

新建项目后，将建筑结构模型链接到项目文件中。

单击功能区中的【插入】选项卡→【链接】面板→【链接Revit】工具，打开【导入/链接RVT】对话框，如图5.1–12所示，选择要链接的建筑结构模型“服务配套用房–建筑结构.rvt”，并在“定位”下拉列表中选择“自动–原点到原点”，单击右下角的【打开】按钮，建筑结构模型就链接到了项目文件中。

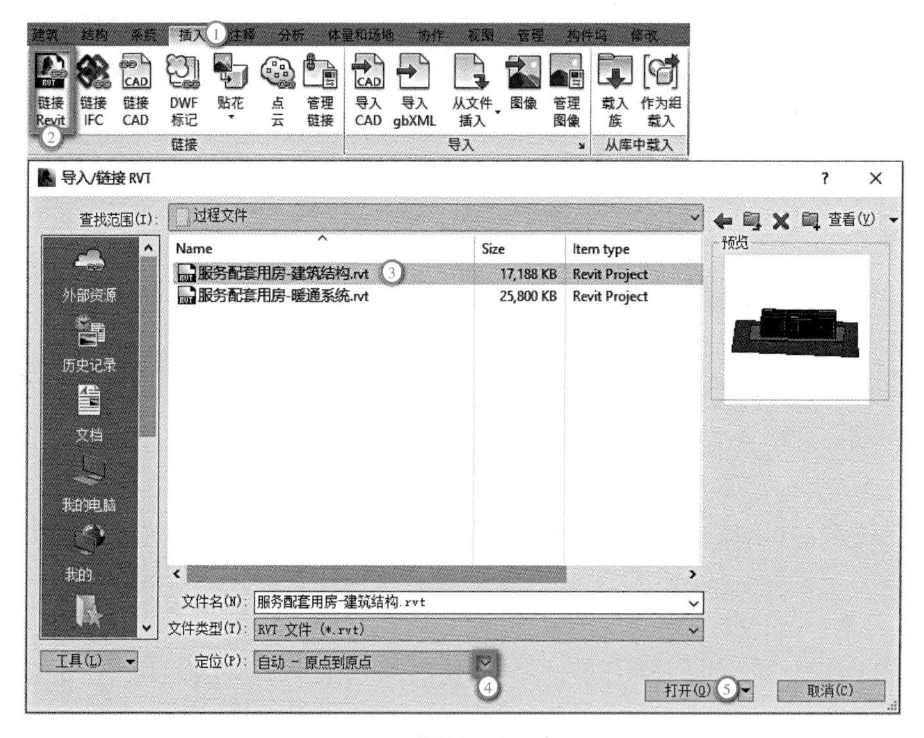

图5.1–12

（3）导入空调风的CAD底图

单击【插入】选项卡→【导入】面板→【导入CAD】工具，打开【导入CAD格式】对话框，选择“一层通风空调风平面图底图.dwg”，勾选【仅当前视图】，【导入单位】为“毫米”，【定位】为“自动–原点到原点”，然后单击【确定】按钮，如图5.1–13所示。

导入CAD底图后，若CAD底图与建筑结构模型不重合，先点选导入的“一层通风空调风平面图底图.dwg”CAD底图，单击图标，解锁CAD底图；然后使用【移动】命令（快捷键“MV”），以轴网交点为基准点将CAD底图与建筑结构模型对齐；框选绘图区域内的全部图元（包括“轴网”“立面”“视图”“RVT链接”和“一层通风空调平面图底图.dwg”），然后单击图标，对绘图区域内的全部图元进行锁定。

图5.1–13

4. 技能点——创建主风管

该技能点以“共享性实训基地配套服务用房”项目一层暖通风系统的新风系统为例，讲解案例项目创建主风管模型的方法。在平面视图中，依据导入的CAD绘制，暂时不需要链接建筑结构模型，所以首先隐藏建筑结构模型在平面视图中的可见性：单击【视图】选项卡→【图形】面板→【可见性/图形替换】工具（快捷键“VV”），弹出【楼层平面：暖通–F1的可见性/图形替换】对话框，选择【Revit链接】选项卡，取消勾选“配套服务用房–建筑结构.rvt”复选框，单击【确定】按钮，完成视图可见性的设置，如图5.1–14所示。

（1）风管属性设置

输入快捷键“DT”进入风管绘制界面。

单击【属性】面板中的【编辑类型】按钮，打开【类型属性】对话框，在【类型】下拉列表中有四种可供选择的风管类型，分别为“半径弯头/T形三通”“半径弯头/接头”“斜接弯头/T形三通”“斜接弯头/接头”。它们的区别主要在于弯头和支管的连接方式，其命名是以连接方式来区分的（半径弯头/斜接弯头表示弯头的连接方式，T形三通/接头表示支管的连接方式），如图5.1–15所示。

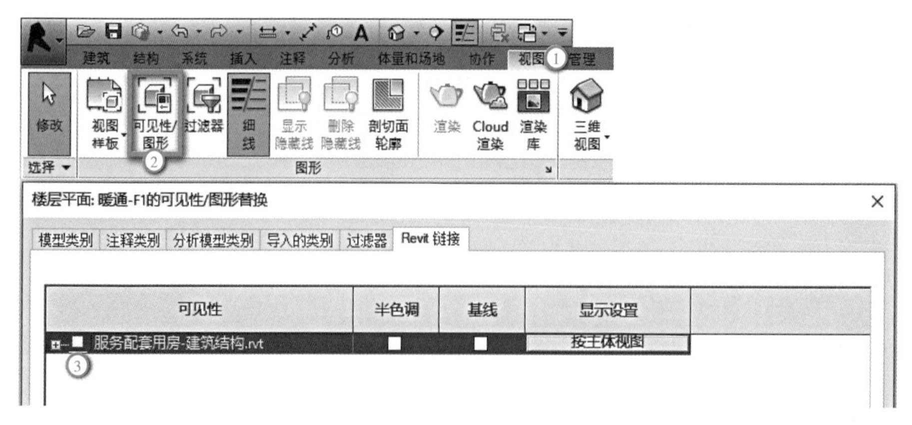

图5.1–14

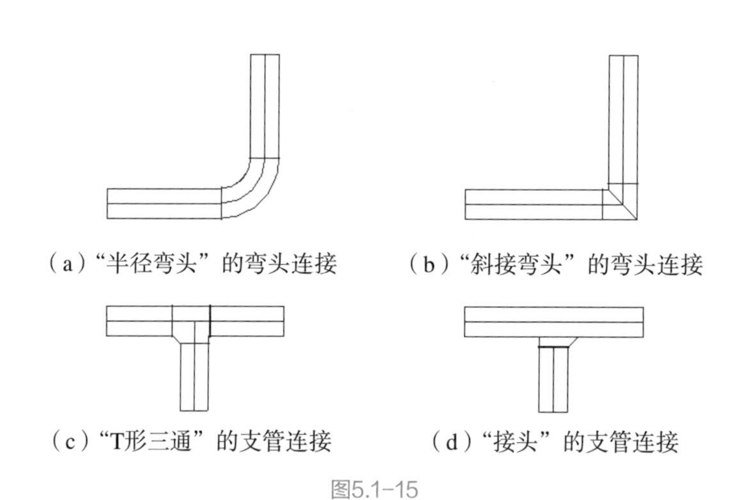

（a）“半径弯头”的弯头连接　（b）“斜接弯头”的弯头连接

（c）“T形三通”的支管连接　（d）“接头”的支管连接

图5.1–15

单击【布管系统配置】右侧的【编辑】按钮，将弹出【布管系统配置】对话框。在“构件”列表中可以看到弯头、首选连接类型等构件的默认设置，风管类型名称与弯头、首选连接类型的名称之间是有联系的，这些选项设置了风管的连接方式，在绘制风管过程中不需要改变风管的设置，只需改变风管的类型即可，减少了绘制的麻烦。

（2）绘制风管

1）创建新风系统的主风管。输入快捷键“DT”进入风管绘制界面，在左侧的【属性】面板中单击【编辑类型】按钮，打开【类型属性】对话框。单击【复制】按钮，输入“X–新风管”，单击【确定】按钮，如图5.1–16所示。

2）设置风管的参数。单击【布管系统配置】右侧的【编辑】按钮，修改管件类型如图5.1–17所示，如果在下拉列表中没有所需类型的管件，可以从族库中导入。

3）绘制左侧①～⑤轴线间的新风风管。根据CAD底图，在【属性】面板中的“系统类型”下拉列表中选择“新风系统”；在选项栏中设置风管的宽度为500、高度为250、偏移量为3300；在【修改|放置风管】选项卡中单击【对正】工具，在打开的【对

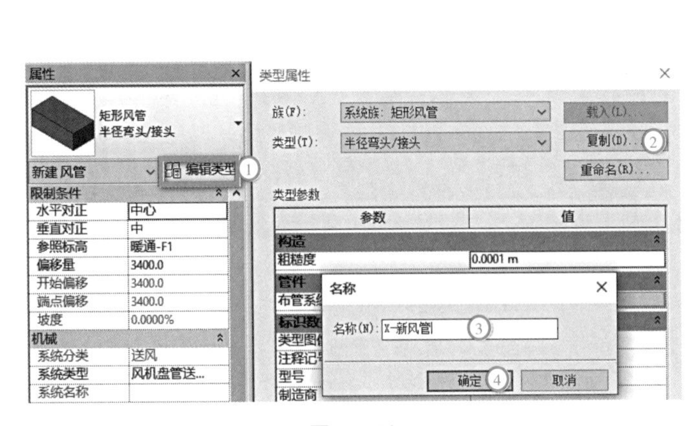

图5.1-16

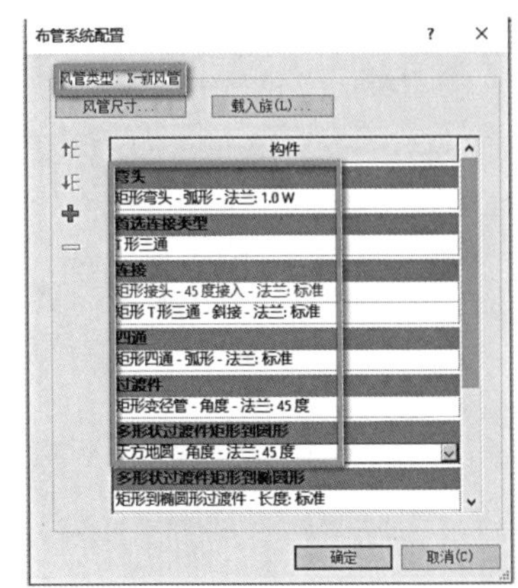

图5.1-17

正设置】对话框中将【水平对正】设置为“中心”、【水平偏移】设置为“0”、【垂直对正】设置为“中心”。然后在绘图区域根据CAD底图绘制第一段风管，风管的绘制需要单击两次，第一次单击确认风管的起点，第二次单击确认风管的终点，如图5.1–18所示。

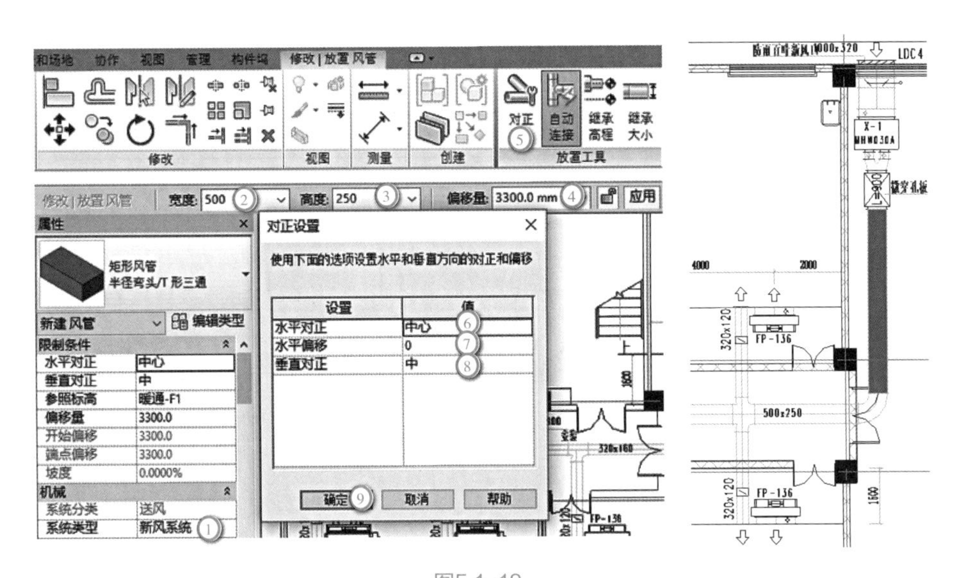

图5.1–18

4）继续绘制新风系统主风管的其余段。选择绘制的风管，在末端小方块上单击鼠标右键，在弹出的快捷菜单中选择【绘制风管】命令，继续绘制下一段风管，连续绘制后面的管段。在转折处系统会根据设置自动生成弯头；因三通或四通分支而导致断面尺寸变化时，大管应在绘制至分支点之后，先在选项栏中按底图中分支点后的小管断面尺寸修改【宽度】和【高度】值，再绘制下一段风管，图5.1–19是绘制完成的新风主风管。

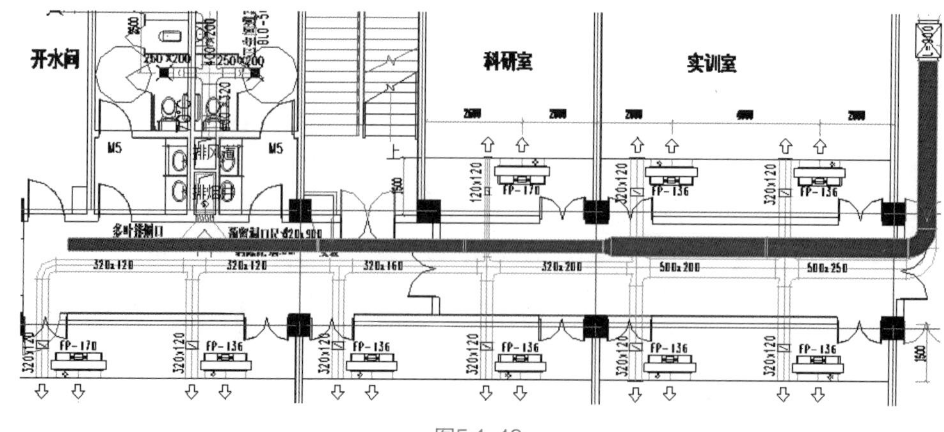

图5.1-19

绘制完毕后，先将【楼层平面：暖通-F1】平面视图的【视觉样式】改为“线框”模式，再单击【修改】选项卡→【修改】面板→【对齐】工具（快捷键“AL”），将绘制完成的风管与底图位置对齐，如图5.1-20所示。

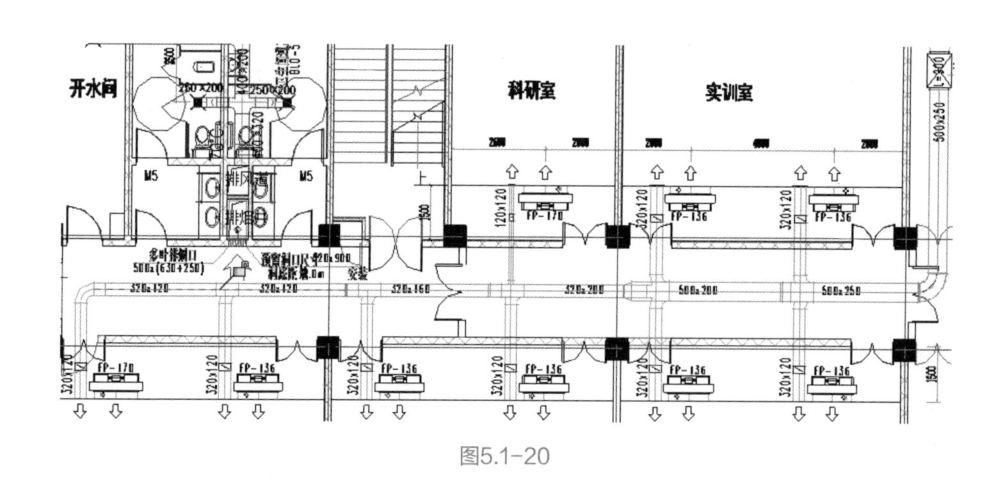

图5.1-20

5. 技能点——创建支风管

从导入的CAD底图中，可看到该新风系统的支风管尺寸有“320×120”和“120×120”两种，且每段新风支管上均设有与相应风管尺寸相同的蝶阀和双层百叶送风口（为末端侧送风）。下面以创建尺寸为“320×120”的支风管为例讲解。

1）绘制左侧①轴线旁的新风支风管。根据CAD底图，在【属性】面板中的“系统类型”下拉列表中选择“新风系统”；在选项栏中设置风管的宽度为320mm，高度为120mm，偏移量为3300mm；然后在绘图区域找到①轴线旁的新风支风管，根据CAD底图绘制该支风管，单击确认支风管的起点，再次单击确认支风管的终点。如图5.1-21所示。

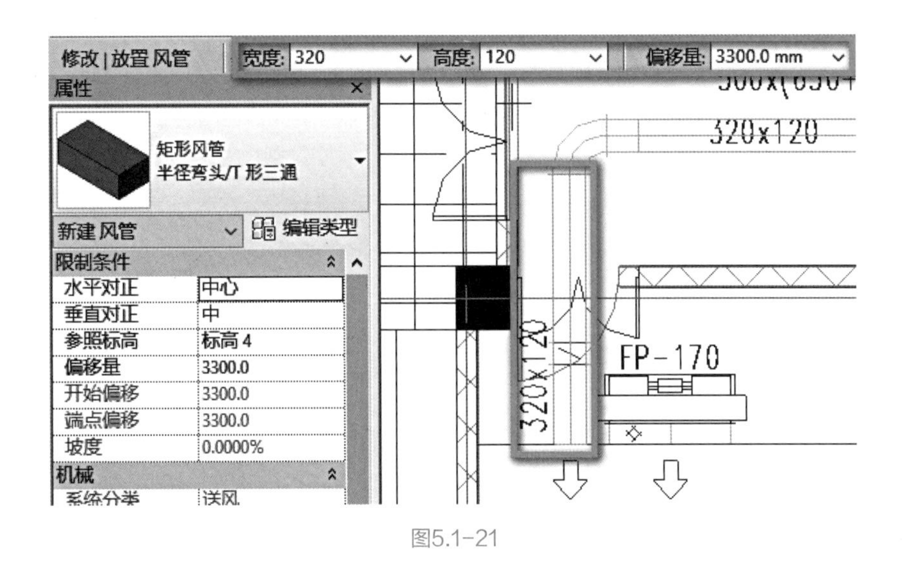

图5.1-21

2）放置风管附件——蝶阀

输入快捷键“DA”，打开【风管附件】工具，在左侧的【属性】面板中的族类型选择器下拉列表中选择类型名称为“蝶阀–矩形–手柄式：320×120”的风管附件族。如果在下拉列表中没有所需类型的风管附件，可以从族库中载入“蝶阀–矩形–手柄式.rfa”族，然后单击【属性】面板中的【编辑类型】按钮，并按图5.1–22所示修改蝶阀族的类型名称及类型参数，再单击【确定】按钮，将鼠标移至已绘制的支风管上CAD底图蝶阀处单击，完成蝶阀的放置，如图5.1–23所示。

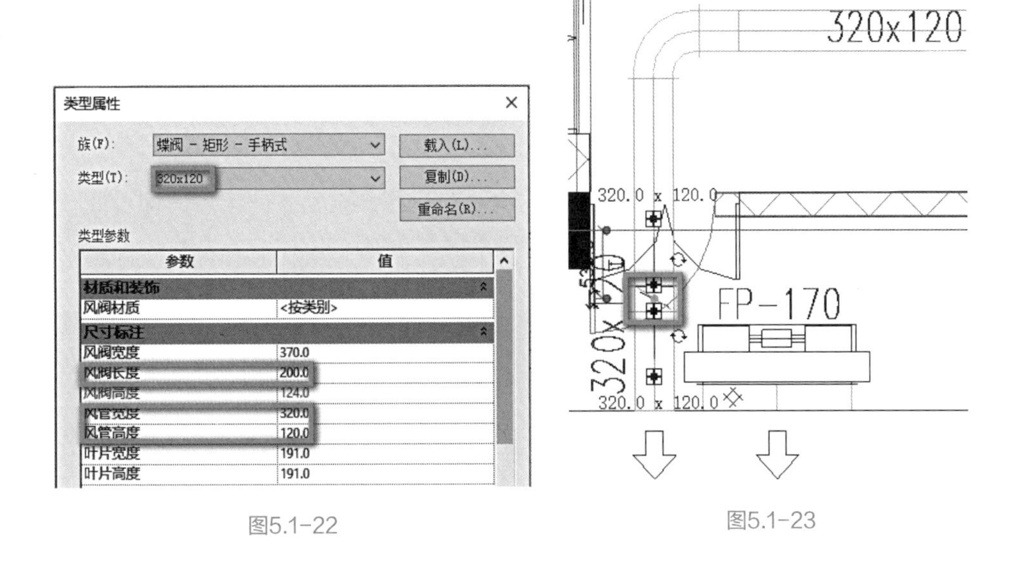

图5.1–22　　图5.1–23

3）放置风道末端——双层百叶送风口

单击【系统】选项卡→【HVAC】面板→【风道末端】工具（快捷键“AT”），再在【修

改|放置风道末端装置】选项卡中单击【风道末端安装到风管上】工具，然后在左侧的【属性】面板中的族类型选择器下拉列表中选择类型名称为“送风口–矩形–双层–可调：320×120”的风道末端族。如果在下拉列表中没有所需类型的风道末端，可以从族库中载入“送风口–矩形–双层–可调.rfa”族，然后单击【属性】面板中的【编辑类型】按钮，并按图5.1–24所示修改双层百叶送风口族的类型名称及类型参数，再单击【确定】按钮，将鼠标移至已绘制的支风管端部并捕捉到端点时单击，完成双层百叶送风口的放置，如图5.1–25所示。

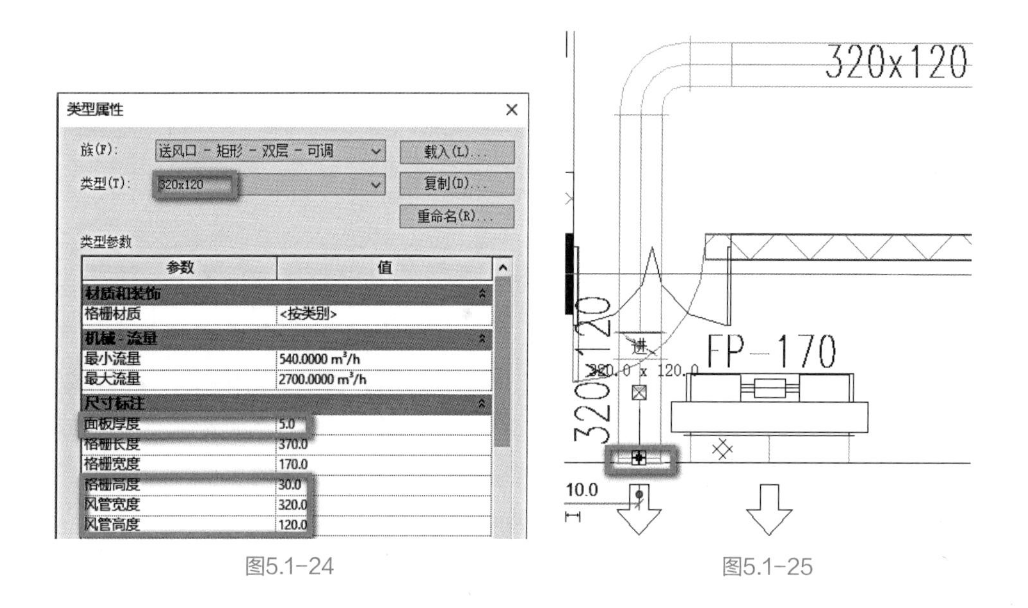

图5.1–24　　图5.1–25

采用相同的方法可完成“120×120”尺寸支风管模型的创建，而对于其余的“320×120”尺寸支风管模型则可使用【复制】和【镜像】已绘制的“320×120”尺寸新风支管模型得到。

将已绘制完成的支风管与主风管采用弯头、三通或四通进行连接，即可完成新风系统模型的创建。绘制完成的新风系统模型如图5.1–26所示。

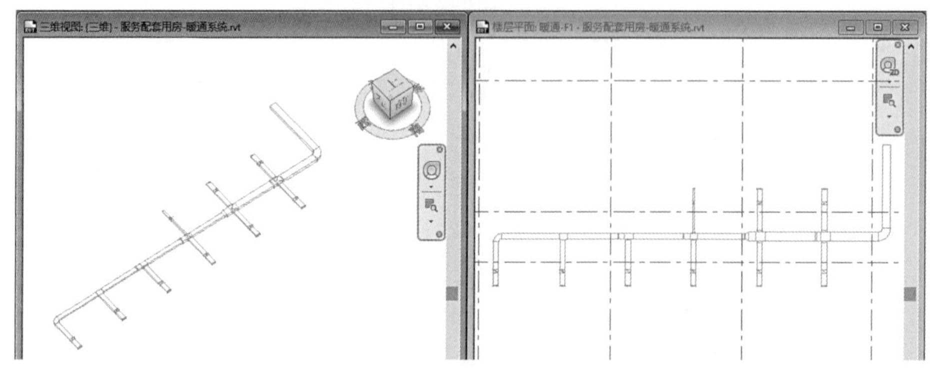
图5.1–26

6．技能点——创建风机盘管风节点

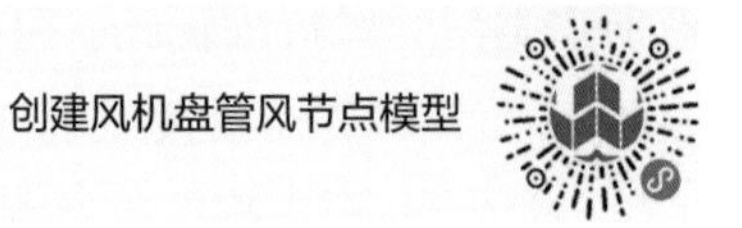

风机盘管风节点包括风机盘管、风机盘管送风系统和风机盘管回风系统三部分。

先将导入的CAD 图纸“一层通风空调风平面图底图.dwg”进行显示，输入快捷键“VV”打开【楼层平面：暖通–F1的可见性/图形替换】对话框，选择【导入的类别】选项卡，勾选“一层通风空调风平面图底图.dwg”复选框，单击【确定】按钮，完成视图可见性的设置。

（1）放置风机盘管

从导入的CAD 图纸“一层通风空调风平面图底图.dwg”中可看到，该风机盘管加新风空调系统中的风机盘管有“FP–170”和“FP–136”两种型号，该技能点以②轴线左侧的风机盘管“FP–136”为例讲解。

单击【系统】选项卡→【机械】面板→【机械设备】工具，单击左侧【属性】面板中族类型选择器下拉列表中选择“带回风箱的风机盘管–吊顶卧式暗装–底部回风：FP–136”风机盘管族，单击【编辑类型】按钮，打开【类型属性】对话框。单击【复制】按钮输入名称为“FP–136”，单击【确定】按钮，如图5.1–27所示。如果在下拉列表中没

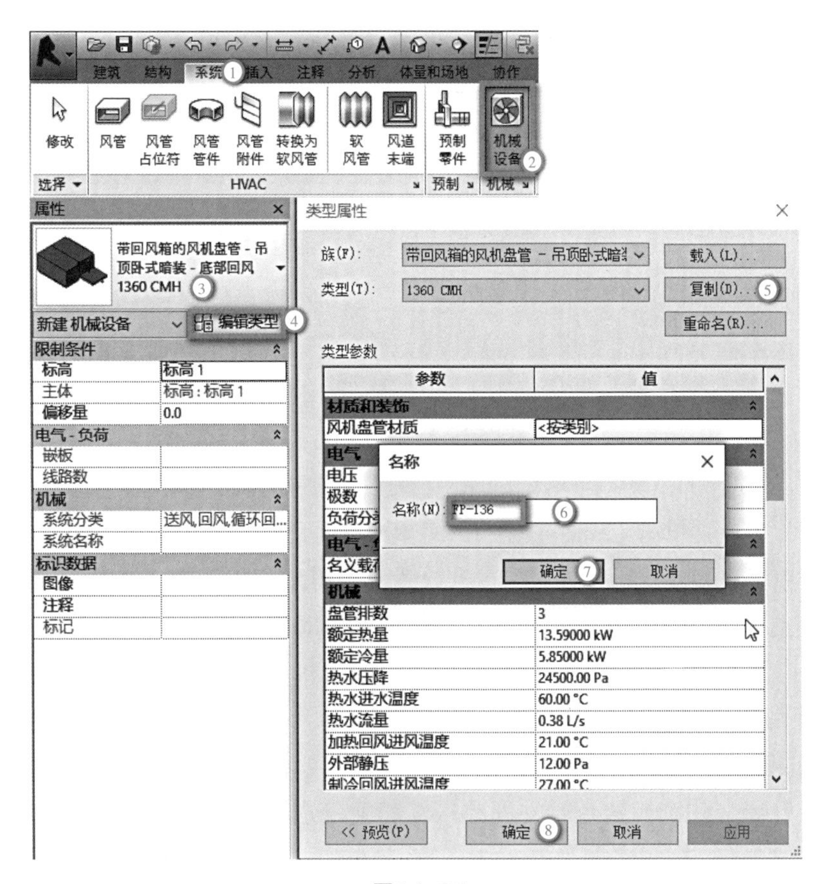

图5.1–27

有所需类型的风机盘管族，可以从族库中载入“风机盘管–卧式暗装–双管式–底部回风–右接.rfa”族，并需要按风机盘管产品样本修改其参数。

按CAD底图，将鼠标移至②轴线左侧的风机盘管（FP–136）附近，单击左键，完成风机盘管的放置。

（2）绘制风机盘管送风系统

单击选中已放置的风机盘管（FP–136）（显示风管连接件参数为：出口尺寸1205×130，进口尺寸1255×130），用鼠标右键单击设备的风管连接件，在弹出的快捷菜单中选择【绘制风管】命令，绘制风机盘管送风管的第一端点，将鼠标垂直向下拖动到侧吊顶线的位置，单击左键，完成风机盘管送风管的绘制，如图5.1–28（a）所示。点选刚才绘制的风机盘管送风管，在左侧【属性】面板中的系统类型下拉列表中选择“风机盘管送风系统”，如图5.1–28（b）所示。

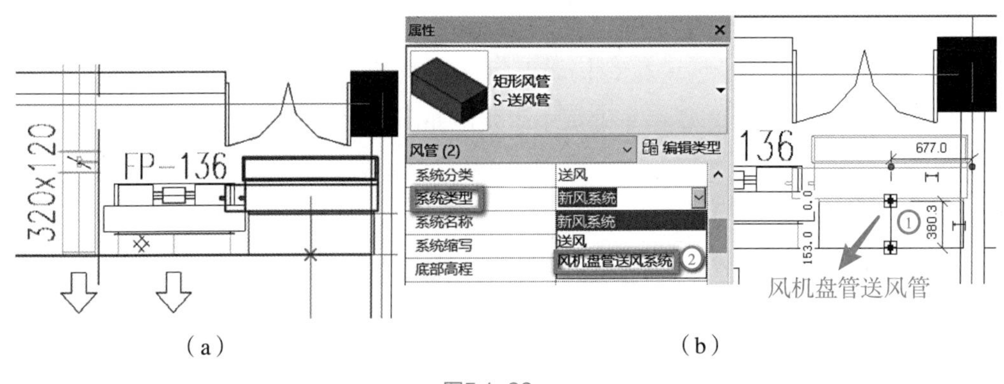

（a）　　（b）

图5.1–28

输入快捷键“AT”，打开【风道末端】工具，再在【修改|放置风道末端装置】选项卡中单击【风道末端安装到风管上】工具，然后在左侧的【属性】面板中的族类型选择器下拉列表中选择类型名称为“送风口–矩形–双层–可调：320×120”的双层百叶风口族，单击【属性】面板中的【编辑类型】按钮，打开【类型属性】对话框。单击【复制】按钮输入“1205×130”，单击【确定】按钮，并按图5.1–29所示修改双层百叶送风口族的类型参数，再单击【确定】按钮，将鼠标移至已绘制的风机盘管送风管端部并捕捉到端点时单击，完成双层百叶送风口的放置，如图5.1–30所示。

输入快捷键“AL”，打开【对齐】工具，先将鼠标移至CAD底图中风机盘管送风管中心线上单击左键，再将鼠标移至刚才创建的风机盘管送风管中心线上单击左键，将风机盘管及风机盘管送风管与CAD底图对齐；将鼠标移动到风机盘管上（不要单击），再单击键盘上的Tab键进行选择内容的切换，当风机盘管及其送风管和送风管末端的双层百叶风口均为蓝灰色时立即单击左键确定选择，单击【修改】选项卡→【修改】面板→【镜像–拾取线】工具（快捷键“MM”），取消勾选选项栏中【复制】前

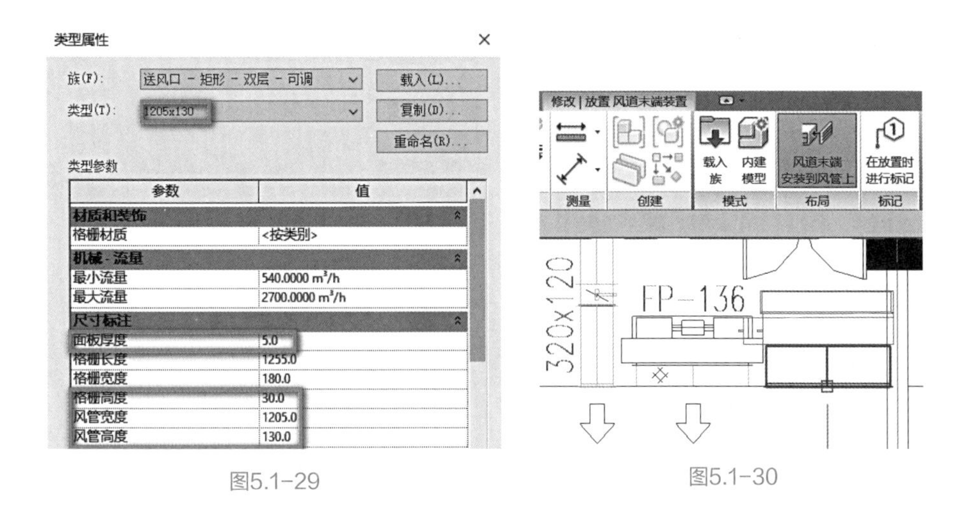

图5.1–29　　　　图5.1–30

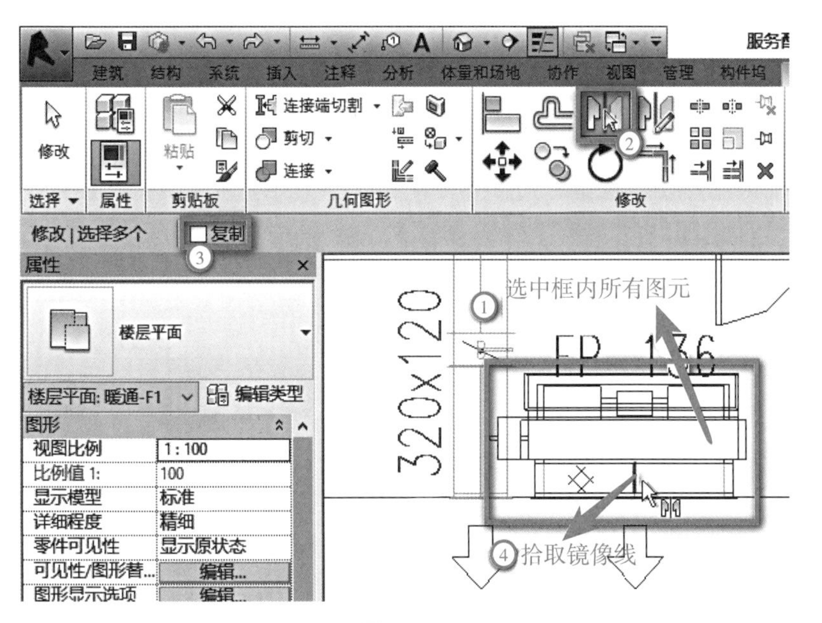

图5.1–31

的复选框，拾取风机盘管送风管中心线，单击左键，完成风机盘管节点模型的镜像，如图5.1–31所示。

输入快捷键“DA”，打开【风管附件】工具，在左侧的【属性】面板中的族类型选择器下拉列表中选择类型名称为“弹性连接件–矩形：标准”的族，单击【编辑类型】按钮，打开【类型属性】对话框，将类型参数“连接件长度”的值“250”改为“150”，单击【确定】按钮。如果在下拉列表中没有所需类型的风管附件，可以从族库中载入“弹性连接件–矩形.rfa”，同样也需要按上述方法修改类型参数“连接件长度”的值。

将鼠标移至风机盘管送风管的中心线上，单击左键，完成风机盘管与风机盘管送风管连接处弹性连接件（即帆布软接管）的放置，如图5.1–32所示。

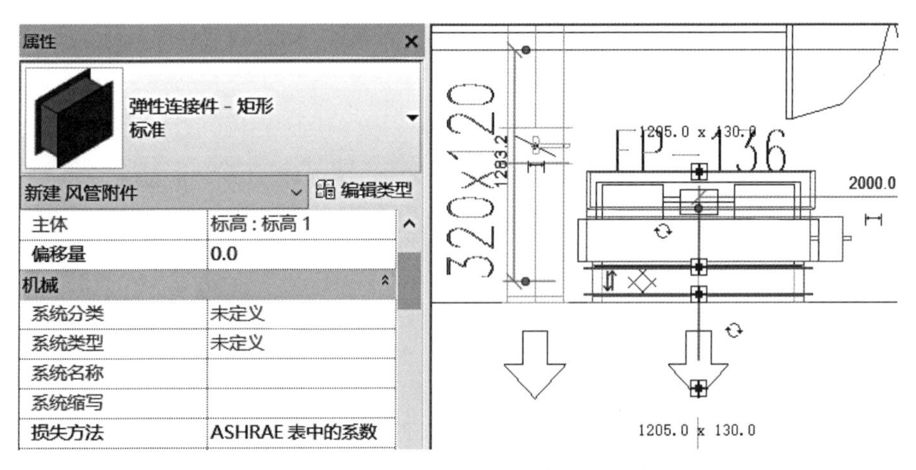

图5.1-32

（3）绘制风机盘管回风系统

单击快速访问工具栏中的【剖面】工具，在已放置的风机盘管与绘制的新风支管之间上下单击两次，绘制剖面1，单击鼠标右键，在弹出的下拉菜单中选择【转到视图】命令，如图5.1-33所示。

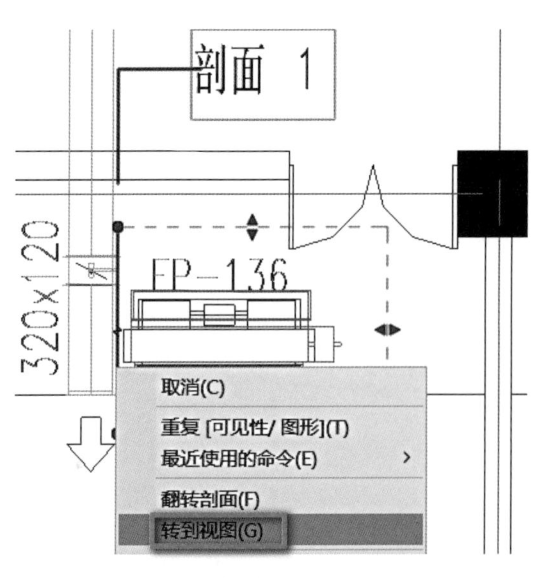

图5.1-33

将【剖面1】剖面视图的视觉样式设置为“线框”，视图详细程度设置为“精细”。在绘图区域点选剖面框，拖拽剖面框上部的控制点，使标高2在绘图区域内显示。点选风机盘管送风管上放置的弹性连接件（即帆布软接管），将左侧【属性】面板中的实例参数【偏移量】的值“153”改为“3300”，如图5.1-34所示。

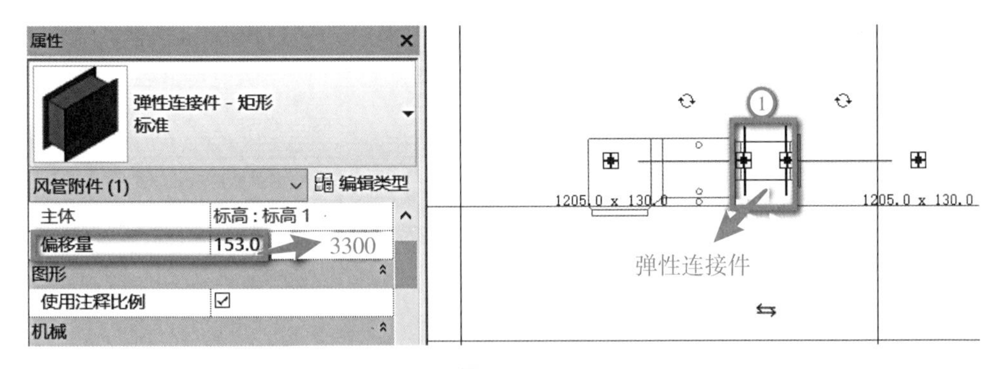

图5.1-34

单击选中已放置的风机盘管（FP-136），用鼠标右键单击设备的进口处风管连接件，在弹出的快捷菜单中选择【绘制风管】命令，绘制风机盘管回风管的第一端点，单击键盘上的Tab键，再将鼠标垂直向下拖动一定距离，单击左键，完成风机盘管送风管的绘制，如图5.1-35（a）所示。点选刚才绘制的风机盘管回风管，在左侧【属性】面板中的系统类型下拉列表中选择“风机盘管回风系统”，如图5.1-35（b）所示。

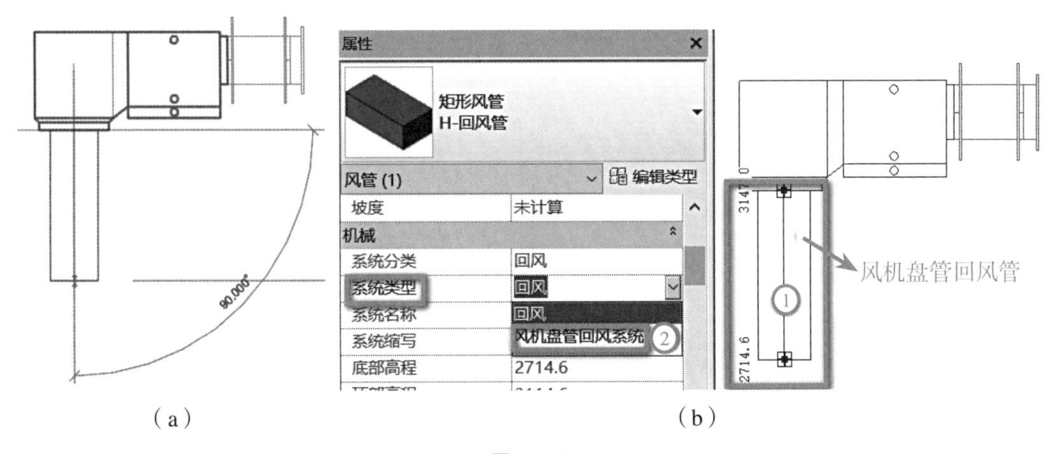

（a）　　　　　　　　　　　　　　（b）

图5.1-35

输入快捷键“AT”，打开【风道末端】工具，再在【修改|放置风道末端装置】选项卡中单击【风道末端安装到风管上】工具，然后在左侧的【属性】面板中的族类型选择器下拉列表中选择类型名称为“回风口-矩形-单层-可调：标准”的单层百叶风口族，单击【属性】面板中的【编辑类型】按钮，打开【类型属性】对话框。单击【复制】按钮弹出【名称】对话框，输入“1255×130”，单击【确定】按钮，并按图5.1-36所示修改单层百叶回风口族的类型参数，再单击【确定】按钮，将鼠标移至已绘制的风机盘管回风管端部并捕捉到端点时单击，完成单层百叶回风口的放置，如图5.1-37所示。

点选刚才放置的单层百叶回风口（1255×130），将左侧【属性】面板中的实例参数【偏移量】的值“2539.6”改为“2900”，如图5.1-38所示。

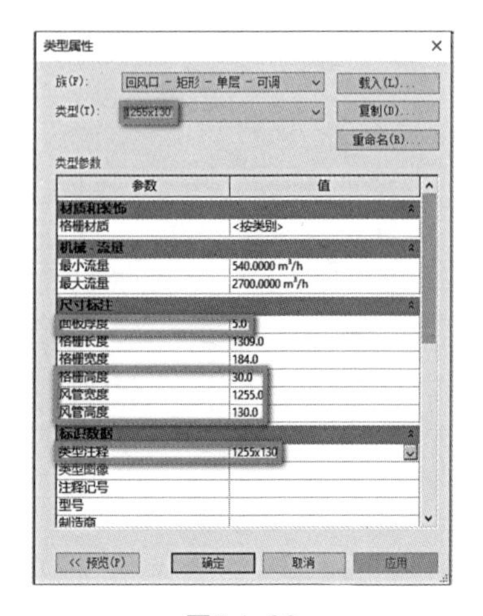

图5.1-36

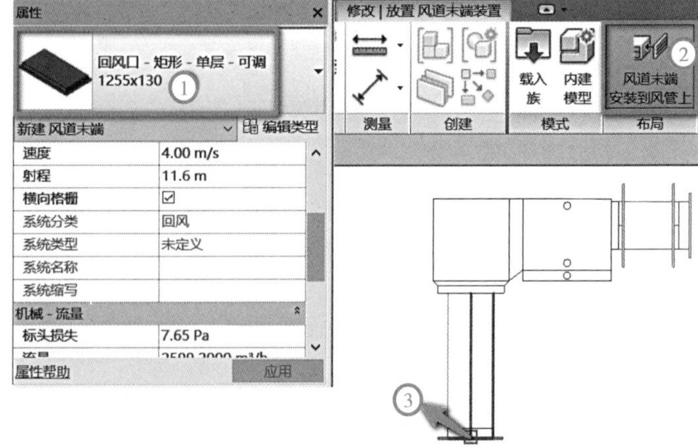

图5.1-37

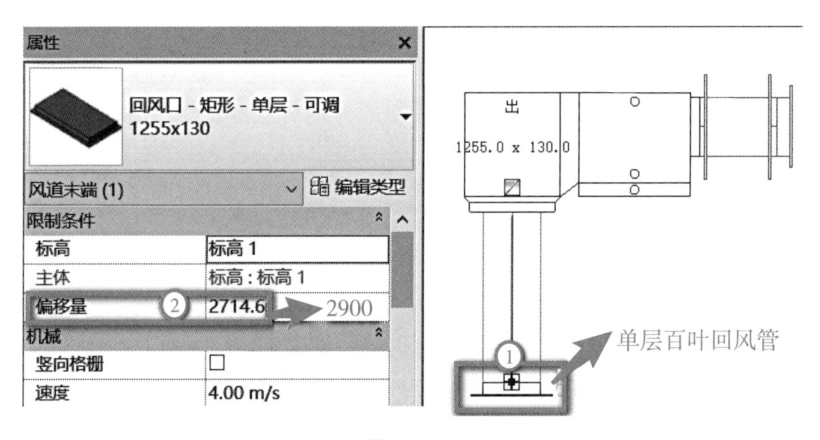

图5.1-38

单击【系统】选项卡→【HVAC】面板→【风管附件】工具（快捷键“DA”），在左侧的【属性】面板中的族类型选择器下拉列表中选择类型名称为“弹性连接件–矩形：标准”的族。将鼠标移至风机盘管回风管的中心线上，单击左键，完成风机盘管与风机盘管回风管连接处弹性连接件（即帆布软接管）的放置，如图5.1–39所示。

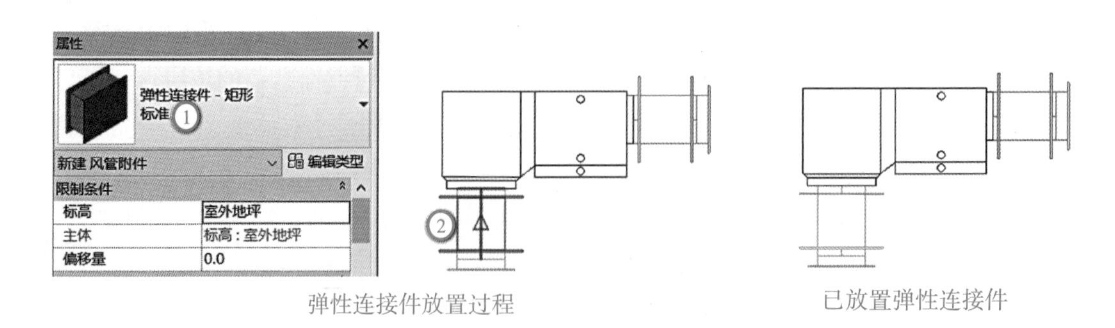

弹性连接件放置过程　　　　已放置弹性连接件

图5.1-39

输入快捷键“VV”，打开【楼层平面：暖通–F1的可见性/图形替换】对话框，选择【导入的类别】选项卡，取消勾选“一层通风空调风平面图底图.dwg”复选框，选择【注释类别】选项卡，取消勾选“剖面”复选框，单击【确定】按钮，完成视图可见性的设置。放置风机盘管并创建完成该风机盘管送、回风系统的模型如图5.1–40所示。

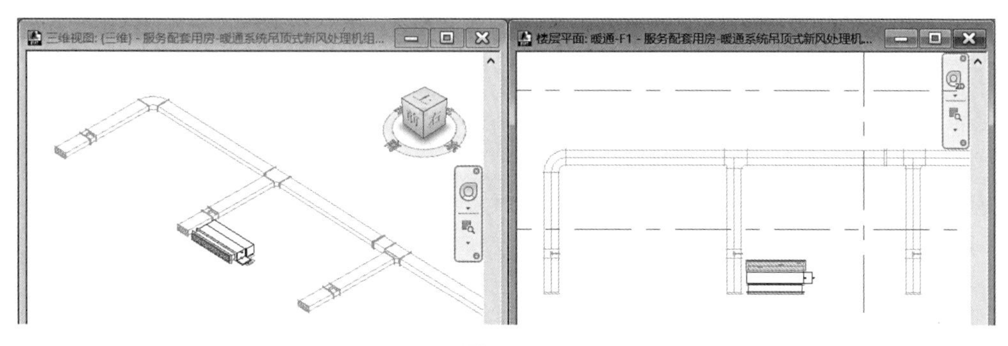

图5.1–40

新风处理机组风节点模型的创建方法与风机盘管风节点模型创建方法类似，但又略有区别。可分为放置新风处理机组、绘制新风进风系统（包括新风进风管、防雨百叶新风口、弹性连接件和电动密闭风管）、绘制新风送风系统（包括新风送风管、弹性连接件）、创建内建族——矩形裤衩三通并与新风送风系统进行连接等步骤。

7. 技能点——添加消声器

从导入的CAD 图纸“一层通风空调风平面图底图.dwg”中可看到，该项目中的消声器只有一种类型，长度均为L=900mm，断面尺寸（宽度和高度）比相应的新风主管大200m。

单击【系统】选项卡→【HVAC】面板→【风管附件】工具，单击【修改|放置风管附件】选项卡中的【载入族】工具，从族库中载入“消声器–WX 微孔板式：500×250.rfa”族。

在绘图区域任意位置处单击左键，放置一个消声器，再点选刚放置的消声器图元，在【修改|风管附件】选项卡的【模式】面板中单击【族编辑】工具，打开“消声器–WX 微孔板式：500×200.rfa”族编辑器，单击【族类型】工具，打开【族类型】对话框，按图5.1–41所示修改“消声器–WX 微孔板式：500×250”族的类型参数，单击【确定】按钮。将修改后的族重新加载到项目中，并删除刚放置在【楼层平面：暖通–F1】平面视图绘图区域中的消声器图元。

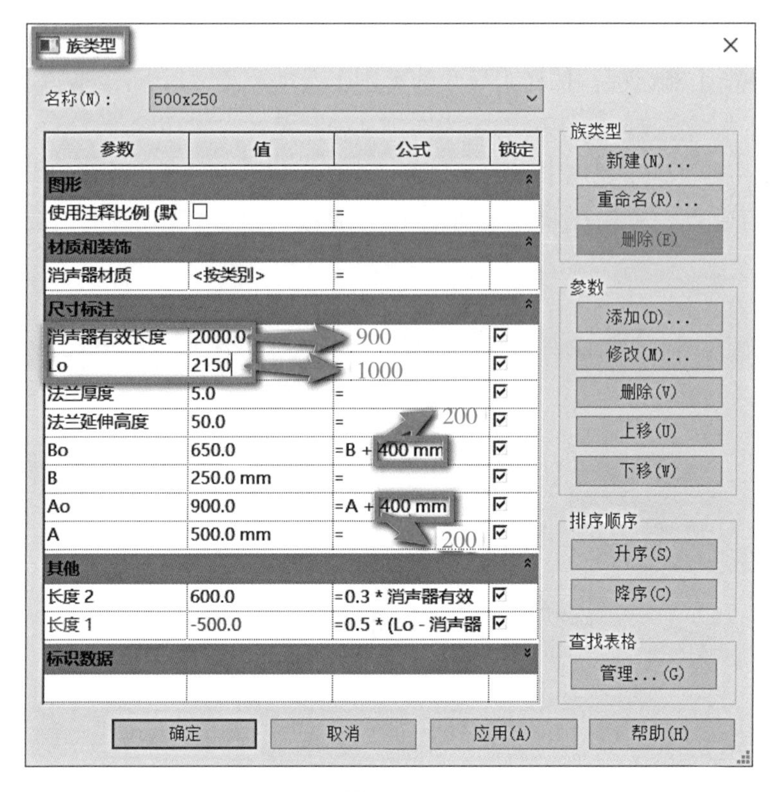

图5.1–41

输入快捷键“DA”，打开【风管附件】工具，按CAD底图，将鼠标移至已绘制的新风主管中心线上单击左键，完成在新风主管上添加消声器，如图5.1–42所示。

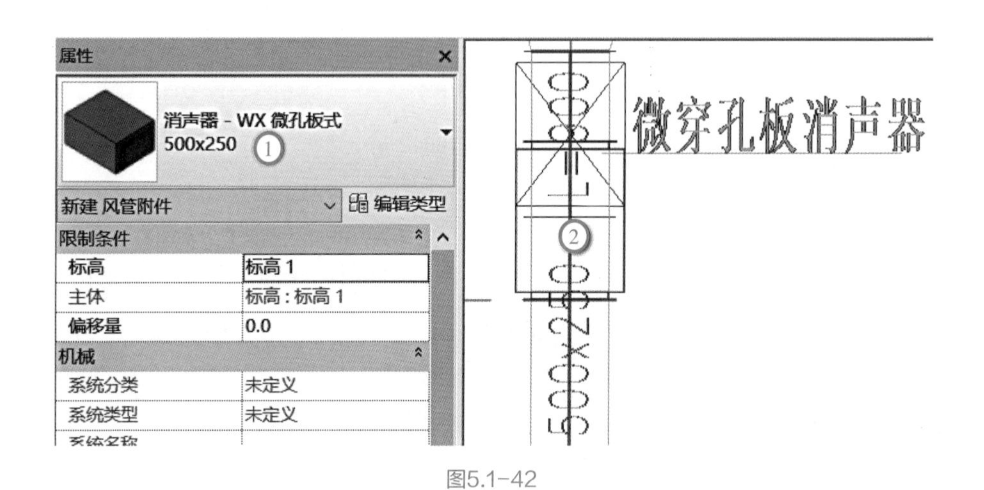

图5.1–42

输入快捷键“AL”，打开【对齐】工具，将鼠标移至CAD底图中消声器的上边框线上单击左键，再将鼠标移至刚添加到项目中的消声器图元的上边框线上单击左键，使添加的消声器图元与CAD底图中消声器位置对齐，如图5.1–43所示。

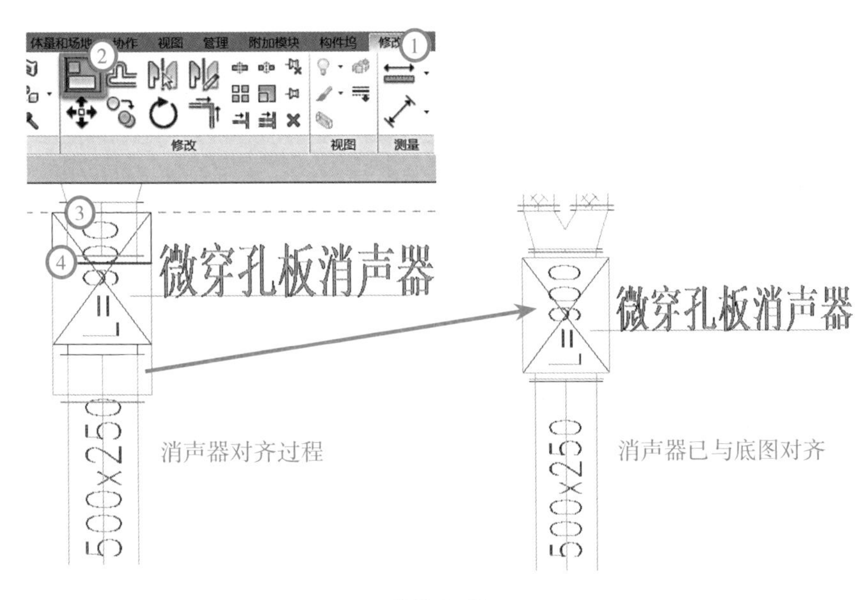

图5.1-43

在【项目浏览器】面板中选中【视图】→【机械】→【暖通】→【楼层平面】下的名称“暖通–F1”，单击鼠标右键，在弹出的快捷菜单中选择【复制视图】→【带细节复制】，如图5.1–44所示。

选中刚复制的名称“暖通–F1 副本1”，单击鼠标右键，在弹出的快捷菜单中选择【重命名】，在【重命名视图】对话框中输入“暖通风–F1”，单击【确定】按钮，如图5.1–45所示。

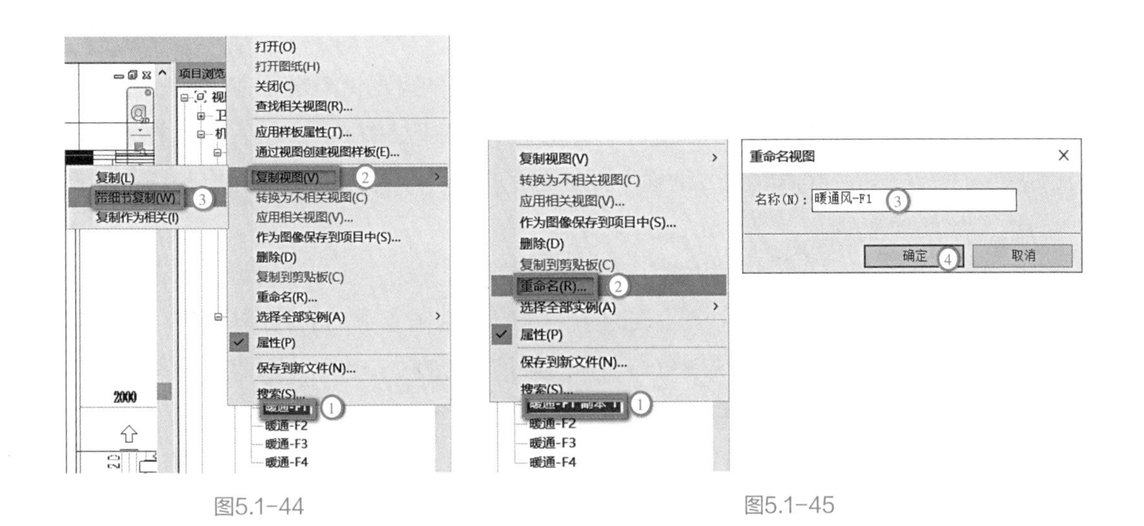

图5.1–44　　　　图5.1–45

用鼠标左键双击名称“暖通风–F1”，打开【楼层平面：暖通风–F1】平面视图。输入快捷键“VV”，打开【楼层平面：暖通风–F1的可见性/图形替换】对话框，选择【过滤器】选项卡，取消勾选“空调冷冻水供水”“空调冷冻水回水”“空调冷凝水”前的复选框，单击【确定】按钮，完成视图可见性的设置，如图5.1–46所示。

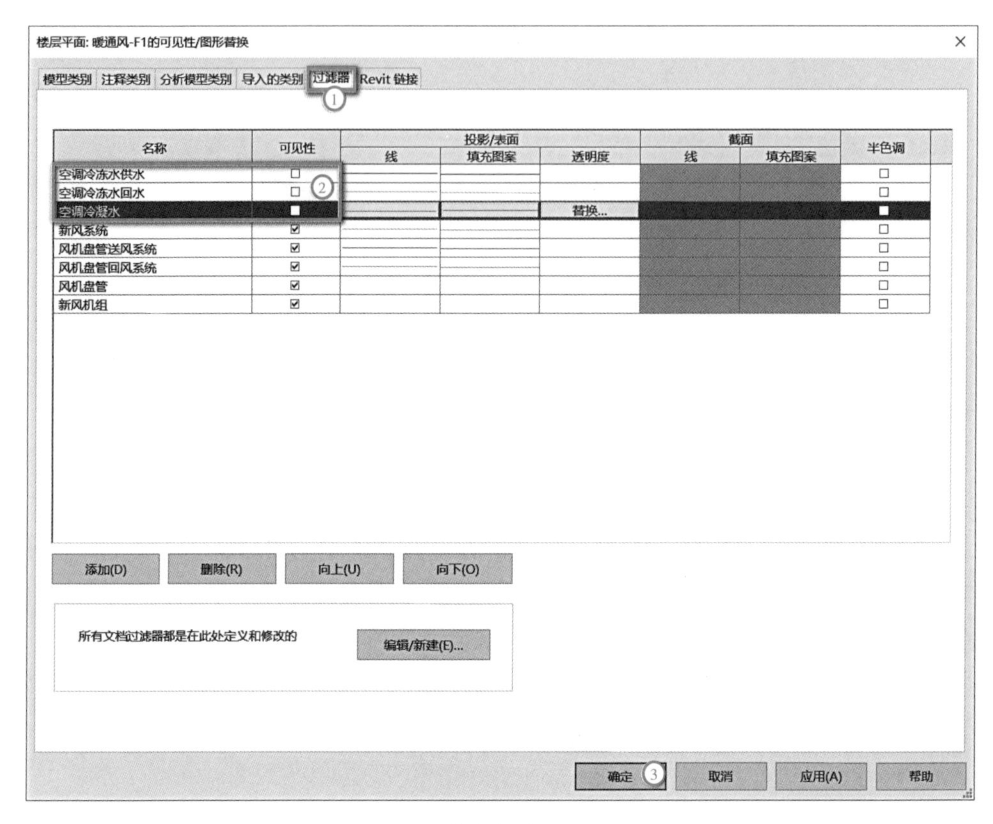

图5.1–46

输入快捷键“VV”，打开【楼层平面：暖通风–F1的可见性/图形替换】对话框，选择【导入的类别】选项卡，取消勾选“一层通风空调风平面图底图.dwg”复选框，选择【注释类别】选项卡，取消勾选“剖面”复选框，单击【确定】按钮，完成视图可见性的设置。

采用与创建【楼层平面：暖通风–F1】视图相同的方法，在【项目浏览器】面板中带细节复制【视图】→【机械】→【暖通】→【三维视图】下的名称“{三维}”，然后将复制后的“{三维} 副本 1”视图重命名为“暖通风系统”，再对【三维视图：暖通风系统】三维视图进行基于过滤器的视图可见性设置。

将【楼层平面：暖通风–F1】平面视图和【三维视图：暖通风系统】三维视图的视图样式均设置为“着色”。

到此，暖通风系统模型已绘制完成，如图5.1–47所示。

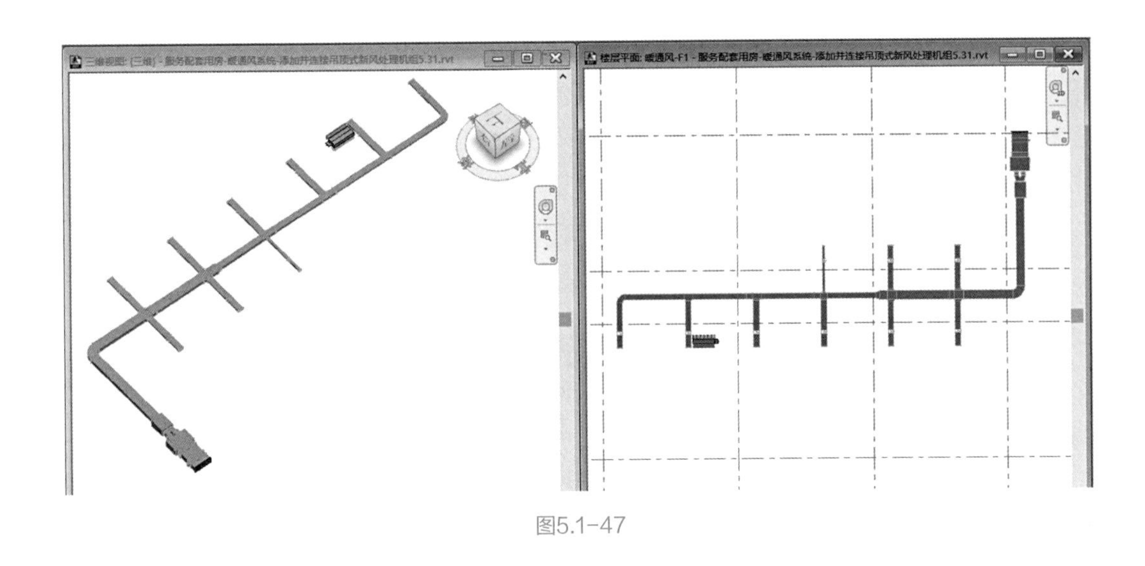

图5.1-47

5.1.4 问题思考

1. Revit提供的“机械样板”项目样板文件中默认配置了哪几种风管类型?

2. 打开【机械设置】对话框有哪几种方法? 如何在【机械设置】对话框中添加风管尺寸?

3. 风机盘管连接风管的方法有哪几种?

5.1.5 知识拓展

资源名称	风管对正 与自动连接	风管显示设置	风管标注	其余 支风管模型
资源类型	文档	文档	文档	文档
资源二维码				

资源名称	支风管与 主风管连接	创建新风处理机组 风节点模型	编辑四通族和设置 隔热层内衬	模型动画
资源类型	文档	文档	文档	3D模型
资源二维码				

任务 5.2 空调水系统

5.2.1 教学目标与思路

【教学目标】

知识目标	能力目标	素养目标	思政要素
1．了解空调水系统的类型及形式； 2．熟悉空调水系统的组成。	1．能够进行空调水系统绘制前期准备； 2．能够创建水管道及附件； 3．能够添加保温层。	1．培养团队协作能力； 2．培养自我学习能力； 3．养成严谨的工作作风。	1．空调冷冻水供、回水为循环水，培养节水、节能意识； 2．数字化建模，对构件做到精准定位，培养工匠精神； 3．通过解决空调模型内水管道与风管之间的碰撞问题，树立专业荣誉感和使命感。

【学习任务】熟悉空调水系统的组成，掌握基于Revit软件进行空调水系统绘制的一般方法，创造实现建筑、结构、机电全专业间三维协同设计的工作基础与前提条件。

【建议学时】3~4学时。

【思维导图】

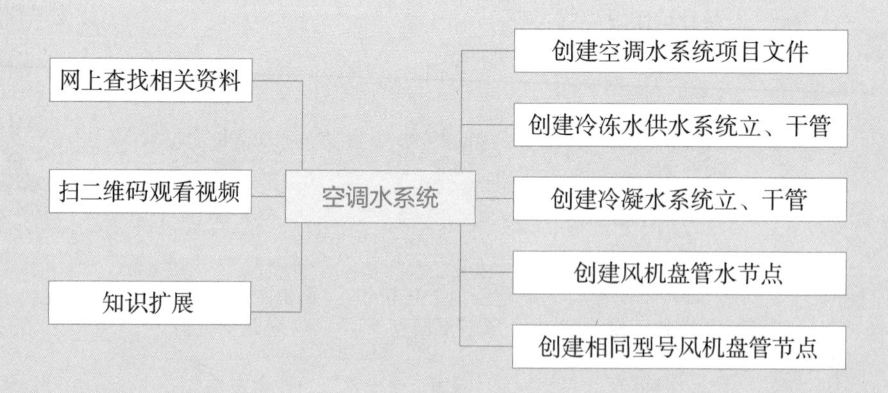

5.2.2 学生任务单

学生根据要求，自行复印附录 学生任务单。

5.2.3 知识与技能

1. 技能点——创建空调水系统项目文件

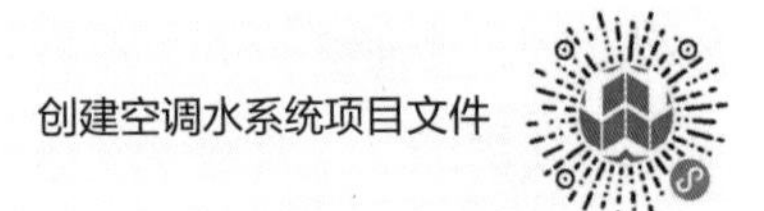

（1）导入空调水的CAD底图

在【项目浏览器】面板中选中【视图】→【机械】→【暖通】→【楼层平面】下的名称“暖通–F1”，用鼠标左键双击，打开【楼层平面：暖通–F1】平面视图。

单击【插入】选项卡→【导入】面板→【导入CAD】工具，打开【导入CAD格式】对话框，选择“一层空调水平面图底图.dwg”，勾选【仅当前视图】,【导入单位】为“毫米”,【定位】为“自动–原点到原点”，如图5.2–1所示。

图5.2–1

导入CAD底图后，将CAD底图与模型轴网对齐重合并锁定。

从空调水底图可知，该“共享型实训基地配套服务用房”项目一层的空调水系统包含空调冷冻水供水系统、空调冷冻水回水系统和空调冷凝水系统。其中，空调冷冻水供水系统由吊顶式新风处理机、风机盘管、冷冻水供水管道、闸阀、截止阀、过滤器等部分组成；空调冷冻水回水系统由吊顶式新风处理机、风机盘管、冷冻水供水管道、闸阀、平衡阀、截止阀、电动两通阀等部分组成；空调冷凝水系统由吊顶式新风处理机、风机盘管、冷凝水管道、水封、清扫口等部分组成。空调冷冻水系统供、回水管道材质可采用焊接钢管，空调冷凝水系统管道材质可采用PE塑料管。

（2）创建“楼层平面：暖通水–F1”视图

在【项目浏览器】面板中选中【视图】→【机械】→【暖通】→【楼层平面】下的名称“暖通–F1”，单击鼠标右键，在弹出的快捷菜单中选择【复制视图】→【带细节复制】，如图5.1–44所示。

选中刚复制的名称“暖通–F1 副本1”，单击鼠标右键，在弹出的快捷菜单中选择【重命名】，在【重命名视图】对话框中输入“暖通水–F1”，单击【确定】按钮。

在【项目浏览器】面板中用鼠标左键双击名称“暖通水–F1”，打开【楼层平面：暖通水–F1】平面视图。输入快捷键“VV”，打开【楼层平面：暖通水–F1的可见性/图形替换】对话框，选择【过滤器】选项卡，取消勾选“新风系统”“风机盘管送风系统”“风机盘管回风系统”前的复选框，单击【确定】按钮，完成视图可见性的设置，如图5.2–2所示。

图5.2–2

同样的方法，在【项目浏览器】面板中带细节复制【视图】→【机械】→【暖通】→【三维视图】下的名称“{三维}”，然后将复制后的“{三维} 副本1”视图重命名为“暖通水系统”，再对【三维视图：暖通水系统】三维视图进行基于过滤器的视图可见性设置。

（3）管道属性的设置

单击【系统】选项卡→【卫浴和管道】面板→【管道】工具（快捷键“PI”），如图5.2-3所示。进入管道绘制界面。

图5.2-3

在绘图区域左侧的【属性】面板族类型选择器下拉列表中，Revit提供的【系统样板】项目样板文件中默认配置了两种管道类型，分别为“标准”和“PVC-U-排水”，如图5.2-4所示。

两者的区别主要在于管道构件的样式不同。输入快捷键“PI”，直径值设为“100”、偏移量值“2750”，绘制一段水平管道；然后修改直径值设为“65”、偏移量值“3200”，捕捉前一段管道的中点，再绘制一段水平管道，由于两段水平管道的偏移量不同，在连接处会自动生成一段垂直管道，这三段管道连成的管道系统中含有三通、变径和弯头等管件。图5.2-5为两种管道类型管件的效果。

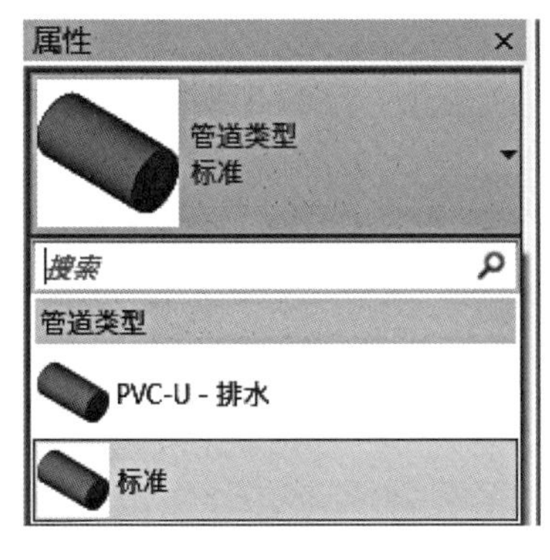

图5.2-4

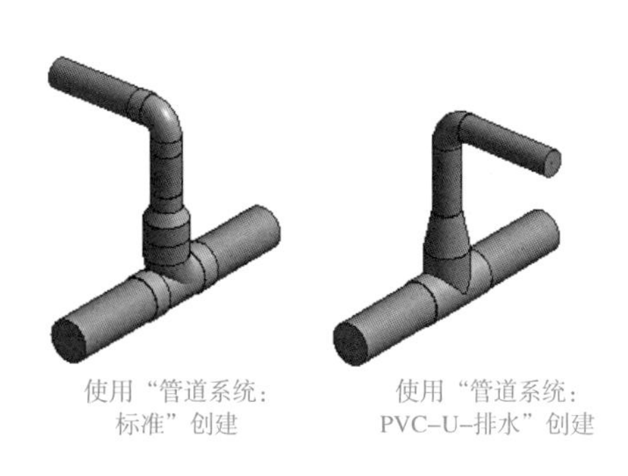

图5.2-5

这两种管道类型的管件类型与实际情况均有区别，如图5.2-5中的垂直管与下部水平管道实际工程中采用一个变径三通进行连接。因此，在创建管道模型前，通常都需要重新载入合适的管件进行布管系统的重新配置。

单击【插入】选项卡→【从库中载入】面板→【载入族】工具，打开【载入族】对话框，从【查找范围】下拉列表中找到管件族在族库中的路径，载入螺纹管件族，如图5.2–6所示。

类似的方法可载入热熔承插管件族，在【GBT 13663 PE】→【热熔承插】文件夹下，载入“T形三通–热熔承插–PE.rfa”“变径管–热熔承插–PE.rfa”“管帽–热熔承插–PE.rfa”“弯头–热熔承插–PE.rfa”等族。

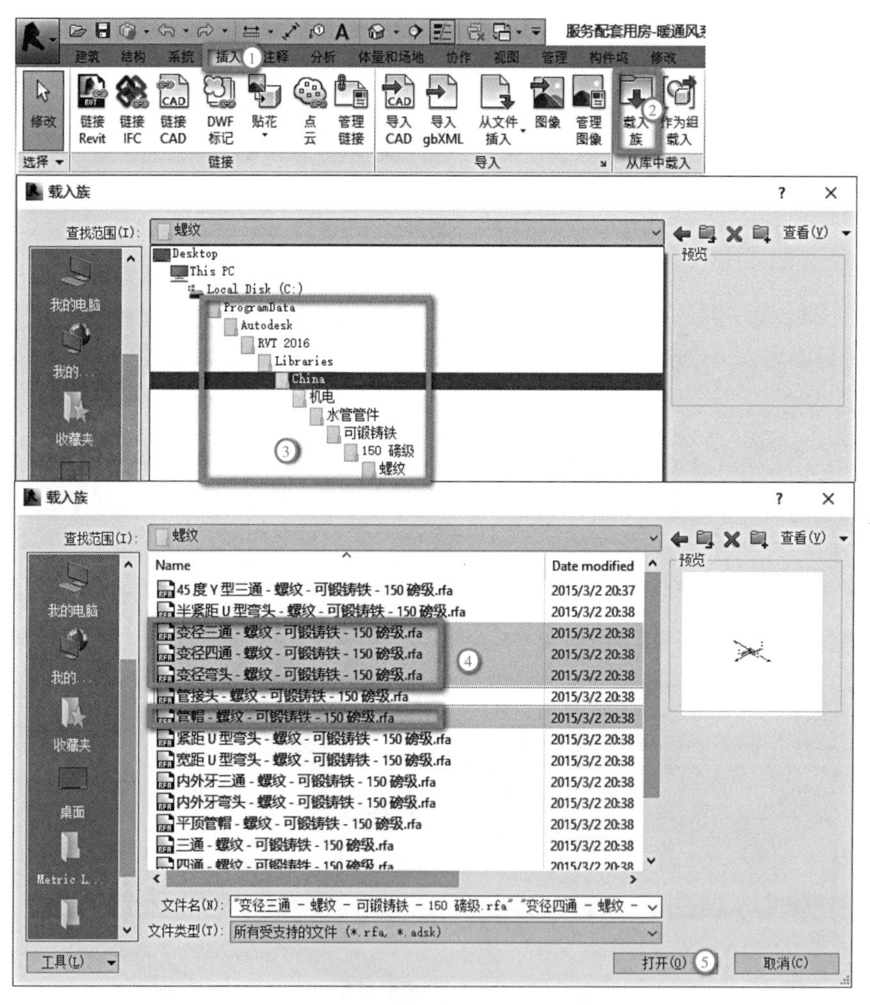

图5.2–6

输入快捷键“PI”，打开【管道】工具，在左侧的【属性】面板中单击【编辑类型】按钮，打开【类型属性】对话框。在【类型】下拉列表中选择“标准”，单击【复制】按钮弹出【名称】对话框，输入“空调冷冻水管”，单击【确定】按钮，再单击“类型参数”列表中【布管系统配置】右侧的【编辑】按钮，打开【布管系统配置】对话框，按图5.2–7重新进行“管道类型：空调冷冻水管”的布管系统配置。同样的方法，按图5.2–8对“管道类型：空调冷凝水管”重新进行布管系统配置。

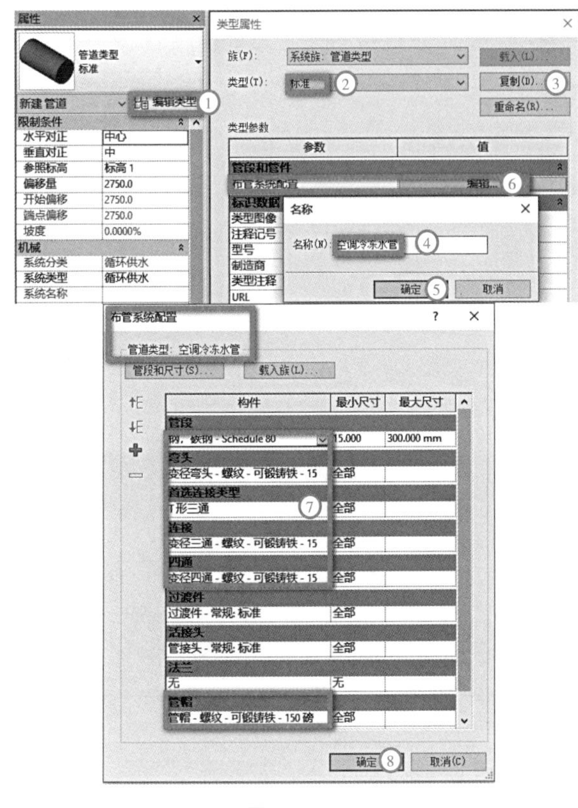

图5.2–7

布管系统配置

管道类型：空调冷凝水管

管段和尺寸(S)...　载入族(L)...

构件	最小尺寸	最大尺寸
管段		
PE 63 - GB/T 13363 - 1.0 MPa	15.000	300.000 mm
弯头		
弯头 - 热熔承插 - PE: 标准	全部	
首选连接类型		
T形三通	全部	
连接		
T形三通 - 热熔承插 - PE: 标准	全部	
四通		
变径四通 - 螺纹 - 可锻铸铁 - 15	全部	
过渡件		
过渡件 - 常规: 标准	全部	
活接头		
管接头 - 常规: 标准	全部	
法兰		
无	无	
管帽		
管帽 - 热熔承插 - PE: 标准	全部	

确定　取消(C)

图5.2–8

2. 技能点——创建冷冻水供水系统立、干管

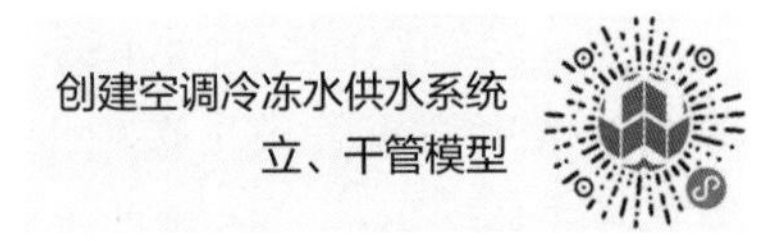

创建空调冷冻水供水系统
立、干管模型

（1）空调冷冻水供水立管的绘制

在【楼层平面：暖通水–F1】平面视图中，输入快捷键“PI”，打开管道绘制模式。在绘图区域左侧【属性】面板的类型选择器下拉列表中选择“管道类型：空调冷冻水管”，管道系统类型下拉列表中选择“空调冷冻水供水”；在选项栏的【直径】下拉列表中，选择将绘制的一层处空调冷冻水供水立管管径为“100mm”，也可以在【直径】输入框中直接输入“100”，在选项栏的【偏移量】输入框中直接输入初始偏移量“4200”。

将鼠标指针移至绘图区域，捕捉空调水底图的“空调冷冻水供水立管圆心”时，单击绘制空调冷冻水供水立管起始点（即顶端），如图5.2–9（a）所示；再在选项栏的【偏移量】输入框中将偏移量值修改为空调冷冻水供水立管终点（即底端）偏移量“1000”，单击【应用】按钮两次，完成空调冷冻水供水立管的绘制，如图5.2–9（b）所示。

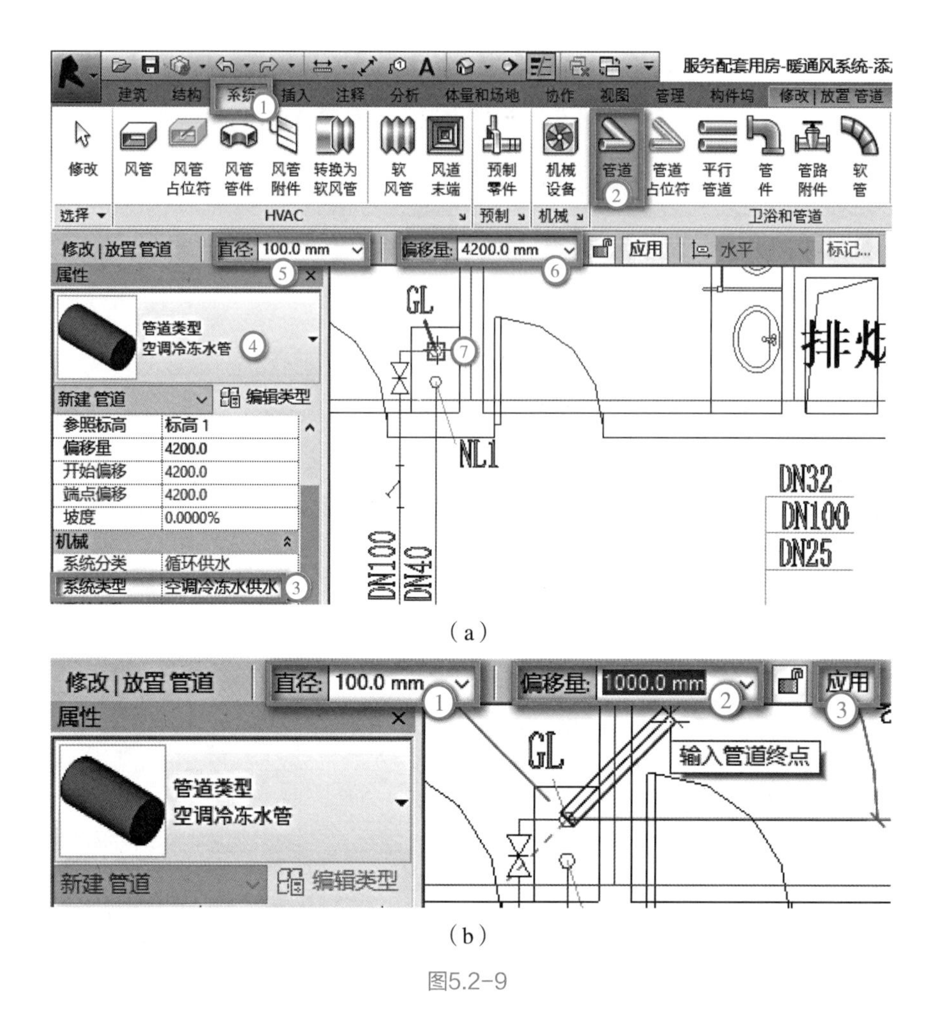

（a）

（b）

图5.2-9

（2）空调冷冻水供水干管的绘制

继续绘制空调冷冻水供水干管，空调冷冻水供水干管绘制时通常无须设置坡度，即在【修改|放置管道】选项卡中需激活【禁用坡度绘制】选项，默认情况下，这一选项是激活的；另外，还需激活【自动连接】和【添加垂直】选项，默认情况下，这两选项也是激活的。

在选项栏的【直径】下拉列表中，选择立管连接处的干管管径“100mm”，【偏移量】输入框中直接输入干管偏移量“2800”。

将鼠标指针移至绘图区域，捕捉到已绘制的“空调冷冻水供水立管中心”时，单击绘制空调冷冻水供水干管起始点，如图5.2–10（a）所示；按CAD底图，拖拽光标到需要转折的位置并单击，再继续沿着底图线条拖拽光标，直到管径改变的分支点之后300mm左右单击；然后，在绘制模式下，拖拽光标到选项栏，在【直径】下拉列表中，选择变径后的管径“80mm”，再拖拽光标到绘图区域继续绘制，如图5.2–10（b）所示；同样的方法，可绘制空调冷冻水供水干管的其他管段，直至末端。

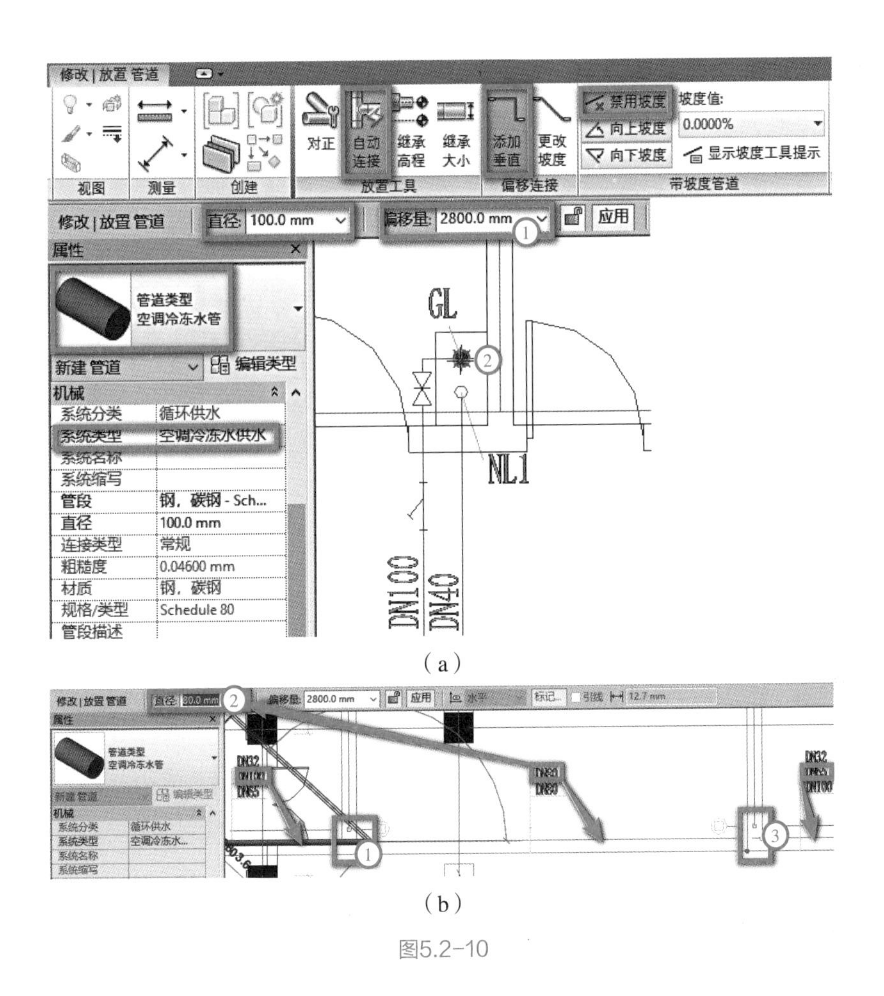

（a）

（b）

图5.2-10

从底图中可发现，该项目的空调冷冻水供水干管末端需要安装*DN*20的自动排气阀，而自动排气阀一般需要立式安装，且自动排气阀前还应该安装截止阀。因此，末端需要向上绘制一段300mm左右的垂直管。拖拽光标到选项栏，在【偏移量】输入框中直接输入干管偏移量“3100”，单击【应用】按钮两次，完成空调冷冻水供水干管的绘制，如图5.2-11所示。

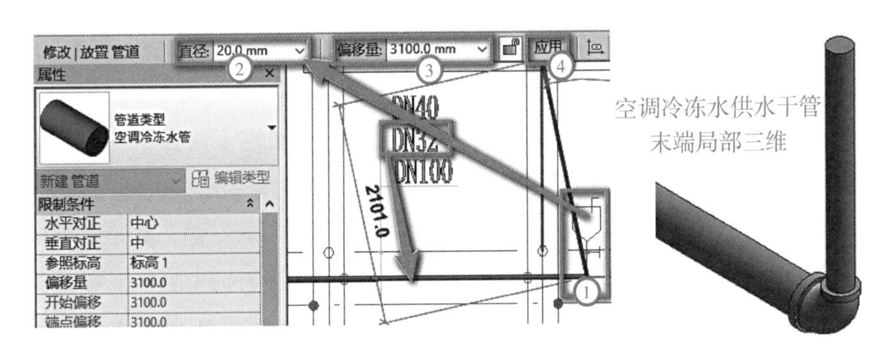

图5.2-11

（3）空调冷冻水供水系统立、干管上添加管路附件

由底图可知，该项目的空调冷冻水供水立管一层距地1.8m处需安装*DN*25泄水用截止阀，空调冷冻水供水立管与干管连接处需在空调冷冻水供水干管上安装闸阀和过滤器，空调冷冻水供水干管末端应安装*DN*20自动排气阀和截止阀。

在【三维视图：暖通水系统】三维视图中，单击【系统】选项卡→【卫浴和管道】面板→【管路附件】工具（快捷键“PA”），在【修改|放置管道附件】选项卡中单击【载入族】工具，在Revit族库中载入“流量平衡阀–自力式–法兰式：100mm.rfa”“排气阀–自动–螺纹.rfa”“蝶阀–D71 型–手柄传动–对夹式：D71X–6–40 mm.rfa”“清扫口–塑料.rfa”等族，在本教材配套资料“族库”文件夹中载入“铜制截止阀–螺纹–DN15–50.rfa”“电动阀.rfa”“Y型铜制过滤器–螺纹–DN15–50.rfa”“Y型铜制过滤器–法兰–DN65–300.rfa”“可曲挠橡胶接头.rfa”等族。

在放置管道附件模式下，在左侧的【属性】面板中的族类型选择器下拉列表中选择类型名称为“铜制截止阀–螺纹–DN15–50：25”的族，拖拽光标至空调冷冻水供水立管下部中心线上，单击左键，完成*DN*25泄水用截止阀的放置，单击Esc键两次，结束放置管路附件；再点选刚放置空调冷冻水供水立管的截止阀，将左侧【属性】面板中的实例参数【偏移量】的值修改为“1800”，如图5.2–12（a）所示；再点选*DN*25截止阀的下部管道，拖拽光标至选项栏，在【直径】下拉列表中选择管径“25mm”，如图5.2–12（b）所示。

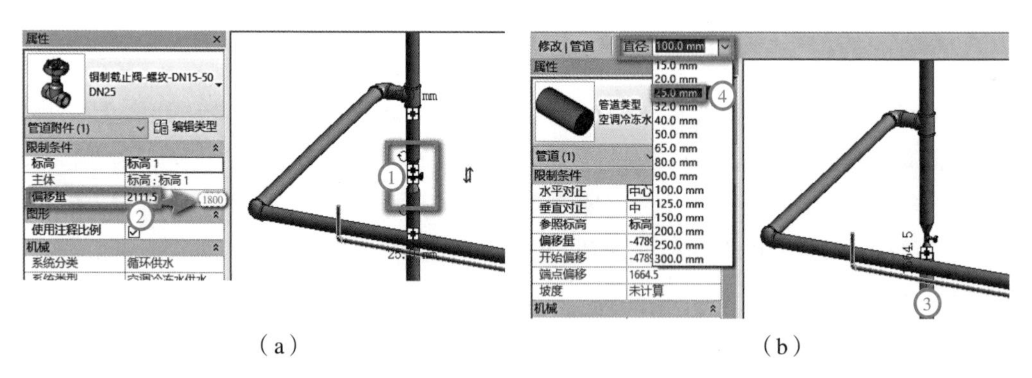

（a）　　　　　　　　　　　　　　（b）

图5.2–12

继续放置管路附件，输入快捷键“PA”，在左侧的【属性】面板中的族类型选择器下拉列表中选择类型名称为“闸阀–Z41 型–明杆楔式单闸板–法兰式：100”的族，拖拽光标至与立管连接处的空调冷冻水供水干管中心线上，单击左键，完成*DN*100闸阀的放置。再用同样的方法，在左侧的【属性】面板中的族类型选择器下拉列表中选择类型名称为“Y型铜制过滤器–法兰–DN65–300”的族，在空调冷冻水供水干管闸阀之后放置*DN*100 Y型过滤器；在左侧的【属性】面板中的族类型选择器下拉列表中选择类型

名称为“排气阀–自动–螺纹：DN20”的族，捕捉空调冷冻水回水干管末端垂直管顶端中心，单击放置*DN*20自动排气阀；在左侧的【属性】面板中的族类型选择器下拉列表中选择类型名称为“铜制截止阀–螺纹–DN15–50：20”的族，在自动排气阀下部放置*DN*20截止阀，如图5.2–13所示。

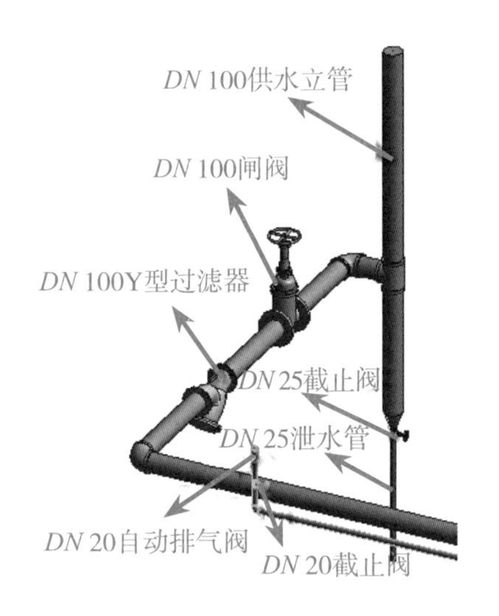

图5.2–13

空调冷冻水回水系统立、干管模型的创建方法与空调冷冻水供水系统立、干管模型的创建方法基本相同，详见“5.2.5　知识拓展——创建空调冷冻水回水系统立、干管模型”。

3．技能点——创建冷凝水系统立、干管

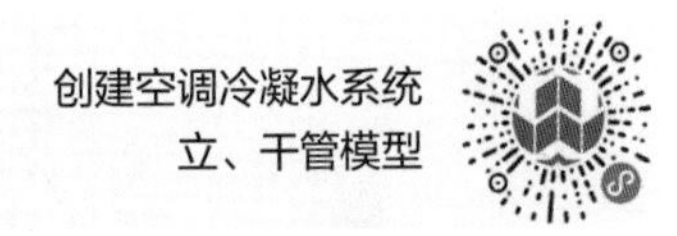

（1）空调冷凝水系统立管的绘制

在【楼层平面：暖通水–F1】平面视图中，单击【系统】选项卡→【卫浴和管道】面板→【管道】工具，进入管道绘制模式；在绘图区域左侧【属性】面板的类型选择器下拉列表中选择“管道类型：空调冷凝水管”，管道系统类型下拉列表中选择“空调冷凝水”；在选项栏的【直径】下拉列表中，选择将绘制的一层处空调冷冻水供水立管管径“40mm”，在选项栏的【偏移量】输入框中直接输入初始偏移量“4200”。

将鼠标指针移至绘图区域，捕捉空调水底图的“空调冷凝水”时，单击绘制空调冷凝水立管起始点，如图5.2–14（a）所示；再在选项栏的【偏移量】输入框中将偏移量值修改为“0”，单击【应用】按钮两次，完成空调冷凝水立管的绘制，如图5.2–14（b）所示。

（2）空调冷凝水干管的绘制

由底图可知，空调冷凝水干管坡度为0.3%。

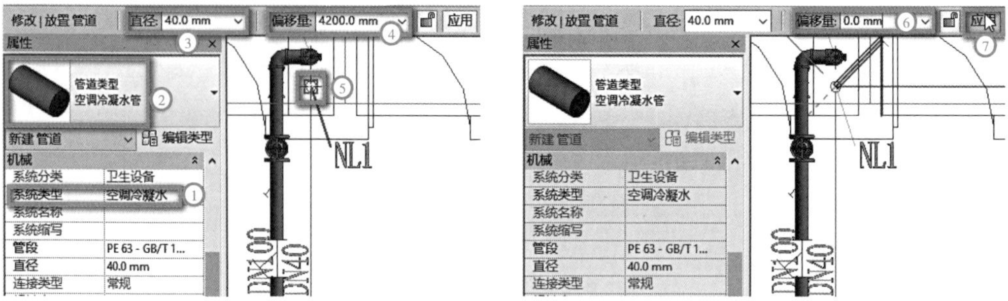

（a）　　　　　　　　　　　　　　　　（b）

图5.2-14

单击【管理】选项卡→【设置】面板→【MEP设置】下拉列表→【机械设置】工具，打开【机械设置】对话框，单击【管道设置】→【坡度】后，再单击【新建坡度】按钮，打开【新建坡度】对话框，输入“0.3%”后，单击【确定】按钮，完成坡度创建，如图5.2-15所示。

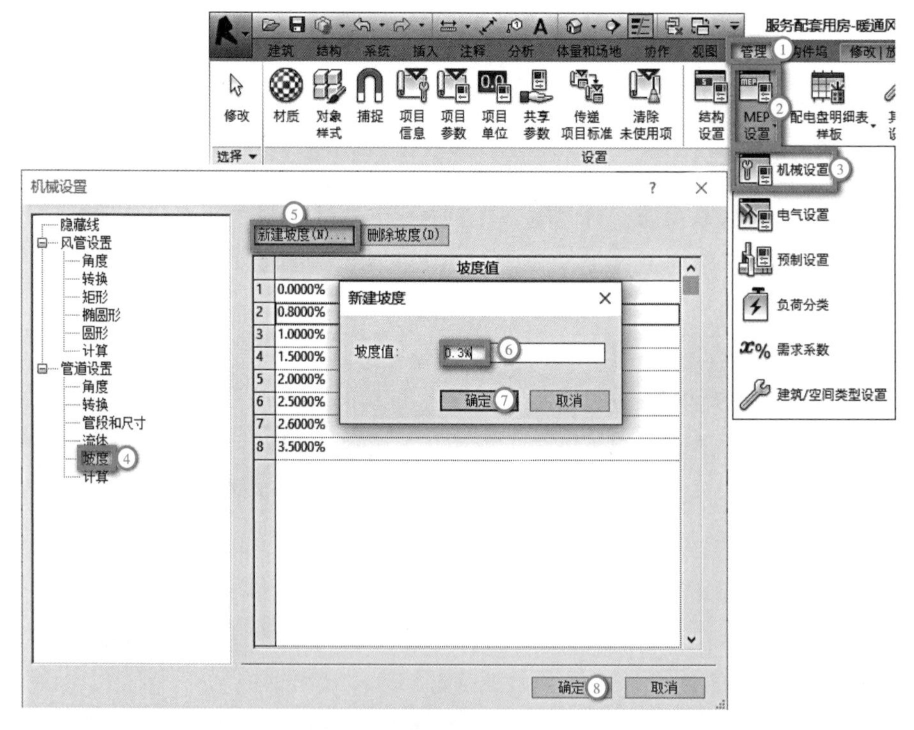

图5.2-15

单击【系统】选项卡→【卫浴和管道】面板→【管道】工具，在选项栏的【直径】下拉列表中，选择立管连接处空调冷凝水干管管径“40mm”，【偏移量】输入框中直接输入初始偏移量“2750”。垂直对正选择底，在【修改|放置管道】选项卡→【带坡度管道】面板中，选择【向上坡度】，并且选择0.3%的坡度值；另外，还需激活【自动连接】

和【添加垂直】选项。

将光标移至绘图区域，当捕捉到刚绘制的空调冷凝水立管中心时单击，如图5.2–16（a）所示；沿着底图管线走向拖拽光标，直至有管径尺寸发生变化时，在分支点后“300mm”左右单击；然后将光标移至选项栏，在选项栏的【直径】下拉列表中选择管径“32mm”，再将光标移至绘图区，沿着底图继续绘制 ，直至完成空调冷凝水干管的绘制，如图5.2–16（b）所示。

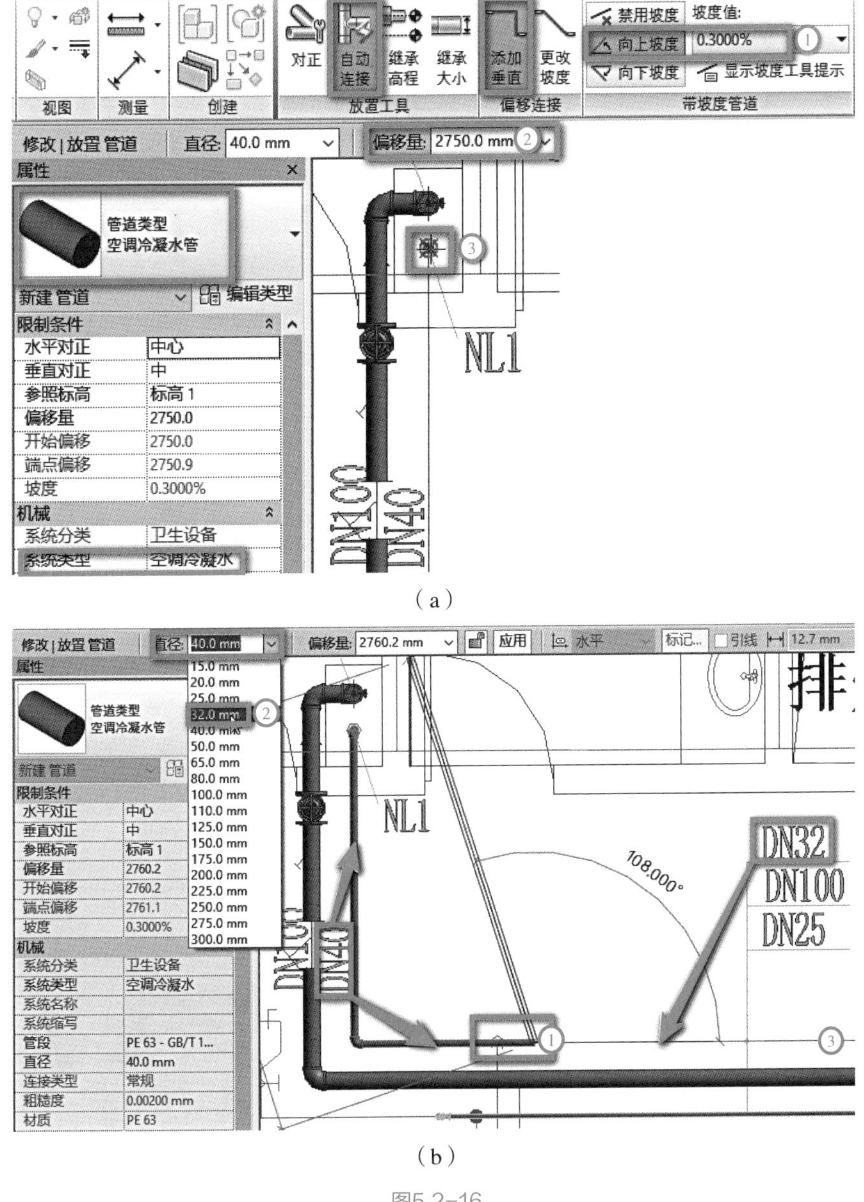

（a）

（b）

图5.2–16

（3）添加清扫口

空调冷凝水干管末端管段管径为*DN*32，因此清扫口尺寸也应该为*DN*32。单击【系统】选项卡→【卫浴和管道】面板→【管路附件】工具，在左侧的【属性】面板中的族类型选择器下拉列表中选择类型名称为“清扫口–塑料：50”的族，单击【编辑类型】按钮，打开【类型属性】对话框。单击【复制】按钮弹出【名称】对话框，输入“32mm”，单击【确定】按钮，将类型参数“公称直径”值改为“32”，再单击【确定】按钮，如图5.2–17（a）所示；将鼠标移至已绘制的空调冷凝水干管端部并捕捉到端点时单击，完成清扫口的添加，如图5.2–17（b）所示。

绘制完成的空调水系统立管和干管模型如图5.2–18所示。

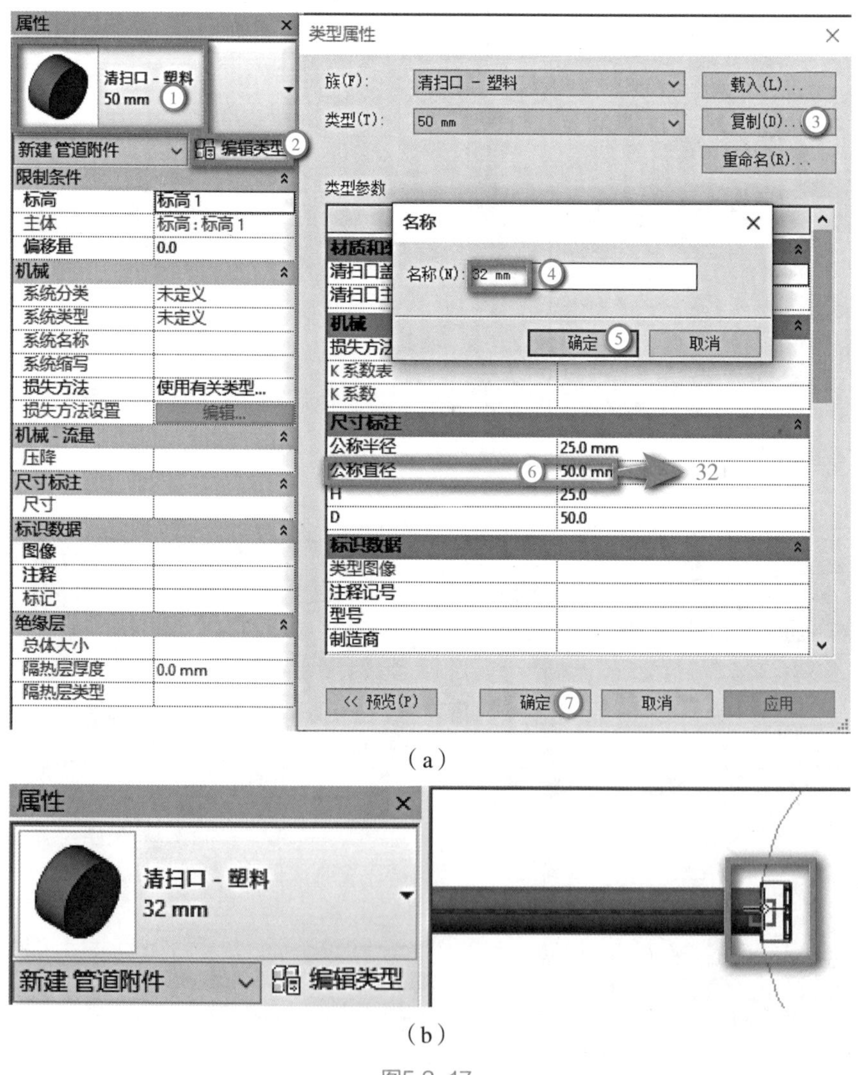

图5.2–17

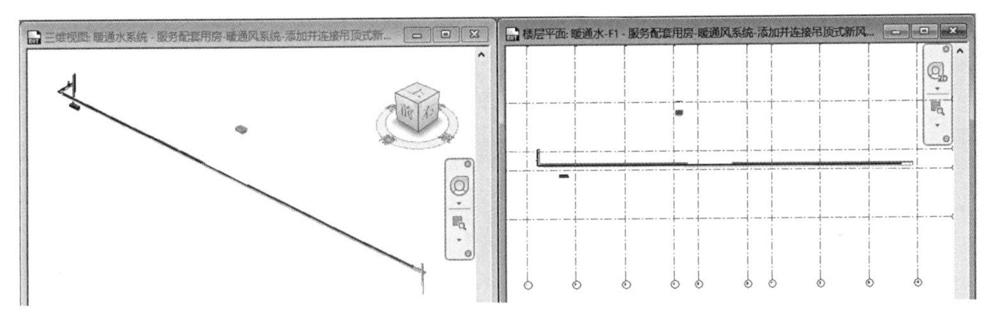

图5.2-18

4．技能点——创建风机盘管水节点

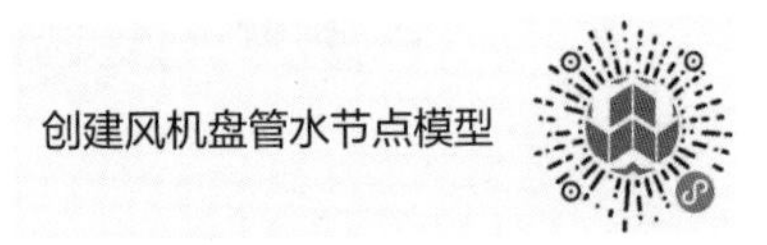

（1）创建风机盘管空调冷冻水供、回水支管

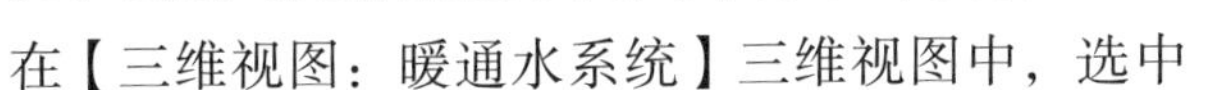

在【三维视图：暖通水系统】三维视图中，选中放置的风机盘管（FP-136），在功能区的【修改|放置机械设备<风管系统>】选项卡中，单击【连接到】工具，打开【选择连接件】对话框，选择“连接件4：循环供水：圆形：20mm：水入口”，然后单击【确定】按钮，再将光标移至绘图区，选中与风机盘管（FP-136）相连接的“空调冷冻水供水干管”管段，创建风机盘管空调冷冻水供水支管模型，如图5.2-19（a）所示。同样的方法，可将风机盘管（FP-136）与空调冷冻水回水干管相连接，创建风机盘管空调冷冻水回水支管模型，如图5.2-19（b）所示。

（2）调整风机盘管空调冷冻水供、回水支管

在【楼层平面：暖通水-F1】平面视图中，将视觉样式改为“线框”模式，输入快捷键“AL”，打开对齐工具。先将光标移至CAD底图的风机盘管回水支管上单击左键，再将光标移至刚才创建的风机盘管空调冷冻水回水支管模型中心线上单击左键，将风机盘管的空调冷冻水回水支管与CAD底图对齐；继续使用对齐命令，同样的方法，先单击CAD底图上的风机盘管供水支管，再单击创建的风机盘管空调冷冻水供水支管模型中心线，将风机盘管的空调冷冻水供水支管与CAD底图对齐，如图5.2-20所示。

输入快捷键“RP”，进入参照平面绘制模式，在【修改|放置参照平面】选项卡中，选择【拾取线】工具，将选项栏中的【偏移量】值改为“60”，将光标移至绘图区Ⓑ轴处墙的上边线处，当显示向上放置参照平面时单击，即在Ⓑ轴处墙靠走道侧放置一个参照平面，如图5.2-21所示，并拖拽参照平面端点修改其可视长度。

单击【修改】选项卡→【拆分图元】工具（快捷键“SL”），将光标分别移至供水、回水支管中心线上，在参照平面附近各单击两次，如图5.2-22（a）所示。选中两次拆分的管件及中间的管道，单击键盘上的Delete键；使用对齐命令，将被打断的上部供水、回水支管下端与参照平面进行对齐，如图5.2-22（b）所示。

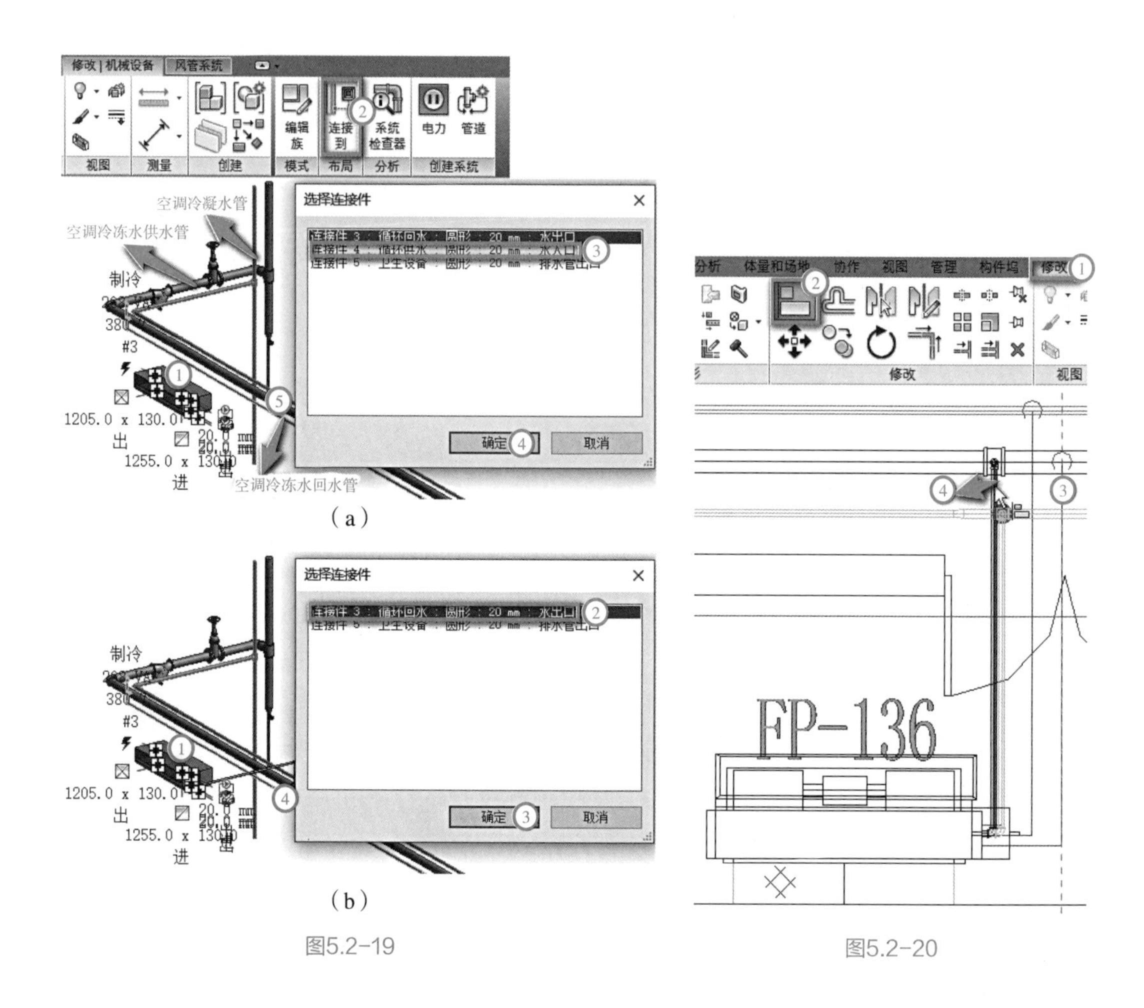

（a）

（b）

图5.2-19

图5.2-20

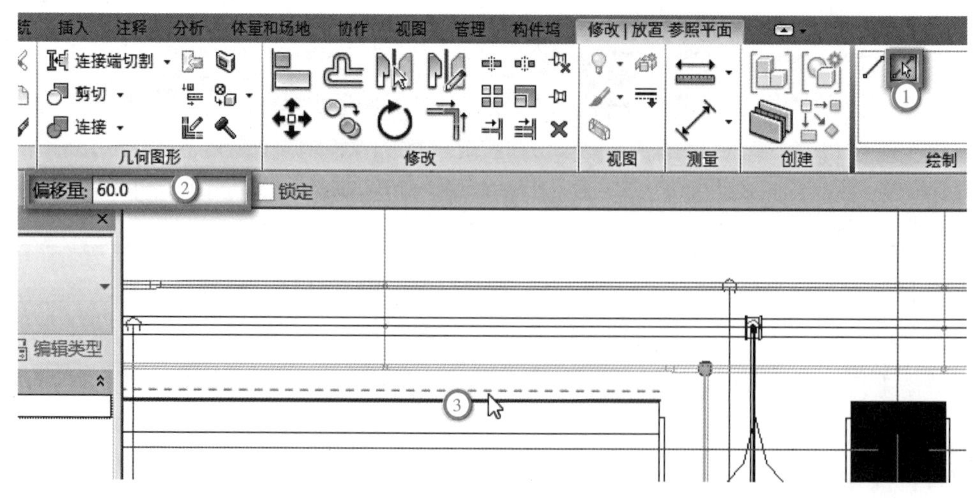

图5.2-21

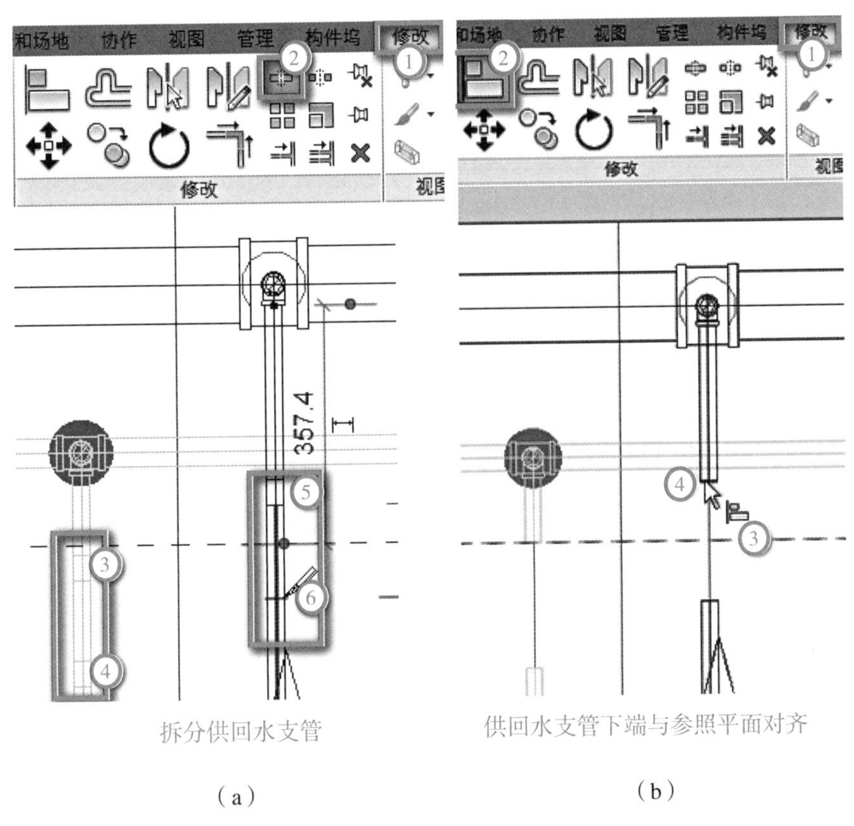

（a）　（b）

图5.2-22

选中与空调冷冻水供水干管相连接的空调冷冻水供水支管，将选项栏中的【偏移量】值改为“2950”，如图5.2-23所示；同样的方法，将空调冷冻水回水支管的【偏移量】值也改为“2950”。

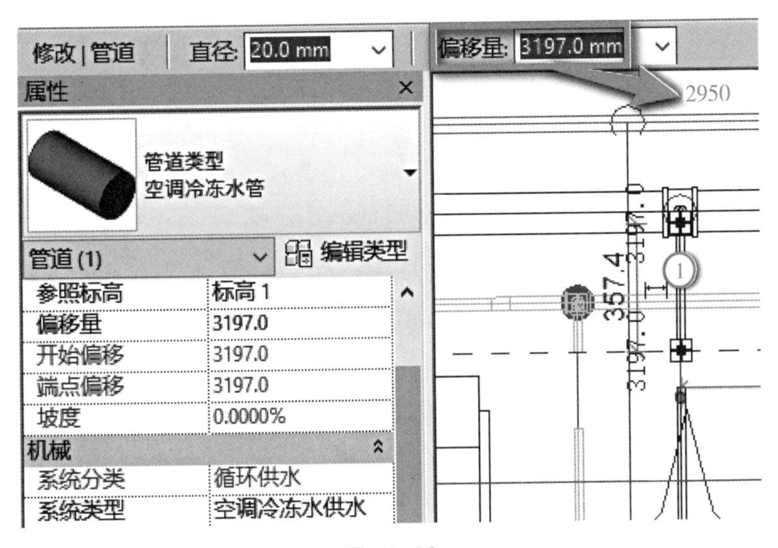

图5.2-23

选中与风机盘管相连接的空调冷冻水供水支管，在末端小方块上单击鼠标右键，在弹出的快捷菜单中选择【绘制管道】命令，继续绘制下一段供水支管，将光标移至上部供水支管的端部并捕捉到中心点时单击，完成两段不同标高的空调冷冻水供水支管的连接，如图5.2–24所示。同样的方法，可完成两段不同标高的空调冷冻水回水支管的连接。

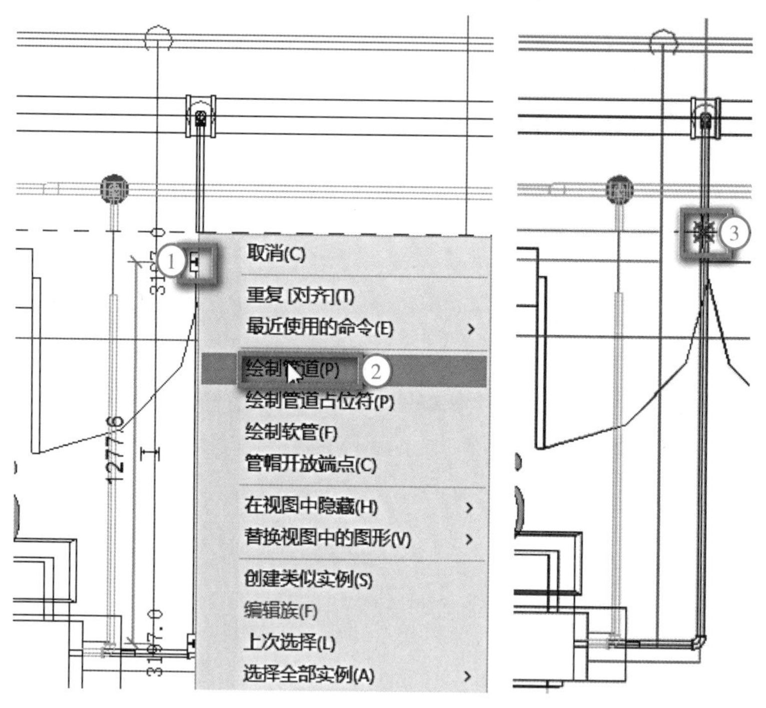

图5.2–24

（3）创建风机盘管空调冷凝水支管

单击选中风机盘管，用鼠标右键单击风机盘管的排水管（即冷凝水）出口管道连接件，在弹出的快捷菜单中选择【绘制管道】命令，在【修改|放置管道】选项卡中单击【向下坡度】工具，并将坡度值改为“1%”，进入管道绘制模式，沿着CAD底图将风机盘管冷凝水支管管线光标移动至拐弯处单击，再继续将光标移至参照平面处单击；然后将光标移至选项栏，将【偏移量】值改为“2950”，拖拽光标回到绘图区，继续向上移动光标至创建的空调冷凝水干管中心线单击，完成风机盘管空调冷凝水支管模型的创建，如图5.2–25所示。

（4）在空调冷冻水供、回水支管上添加管路附件

由空调水底图可知，风机盘管空调冷冻水供水支管上需设置截止阀和Y型过滤器，风机盘管空调冷冻水回水支管上需设置截止阀和电动阀。

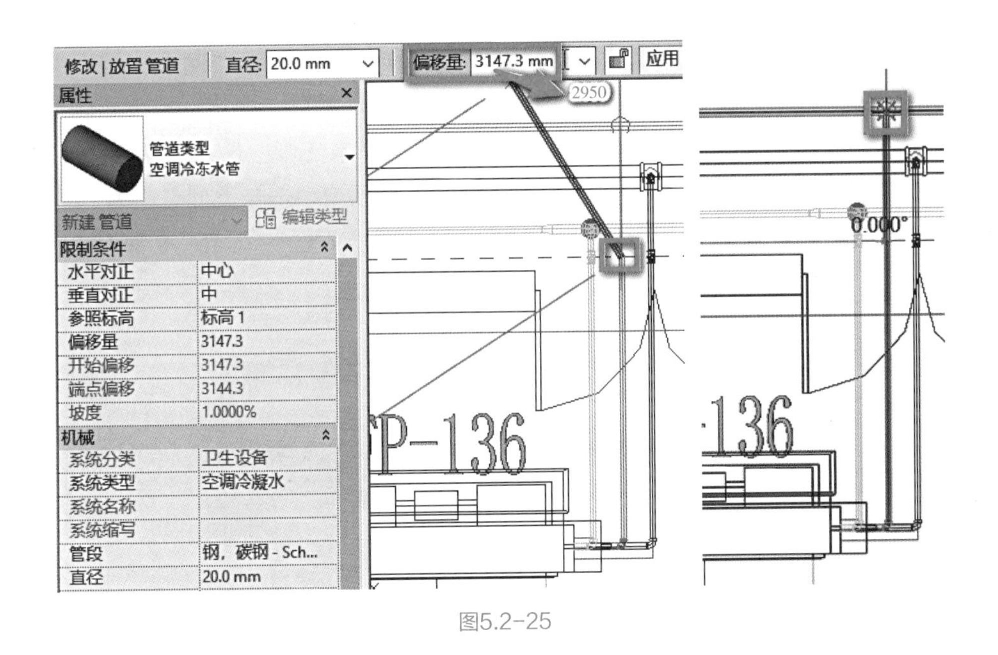

图5.2–25

输入快捷键“PA”，打开【管路附件】工具，在左侧的【属性】面板中的族类型选择器下拉列表中选择类型名称为“铜制截止阀–螺纹–DN15–50：20”的族，拖拽光标至沿②轴方向实训室内的风机盘管空调冷冻水供水支管中心线上单击左键，完成供水支管上*DN*20铜制截止阀的添加，如图5.2–26所示；继续添加截止阀，拖拽光标至沿②轴方向实训室内的风机盘管空调冷冻水回水支管中心线上单击左键，完成回水支管上*DN*20铜制截止阀的添加。

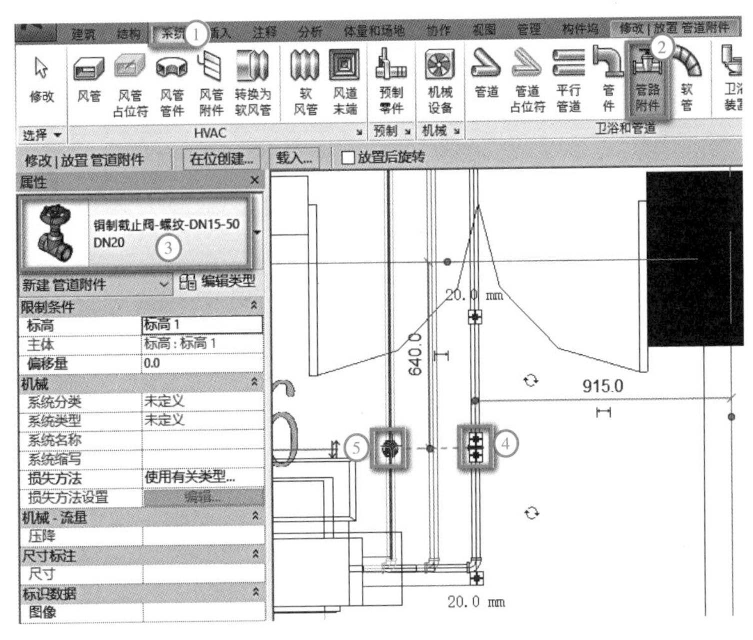

图5.2–26

同样的方法，在左侧的【属性】面板中的族类型选择器下拉列表中选择类型名称为“Y型铜制过滤器–螺纹–DN15–50：标准”的族，拖拽光标至刚放置的截止阀下侧风机盘管空调冷冻水供水支管中心线上单击左键，完成供水支管上*DN*20 Y型铜制过滤器的添加；在左侧的【属性】面板中的族类型选择器下拉列表中选择类型名称为“电动阀：20”的族，拖拽光标至刚放置的截止阀下侧的风机盘管空调冷冻水回水支管中心线上单击左键，完成*DN*20电动阀的添加，如图5.2–27所示。

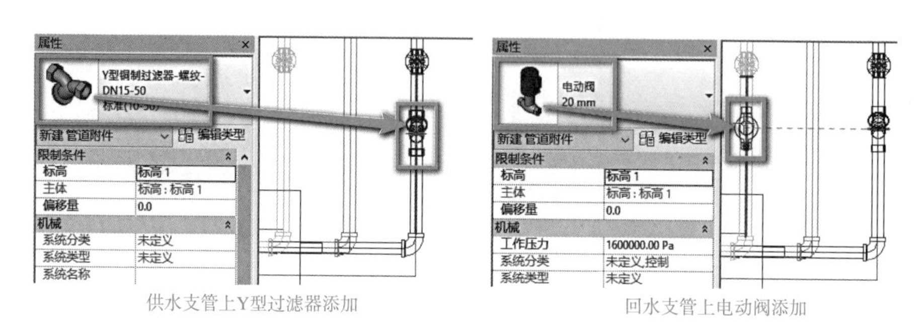

供水支管上Y型过滤器添加　　回水支管上电动阀添加

图5.2–27

图5.2–28是风机盘管水管道节点模型，其中【三维视图：{三维}】三维视图和【楼层平面：暖通水–F1】平面视图的视觉样式均为“真实”。

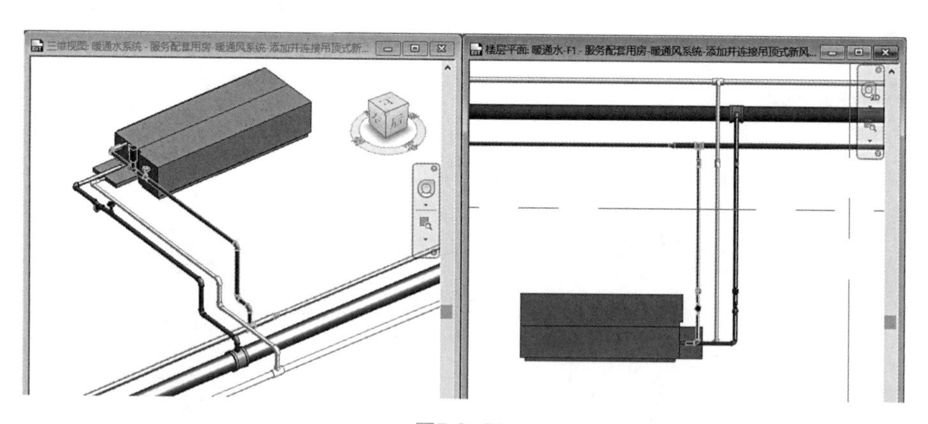

图5.2–28

新风处理机组水节点模型的创建方法与风机盘管水节点模型的创建方法基本相同，要注意的是由于新风处理机组的冷凝水积水盘位于机组的负压段，冷凝水支管应设置水封，详见“5.2.5 知识拓展——创建新风处理机组水节点模型”。

5．技能点——创建相同型号风机盘管节点

由空调风底图及水底图可知，案例项目一层⑤轴左侧的通风空调系统中的风机盘管只有FP–136和FP–170两种型号，其中走道下侧FP–136的风机盘管有5台、走道上侧FP–136的风机盘管有2

台。每台风机盘管均需有送风管节点（包括送风管、弹性连接件及送风口）、回风管节点（包括回风管、弹性连接件及回风口）、冷冻水供水管道节点（包括冷冻水供水管道、截止阀及Y型过滤器）、冷冻水回水管道节点（包括冷冻水回水管道、截止阀及电动阀）、冷凝水管道节点（包括带坡度冷凝水管道）。技能点3和技能点4中已分别完成了走道下侧②轴线侧的一台FP-136风机盘管及送风管节点、回风管节点、冷冻水供水管道节点、冷冻水回水管道节点及冷凝水管道节点模型的创建。Revit提供了复制和镜像命令，因此对其余的FP-136风机盘管及各节点模型的创建可使用复制和镜像命令来完成。

（1）准备工作

在项目浏览器面板中打开【三维视图：暖通水系统】三维视图，选中空调冷冻水供水干管与支管、空调冷冻水回水干管与支管及空调冷凝水干管与支管各连接处的三通管件，在【修改|管件】面板中单击【删除】工具（快捷键“DE”），将选中的图元删除，如图5.2-29（a）所示。

单击【修改】选项卡→【修改】面板→【修剪|延伸为角】工具（快捷键“TR”），拖拽光标至绘图区域各干管被打断处，分别单击同一干管被打断的两端，将被打断的干管连接起来，如图5.2-29（b）所示。

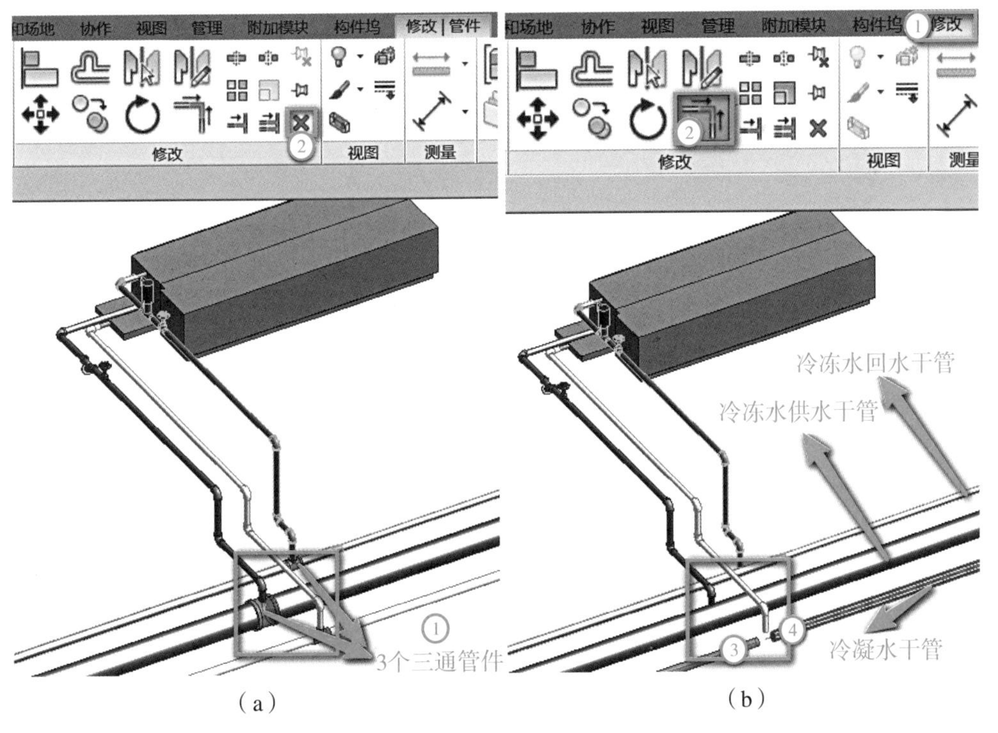

（a）　（b）

图5.2-29

（2）复制、镜像及移动已创建的FP–136风机盘管节点模型

在项目浏览器面板中打开【楼层平面：暖通–F1】平面视图，框选已创建的FP–136风机盘管及其风节点模型和水节点模型（或将光标放在已添加的FP–136风机盘管上（不要单击），再单击键盘上的Tab键进行选择内容的切换，当FP–136风机盘管节点模型均为蓝灰色时立即单击鼠标左键确定选择），在【修改|选择多个】选项卡中单击【复制】工具，在选项栏中勾选【约束】和【多个】，将光标拖拽回绘图区域，捕捉到送风口内侧面板中点时单击鼠标左键将该点设为复制的基点，再向右依次将光标移至捕捉到CAD底图中各风机盘管送风管端部中点时单击左键，完成走道下侧3台风机盘管节点模型的复制，如图5.2–30所示。

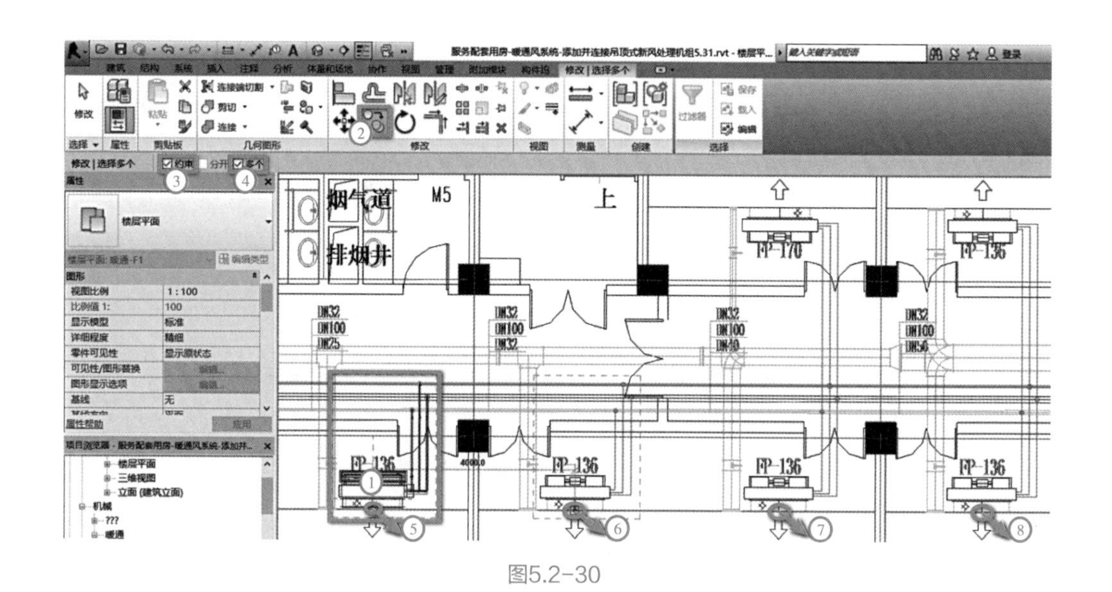

图5.2–30

不要单击键盘上的Esc键，在【修改|选择多个】选项卡中单击【镜像–拾取轴】工具（快捷键“MM”），将光标拖拽回绘图区域，移至光标主风管中心线处单击左键，将走道下侧1台风机盘管节点模型镜像复制到走道上侧，如图5.2–31所示。不要单击键盘上的Esc键，在【修改|选择多个】选项卡中单击【移动】工具（快捷键“MV”），将光标拖拽回绘图区域，当移动光标至捕捉到上侧镜像后的风机盘管送风口内侧面板中点时，单击鼠标左键将该点设为移动的基点，再向下移动光标至捕捉到CAD底图中上侧风机盘管送风管端部中点时，单击左键，将镜像后的风机盘管节点与底图对齐，如图5.2–32所示。

（3）空调冷冻水供、回水支管与干管及空调冷凝水支管与干管连接

在项目浏览器面板中打开【三维视图：暖通水系统】三维视图，对干管两侧均有风机盘管的支管，选中末端垂直短管偏离干管处的各支管末端垂直短管及相连的弯头，在【修改|选择多个】面板中单击【删除】工具（快捷键“DE”），将选中的图元删除，如图5.2–33所示。逐个单击选中垂直于干管的末端短管上的弯头，被选中的弯头周围将

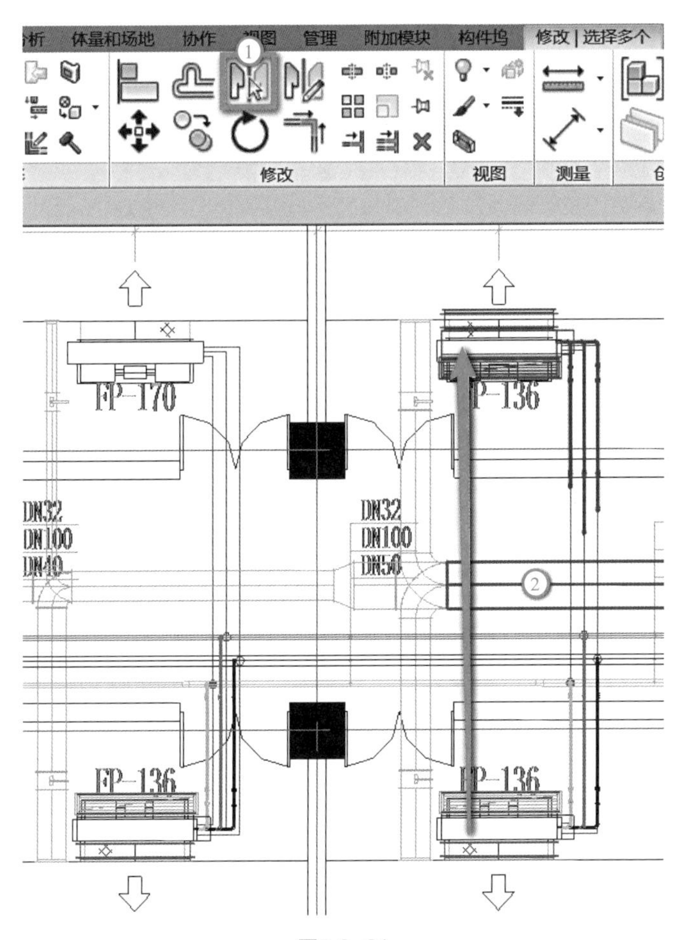
体量和场地
协作
视图
管理
附加模块
构件坞
修改 | 选择多个
修改
视图
测量
FP-170
FP-136
FP-136
FP-136
DN32
DN100
DN40
DN32
DN100
DN50

图5.2-31

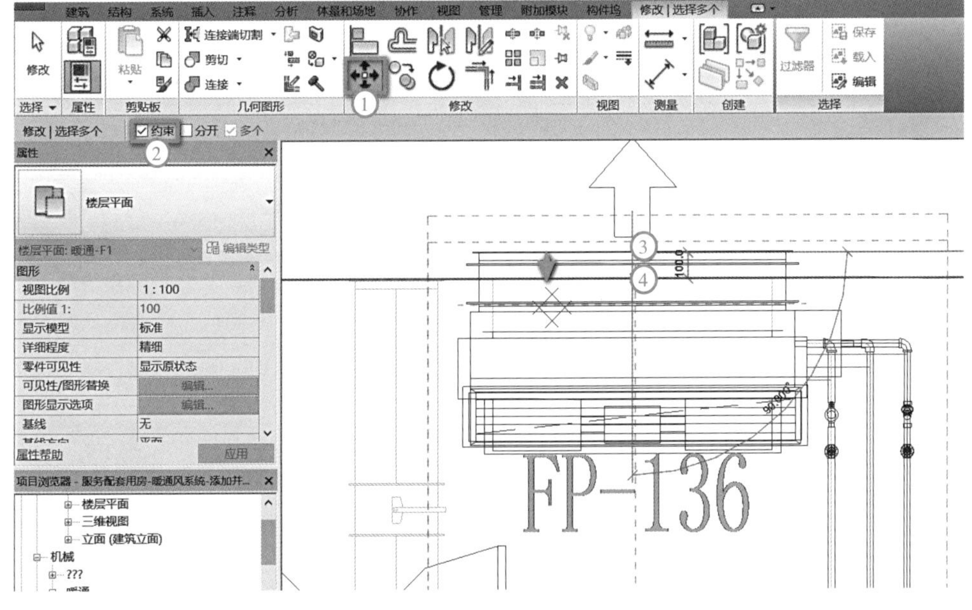
建筑
结构
系统
插入
注释
分析
体量和场地
协作
视图
管理
附加模块
构件坞
修改 | 选择多个
修改
粘贴
连接端切割
剪切
连接
过滤器
保存
载入
编辑
选择
属性
剪贴板
几何图形
视图
测量
创建
修改 | 选择多个
约束
分开
多个
属性
楼层平面
楼层平面: 暖通-F1
编辑类型
图形
视图比例
1 : 100
比例值 1:
100
显示模型
标准
详细程度
精细
零件可见性
显示原状态
可见性/图形替换
编辑...
图形显示选项
编辑...
基线
无
属性帮助
应用
项目浏览器 - 服务配套用房-暖通风系统-添加井...
楼层平面
三维视图
立面 (建筑立面)
机械
???
FP-136

图5.2-32

在水平和垂直方向各出现一个“+”符号，单击水平方向的“+”符号，将该弯头升级成三通，如图5.2–34所示。

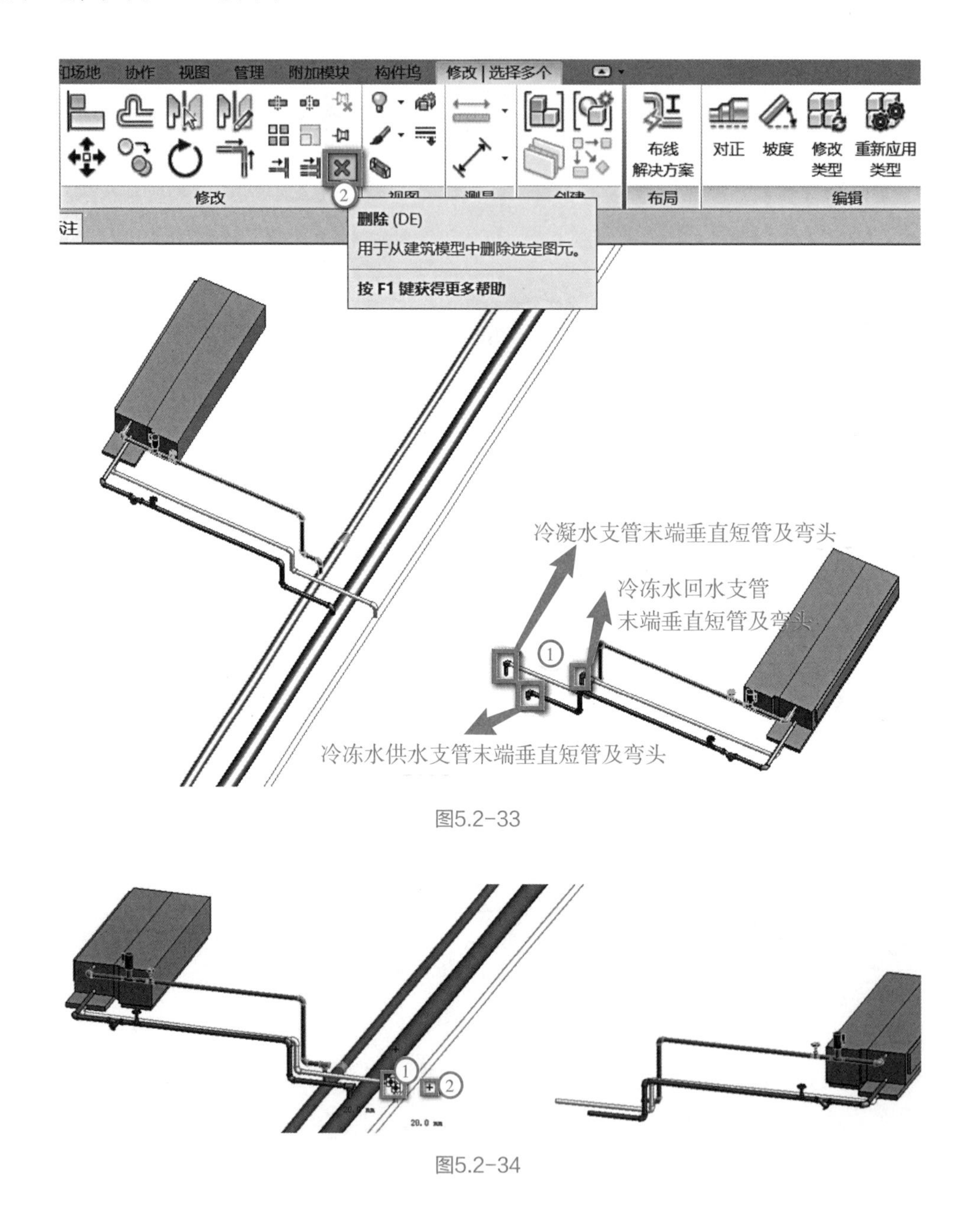

图5.2–33

图5.2–34

在【楼层平面：暖通水–F1】平面视图中，选中与走道上侧的风机盘管空调冷冻水供水支管末端水平管道，在末端小方块上单击鼠标右键，在弹出的快捷菜单中选择【绘制管道】命令，在【修改|放置管道】选项卡中单击【禁用坡度】工具，进入管道绘制模式，将光标移至走道下侧的风机盘管空调冷冻水供水支管上并捕捉到刚升级成的三通开放端点时单击，完成上、下侧两风机盘管空调冷冻水供水支管的连接，如图5.2–35所

示。同样的方法，完成上、下侧两风机盘管空调冷冻水供水支管的连接和空调冷凝水支管的连接。

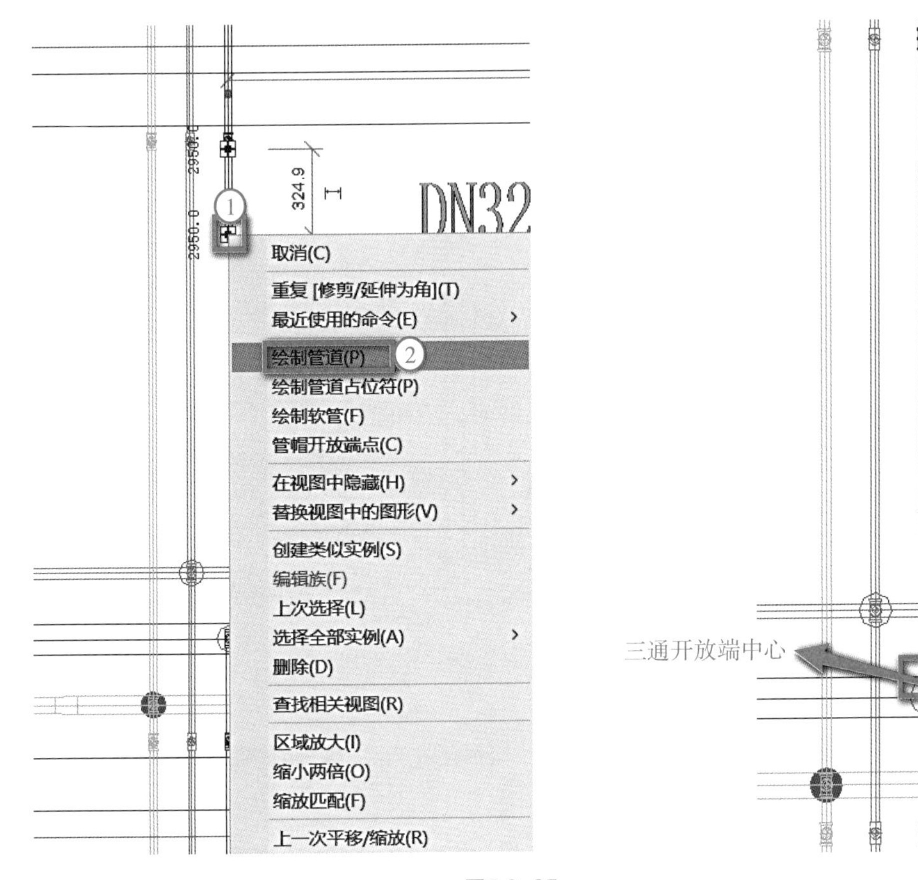

图5.2-35

在【楼层平面：暖通-F1】平面视图中，将光标放在上、下侧风机盘管完成连接的水管道支管图元上（如走道上侧风机盘管上，不要单击），再单击键盘上的Tab键进行选择内容的切换，当走道上、下侧风机盘管节点模型均为蓝灰色时立即单击鼠标左键确定选择，如图5.2-36所示，在【修改|选择多个】选项卡中单击【复制】工具，在选项栏中勾选【约束】和【多个】，将光标拖拽回绘图区域，移动光标至选中模型的走道下侧风机盘管送风管中心线时，单击鼠标左键将该线设为复制的基准线，再向右移动光标至CAD底图中走道下侧风机盘管送风管中心线时，单击左键，完成走道上、下侧风机盘管各水管道支管均已连接到一起的节点模型的复制，如图5.2-36所示。

在【三维视图：暖通水系统】三维视图中，单击【修改】选项卡→【修改】面板→【修建/延伸单个图元】工具，移动光标，依次先单击空调冷冻水供水干管、再单击空调冷冻水供水支管，先单击空调冷冻水回水干管、再单击空调冷冻水回水支管，先单击空调冷凝水干管、再单击空调冷凝水支管，直至所有支管与干管均已连接，如图5.2-37所示。

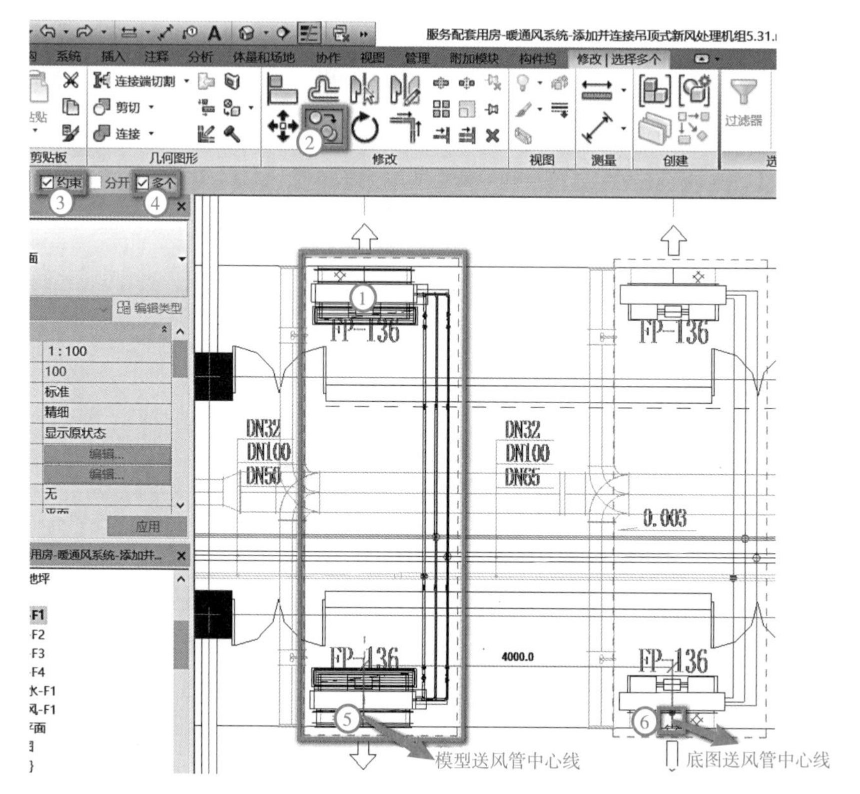
服务配套用房-暖通风系统-添加并连接吊顶式新风处理机组5.31.
系统
插入
注释
分析
体量和场地
协作
视图
管理
附加模块
构件坞
修改 | 选择多个
连接端切割
剪切
连接
剪贴板
几何图形
修改
视图
测量
创建
过滤器
约束
分开
多个
编辑类型
1 : 100
100
标准
精细
显示原状态
编辑...
编辑...
无
应用
DN32
DN100
DN50
DN32
DN100
DN65
0.003
FP-136
FP-136
FP-136
FP-136
4000.0
模型送风管中心线
底图送风管中心线

图5.2-36

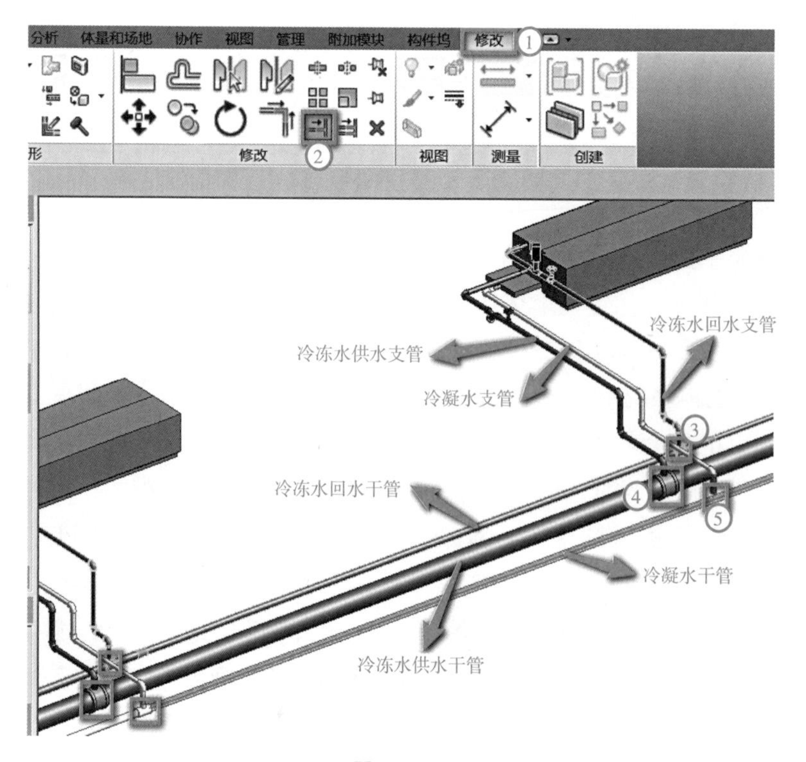
分析
体量和场地
协作
视图
管理
附加模块
构件坞
修改
修改
视图
测量
创建
冷冻水供水支管
冷凝水支管
冷冻水回水支管
冷冻水回水干管
冷凝水干管
冷冻水供水干管

图5.2-37

创建完成的空调水系统模型如图5.2–38所示。

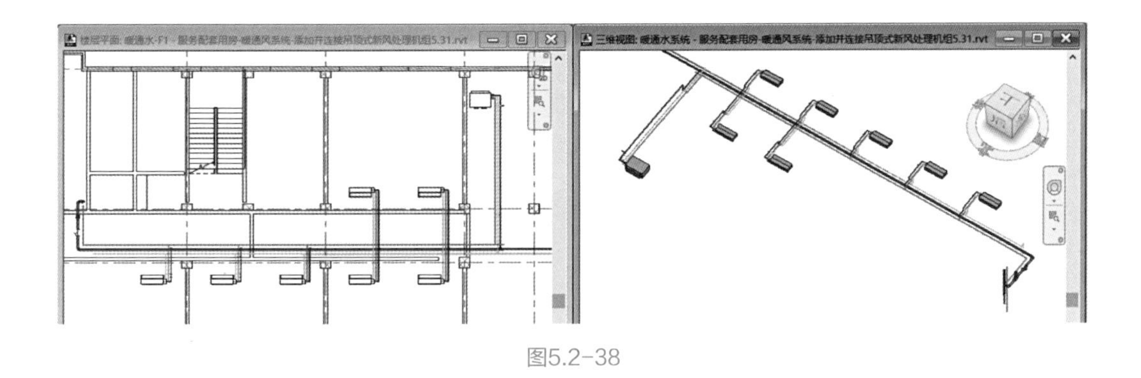

图5.2–38

5.2.4 问题思考

1. 空调冷冻水供水系统干管模型与空调冷凝水系统干管模型的创建过程有哪些不同点?

2. 风机盘管供、回水支管上一般需要添加哪些管路附件?

3. 简述创建其余相同型号风机盘管节点模型的关键步骤。

5.2.5 知识拓展

资源名称	真题讲解 (真题在课件中下载)	创建空调冷冻水回水系统立、干管模型	模型动画
资源类型	视频	文档	3D模型
资源二维码			

资源名称	创建新风处理机组水节点模型	创建新风处理机组水节点模型
资源类型	文档	视频
资源二维码		

CHAPTER 6

项目 6
建筑电气系统模型的创建

任务 6.1 电缆桥架

6.1.1 教学目标与思路

【教学目标】

知识目标	能力目标	素养目标	思政要素
1. 熟悉电缆桥架类型； 2. 熟悉电缆桥架配件族。	1. 能够创建和编辑强电桥架； 2. 能够创建和编辑弱电桥架。	1. 培养形成质量意识、责任意识和遵章守规的职业意识； 2. 培养传承精益求精的工匠精神。	1. 学习桥架的作用，培养奉献精神； 2. 通过电缆桥架建模，培养团队精神。

【学习任务】通过实际项目的模型建立，熟悉电缆桥架的概念，掌握绘制电缆桥架的一般方法。

【建议学时】3～4学时。

【思维导图】

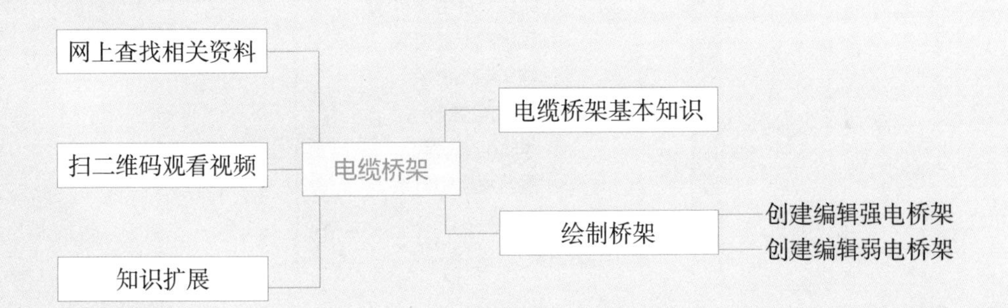

6.1.2 学生任务单

学生根据要求，自行复印附录 学生任务单。

6.1.3 知识与技能

1．知识点——电缆桥架基本知识

电缆桥架主要是支撑和储放电缆线的支撑架，能维护电缆不会受到外部因素毁坏，确保平时安全用电。电缆桥架在建筑工程项目上应用广泛，常被用在地下车库、大型商场办公楼。

（1）电缆桥架的类型

桥架的类型主要决定于置放电缆的重量和运用环境等因素，常用的电缆桥架分为槽式、梯式、托盘式等类型。槽式电缆桥架是全密封型桥架，如盒子一般形状，用于敷设电缆；梯式电缆桥架外形像梯子形状，中心焊有横杆加固支撑，使得重量轻、成本低、承受能力极强、透气性好；托盘式电缆桥架是半密封型桥架，与槽式电缆桥架的样式非常相似，区别在于底部打孔，用于散热。

Revit中提供了两种电缆桥架形式：带配件的电缆桥架和无配件的电缆桥架。这两种形式属于不同的系统族，可在【项目浏览器】→【族】→【电缆桥架】，点开前面的“+”展开对应的电缆桥架，如图6.1–1所示。

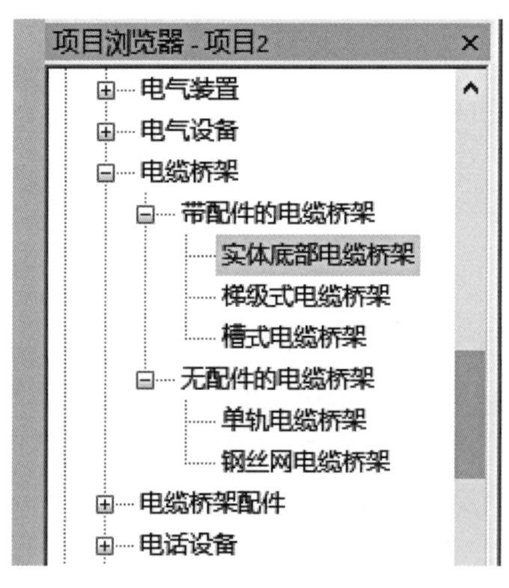

图6.1–1

带配件的电缆桥架和无配件的电缆桥架在功能上是不同的。绘制带配件的电缆桥架时，桥架直段和配件间由分隔线分为各自的几段；绘制无配件的电缆桥架时，转弯处和直段之间并没有分隔。桥架交叉时，桥架自动被打断，桥架分支时也是直接相连而不插入任何配件，适用于设计中不明显区分配件的情况，如图6.1–2所示。除梯式电缆桥架的形状为梯形外，其余均为槽形。

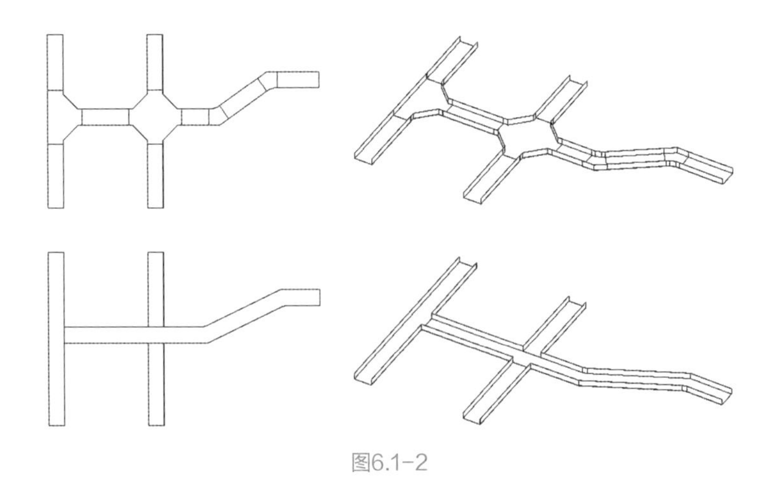

图6.1-2

（2）电缆桥架配件族

电缆桥架配件族一般不用单独绘制，在绘制桥架时，会在转角处自动生成所需要的配件，配件的角度根据施工过程中的真实情况生成。若不符合工程要求时，该配件族将不会生成，即当提示所绘制桥架无法完成连接时，表示所绘制的桥架出现问题，应加以调整。Revit中电缆桥架配件族中有很多类型，例如各种类型的弯头、三通、四通、过渡件和活接头。

各种配件规格应符合工程布置条件并与桥架相配套，槽式桥架空间布置如图6.1-3所示。

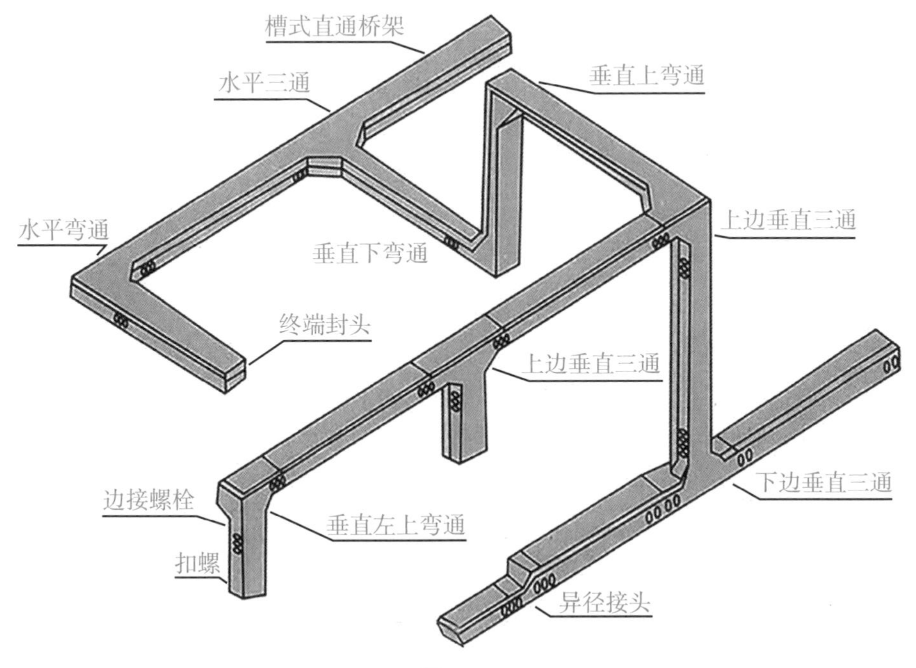

图6.1-3

2. 技能点——绘制强电桥架

绘制强电桥架的具体步骤如下。

（1）创建项目。首先点击【打开】命令，在弹出的【打开】对话框中选择【机电样板】，再点击【打开】创建新项目，如图6.1–4所示。

图6.1–4

（2）导入CAD底图。进入项目后，在项目浏览器中打开【视图（专业）】→【电气】→【照明】→【楼层平面】→【电气–F1】。在此视图下，点击【插入】选项卡→【导入CAD】，找到并选中拆图得到的CAD底图“办公楼电气1层”文件，注意修改定位为【自动–中心到中心】，修改导入单位为“毫米”，勾选【仅当前视图】仅将图纸放置于本平面视图，按【打开】按钮完成导入，如图6.1–5所示。

（3）对齐底图。导入后发现CAD底图与项目中的轴网没有对齐，可以手动调整。利用【修改】选项卡→【对齐】命令（快捷键“AL”），分别将CAD底图的①轴线和Ⓐ轴线与项目的①轴线和Ⓐ轴线对齐。对齐后为避免不小心移动CAD底图，可以选中CAD底图，使用【修改】→【锁定】命令（快捷键“PN”）。导入CAD底图后，如果感觉底图线条干扰画图，通常将Revit视图背景改为黑色，在“应用程序菜单”里，找到【选项】→【图形】→【背景】选项中设置黑色。

（4）绘制水平桥架。单击【系统】选项卡→【电气】→【电缆桥架】(快捷键“CT”)，单击【属性】面板→【带配件的电缆桥架】下拉箭头，选择项目样板创建好的【办公楼强电桥架】。

根据CAD底图，强电桥架的规格为“200×100”，在【修改|放置 电缆桥架】栏，设置【宽度】为200mm，设置【高度】为100mm，【偏移量】输入“3000”，注意绘制

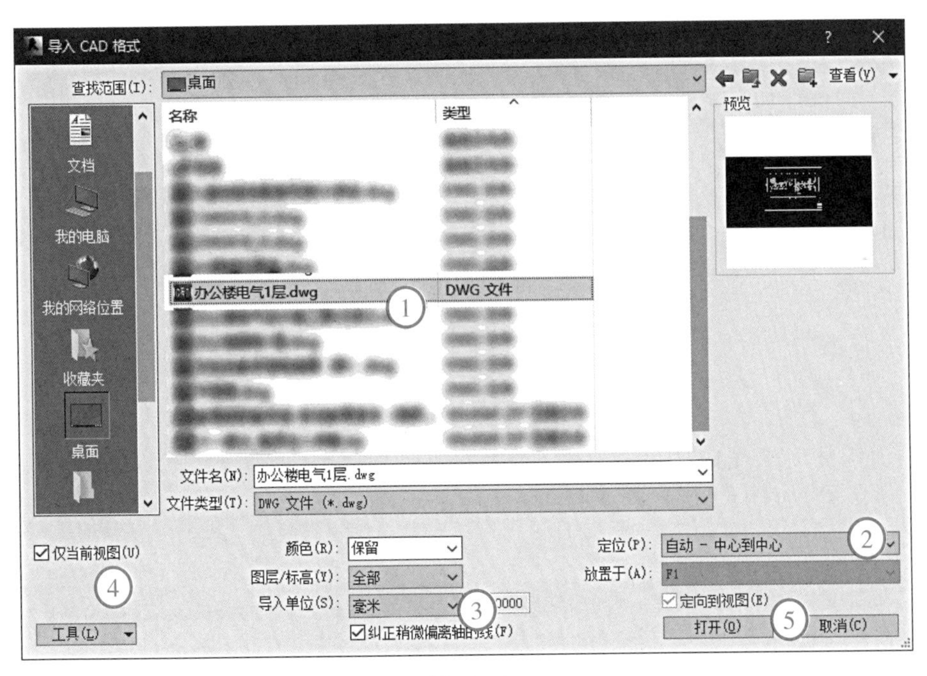

图6.1-5

桥架默认对正为中心对正，偏移量3000mm代表桥架中心位置距F1标高为3000mm，找到CAD底图中桥架最左端开始绘制一小段，如图6.1-6所示。按照CAD底图桥架，绘制完成所有水平桥架，系统会自动生成弯通和三通等相应的配件。

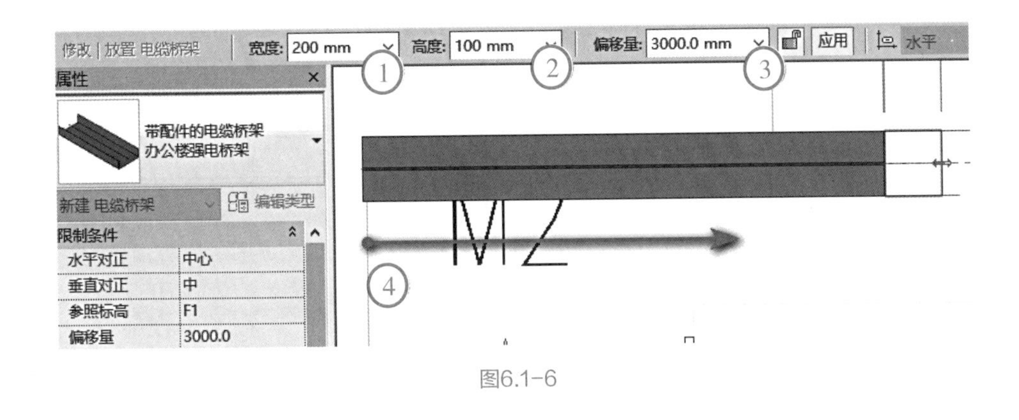

图6.1-6

（5）绘制垂直桥架。点选一个连接配电箱的桥架，在拖拽点处右键，在弹出的菜单中选择【绘制电缆桥架】命令，根据CAD图纸信息，在【偏移量】栏内输入“1500”，点击【应用】按钮两次，完成垂直桥架的绘制，如图6.1-7所示。用同样的方法完成其余垂直桥架绘制。

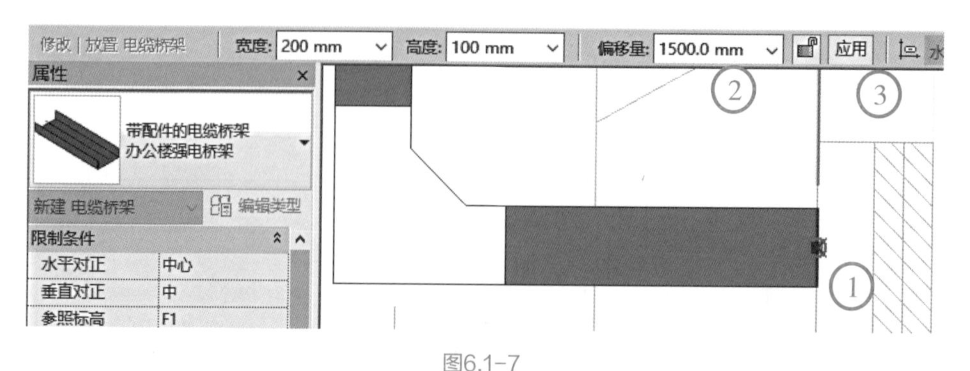

图6.1-7

用同样的方法完成其余垂直桥架绘制。按照工程实际情况，垂直桥架应贴墙敷设，所以还需要用“AL”对齐命令，将垂直桥架对齐到墙边，如图6.1-8所示。

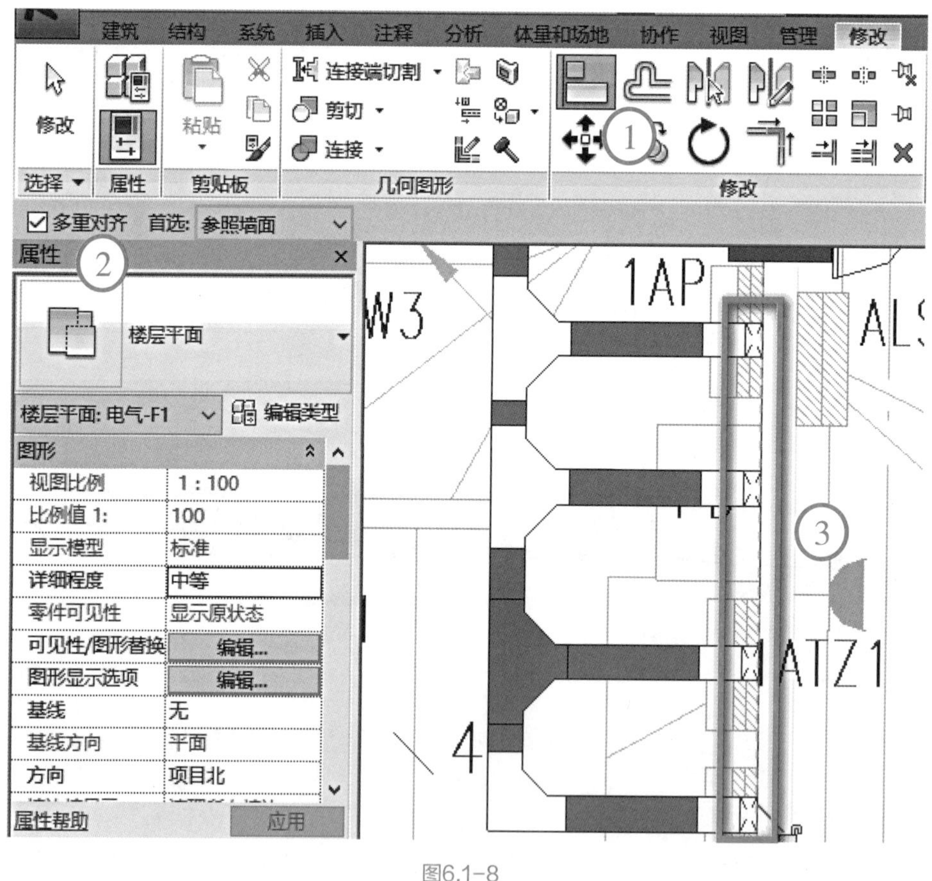

图6.1-8

（6）修改桥架配件。绘制完成强电桥架后，可以看到桥架的颜色都根据项目样板设置的过滤器变为红色，但是弯头、三通和下弯头没有变色，这是因为项目样板设置的过滤器规则为：“类型名称”等于“办公楼强电桥架”，而默认生成的配件的类型名称为“标准”。

选择一个水平三通，接着单击【属性】面板→【编辑类型】按钮，在弹出的【类型属性】对话框中，复制创建一个新的三通，命名为【办公楼强电桥架】，如图6.1–9所示。修改完成后发现三通颜色变为红色。

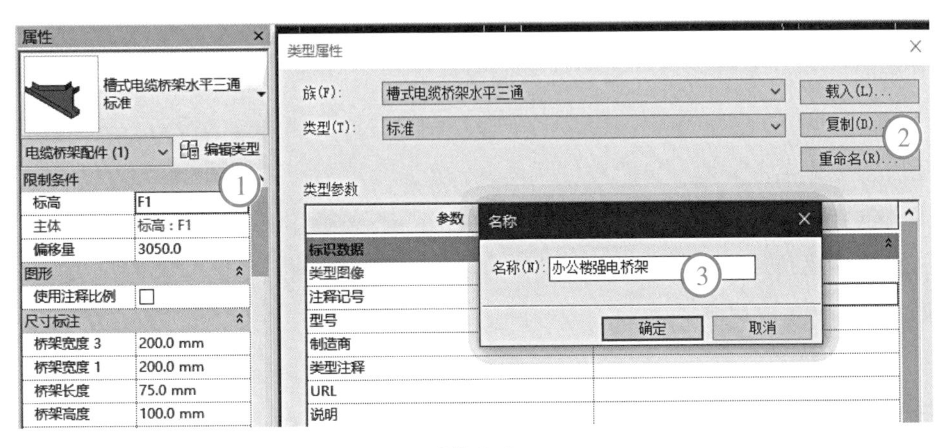

图6.1–9

点选其余三通，在【属性】栏中下拉箭头选择【办公楼强电桥架】，这样所有的三通都跟随过滤器变为红色。此方法能更改现有的三通，点选任意一段绘制好的桥架，点击【属性】面板→【编辑类型】按钮，在类型参数栏中更改T形三通的值为【槽式电缆桥架水平三通：办公楼强电桥架】，确认完成，如图6.1–10所示。之后创建生成的三通就默认为刚才新建的类型。

同样的方法完成弯头、上弯通等其他桥架配件的设置，这里就不再赘述。

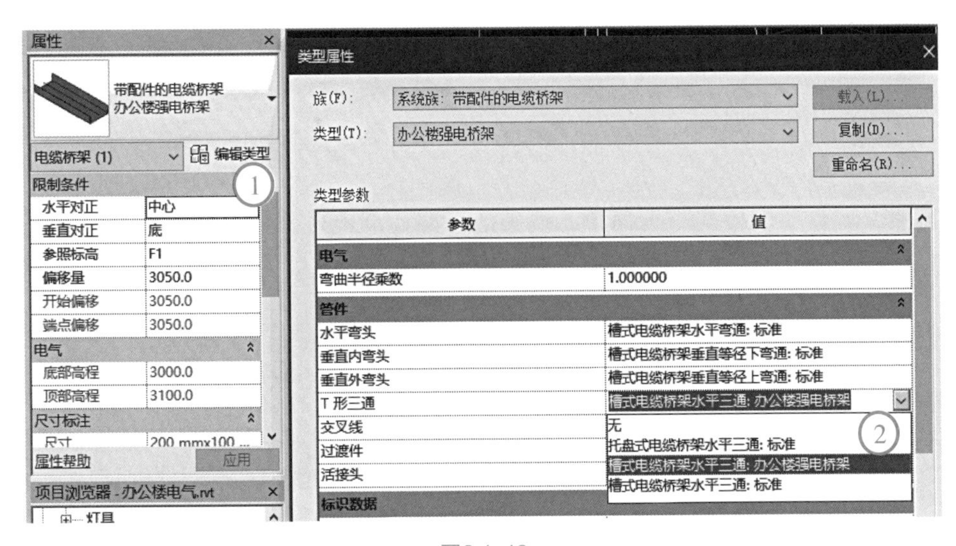

图6.1–10

3．技能点——绘制弱电桥架

同强电绘制方法，先导入CAD底图“办公楼弱电1层”，接着对齐项目，绘制水平和垂直桥架，修改桥架配件。但是与强电桥架不同的是，布置弱电桥架中有两个问题还需要注意。

（1）水平位置调整

在“值班监控室”内，“监控接线箱”和“综合布线设备”上方，按图纸要求，从三通开始向墙边画水平桥架，靠近墙后向下绘制垂直桥架。若桥架与墙的水平距离不足，可以灵活调整，把桥架向离墙方向平移。点选一段与墙平行的桥架，按键盘←键，将桥架向左平移至合适地方，然后创建垂直桥架并与墙对齐，如图6.1–11所示。

（2）垂直位置调整

注意到弱电桥架的偏移量也是3000mm，在强电桥架和弱电桥架交叉的地方出现了位置冲突，如图6.1–12所示。

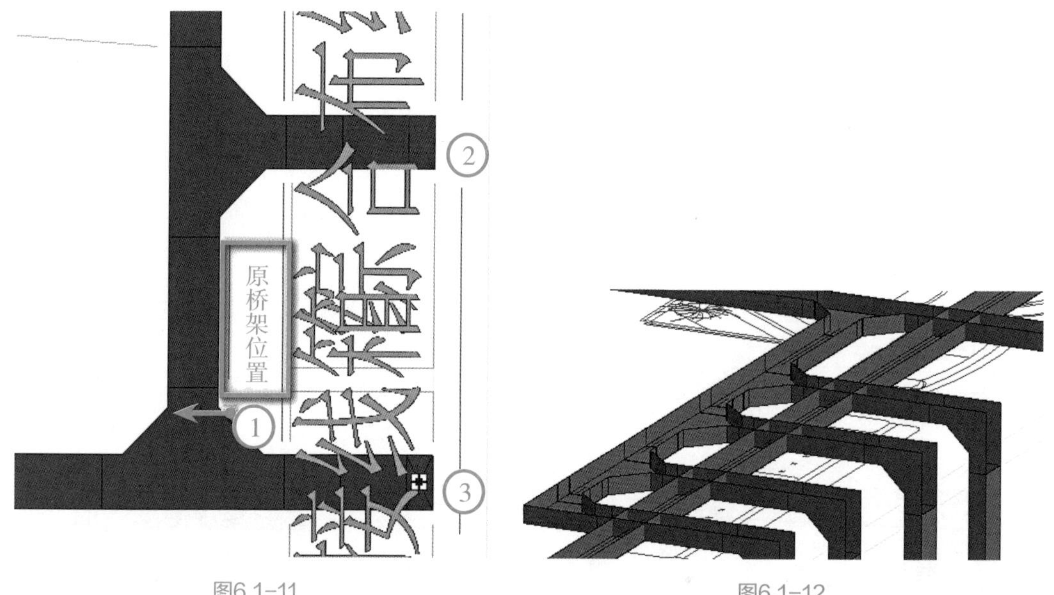

图6.1–11　　图6.1–12

显然，调整弱电桥架更为简单，调整的思路是弱电桥架避开强电桥架，在交叉处向下翻弯200mm。具体做法是用拆分图元命令（快捷键“SL”），在交叉段的两端分别拆除一个空隙，然后选中中间段弱电桥架，把偏移量改为“2800mm”，最后鼠标左键按住拖拽点移动到桥架端口，如图6.1–13所示。

调整完成后的效果如图6.1–14所示，可见强电桥架和弱电桥架已经不再交叉。

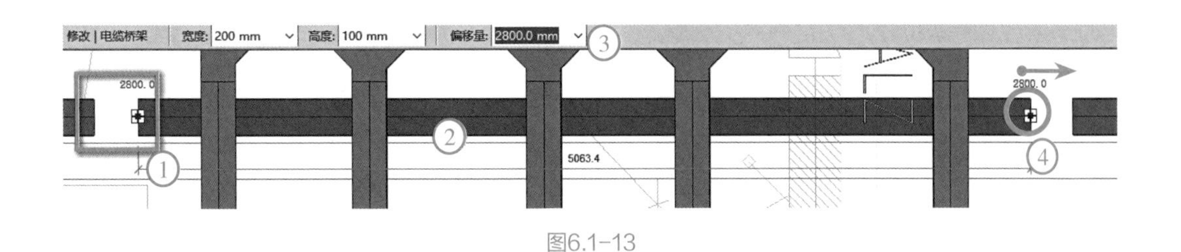

图6.1-13

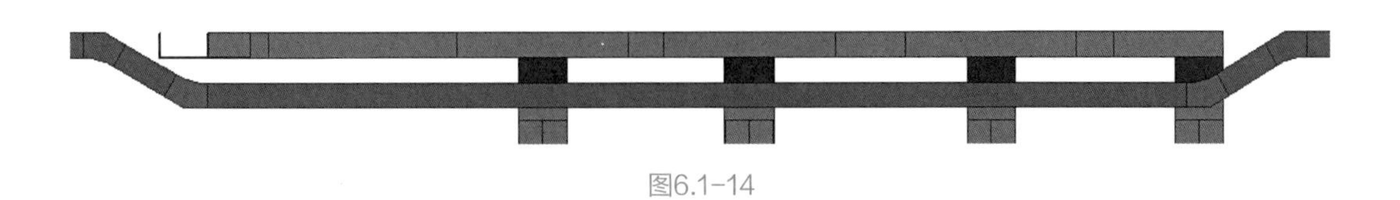

图6.1-14

6.1.4 问题思考

1. 在Revit软件中提供了哪些电缆桥架形式?
2. 常见的电缆桥架配件有哪些?
3. 当强电桥架和弱电桥架出现碰撞，应该如何调整?

6.1.5 知识拓展

资源名称	电缆桥架规格型号	电缆桥架安装要求及规范指导	桥架设置技巧	模型动画
资源类型	文档	文档	文档	3D模型
资源二维码				

任务 6.2 电气照明系统

6.2.1 教学目标与思路

【教学目标】

知识目标	能力目标	素养目标	思政要素
了解电气照明系统的概念和基本组成。	1. 能够链接土建模型； 2. 掌握放置设备的方法； 3. 能够创建电力线路； 4. 具有绘制线管的能力。	1. 培养自主学习，独立分析问题和解决问题的能力； 2. 培养团队工作意识和能力。	1. 了解我国LED产业发展，树立自信意识； 2. 通过行业人员奋斗过程，培养奉献精神。

【学习任务】通过实际项目的模型建立，熟悉电气照明系统的概念和基本组成，掌握放置设备的方法，创建电力线路和绘制线管方法。

【建议学时】4～6学时。

【思维导图】

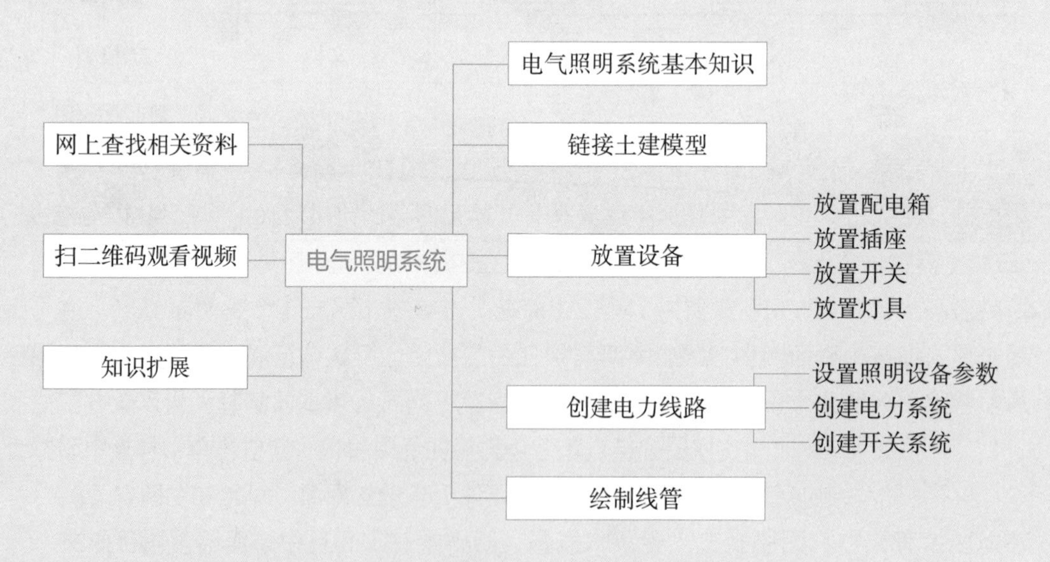

6.2.2 学生任务单

学生根据要求，自行复印附录 学生任务单。

6.2.3 知识与技能

1. 知识点——电气照明系统基本知识

电气照明系统就是在建筑物内为进行人工照明的电线线路和开关、灯、插座等组成的系统。电气照明系统可按照明方式分为三种：一般照明、局部照明和混合照明。照明种类可分为：正常照明、应急照明、值班照明、警卫照明和障碍照明。

电气照明设施主要包括照明电光源（例如灯泡、灯管）、照明灯具和照明线路三部分。一个完整的电气照明系统工程包括照明配电箱（盘）安装、线槽安装、导管、电线和电缆敷设，槽板配线，钢索配线，普通灯具安装，专用灯具安装，插座、开关、风扇安装、照明通电试运行等。

2. 技能点——链接土建模型

链接土建模型、放置设备

以F1楼层平面①～②轴和Ⓐ～Ⓑ轴之间的办公室为例讲解电气照明系统的创建。

在绘制照明系统之前，需要先链接土建模型和CAD底图。在任务6.1项目文件中已经导入了CAD底图，现在链接土建模型。

打开任务6.1项目文件，在“电气-F1”楼层平面，点击【插入】→【链接Revit】命令，在弹出的【导入/链接RVT】对话框中选择土建模型“办公楼建筑”，定位选择【自动-原点到原点】，点击【打开】按钮完成链接，如图6.2-1所示。

图6.2-1

3．技能点——放置设备

在Revit选择【系统】选项，电气选项中有三种设备类型【电气设备】【设备】【照明设备】，如图6.2–2所示。这些设备都是载入族，可以按照实际项目从族库载入或者是手动新建。其中，【电气设备】包含配电盘和变压器；【设备】包括插座、开关、接线盒、电话、通信、数据终端设备以及护理呼叫设备、壁装扬声器、启动器、烟雾探测器和手拉式火警箱；【照明设备】大多指放置在天花板或者墙上的照明灯具。

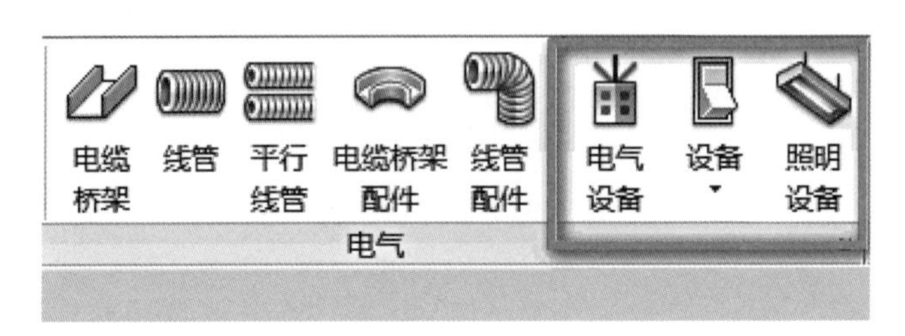

图6.2–2

（1）放置配电箱

单击【系统】选项卡→【电气】面板→【电气设备】（快捷键“EE”），调出样板中自带“照明配电箱”。在【属性】栏中，点“照明配电箱”右边下拉箭头，选择照明配电箱【LB101】。点击【编辑类型】，复制新建配电箱【ALS2】，按照CAD图纸要求改配电箱的宽度、高度、深度分别为“420”“250”“90”，如图6.2–3所示。

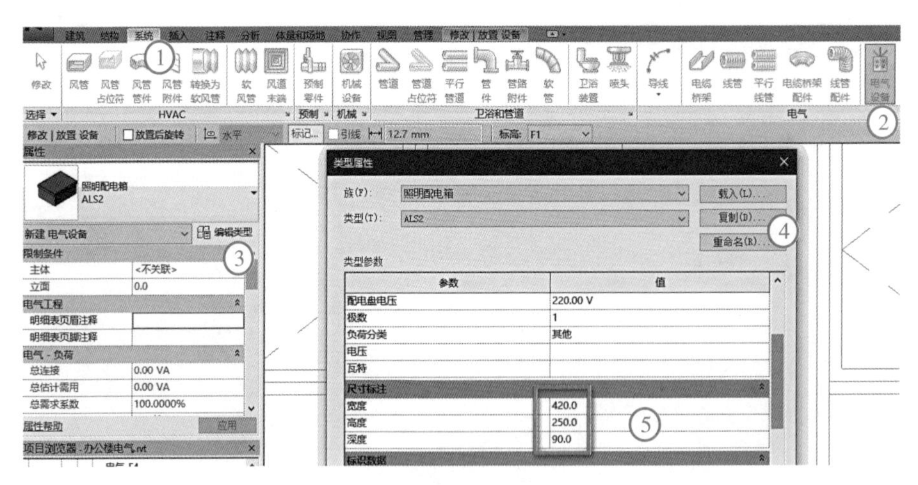

图6.2–3

接上一步，选择【修改|放置设备】→【放置】→【放置在垂直面上】，将配电箱放置在CAD底图对应的竖直墙面上，如图6.2–4所示。配电箱放置好后，注意到CAD设计说明要求配电箱底边距离地面1.5m，可在立面中调整放置高度。

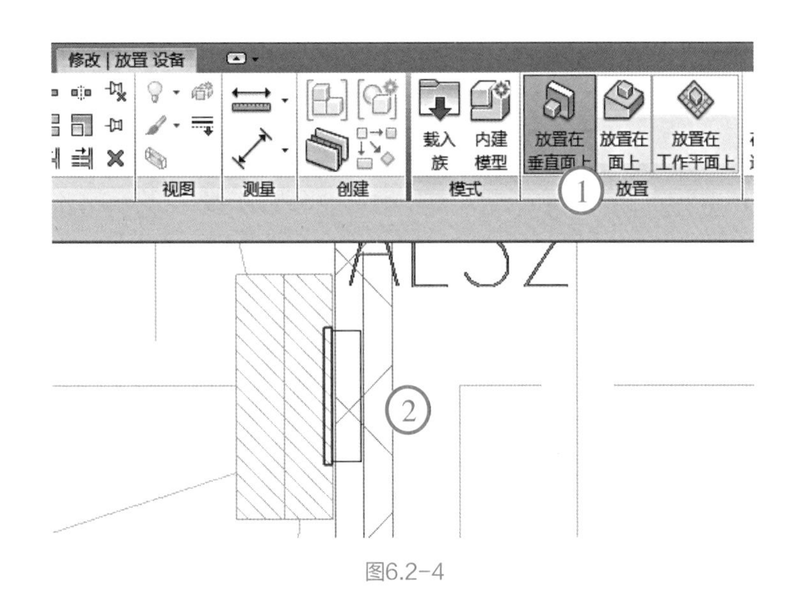

图6.2-4

（2）放置插座

在CAD设计说明中找到电源插座，类型为单相两孔、三孔组合电源插座，项目样板已有的族并没有这种电源插座，需要从系统族库载入。单击【插入】选项卡→【从库中载入】面板→【载入族】，在弹出的对话框中，依次选择【机电】→【供配电】→【终端】→【插座】→【单相二三极插座–暗装】，然后点击【打开】按钮完成。

单击【系统】选项卡→【电气】面板→【设备】→【电气装置】，选择“单相二三极插座–暗装”，在【修改|放置设备】→【放置】→【放置在垂直面上】选项下，将插座放置在CAD底图对应的竖直墙面上，如图6.2–5所示。

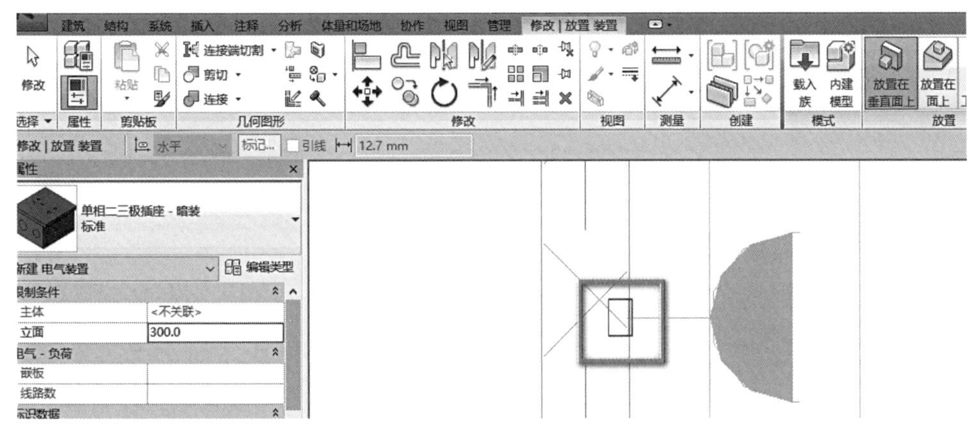

图6.2–5

同样的方法绘制房间内其他3个插座，注意到两个空调插座不属于ALS2配电箱系统，暂时先不绘制。

（3）放置开关

开关的放置过程和插座基本相同，首先找到“双联开关–暗装”族，载入到项目，然后单击【系统】选项卡→【电气】面板→【设备】→【照明】，选择“双联开关–暗装”，修改立面高度为“1300”，放置到图中，如图6.2–6所示。

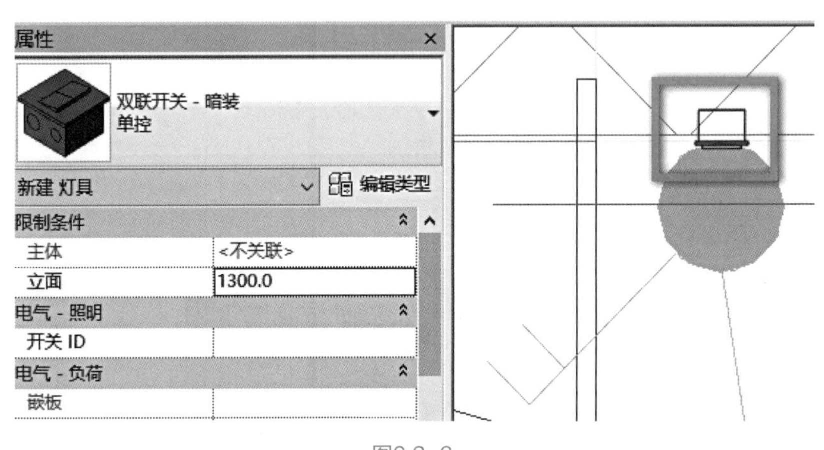

图6.2–6

（4）放置灯具

首先要载入灯具族，同载入开关族的方式载入族“双管吸顶式灯具–T5”。这里与开关插座等设备放置方法不同的是灯具要放置在平面上。打开南立面，输入快捷键“RP”从右向左绘制一条高度为2700mm的参照平面，选中这个参照平面，在属性栏中命名为“2700”，如图6.2–7所示。

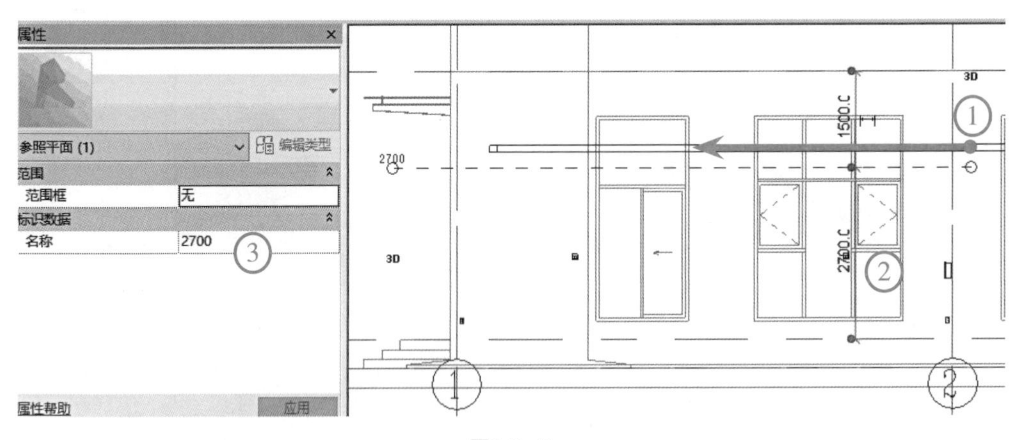

图6.2–7

返回楼层平面“电气–F1”，单击【系统】选项卡→【电气】面板→【照明设备】(快捷键“LF”)，选择“双管吸顶式灯具–T5”。选择【修改|放置设备】→【放置】→【放置在工作平面上】，在任务条【放置平面】选择“参照平面：2700”，然后在图中合适位置布置灯具，如图6.2–8所示。

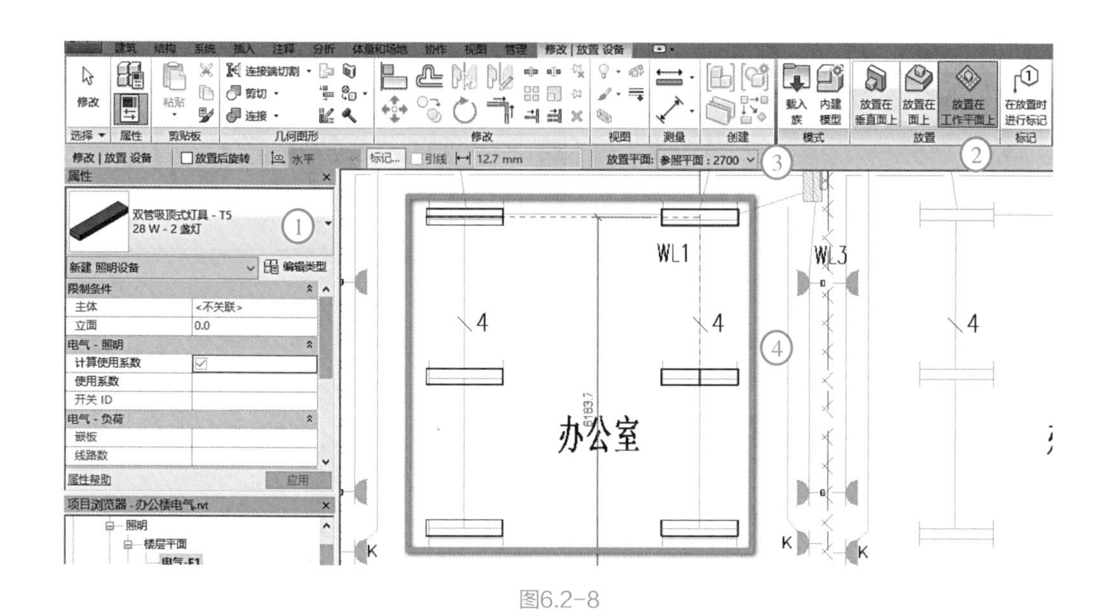

图6.2–8

4. 技能点——创建电力系统

在Revit中，线路会连接相似的电气构件以形成一个电气系统。创建线路后，可以通过几种方式进行编辑：添加或删除构件、将线路连接到配电盘、添加配线回路以及查看线路和配电盘属性。配线并非必需的，但可以用于显示外露的或在墙、天花板和楼板内隐藏的配线。

如果构件与线路中其他构件兼容，且如果它有一个可用的连接件，则可以在线路中连接。使用Revit可以为两种系统类型创建线路：“电力”系统包括照明和电力配电系统；“其他”系统包括数据、电话、火警、通信、护理呼叫系统、安全和控制系统。

创建电力系统的具体步骤如下：

（1）设置照明设备参数

①配电箱设置。选择照明配电箱“ALS2”，在选项栏将配电系统设置为“220/380Wye”，如图6.2–9所示。

②照明灯具、开关及插座设置。点击灯具/开关，单击【编辑类型】弹出【类型属性】对话框，将电压设置为220.00V，负荷分类选择“照明”，如图6.2–10所示。

图6.2-9

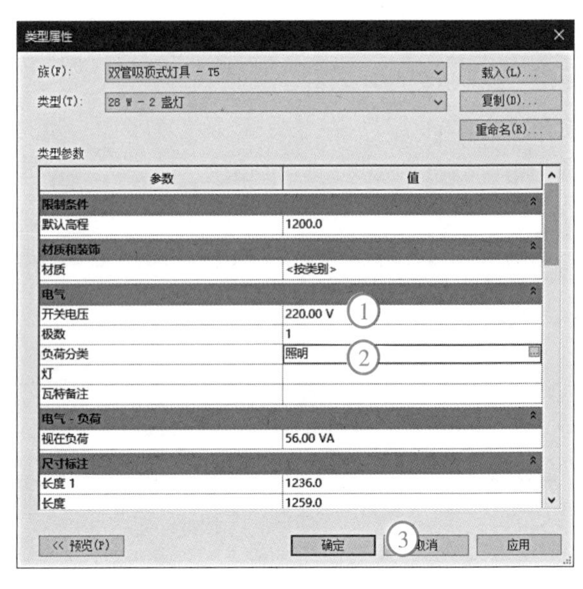

图6.2-10

同样的方法可以设置插座的电压为220.00V，负荷分类“插座”。

（2）创建电力系统

根据CAD底图可知，照明配电箱“ALS2”的出线有三条回路：房内照明一条，东西墙壁的插座各形成一条。

①选择照明回路中所有电气设备（包括开关和灯具）单击【创建系统】中【电力】按钮，如图6.2-11所示。

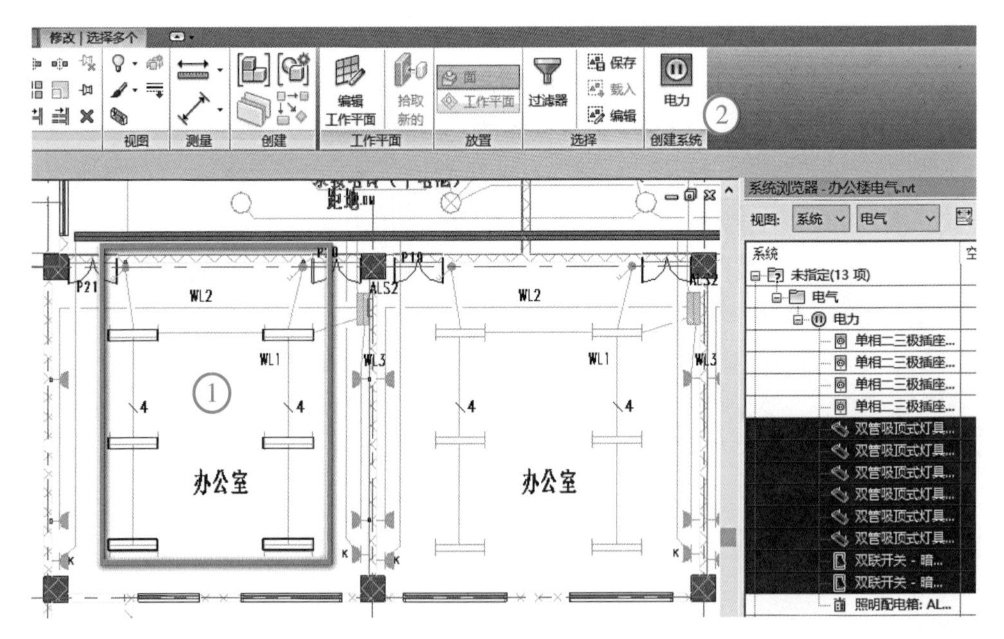

图6.2-11

②单击【选择配电盘】，选择回路中的配电箱，然后单击【带倒角的导线】自动布置导线，如图6.2-12所示。

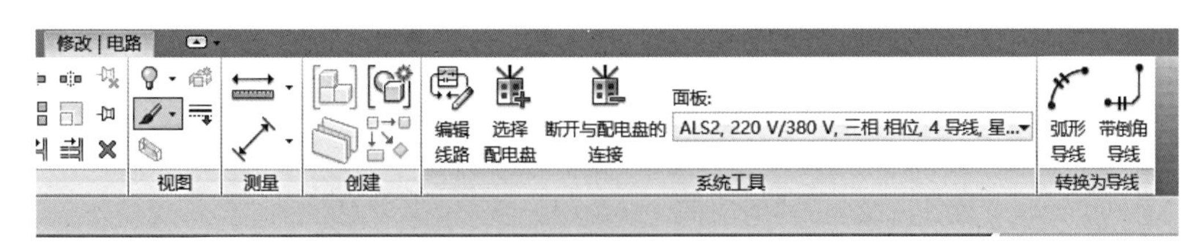

图6.2-12

同样的方法可以对东西两边墙壁的两条插座回路分别创建电力系统。

如果没有自动生成导线，可在该线路中选中一个构件，按Tab键以高亮显示该线路，单击以选择该线路，然后单击 或 以创建配线。

对自动生成的导线，可以按照实际项目要求对导线位置、根数进行修改。修改导线位置，选中导线拖曳，也可以删除导线，重新在系统里面选择导线手动连接设备。注意手动连接设备时，要连接到设备的连接点。修改导线的根数，可以先选中要修改的导线，点击“+”或者“–”增加或者减少导线根数。

创建完成后，可以按快捷键“VV”调出【可见性/图形替换】面板，在导入的类型中勾掉导入的CAD底图。最终完成的电力线路如图6.2-13所示。

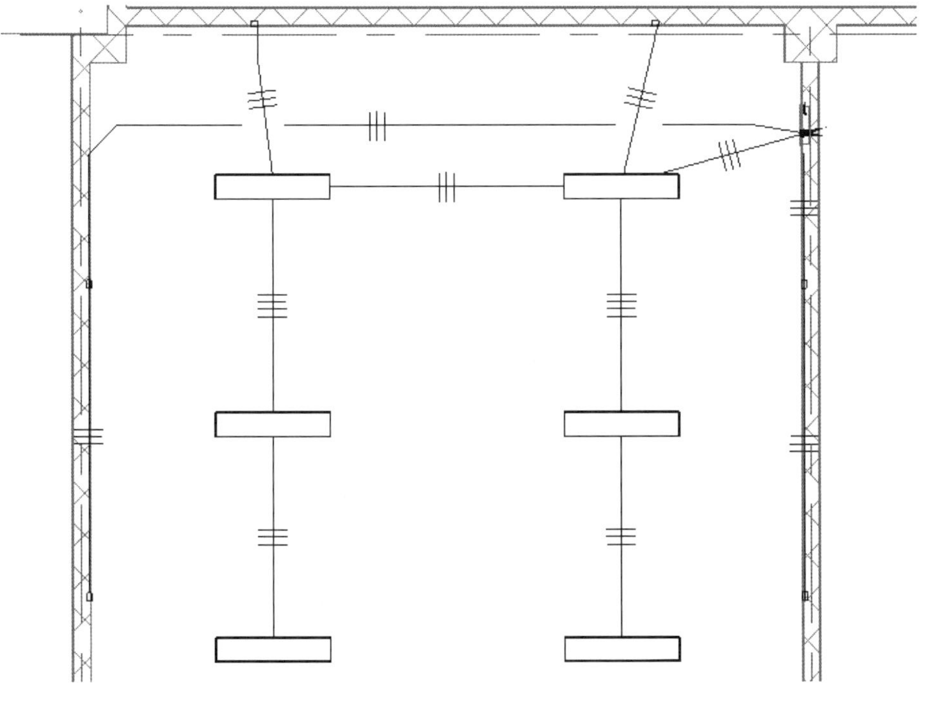

图6.2-13

（3）创建开关系统

创建开关系统的步骤与电力系统类似。通过识读CAD底图，房间内的两列灯具分别与两个开关形成开关系统。

选中左列三个灯具，在功能区【修改|照明设备】中，单击【创接线图】→【开关】。在功能区【修改|开关系统】中，单击【系统工具】→【选择开关】，选择对应的开关，创建开关系统，如图6.2-14所示。

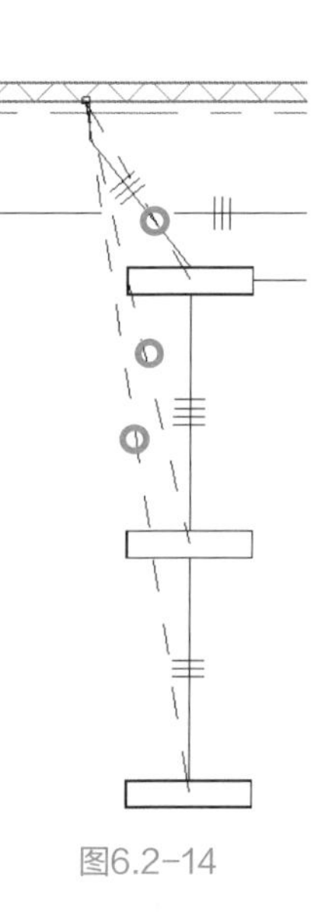

图6.2-14

同样的方法可以创建右列灯具的开关系统。在开关系统中任选一个灯具或开关，在功能区选择【开关系统】选项卡，可以在该系统工具中编辑开关系统，选择或者断开开关。

5．技能点——绘制线管

Revit中的线管就是建筑上用的电工穿线管，通俗地讲是防腐蚀、防漏电、穿电线用的线管，分为塑料穿线管、不锈钢穿线管、碳钢穿线管。线管用于室内正常环境和在高温、多尘、有振动及有火灾危险的场所，也可在潮湿的场所使用，不得在特别潮湿，有酸、碱、盐腐蚀和有爆炸危险的场所使用。

（1）线管的类型

和电缆桥架一样，Revit的线管也包含了两种不同的线管形式："带配件的线管"和"无配件的线管"。此处的是否带配件表示：是否带有弯头。

在提供的"机电样板"项目样板文件中默认类型"带配件的线管"包括：刚性非金属导管（RNC Sch 40）和刚性非金属导管（RNC Sch 80）；"无配件的线管"也包括：刚性非金属导管（RNC Sch 40）和刚性非金属导管（RNC Sch80）。可在【项目浏览器】→【族】→【管线】，点开前面的"+"展开对应的电缆桥架，如图6.2-15所示。其中的【办公楼强电线管】是项目样板中已经建好的线管。

（2）线管的设置

单击【系统】选项卡→【线管】（快捷键"CN"），调出放置线管界面，在【属性】面板中单击【编辑类型】，在弹出的【类型属性】对话框中，可以定义电气标准，如图6.2-16所示。

这个标准选项决定了线管所采用的尺寸列表。例如"RNC明细表40"这个类型会有相应尺寸列表，与在【管理】选项卡→【MEP设置】→【电气设置】→【线管设置】→【尺寸】→【标准】中的"RNC明细表40"相对应。

同桥架类似，线管也是直接在图6.2-16的对话框中指定线管配件，这里展示了"带配件的线管"的管件，包含弯头、三通、四通、过渡件和活接头，在"值"一栏可选择与线管类型配套的管件。而在无配件线管中弯头为无配件类型，而其他三通、四通是与

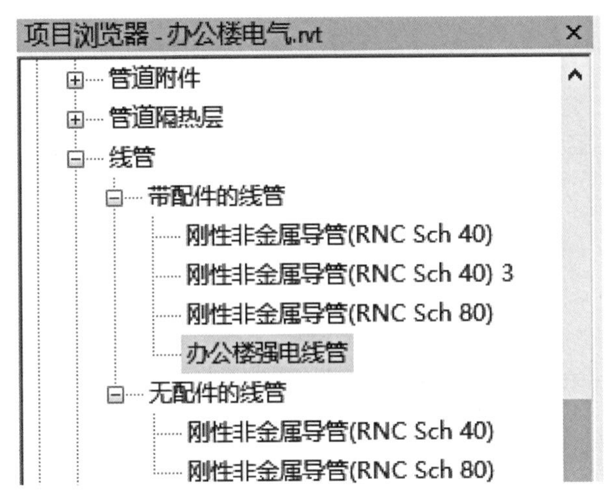

图6.2-15

图6.2-16

有配件线管一致的。

（3）线管的绘制

在实际施工中线管敷设的随意性比较大，所以线管模型对施工的指导意义不如电缆桥架大。下面以F1楼层平面①～②轴和Ⓐ～Ⓑ轴之间的办公室为例讲解电气照明系统的创建。

首先在灯具上面设置接线盒。在“电气–F1”楼层平面图上，选择“导管接线盒–四通”，放置在灯具上面，在立面中用快捷键“AL”将接线盒的下面与灯具上面对齐，如图6.2–17所示。

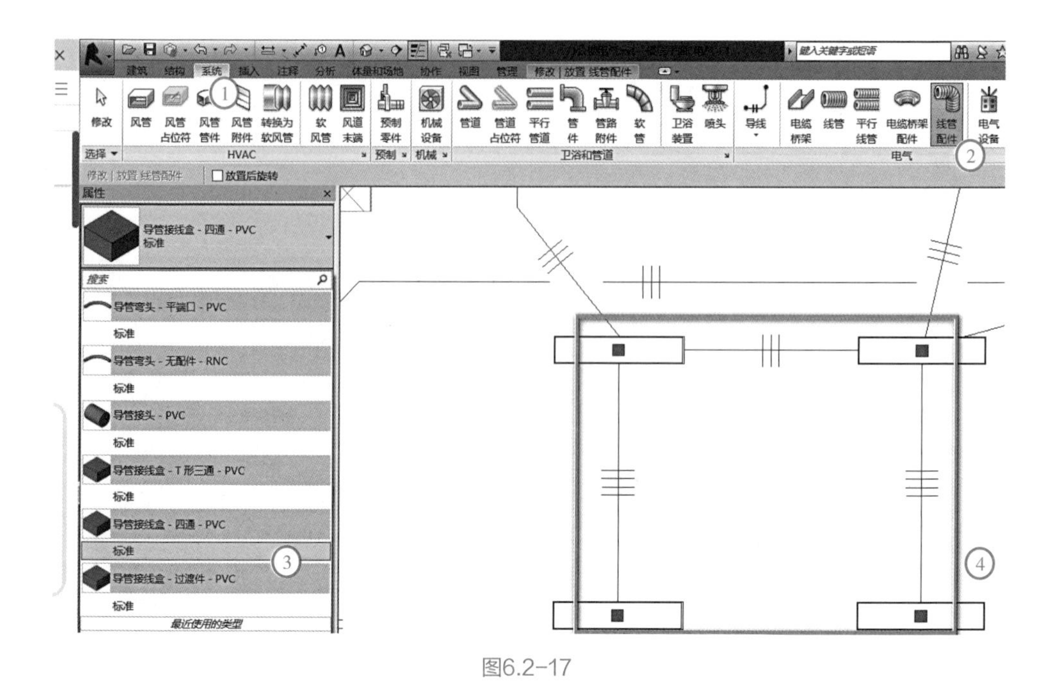

图6.2-17

选择一个接线盒，在一个拖曳点上点击鼠标右键，在调出的菜单中选择【绘制线管】，在任务条【直径】选择21mm，如图6.2-18所示。

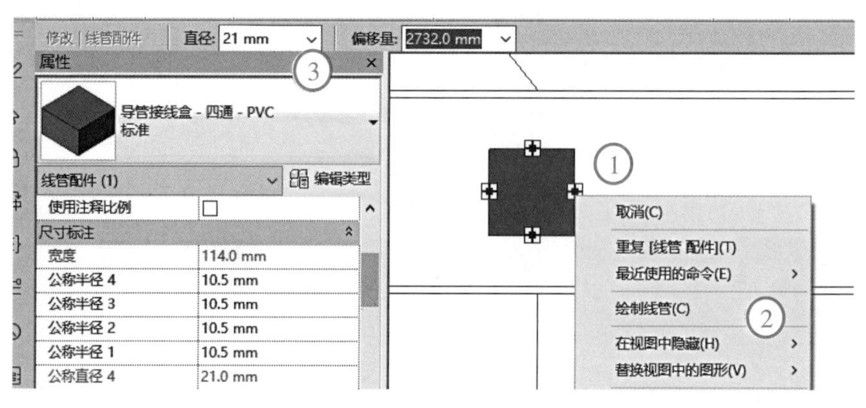

图6.2-18

同理可以按图绘制其余连接灯具的线管。在靠近配电箱的接线盒右键点选绘制线管，在任务条【直径】选择21mm，拖动线管到配电箱处点击鼠标左键确定，然后在【偏移量】栏输入“1740”，按【应用】按钮两次完成灯具与配电箱的线管连接，如图6.2-19所示。

灯具与开关、配电箱与插座的连接方式与上面类似，这里不再赘述。注意与灯具不同的是，插座的线管位置在本层楼板中。线管绘制完成后的参考图如图6.2-20所示。

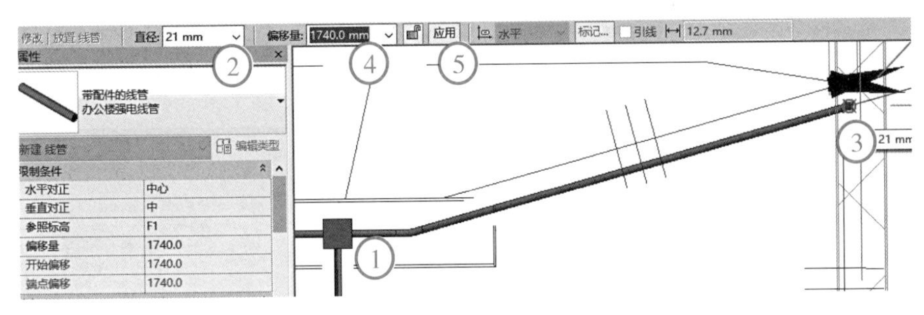

图6.2-19

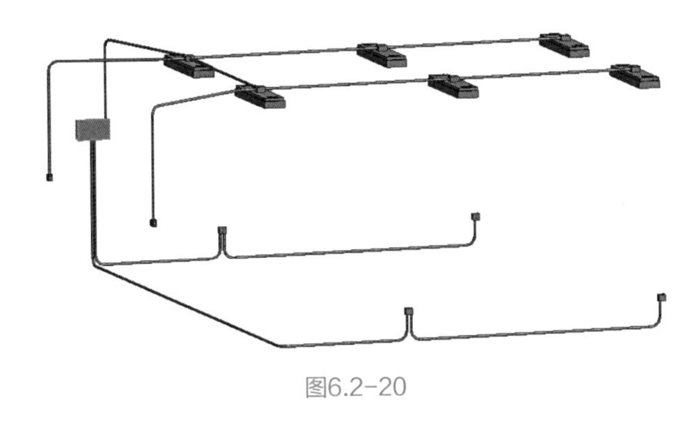

图6.2-20

6.2.4 问题思考

1. 电气照明的种类可分为哪些?
2. 简述在Revit中创建电力系统的方法。

6.2.5 知识拓展

资源名称	真题讲解 （真题在课件中下载）	多联多控开关解释	模型动画
资源类型	视频	文档	3D模型
资源二维码			

CHAPTER 7

项目 7
管线综合和成果输出

任务7.1 碰撞检查

7.1.1 教学目标与思路

【教学目标】

知识目标	能力目标	素养目标	思政要素
1. 熟悉碰撞的分类； 2. 了解碰撞的作用； 3. 熟悉碰撞调整的原则。	1. 能够进行不同模型之间碰撞检查； 2. 能够对碰撞问题进行调整。	1. 养成严肃、认真的学习态度和良好的自主学习习惯； 2. 培养团队意识强，协调能力强的能力。	1. 了解碰撞危害，树立责任意识； 2. 通过碰撞协调工作，培养团队精神。

【学习任务】通过实际项目的管线综合训练，熟悉碰撞的基本概念，掌握碰撞检查和调整的一般方法。

【建议学时】2～3学时。

【思维导图】

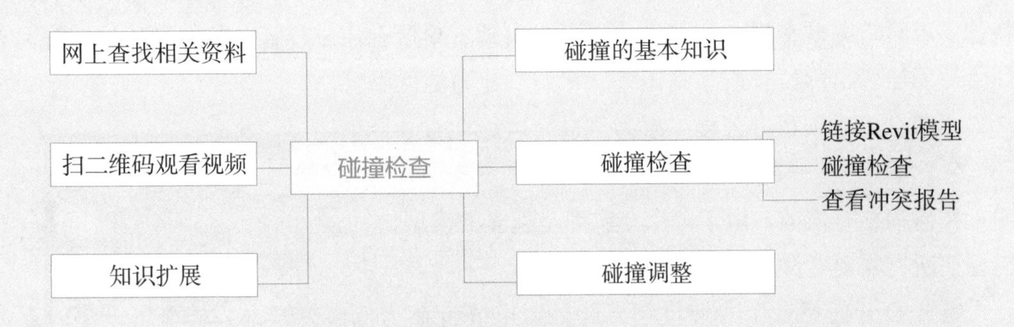

7.1.2 学生任务单

学生根据要求，自行复印附录 学生任务单。

7.1.3 知识与技能

1．知识点——碰撞的基本知识

在BIM的设计中，各个专业的设计师往往并非同一个人，更有甚者甚至不是一个设计院设计的。二维平面图在传递项目信息时会存在误差，这就导致了专业与专业之间可能会存在一些碰撞的问题。

碰撞可分为硬碰撞、软碰撞和间隙碰撞3种类型。

（1）硬碰撞是指两实体对象在空间上存在交集。如果各专业在设计阶段没有做好彼此之间的沟通或者约定，就可能会产生在建筑构件与管线之间或者不同专业管线之间的硬碰撞。

（2）软碰撞是指2个对象在空间上有交集，软碰撞在一定的范围内是允许的，也就是发生了碰撞。在一些基础工程中通过碰撞检测控制实现对象之间的软碰撞。

（3）间隙碰撞是指当两实体的距离小于规定间距，在空间上虽然没有交集，但被认为两者产生了间隙碰撞。

在处理碰撞的问题时，BIM工程师分别搭建了不同结构的模型，在BIM平台上进行多模型的整合，通过施工漫游及碰撞检查，分析结构间的碰撞点，并将碰撞点整理成报告提供给项目部，反馈给设计及时解决问题。这就是一个简要的碰撞的流程。

碰撞检测问题是BIM应用的技术难点，碰撞检测也是BIM技术应用初期最易实现、最直观、最易产生价值的功能之一。

碰撞调整应依照碰撞调整规则进行碰撞点与不合理点的管线综合调整。在项目无特殊要求时管综调整规则一般为：小管让大管、单根管让成排管、其他管让排烟管、有压管让无压管、低压管避让高压管、常温管让高温低温管。

本节会以本项目办公楼一层为例进行碰撞检查并调整。

2．技能点——碰撞检查

在碰撞检查之前，由于每个专业都是独立的模型，需要把所有需要碰撞检查的模型整合在一起。

首先打开任意一个专业模型，此处以电气专业为例，打开办公楼电气模型，点击【插入】选项卡中的【链接Revit】，选中“消防给水管道系统”，定位默认为【自动–原点到原点】，点击【打开】完成链接，如图7.1–1所示。本项目创建之时，每个专业设置了相同的基点和原点，所以各专业模型链接进入后，位置自动对应不需手动调整。切换回三维视图可以发现视图如图7.1–2所示。

图7.1–1

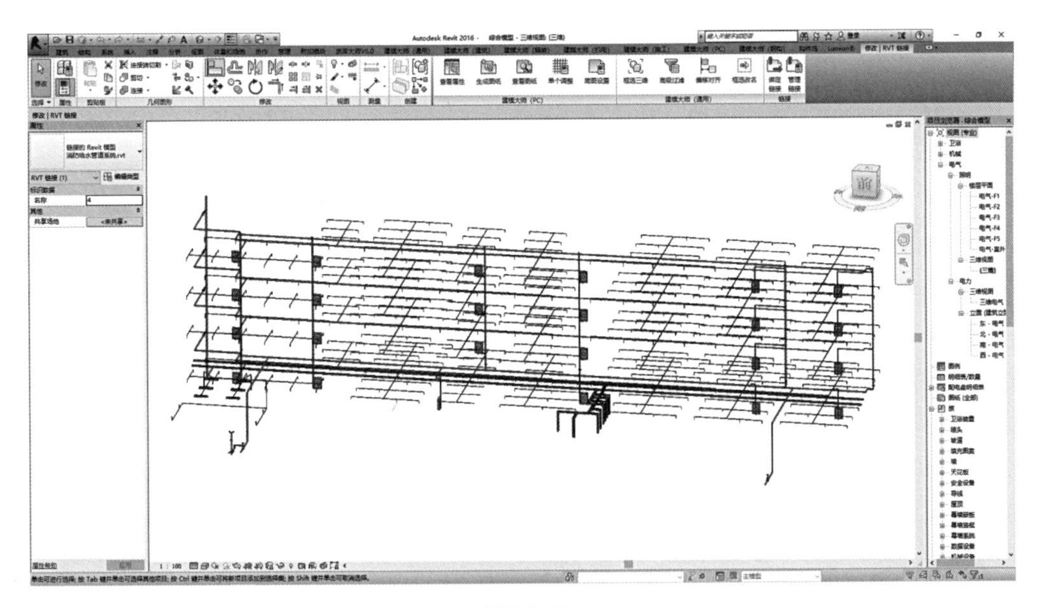

图7.1–2

“消防给水管道系统”模型链接完毕后，需要将链接绑定进入到项目中，单击选中链接模型，点击【修改|RVT链接】中的【绑定链接】，会出现对话框【绑定链接选项】，不勾选三者，点击【确定】，如图7.1–3所示，绑定链接会需要一定的时间，模型越复杂，绑定时间越久，对计算机的配置要求也越高。

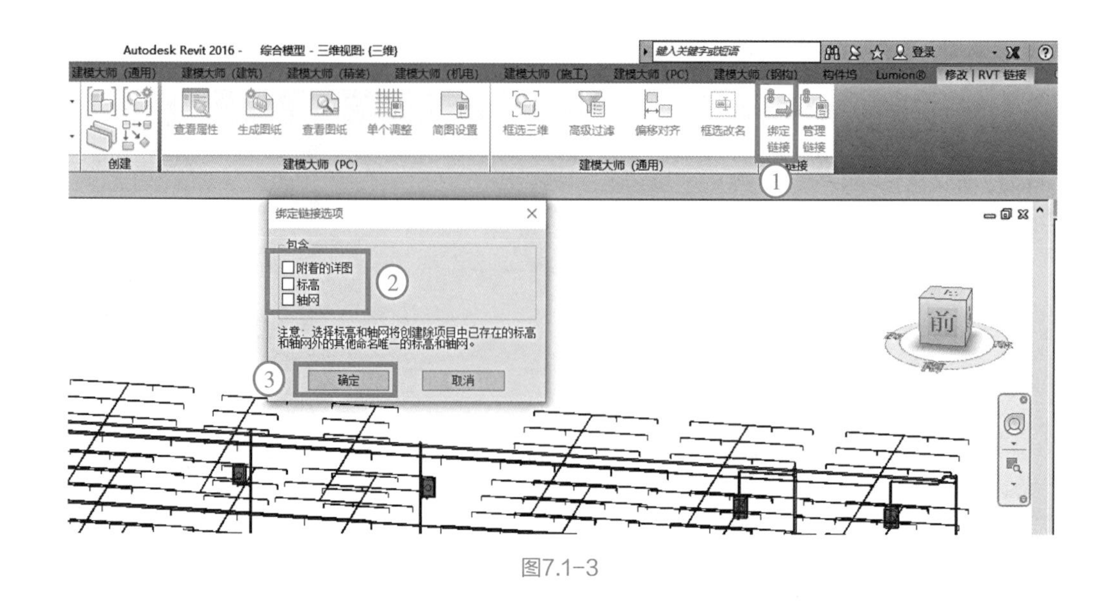

图7.1–3

绑定完成后，会跳出对话框【警告–可以忽略】，可点击【删除链接】，如图7.1–4所示。

运用相同的方法，链接并绑定“给排水管道系统”模型，此时多专业机电模型整合完毕，如图7.1–5所示。

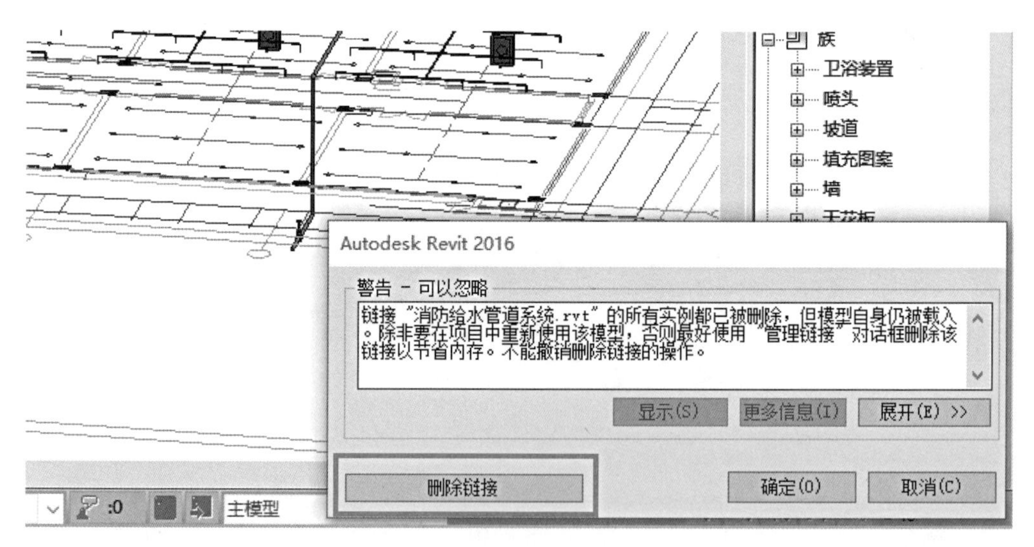

图7.1–4

在项目中点击【协作】选项卡中的【碰撞检查】命令，如图7.1–6所示，此时会弹出下拉菜单，选择【运行碰撞检查】，就会弹出【碰撞检查】对话框，如图7.1–7所示。

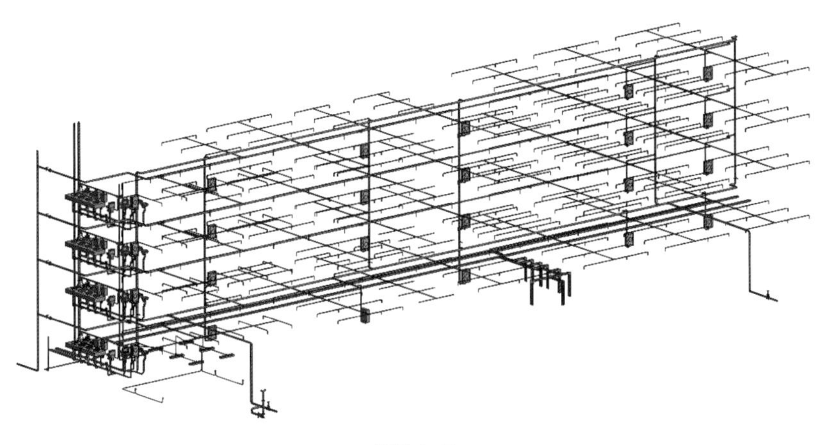

图7.1-5

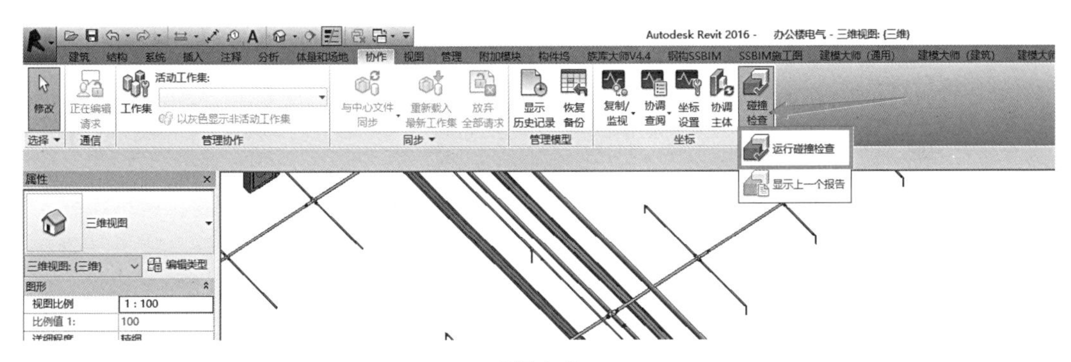

图7.1-6

碰撞检查

类别来自：当前项目	类别来自：当前项目
☐ 喷头	☐ 喷头
☐ 机械设备	☐ 机械设备
☐ 灯具	☐ 灯具
☐ 照明设备	☐ 照明设备
☐ 电气装置	☐ 电气装置
☐ 电气设备	☐ 电气设备
☐ 电缆桥架	☐ 电缆桥架
☐ 电缆桥架配件	☐ 电缆桥架配件
☐ 管件	☐ 管件
☐ 管道	☐ 管道
☐ 管道附件	☐ 管道附件
☐ 线管	☐ 线管
☐ 线管配件	☐ 线管配件
选择：全选(L) 全部不选(N) 反选(I)	选择：全选(L) 全部不选(N) 反选(I)

确定　取消

图7.1-7

在【碰撞检查】对话框中可以对需要进行碰撞检测的图元类型进行选择，并点击【确定】按钮，如图7.1–8所示，软件就会自动进行当前项目中所勾选图元类型的碰撞检测。

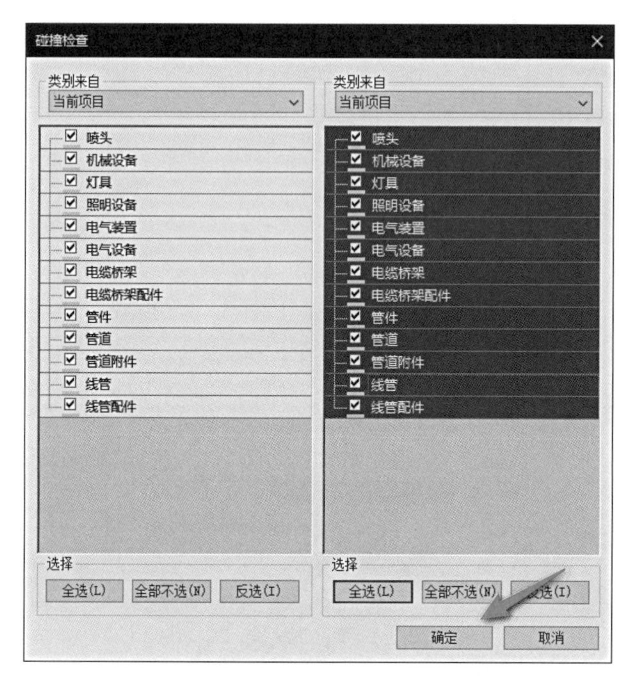

图7.1–8

碰撞检测完成后，会自动跳出【冲突报告】对话框，这里以电缆桥架与管道的冲突为例，选择碰撞点【电缆桥架】，点击前方加号按钮出现【管道】，选中管道并点击【显示】按钮，视图就会跳转到碰撞所在的视点，并且将碰撞的构件高亮显示，如图7.1–9所示。

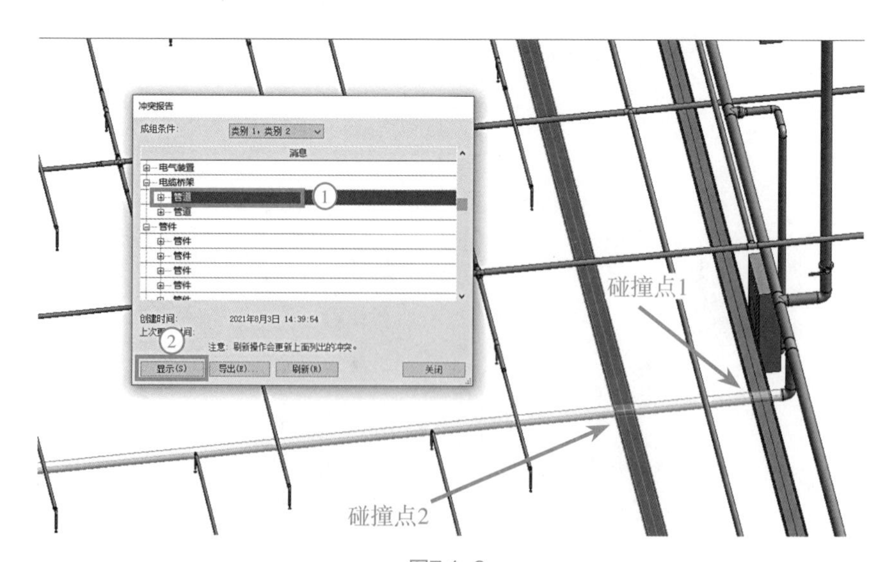

图7.1–9

3. 技能点——碰撞调整

由碰撞点得知，此消火栓主管碰撞多个成排电缆桥架，故需要调整此根消火栓管道。

碰撞情况如图7.1–10（a）所示，此处的调整方案有三种：

方案1是将碰撞处打断（“拆分图元”命令）单独抬高，如图7.1–10（b）所示。

方案2是将整根水平管标高下调至与桥架无碰撞，如图7.1–10（c）所示。

方案3是将整根水平管标高抬高至与之垂直的水平管的标高相同，如图7.1–10（d）所示。

就这三种方案来看，方案1与方案2的翻弯数均未增加，而方案3的翻弯处减少1处，三者都符合碰撞调整的基本原则，这时候就需要考虑优化后的方案是否增加了成本与施工工作量，这三种方案的管线长度均相同，但是方案3的弯头数量减少1个，同样翻弯也减少1处，所以方案3是最优方案。

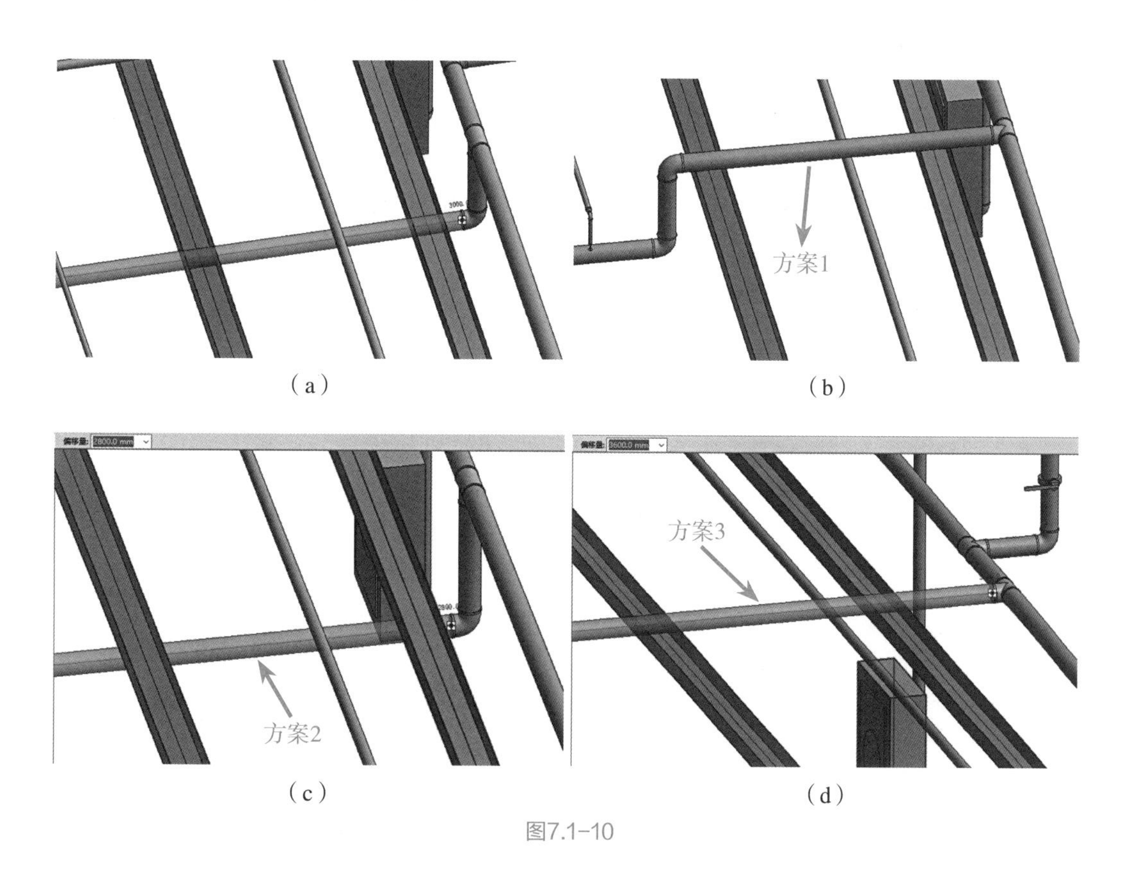

（a）　（b）　（c）　（d）

图7.1–10

将此处碰撞调整完毕后，可再次点击【协作】选项卡中的【碰撞检查】命令，并在下拉菜单中选择【显示上一个报告】，如图7.1–11所示。

软件会重新弹出【冲突报告】对话框，点击【刷新】命令，软件就会依据之前做【碰撞检查】选择的构件类型，重新进行碰撞检测。

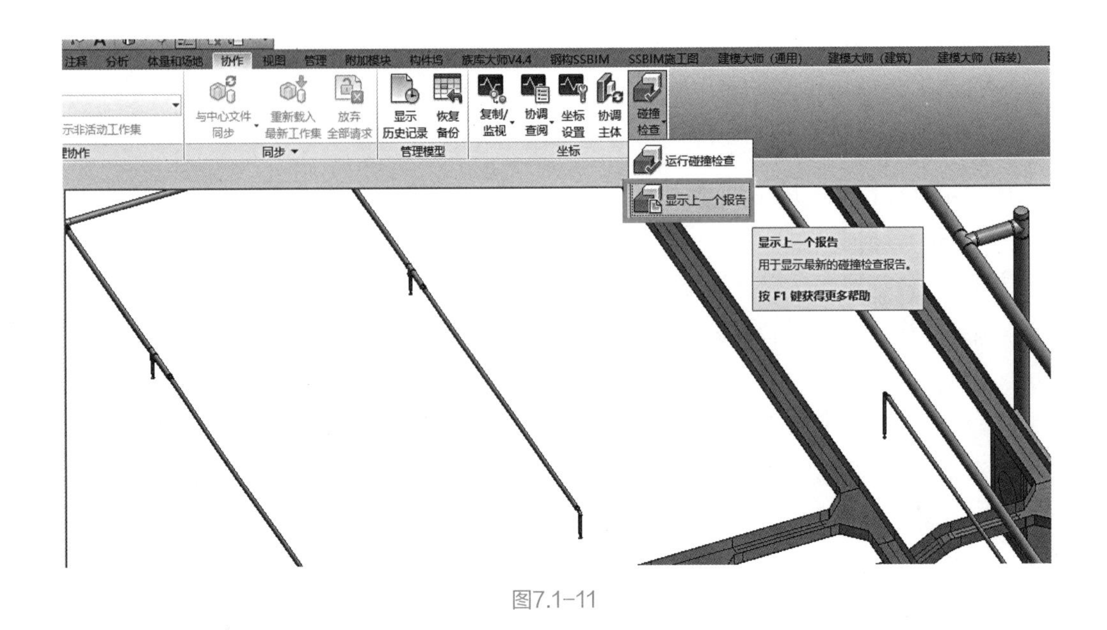

图7.1-11

可以发现，【冲突报告】对话框中之前关于电缆桥架的碰撞信息，因将碰撞的消防管道调整完毕，也随之消失。

依据此方法，检查项目中存在的其他碰撞并按照规则消除。

7.1.4 问题思考

1. 碰撞通常分为哪些类型？
2. 碰撞调整的原则是什么？

7.1.5 知识拓展

资源名称	真题讲解 （真题在课件中下载）	管线综合设计
资源类型	视频	文档
资源二维码		

任务 7.2 明细表

7.2.1 教学目标与思路

【教学目标】

知识目标	能力目标	素养目标	思政要素
熟悉明细表的意义。	1．能够创建明细表； 2．能够创建多类别明细表； 3．能够导出明细表。	1．培养自我学习能力与创新能力； 2．养成团结协作精神。	1．通过明细统计工作，培养责任意识； 2．通过专业协同合作，培养团队精神。

【学习任务】通过实际项目的明细表统计，熟悉明细表的概念，掌握创建明细表和导出明细表的一般方法。

【建议学时】2 ~ 3学时。

【思维导图】

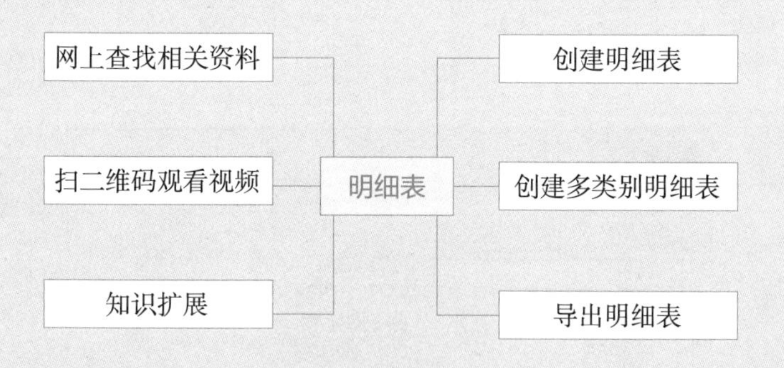

7.2.2 学生任务单

学生根据要求，自行复印附录 学生任务单。

7.2.3 知识与技能

1．技能点——创建明细表

在Revit中，明细表是将项目中的图元属性以表格的形式统计并展现出来。明细表要列出编制明细表的图元类型的每个实例，或根据明细表的成组标准将多个实例压缩到一行。

明细表命令位于【视图】选项卡中，【明细表】又包含：【明细表/数量】【图形柱明细表】【材质提取】【图纸列表】【注释块】【视图列表】，如图7.2–1所示。

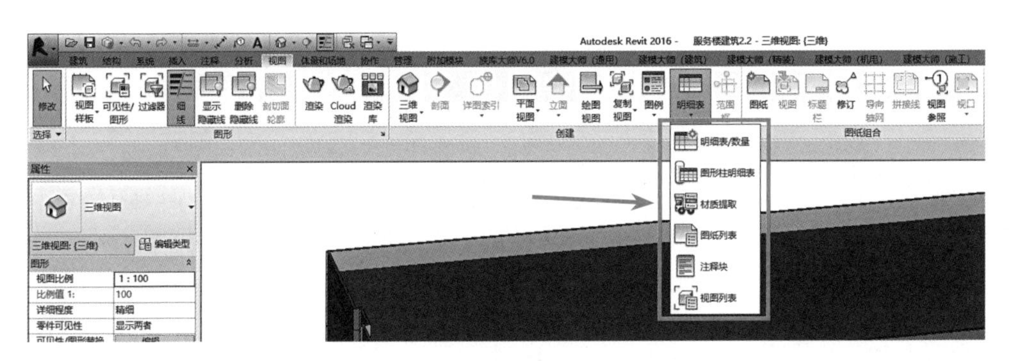

图7.2–1

本项目以窗为例，进行明细表创建。打开办公楼建筑模型，点击【明细表】下拉箭头中的【明细表/数量】，弹出对话框【新建明细表】，滚动鼠标滚轮键找到并选择【窗】，点击【确定】，如图7.2–2所示。

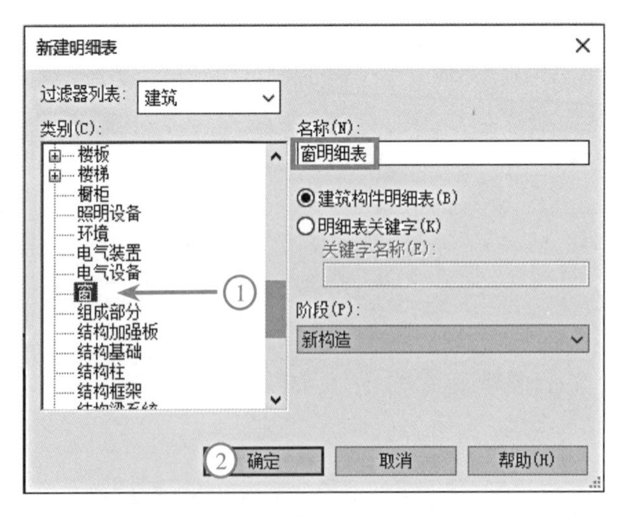

图7.2–2

点击【确定】后，出现【明细表属性】对话框，【可用的字段】一栏是指明细表的目标构件相关属性，对于“窗”的属性描述一般如下：类型、宽度、高度、底高度、合计。将上述字段依次添加到右方【明细表字段（按顺序排列）】，如图7.2–3所示。

字段添加完成后，点击下方【上移】或【下移】按键可移动选中项以便调整顺序，如图7.2–4所示。

图7.2–3

图7.2–4

设置完成【字段】后，继续调整【明细表属性】对话框上方其他栏的设置。

点击【排序/成组】中【排序方式（S）】后方下拉，选择【类型】，后方默认选择升序，调整完毕此处后，后面生成的表格将会以窗的类型升序进行排序。

如果按照窗的类型进行排序的基础上，明细表还有第二排序方案，则可以通过下方【否则按（T）】进行设置。

下方多个【否则按】也是同样逻辑，为第三排序方案、第四排序方案。勾选【排序/成组】中下方的【总计（G）】，后方下拉可选择需要总计的项目，最下方的【逐项列举每个实例】一般不勾选，如图7.2–5和图7.2–6所示。

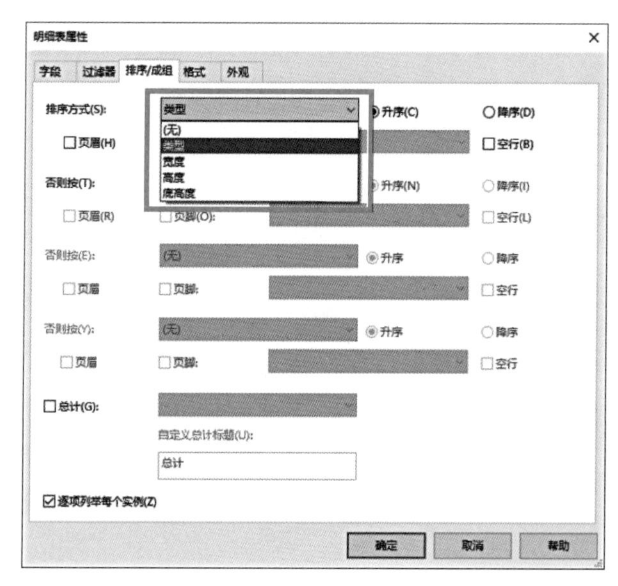

图7.2–5

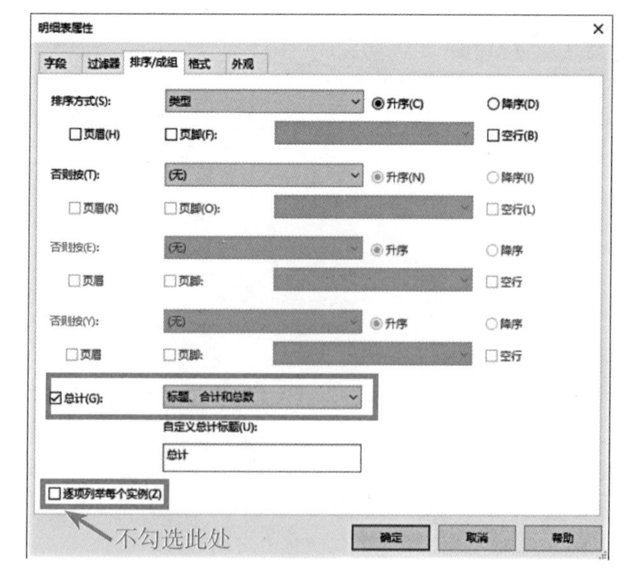

图7.2–6

【外观】一栏【数据前的空行（K）】一般不勾选，如图7.2–7所示。

图7.2–7

所有属性调整完毕后点击【确定】即可生成【窗明细表】，如图7.2–8所示。

<窗明细表>

A	B	C	D	E
类型	宽度	高度	底高度	合计
C1	1500	1800	1100	22
C3	2400	2000	900	72
FC1	2400	2000	900	9
LDC1	2400	3200	300	20
LDC2	1500	3200	300	4
LDC3	2500	3500	0	2
LDC4	3200	3500	0	2
总计: 131				

图7.2–8

窗明细表被保存在【项目浏览器】中【明细表/数量】中。也可以通过右键点击【明细表/数量】的方法新建一个明细表，如图7.2–9所示。

【明细表属性】对话框中【格式】可以调整单位，计算总数，如图7.2–10所示为把宽度的单位改为“米”以及计算宽度总数。

【明细表属性】对话框中【过滤器】设置可以统计其中部分构件，不设置则统计全部构建。如图7.2–11所示为只统计底高度为0的窗。

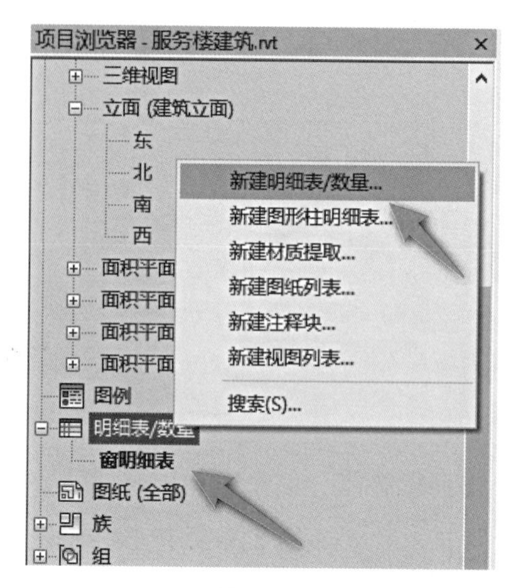

图7.2-9

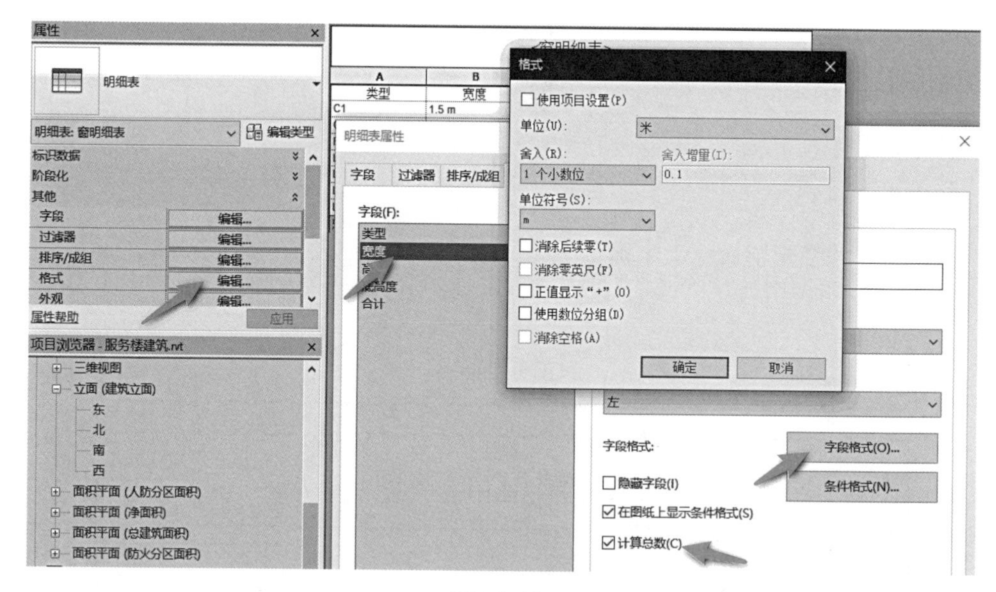

图7.2-10

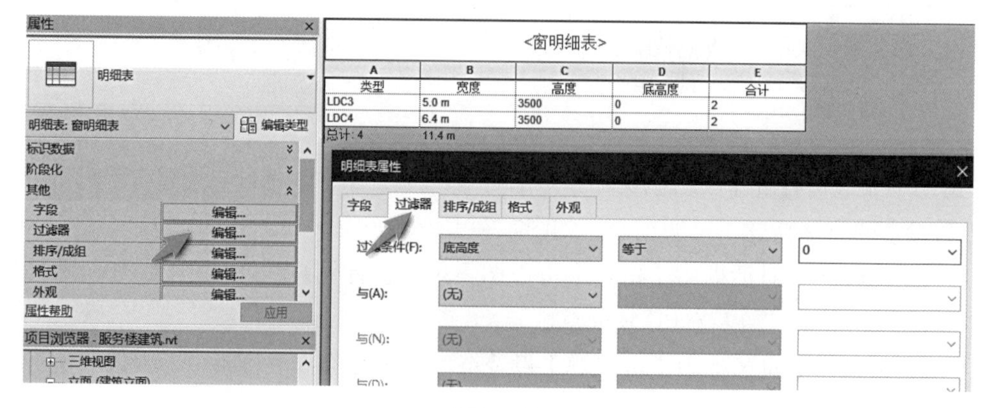

图7.2-11

2．技能点——创建多类别明细表

继续用办公楼建筑模型项目为例介绍多类别明细表的创建。

单击【视图】→【明细表】→【明细表/数量】，在弹出对话框【新建明细表】中选择【多类别】，在名称栏输入“多类别明细表”，如图7.2–12所示。

点击【确定】后出现【明细表属性】对话框，依次将【类别】【族与类型】【合计】3个字段添加到【明细表字段】，如图7.2–13所示。

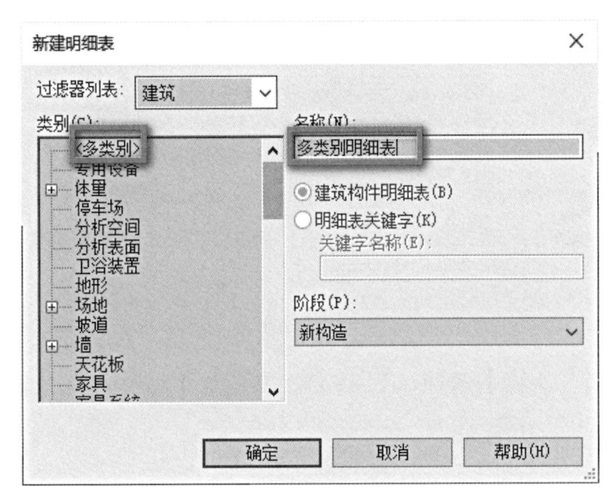

图7.2–12

图7.2–13

点击【排序/成组】中【排序方式（S）】后方下拉选择【类别】选项，在【否则按（T）】选择【族与类型】选项，取消【逐项列举每个实例】选项，如图7.2–14所示。

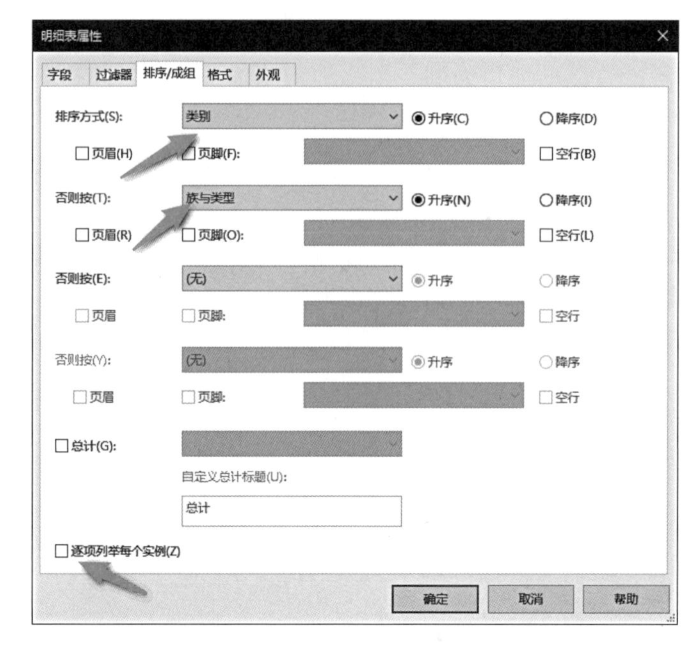

图7.2-14

点击【格式】中【合计】选项，勾选【计算总数】选项，如图7.2-15所示。最终生成的门窗明细表如图7.2-16所示。

图7.2-15

<门窗明细表>

A	B	C
类别	族与类型	合计
常规模型	常规模型 1: 常规模型 1	1
常规模型	常规模型 2: 常规模型 1	1
常规模型	常规模型 3: 常规模型 3	1
常规模型	玻璃雨棚: 玻璃雨棚	1
常规模型	玻璃雨棚: 玻璃雨棚 2	1
幕墙嵌板	系统嵌板: 玻璃	28
柱	矩形柱: 600*600	40
窗	推拉窗6: C1	22
窗	推拉窗-双扇推拉窗b: C3	72
窗	推拉窗-双扇推拉窗b: FC1	9
窗	组合窗 - 三层三列(平开+固定): LDC1	20
窗	组合窗 - 双层三列(平开+固定+平开) - 上部三扇固定: LDC3	2
窗	组合窗 - 双层单列(固定+推拉): LDC2	4
窗	组合窗 - 双层四列(两侧平开) - 上部固定: LDC4	2
门	单嵌板木门 1: M4	6
门	单嵌板木门 1: M5	12
门	单嵌板钢防火门: FM丙1	12
门	双扇防火门: FHM乙1	6
门	双面嵌板木门 1: M1	1
门	双面嵌板木门 1: M2	54
门	双面嵌板木门 1: M3	6
门	门嵌板_单开门2: 门嵌板_单开门2	2
门	门嵌板_双开门3: 门嵌板_双开门 3	1

图7.2-16

3. 技能点——导出明细表

工程上通常要将明细表导出为Excel使用，但是Revit软件无法将明细表直接导出为Excel表格，只能将明细表导出为“txt”格式，再将导出的“txt”文件转化为“xls”文件。

打开需要导出的明细表视图（只能在明细表视图中才能将该明细表导出为“txt”格式），点击在【应用程序菜单】即【R】图标选项卡下使用【导出】→【报告】→【明细表】命令，如图7.2–17所示。

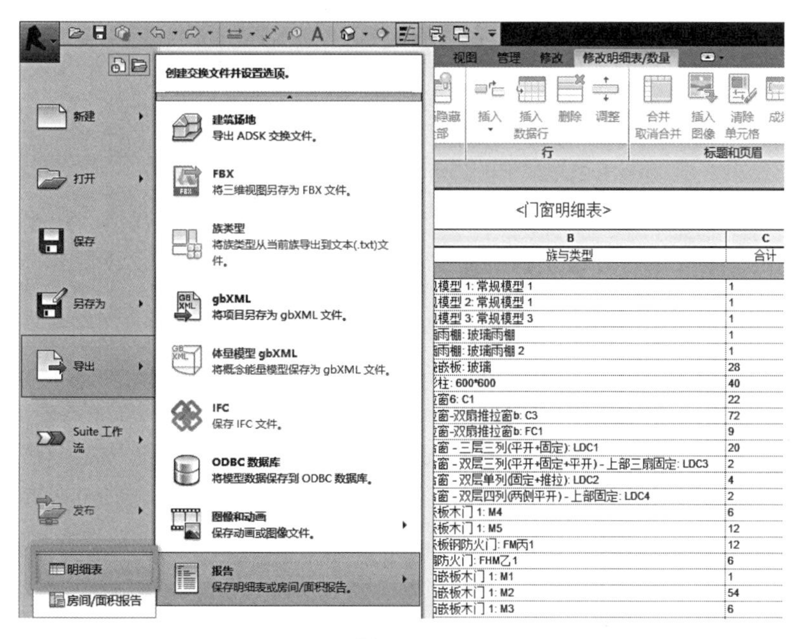

图7.2–17

在弹出的对话框中选择保存位置和文件名，点击【保存】，如图7.2–18所示。然后弹出【导出明细表】对话框，不要更改输出选项的默认设定（更改导致Excel软件不能识别），直接点击【确定】按钮，如图7.2–19所示。

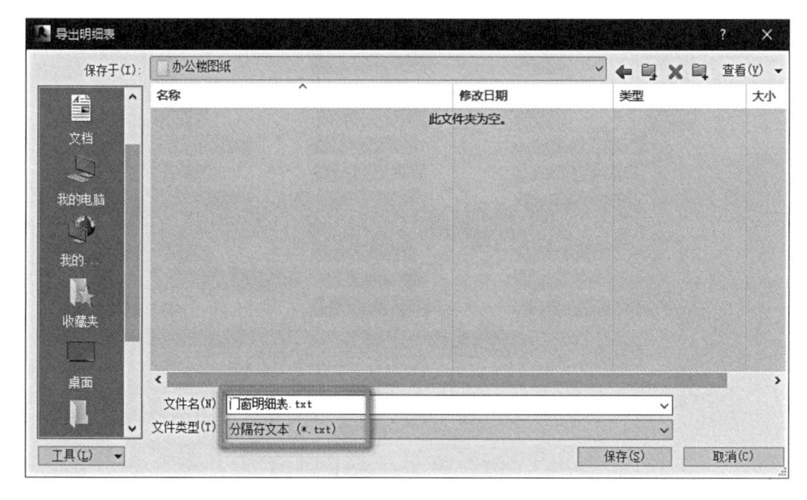

图7.2–18

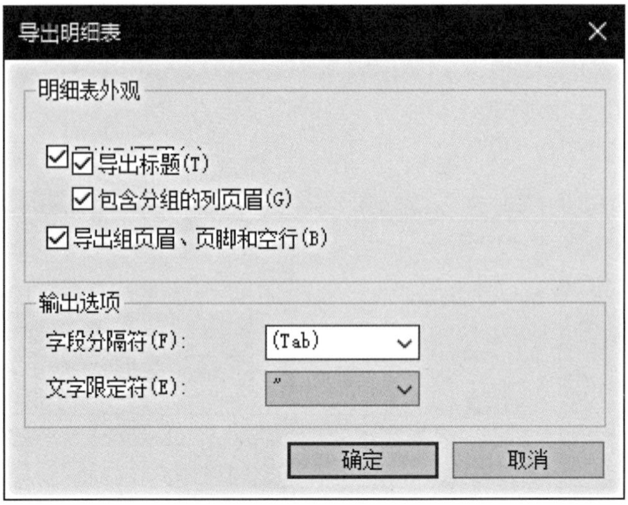

导出明细表

明细表外观

☑导出标题(T)

☑包含分组的列页眉(G)

☑导出组页眉、页脚和空行(B)

输出选项

字段分隔符(F):　(Tab)

文字限定符(E):　"

确定　取消

图7.2-19

打开Excel软件，直接将已保存的明细表拖到Excel中打开，如图7.2-20所示。

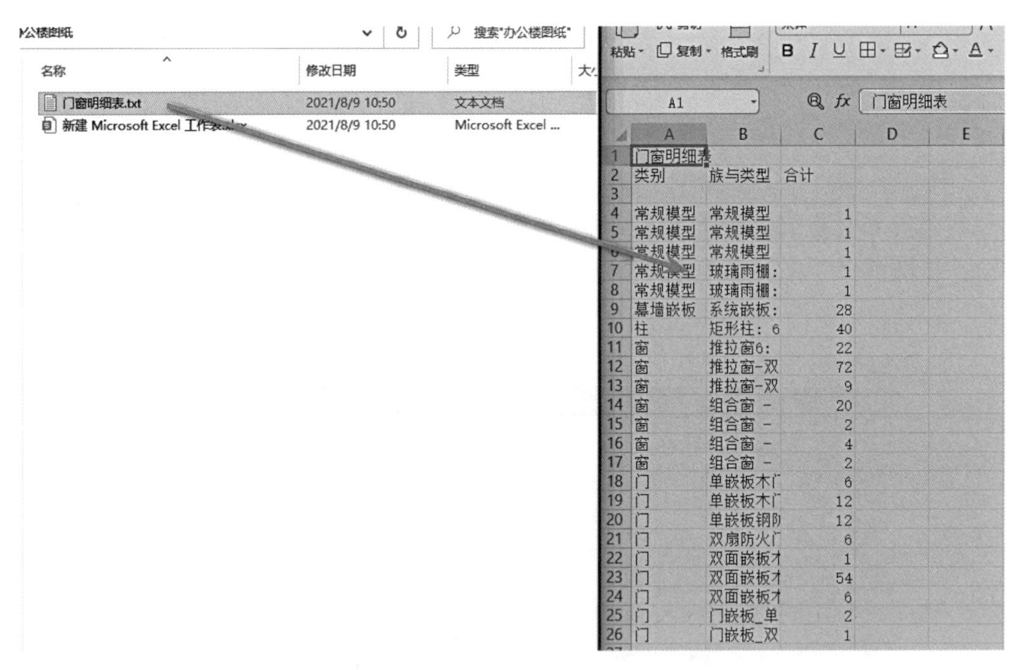

图7.2-20

在Excel中点击【另存为】按钮，选择要保存的位置。默认的保存类型是Unicode文件，将其改成Excel工作簿，如图7.2-21所示，点击【保存】即可将明细表转化为Excel文件。

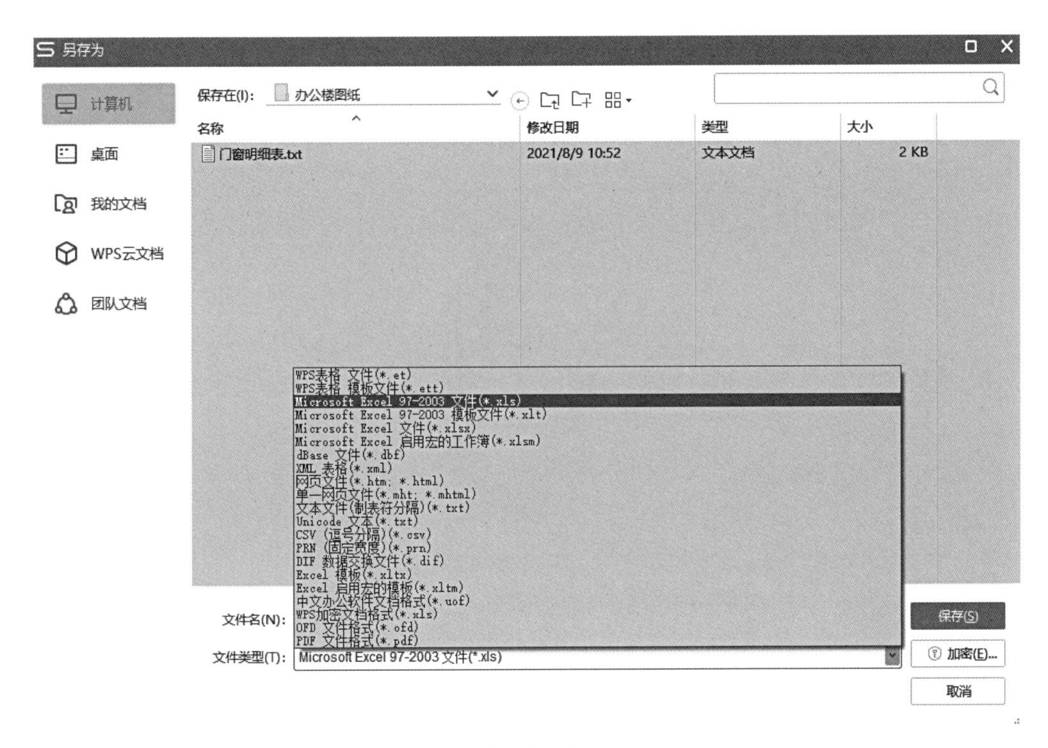

图7.2-21

7.2.4 问题思考

1. 如何创建多类别明细表?
2. 如何把明细表导出成表格形式?

7.2.5 知识拓展

资源名称	真题讲解 （真题在课件中下载）	Revit明细表的使用技巧
资源类型	视频	文档
资源二维码		

任务 7.3 施工图出图

7.3.1 教学目标与思路

【教学目标】

知识目标	能力目标	素养目标	思政要素
熟悉施工图的概念。	1. 能够创建施工图； 2. 能够导出施工图。	1. 培养学生勤于思考，做事认真的良好习惯； 2. 培养学生自学能力与自我发展能力。	1. 通过优秀成果展示，树立自信意识； 2. 施工图对后续施工有重要影响，培养责任意识。

【学习任务】通过实际项目，熟悉施工图的概念，掌握创建和导出施工图的一般方法。

【建议学时】2～3学时。

【思维导图】

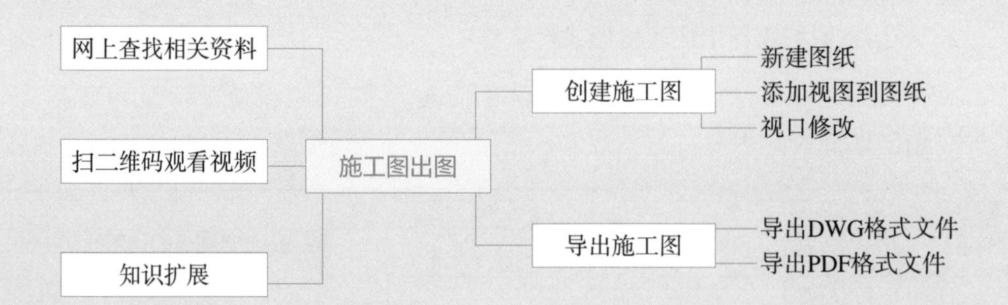

7.3.2 学生任务单

学生根据要求，自行复印附录 学生任务单。

7.3.3 知识与技能

1．技能点——创建施工图

施工图表示工程项目总体布局，包括建筑物、构筑物的外部形状、内部布置、结构构造、内外装修、材料做法以及设备、施工等要求的图样。

BIM模型无法直接指导工人施工，所以将BIM模型输出为施工图是必不可少的。

（1）新建图纸

进入【视图】上下文选项卡，选择【图纸】选项，在弹出的【新建图纸】对话框中选择合适的图纸，如【A2公制】，点击【确定】完成创建，如图7.3–1所示。

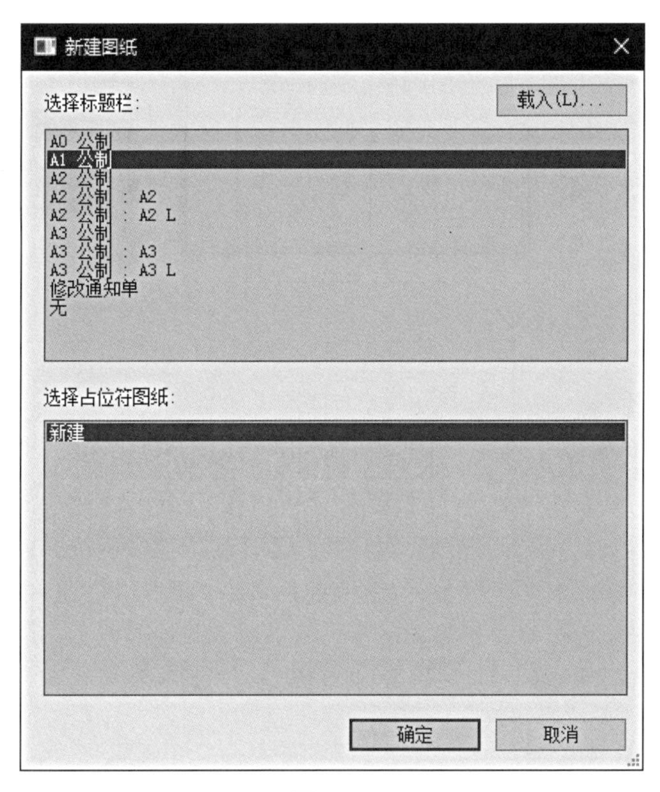

图7.3–1

（2）添加视图到图纸

打开新建的图纸，在项目浏览器下列表中，直接以拖拽的方法将视图拖入图纸中，如图7.3–2所示。

（3）视口修改

视图放置在图纸上，成为视口，视口与窗口相似，通过视口可以看到相应的视图。

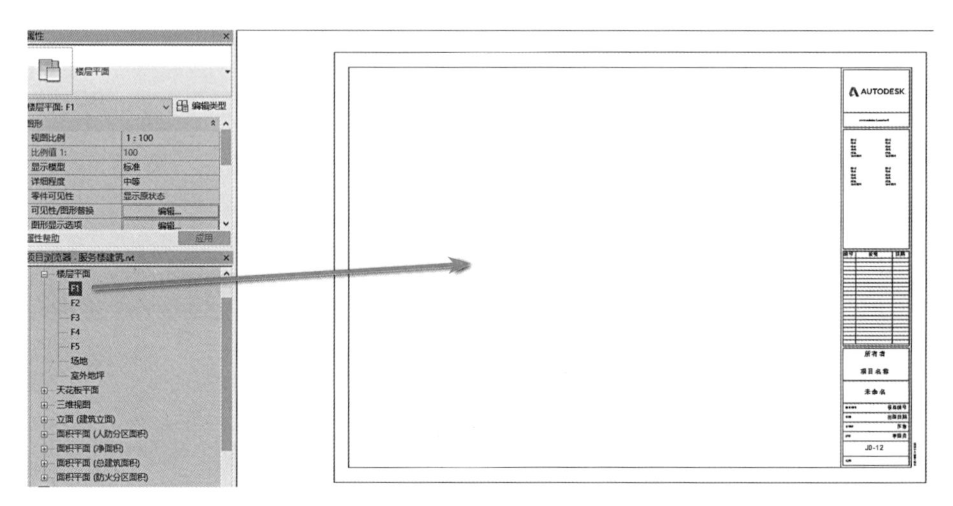

图7.3-2

添加完的视口需要进行适当的调整，选择视口，在属性面板【视图比例】中对视图比例进行调整，在【标识数据】下的【视图名称】修改当前视图的名称，要修改视图名称下方线的长度需要选中视口，拖拽线条两端出现的小圆点，如图7.3-3所示。

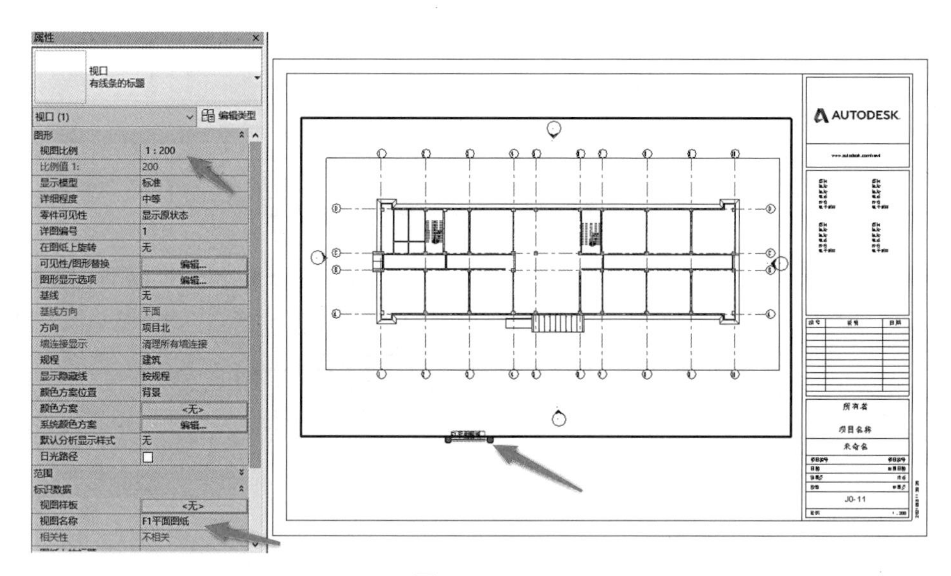

图7.3-3

2．技能点——导出施工图

（1）导出DWG格式文件

图纸调整完成后，需要导出为DWG格式文件，在【应用程序菜单】下使用【导出】→【CAD格式】→【DWG】命令，如图7.3-4所示。

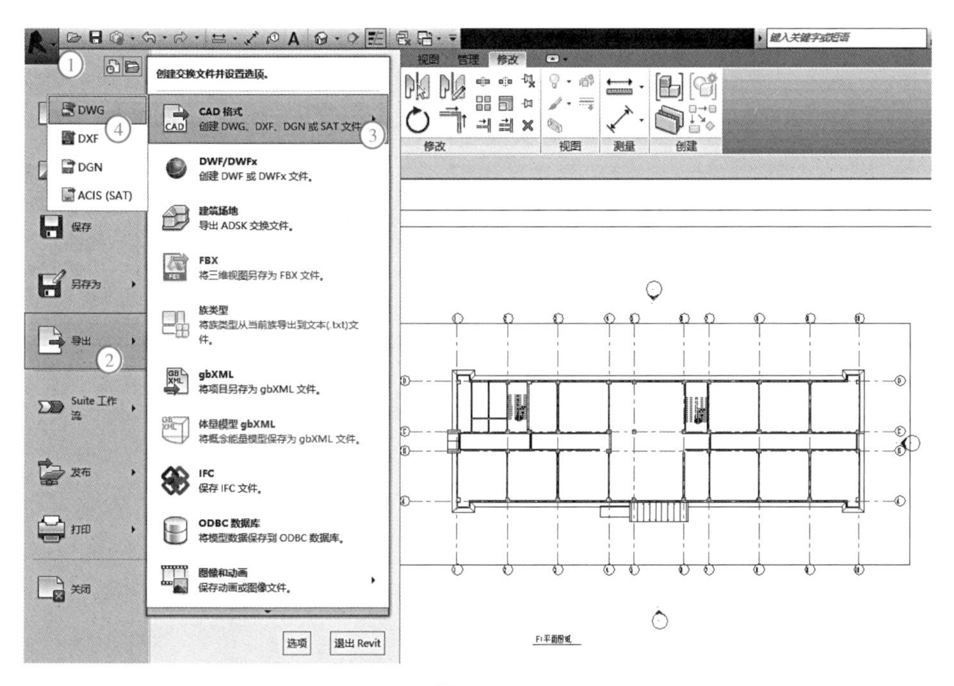

图7.3-4

弹出【DWG导出】对话框，使用默认设置，直接选择下一步。跳转至【导出CAD格式–保存到目录文件夹】对话框，可以设置导出文件的文件名/前缀、文件类型（即CAD版本类型），并可以选择是否将图纸上的视图和链接作为外部参照导出，依据需求设置好后，点击【确定】完成DWG图纸导出，如图7.3–5所示。

图7.3–5

（2）导出PDF格式文件

在“应用程序菜单”下使用【打印】→【打印】命令，就会弹出【打开】对话框，在打印机名称下拉列表中选择与PDF有关的打印方式，如图7.3–6所示。

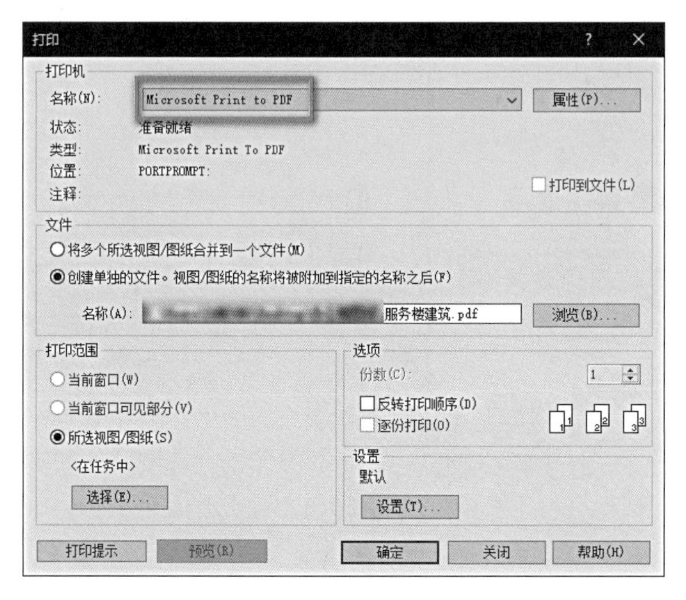

图7.3–6

在【打印】对话框选择【所选视图/图纸】单选按钮，单击【选择】按钮，在弹出的【视图/图纸集】对话框勾选需要打印的图纸或视图，如图7.3–7所示。单击【确定】按钮，保存打印的PDF文件。

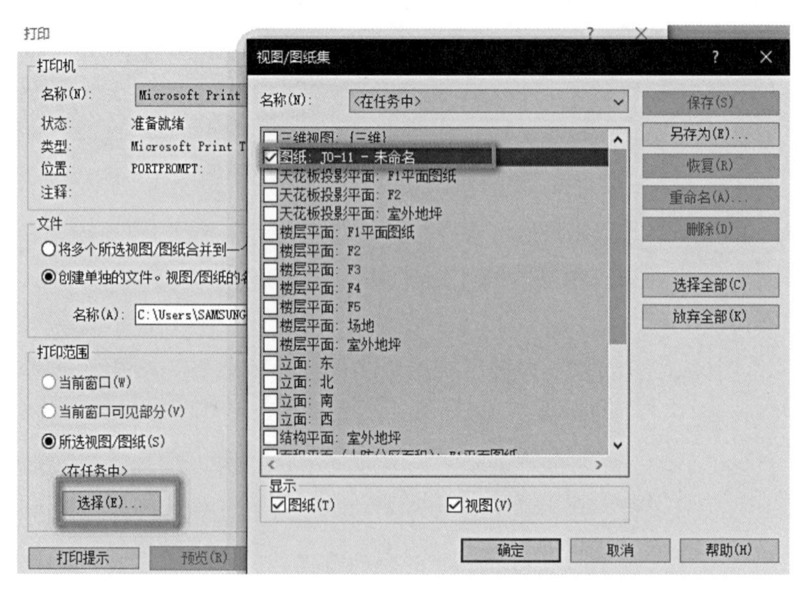

图7.3–7

7.3.4 问题思考

1. 如何创建施工图？
2. 如何导出PDF格式施工图？

7.3.5 知识拓展

资源名称	真题讲解 （真题在课件中下载）	Revit做渲染
资源类型	视频	视频
资源二维码		

附录　学生任务单

<table>
<tr><td>任务名称</td><td colspan="3"></td></tr>
<tr><td>学生姓名</td><td></td><td>班级学号</td><td></td></tr>
<tr><td>同组成员</td><td colspan="3"></td></tr>
<tr><td>负责任务</td><td colspan="3"></td></tr>
<tr><td rowspan="2">完成日期</td><td rowspan="2"></td><td>完成效果</td><td></td></tr>
<tr><td>教师评价</td><td></td></tr>
</table>

<table>
<tr><td rowspan="2">自学简述</td><td>课前预习</td><td colspan="3">学习内容、浏览资源、查阅资料</td></tr>
<tr><td>拓展学习</td><td colspan="3">任务以外的学习内容</td></tr>
<tr><td rowspan="5">任务研究</td><td>完成步骤</td><td colspan="3">用流程图表达</td></tr>
<tr><td rowspan="4">任务分工</td><td>任务分工</td><td>完成人</td><td>完成时间</td></tr>
<tr><td></td><td></td><td></td></tr>
<tr><td></td><td></td><td></td></tr>
<tr><td></td><td></td><td></td></tr>
</table>

本人任务	
角色扮演	
岗位职责	
提交成果	

<table>
<tr><td rowspan="9">任务实施</td><td rowspan="5">完成步骤</td><td>第1步</td><td colspan="6"></td></tr>
<tr><td>第2步</td><td colspan="6"></td></tr>
<tr><td>第3步</td><td colspan="6"></td></tr>
<tr><td>第4步</td><td colspan="6"></td></tr>
<tr><td>第5步</td><td colspan="6"></td></tr>
<tr><td>问题求助</td><td colspan="7"></td></tr>
<tr><td>难点解决</td><td colspan="7"></td></tr>
<tr><td rowspan="2">重点记录</td><td colspan="6" rowspan="2">完成任务过程中，用到的基本知识、公式、规范、方法和工具等</td><td>成果提交</td></tr>
<tr><td></td></tr>
<tr><td rowspan="3">学习反思</td><td>不足之处</td><td colspan="7"></td></tr>
<tr><td>待解问题</td><td colspan="7"></td></tr>
<tr><td>课后学习</td><td colspan="7"></td></tr>
<tr><td rowspan="4">过程评价</td><td rowspan="2">自我评价
（5分）</td><td colspan="2">课前学习</td><td>时间观念</td><td>实施方法</td><td>知识技能</td><td>成果质量</td><td>分值</td></tr>
<tr><td colspan="2"></td><td></td><td></td><td></td><td></td><td></td></tr>
<tr><td rowspan="2">小组评价
（5分）</td><td colspan="2">任务承担</td><td>时间观念</td><td>团队合作</td><td>知识技能</td><td>成果质量</td><td>分值</td></tr>
<tr><td colspan="2"></td><td></td><td></td><td></td><td></td><td></td></tr>
</table>

参考文献

[1] 廖小烽，王君峰．Revit 2013/2014建筑设计火星课堂[M]．北京：人民邮电出版社，2013.

[2] 李慧民．BIM技术应用基础教程[M]．北京：冶金工业出版社，2017.

[3] 河南BIM发展联盟，王松．建筑设备工程 BIM技术应用[M]．北京：中国电力出版社，2017.

[4] 王岩，计凌峰．BIM建模基础与应用[M]．北京：北京理工大学出版社，2019.

[5] 柏慕进业．Autodesk Revit MEP管线综合设计应用[M]．北京：电子工业出版社，2011.

[6] 黄亚斌，王全杰，杨勇．Revit机电应用实训教程[M]．北京：化学工业出版社，2016.

[7] 廊坊市中科建筑产业化创新研究中心．建筑设备BIM技术应用[M]．北京：高等教育出版社，2020.

[8] 赵军，印红梅，海光美.建筑设备工程BIM技术[M]．北京：化学工业出版社，2019.

[9] 冯大阔，肖绪文，焦安亮，等．我国BIM推进现状与发展趋势探析[J]．施工技术，2019，48（12）：4–7.